城市环境生态学

戴天兴　戴靓华　编著

中国水利水电出版社
www.waterpub.com.cn

内 容 提 要

　　城市环境生态学是一门边缘学科，它运用环境生态学的原理和方法来认识、分析和研究城市生态系统及城市问题。本书系统地介绍了城市环境生态学基本原理，阐述并分析了城市生态系统影响因素及控制，以及城市生态环境的构建、保护和可持续发展。全书共十七章，内容包括：导论、生态学基础、城市环境生态学基础、城市生态系统的平衡与调控、城市人口、城市大气污染与控制、城市水资源及水污染控制、城市固体废物污染与控制、城市噪声及其他物理污染与控制、城市气候、城市灾害及预防、城市植被、城市景观、城市环境质量评价、建筑环境、绿色建筑与评价体系、城市生态环境可持续发展等。

　　本书内容翔实，资料丰富，可作为高等院校建筑学、城市规划、环境工程、环境保护、城市园林和城市管理等相关专业的教材，也可作为城市规划、环境工程、环境保护等相关领域科技人员以及城市管理人员的参考用书。

图书在版编目（CIP）数据

城市环境生态学 / 戴天兴，戴靓华编著. -- 北京：
中国水利水电出版社，2013.9（2017.12重印）
ISBN 978-7-5170-1290-0

Ⅰ. ①城… Ⅱ. ①戴… ②戴… Ⅲ. ①城市环境—环境生态学 Ⅳ. ①X21

中国版本图书馆CIP数据核字（2013）第233087号

书　　名	城市环境生态学
作　　者	戴天兴　戴靓华　编著
出版发行	中国水利水电出版社 （北京市海淀区玉渊潭南路1号D座　100038） 网址：www.waterpub.com.cn E - mail：sales@waterpub.com.cn 电话：（010）68367658（营销中心）
经　　售	北京科水图书销售中心（零售） 电话：（010）88383994、63202643、68545874 全国各地新华书店和相关出版物销售网点
排　　版	中国水利水电出版社微机排版中心
印　　刷	北京海石通印刷有限公司
规　　格	184mm×260mm　16开本　21.5印张　550千字
版　　次	2013年9月第1版　2017年12月第2次印刷
印　　数	3001—5000册
定　　价	**42.00元**

前　言

这些年来，生态与环境已经成为我们怎么也绕不开的问题。当我们驾乘着发展的列车高歌猛进的时候，它就像一只无形的手时时地拉动制动闸；当我们无节制地挥霍能源和自然资源，肆意排放污染物的时候，它会导致灾难突然降临，进行无情的报复。而当我们在经历了无数次灾难教训逐渐冷静下来进行思考的时候，它却是人类前进道路上的曙光。大自然是我们生存的根本，不要妄谈什么战胜自然，也不能向大自然无节制地索取，只有与其友好和谐相处，大自然的阳光普照大地，人类才能走上正确的康庄大道。

城市是人类的主要集聚地，随着城市化的进程，城市在人类社会的发展中所起的作用日益重要，城市生态问题与环境问题也日益被人们所重视。目前，城市生态环境，如人口急剧增加、水资源能源供应紧张、空气与水污染、环境嘈杂、交通拥堵、人们的身心健康受损、城市疾病肆虐等，严重影响了城市的健康发展。在可持续发展战略中，提高全民生态环境意识，用可持续发展，即用"绿色的眼光"重新审视过去和现在，便是一项急迫的任务。《城市环境生态学》正是做着这样的努力。

在埋头发展的时候，非常需要冷静和思考：发展的目的到底是什么？盲目的、不科学的发展适得其反，干完了再想、再总结经验教训，不符合科学发展观。对资源的消耗和对环境的破坏，往往是不可逆的，不科学的发展不如不要。正确的生态环境意识体现现代人的基本素质，一个地方生态环境的优劣已经成为其文明程度的指标。

城市环境生态学是一个新的视角，当我们从这个角度审视城市气候、城市灾害、城市植被和城市景观时，思路就比较顺畅和清晰，建筑环境就有了根，绿色建筑就成了必然。城市环境生态学也是一个利器，中国传统建筑有别于世界其他建筑体系，坚持木构体系几千年不变，各国学者试图明其原因，但各种论点莫衷一是，于是便成了建筑发展史上的千古之谜。而当我们用环境生态学和可持续发展的角度重新审视中国传统建筑时，你会感到眼前一亮，问题的脉络居然非常清晰。

本书是在刘加平院士的建议下编写的。第一章至第十四章由戴天兴编写，主要包括环境学、生态学基本原理；城市人口与城市化；大气、水、固体废物以及噪声等污染与控制；城市气候、城市灾害、城市植被与城市景观等。第十五章至第十七章由戴靓华编写，包括建筑环境、绿色建筑与评价体系、城市生态环境可持续发展等。

本书试用环境生态学的原理和方法来认识、分析和研究城市生态系统及城市环境各方面的问题。作为尝试，本书尚不成熟，但希望对读者能有所帮助。

戴天兴

2012 年冬于西安

目　录

第一章 导 论

第一节 城市环境生态学的概念

一、环境生态学

从学科体系上看，环境生态学是环境科学的组成部分，但按照现代生态学的学科划分，它又是应用生态学的一个分支，是与环境科学渗透而形成的新兴的边缘学科。

1. 环境生态学的定义

在环境生态学发展的初期，人们关注的主要是环境污染问题，所以那时一些学者认为，环境生态学"主要研究污染物在以人类为中心的各个生态系统中的扩散、分配和富集过程等消长规律，以便对环境质量作出科学评价"。但是，后来的发展变化说明，人为干扰下出现的环境问题不只是污染问题，从某种意义上讲，生态破坏对环境质量的影响更复杂、更深刻，危害更大。所以环境生态学是研究人为干扰下，生态系统内在的变化机理、规律和对人类的反效应，寻求受损生态系统恢复、重建和保护对策的科学，即运用生态学理论，阐明人与环境间的相互作用及解决环境问题的生态途径。

2. 环境生态学的研究内容

根据其定义，环境生态学涉及环境科学和生态学的基本理论，除此外，学科的内容主要包括以下几个方面。

（1）在人为干扰下生态系统内在变化机理和规律。研究自然生态系统在受到人为干扰后，所产生的一系列反应和变化。在这一过程中的内在规律；出现的生态效应以及对生物和人类的影响；各种污染物在各类生态系统中的行为变化规律和危害方式。

（2）生态系统受损程度的判断。对生态系统受损程度进行科学地判断，不仅是研究生态系统变化机理和规律的一个基本手段，而且为治理、保护提供必要的依据。环境质量的评价和预测不仅采用物理、化学的方法，还包括生态学的方法，生态学判断所需的大量信息就是来自生态监测。

（3）生态系统的功能及保护。各生态系统都有各自不同的功能，人为干扰后产生的生态效应也不同。环境生态学要研究各类生态系统受损后的危害效应和方式，以及相应的保护对策。

（4）解决环境问题的生态对策。根据环境问题的特点采取适当的生态学对策，并辅之以其他方法来改善和恢复恶化的环境质量，包括各种废物的处理和资源化的技术等，是环境生态学的研究内容之一。事实证明，采用生态学方法治理环境污染和解决生态破坏问题是一条非常有效的途径。

维护生态系统的正常功能、改善人类生存环境并使之协调发展，是环境生态学的根本目的。运用生态学理论，保护和合理利用自然资源，防止和治理环境污染与生态破坏，恢复和重建生态系统，以满足人类生存发展的需要，是环境生态学的主要任务。

3. 环境生态学与其他学科的关系

环境生态学是环境科学和生态学这两个正在迅速发展的庞大学科体系的交叉学科，与之相关的学科更是数目众多，涉及自然科学、社会科学、经济学等诸领域。在环境科学体系中，环境生态学与人类生态学、资源生态学、污染生态学、环境监测与评价、环境工程学等的关系尤为密切。

在人类已改变了大部分自然生态系统的今天，人类生态学所研究的主体和对象，即人类生态系统包括人类自身的发展，对于自然生态系统有着重要的影响，而这正是环境生态学研究的出发点和立足点。资源生态学和污染生态学的研究与发展，可为环境生态学提供丰富的素材和佐证，环境生态学的效应机制研究可丰富前两者的理论基础。环境质量的物理、化学监测和生态监测是环境生态学中关于人为干扰效应及机制分析与判断的基础和科学依据。生态监测丰富了环境监测的内容，克服了物理和化学监测上的某些不足。环境生态学又可为环境工程学和环境规划与管理提供必要的理论依据。

二、城市环境生态学

城市环境生态学是以生态学的理论和方法研究城市人类活动与周围环境之间关系的一门学科，是环境生态学的分支学科，又是城市科学的一个分支。城市环境生态学以整体的观点，把城市视作一个以人为中心的生态系统，在理论上着重研究其发生和发展的原因、组合和分布的规律、结构和功能的关系、调节和控制的机理；其应用目的在于运用生态学原理规划、建设和管理城市，提高资源利用效率，改善系统关系，增强城市活力，使城市生态系统沿着有利于人类利益和可持续的方向发展。

三、城市环境生态学的研究内容

城市环境生态学的研究对象是城市生态系统，研究内容主要包括：

（1）以环境科学与生态学为基础的城市环境生态学基本原理。

（2）城市生态系统的功能、保护与调控。

（3）城市人口的结构、密度、变化速率和空间分布，以及与城市环境的相互关系。

（4）城市物流与能流的特征和速率。

（5）城市生态系统与环境质量的关系。

（6）城市环境质量与居民健康的关系、社会环境对居民的影响。

（7）城市生态系统对城市发展的制约条件。

（8）城市的景观与美学环境。

（9）城市生态规划、环境规划，城市各环境质量指标与标准。

（10）解决城市环境问题的生态对策。

城市环境生态学的研究实际上就是从环境生态学的角度去探索城市人类生存发展的最佳环境。

第二节 环 境 及 其 结 构

环境是现在使用率极高的词。人们关注环境是因为环境出了问题，而且是严重的问题。目前地球上发生的变化，使人们不得不正视环境问题。如果说 20 世纪上半叶的关键词是战争、下半叶是发展，那么 21 世纪的关键词就是环境。所以有必要对环境科学的基本原理有所了解。

一、环境的概念

环境的本义是指周围的境况。环境必须相对于某一中心或主体才有意义，不同的主体相应有不同的环境范畴。若以地球上的生物为主体，环境的范畴包括大气、水、土壤、岩石等。若以人为主体，还应包括整个生物圈。除了这些自然因素，还有社会因素和经济因素。

环境科学所研究的环境，其主体是人类，环境指的是人类的生存环境，它的涵义可以概括为：作用于人的一切外界事物和力量的总和。

在不同的研究领域，对于环境范畴的划分是有差异的。《中华人民共和国环境保护法》明确指出："本法所称环境，是指影响人类生存和发展的各种天然的和经过人工改造的自然因素的总体，包括大气、水、海洋、土地、矿藏、森林、草原、野生动物、自然遗迹、人文遗迹、自然保护区、风景名胜区、城市和乡村等。"在这里，"自然因素的总体"有两个约束条件：一是包括了各种天然的和经过人工改造的；二是并不泛指人类周围的所有自然因素，如整个太阳系、银河系等，而是指对人类的生存和发展有明显影响的自然因素的总体。

随着人类社会的发展，环境的范畴也会相应地改变。月球是距地球最近的星体，它对地球上海水潮汐等都有影响，但对人类生存和发展的影响现在还很小，所以现阶段还没有把月球视为人类的生存环境，也没有哪一国的环境保护法把其归于人类生存环境范畴。但是，随着宇宙航行和空间技术科学的发展，将来会有一天人类不但要在月球上建立空间实验站，还要开发月球上的资源，人类频繁地来往于月球和地球之间。到那时，月球当然就会成为人类生存环境的重要组成部分。所以，我们要用发展的眼光来认识环境，界定环境的范畴。

二、环境科学

环境科学是一门新兴、边缘、综合性学科，是在人们亟待解决环境问题的需求下迅速发展起来的。它经过20世纪60年代的酝酿，到70年代便从零星且不系统的环境保护和研究工作汇集成一门内容丰富、领域广泛的新兴学科。尤其是近几十年，环境科学的发展异常迅猛，其他学科都向它渗透并赋予新的内容。它涉及自然科学、工程技术、医学和社会科学等，所以可以讲环境科学是一门还处于初生阶段、尚未完全成型的边缘学科。

在现阶段，环境科学主要是运用自然科学和社会科学的有关理论、技术和方法来研究环境问题，从而形成与其有关学科相互渗透、交叉的许多分支学科。

属于自然科学方面的有：环境工程学、环境地学、环境生物学、环境化学、环境物理学、环境数学、环境医学、环境水利学、环境系统工程等。

属于社会科学方面的有：环境社会学、环境经济学、环境法学及环境管理学等。

环境科学已形成一个学科体系，各分支学科都以环境为共同的研究对象。

三、环境的构成

环境包括自然环境和人工环境。自然环境是人类出现之前就存在的，是人类目前赖以生存的自然条件和自然资源的总称，是直接或间接影响到人类的一切自然形成的物质、能量和自然现象的总体（图1-1），它对人类的影响是根本性的。

人工环境从狭义上讲是指人类根据生产、生活、科研、文化、医疗等需要而创建的环境空间，如人工气候室、无尘车间、温室、密封舱、各种建筑、人工园林等。从广义上说，人工环境是指由于人类活动而形成的环境要素，它包括由人工形成的物质、能量和精神产品以及人类活动过程中所形成的人与人之间的关系，后者也称之为社会环境。人工环境的组成如图1-2所示。

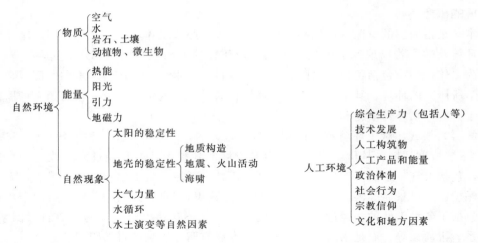

图 1-1 自然环境的构成　　　图 1-2 人工环境的组成

　　人类的生存环境已形成一个复杂庞大的、多层次多单元的环境系统，整个环境系统都受到人类活动的影响，并在不断地发展变化着，地球上已很难找到未受到人类干扰影响的自然环境。环境在时间上是随着人类社会的发展而发展，在空间上是随着人类活动领域的扩张而扩张。

　　按照系统论观点，人类环境是由若干个规模大小不同、复杂程度有别、等级高低有序、彼此交错重叠、相互转化变换的子系统所组成，是一个具有程序性和层次结构的网络。人们可以从不同的角度或以不同的原则，按照人类环境的组成和结构关系，将它划分为一系列层次，每一个层次就是一个等级的环境系统。从人类和环境相互作用的角度，由近及远、由小到大可分为聚落环境、地理环境、地质环境和星际环境。

　　聚落是人类聚居的地方，也是与人类的生产和生活关系最密切、最直接的环境，它们是人工环境占优势的生存环境。它可分为院落环境、村落环境和城市环境。院落环境是由一些功能不同的构筑物和与它联系在一起的场院组成的基本环境单元，如中国西南地区的竹楼、草原上的蒙古包、陕北的窑洞、北京的四合院等。由于自然环境的不同和经济文化发展的差异，不同院落环境具有各自鲜明的地域和时代特征。村落环境则是农业人口聚居的地方。由于自然条件的不同，以及从事农、林、牧、渔业的种类、规模、经济发展程度不同，村落环境无论在结构、形态、规模上，还是从功能上，类型都很多。最普遍的有所谓农村、渔村、山村、水乡等。城市环境则是非农业人口聚居的地方，各个城市之间的差异则更大，种类更多。城市是人类社会发展到一定阶段的产物，随着社会的发展，城市化的进程在加快，目前全世界超过 50％的人口集中在不到 1％的陆地上，形成了城市中人与环境的尖锐矛盾。城市环境不是孤立地存在于地球上，它与周围环境存在着密切的联系，要研究城市环境，有必要先了解人类整体的生存环境。

　　地理环境的含义是围绕人类的自然现象的总体。地理环境位于地球的表层，包括岩石圈、土壤圈、水圈、大气圈，在它们相互影响、相互作用的交错带上，其厚度大约 10～30km。它是人类活动的舞台，具备人类生存的三大条件：有常温常压的物理条件、适当的化学条件和生物条件。当今的地理环境概念，不仅包括自然地理环境，还包括人文地理环境。人文地理环境是人类的社会、文化和生产生活活动的地域组合，包括人口、民族、聚落、政治、经济、交通、军事、社会行为等许多成分。它们构成的圈层，称为人文圈。地理环境是环境科学的重点研究对象。

地质环境指的是地理环境中除去生物圈以外的其余部分。

星际环境也称宇宙环境，在环境科学中星际环境是指地球大气圈以外的环境。

两种不同类型环境的交错地带，简称边际。边际属于两种相邻环境的过渡带，通常具有此两种环境的特征。如城市郊区和某些集镇就是城市环境和农村环境的边际。

人类的生存环境整体又是由一些基本物质——环境要素组成的。

第三节　环境要素及属性

一、环境要素的概念

环境要素，又称环境基质，是构成人类生存环境整体和各个独立的、性质不同而又服从整体演化规律的基本物质组分。环境要素可分为自然环境要素和人工环境要素。其中自然环境要素通常指水、大气、生物、岩石、土壤等。

环境要素组成环境结构单元，环境结构单元又组成环境整体或环境系统。例如，由水组成江、河、湖、海等水体，全部水体组成水圈；由大气组成大气层，整个大气层总称为大气圈；由生物体组成生物群落，全部生物群落构成生物圈等。

二、环境要素的基本属性

环境要素具有一些十分重要的特点。它们不仅是制约各环境要素间互相联系、互相作用的基本关系，而且是认识环境、评价环境、改造环境的基本依据。环境要素的基本属性可概括为以下几个方面。

1. 最差（小）因子限制律

在这里，最差（小）因子限制律是针对环境质量而言。它是由德国化学家 J. V. 李比西于 1804 年首先提出，20 世纪初英国科学家布来克曼所发展而趋于完善。该定律指出，整体环境的质量，不能由环境诸要素的平均状态决定，而是受环境诸要素中那个与最优状态差距最大的要素所控制。就如在"木桶原理"中，那块最短的木板决定这个木桶的装水量。这就是说，环境质量的好坏取决于诸要素中处于"最低状态"的那个要素，而不能用其余处于良好状态的环境要素去替代，去弥补。因此，在改进环境质量时，必须对环境诸要素的优劣状态进行数值分类，遵循由差到优的顺序依次改进，使之均衡地达到最佳状态。

2. 等值性

各个环境要素，无论它们本身在规模或数量上如何不同，但只要是一个独立的要素，那么对于环境的限制作用并无质的差异，也就是说，各个环境要素对环境质量的限制，在它们处于最差状态时，具有等值性。

3. 整体性大于各个体之和

一处环境的性质，不等于组成该环境的诸要素性质简单相加之和，而是比这个"和"丰富得多，复杂得多。就是说，环境的整体性大于环境诸要素之和。环境诸要素互相联系，互相作用产生的整体效应，是在个体效应基础上的质的飞跃。

4. 互相联系及互相依存

环境诸要素在地球演化史上的出现，有先后之别，但它们又是相互联系、相互依存的。从演化的意义上看，某些要素孕育着其他要素：岩石圈的形成为大气的出现提供了条件；岩石圈和大气圈的存在，又为水圈的产生提供了条件；岩石圈、大气圈和水圈孕育了生物圈，而生物圈又会影响岩石圈、大气圈和水圈的变化。

第四节　环境的功能与特性

一、环境的功能

环境的功能指以相对稳定的有序结构构成的环境系统，为人类和其他生命体的生存发展所提供的有益用途和相应价值。例如，江、河、湖泊等水环境，可以作为人类生活、生产的水源，并有航运、养殖、纳污等作用，可以改善地区性小气候，有的还具有旅游观光等功能；森林生态系统构成的环境单元，可以为人类提供蓄水、防止水土流失、释放氧气、吸收二氧化碳，还为鸟类和其他野生动植物提供繁衍生息场所等环境功能。

对人类和其他生物来说，环境最基本的功能包括以下几点。

（1）空间功能。指环境提供的人类和其他生物栖息、生长、繁衍的场所，且这种场所是适合其生存发展的。

（2）营养功能。这是广义上的营养，包含环境提供的人类和其他生物生长、繁衍所必需的各类营养物质，以及各类资源、能源（后者主要针对人类而言）。

（3）调节功能。如水体和森林都有调节气候的功能，此外，各类环境要素包括大气、河流、海洋、土壤、森林、草原等皆具有吸收、净化污染物，使受到污染的环境得到调节、恢复的能力。但这种调节能力与环境要素的自净能力的有限性是一致的，当污染物的数量及强度超过环境的自净能力时，则环境的调节功能将无法有效发挥作用。

对于人类来说，当其开发利用自然环境系统的功能时，应遵循环境系统形成、发展、变迁的内在机制，尽力保护原有的环境功能，科学合理地扩大它们的功能，进而实现人与自然的和谐，否则，环境功能就会逐渐衰退直至消失，破坏人类和其他生命体赖以生存发展的环境资源，造成人类与环境的对抗。

二、环境的特性

1. 环境自身的特性

（1）环境平衡。环境系统是一个有时、空、量、序变化的复杂的动态系统和开放系统。系统内外存在着物质和能量的变化与交换。系统外部的各种物质和能量进入系统内部，这个过程称为输入；系统内部也对外界产生一定的作用，一些物质和能量排放到系统外部，这个过程称为输出。在一定的时空尺度内，若系统的输入等于输出，就出现平衡，称作环境平衡或生态平衡。

（2）复杂性导致稳定性。系统的组成和结构越复杂，它的稳定性越大，越容易保持平衡。因为任何一个系统，除组成成分的特征外，各成分之间还具有相互作用的机制，这种相互作用越复杂，彼此的调节能力就越强。

（3）子系统的协同作用。环境的各子系统和各组成成分之间，存在着复杂的相互作用，构成一个网络结构，正是这种网络结构，使环境具有整体功能，形成集体效应，起着协同作用。

2. 环境对于干扰所具有的特性

环境由于人类活动的作用与干扰，存在着连续不断的巨大和高速的物质、能量和信息的流动，因而具有不容忽视的特性。

（1）整体性。人类环境的各组成部分之间存在着相互联系、相互制约的关系，局部地区的环境污染或破坏，总会对其他地区造成影响和危害。所以人类生存环境及其保护，从整体上看是没有地区界线和国界的。

（2）有限性。地球的空间是有限的，而且在已知的宇宙空间中是独一无二的。另外，人类生存环境还有其自身的有限性，如资源有限、稳定性有限、容纳污染物的能力有限或者说对污染物质的自净能力有限。

（3）自净性。环境在未受到人类干扰的情况下，环境中化学元素、物质和能量分布的正常值，称为环境本底值。环境对于进入其内部的污染物质和污染因素，具有一定的迁移、扩散和同化、异化的能力。在人类生存和自然环境不致受危害的前提下，环境可能容纳污染物的最大负荷量，称为环境容量。环境容量的大小，与其组成成分和结构、污染物的数量及物理和化学性质有关。污染物质和污染因素进入环境后，将引起一系列物理的、化学的和生物的变化，使环境达到自然净化。环境的这种作用，称为环境自净。人类生产和生活活动产生的污染物质或污染因素进入环境的量，超过环境容量或环境自净能力时，就会导致环境质量恶化，出现环境污染。这也说明了环境的有限性。

（4）不可逆性。人类的环境系统在其运转过程中，主要存在两个过程：能量流动和物质循环。后一过程是可逆的，但前一过程是不可逆的，因此根据热力学理论，整个过程是不可逆的。所以环境一旦遭到破坏，利用物质循环规律，可以实现局部的恢复，但不能彻底回到原来的状态。

（5）隐显性。除了事故性的污染与破坏（如森林大火、化工厂事故等）可以直接、明显看到后果外，日常的环境污染与环境破坏对人们的影响，其后果的显现，需要经过一段时间，要有一个过程。如日本汞污染引起的水俣病，经过了 20 年时间才显现出来。一个废电池被扔在环境中，需要很长的时间，有毒物质才能逐渐渗出，污染水体和土壤，进而危害人体和其他生物。这是一个缓慢的、不显眼的过程，正因为如此，才往往被人们的忽视。

（6）持续性。环境污染不但影响当代人的健康，而且还可能会造成世世代代的遗传隐患。目前，我国每年出生的有缺陷婴儿约 300 余万，这无疑与环境污染有关。历史上黄河流域生态环境的破坏，至今仍给人们带来无尽的水旱灾害。又如 DDT 农药，虽然已经停止使用多年，但已进入生物圈和人体的 DDT，还得经过几十年甚至更长的时间才能从生物体中排除出去。现在几乎每一个婴儿出生后吸吮第一口奶水中都含有 DDT。这些事例说明，环境对其遭受的污染和破坏，具有持续反应的特性。

（7）灾害放大性。事实证明，某方面不引人注目的环境污染与破坏，经过环境的作用以后，其危害性或灾害性，无论从深度和广度，都会明显放大。如河流上游林地的毁坏，可能造成下游地区的水、旱、虫灾害；燃烧释放出来的二氧化硫、二氧化碳等气体，不仅造成局部地区空气污染，还可能造成酸沉降，毁坏大片森林，使大量湖泊不宜鱼类生存，或因温室效应，使全球气温升高，冰川融化，海水上涨，淹没大片城市和农田。又如由于大量生产和使用氟氯烃化合物，破坏了大气臭氧层，结果不仅使人类白内障、皮肤癌患者增加，而且太阳辐射中能量较高的紫外线会杀死地球上的浮游生物和幼小生物，截断了大量食物链的始端，以至极可能毁掉整个生物圈。以上例子足以说明环境对危害或灾害的放大作用是何等强大。

第五节　环　境　问　题

环境问题受到世界各国的关注，越来越多的人开始意识到我们的生存环境确实出现了问题，而且是非常严重的问题。

一、环境问题的概念

近些年来，人们对环境问题有了更深的认识。在二三十年前人们只局限在对环境污染或公害的认识上，把环境污染等同于环境问题，而地震、水、旱、风灾则认为全属自然灾害。现在人们已经认识到，自然灾害发生频率的激增，与人类对环境的破坏是密切相关的。

环境问题有广义和狭义两方面的理解。从狭义上讲，环境问题是由于人类的生产和生活活动，使自然生态系统失去平衡，反过来影响人类生存和发展的一切问题。从广义上讲，自然力或人力引起生态平衡破坏，最后直接或间接影响人类生存和发展的一切客观存在的问题，都是环境问题。从引起环境问题的根源讲，可将其分为第一环境问题和第二环境问题。

1. 第一环境问题

由于自然力引起的环境问题，称为第一环境问题，亦称原生环境问题。如火山爆发、地震、台风、洪水、旱灾、地方病等自然灾害。

地方病不同于其他病。人类在自然环境中长期进化，与环境始终保持着动态的平衡。人类之所以能健康地生存于环境中，一个重要原因是其自身的组成和地球的化学组成是相适应的。分析人体血液中 60 多种化学元素的含量，发现与地壳岩石中化学元素的平均含量非常近似（图1-3）。当自然环境中某些元素过多或过少时，人体健康就会受到影响，以至患病。例如有的地方患甲状腺肿的人很多，就是由于该地区环境中缺碘引起的。有的地方患氟骨症的人和动物很普遍，是环境中氟过多引起的疾病。相反，环境中含氟量过少，该地区患龋齿的人就会很多。

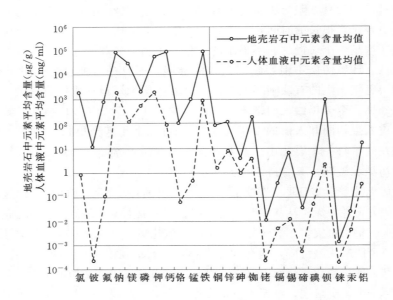

图1-3 人体血液和地壳在元素含量上的相关性

2. 第二环境问题

由于人类因素所引起的环境问题为第二环境问题，亦称次生环境问题。

第二环境问题一般可分为三种：一是不合理开发利用资源，超出环境承载能力，使生态环境质量恶化或自然资源枯竭的现象。例如大面积砍伐森林，造成水土流失；过度放牧造成草原沙漠化；过度抽取地下水，造成地层下沉和水源枯竭等。二是工业"三废"大量排放到环境中，破坏了原有的生态平衡，致使环境遭受污染和破坏。三是由于上述原因造成生物资源的破坏，而导致生物多样性丰富度的下降，大量物种灭绝或处于濒危境地。生物多样性的破坏必然会引起人类的生存危机，人们对这个问题严重性的认识还远远不够。

应当指出的是，第一环境问题和第二环境问题往往难以截然分开，例如水库对地震的诱发，它们常常相互影响、相互作用。

二、环境问题的由来与发展

从人类诞生起就存在人与自然环境的对立统一关系，就出现了环境问题。从古至今随着人类社会的发展，环境问题也在发展，大体上经历了以下四个阶段。

1. 环境问题萌芽阶段（工业革命以前）

人类在诞生以后的很长一段岁月里，只是天然食物的采集者和捕食者，对环境的影响很小。那时"生产"对自然环境的依赖十分突出，人类主要是以生活活动，以生理代谢过程与环境进行物质和能量转换，基本是利用环境，很少有意识地改造环境。如果说那时也发生环境问题的话，则主要是由于人口自然增长和盲目地乱采乱捕、滥用资源而造成的生活资料缺乏，引起饥荒。为了解除这种环境威胁，人类被迫尝试去吃一切可以吃的东西，以扩大和丰富自己的食谱，或是被迫扩大自己的生活领域，进行迁徙，学会适应在新的环境中生活的本领。

随后，人类学会了培育、驯化植物和动物，开始了农业和畜牧业，这在生产发展史上是一次大革命。随着农业和畜牧业的发展，人类改造环境的作用越来越明显地显示出来，与此同时也产生了相应的环境问题，如大量砍伐森林、破坏草原、刀耕火种、盲目开荒，引起水土流失、水旱灾害频繁和沙漠化；又如兴修水利，不合理灌溉，往往引起土壤盐渍化、沼泽化，以及引起某些传染病的流行。西亚的美索不达米亚和中国的黄河流域，都是人类文明的发源地，但由于大规模毁林垦荒，造成严重的水土流失，至今难以恢复。

在工业革命以前的漫长岁月里，虽已出现了城市和手工业作坊或工场，但因规模小，生产不发达，所以由此引起的环境污染问题并不突出。

2. 环境问题的发展恶化阶段（工业革命至20世纪50年代前）

随着生产力的发展，在18世纪60年代至19世纪中叶，蒸汽机的发明与广泛使用，给社会带来了前所未有的巨大生产力，生产发展史上出现了一次伟大的革命——工业革命，它使建立在个人才能、技术和经验基础上的小生产被建立在科学技术成果之上的大生产所代替，大幅度提高了生产率，增强了人类利用和改造环境的能力。人类大规模地改变了环境的组成和结构，进而改变了环境的物质循环系统，带来了新的环境问题。一些工业发达的城市和工矿区的工业企业，排出大量废弃物使污染事件不断发生。林立的烟囱成为发达和繁荣的象征，煤炭是工业和交通的主要能源。当时英国是环境污染最严重的国家，1873年12月、1880年1月、1882年2月、1891年12月、1892年2月，伦敦多次发生可怕的有毒烟雾事件，造成数以千计的人死亡。从1850年起泰晤士河水生物绝迹，许多河流成了臭水沟。其他一些工业国家也不例外，如美国田纳西州一个山沟城镇戈斯特镇，由于附近炼铜厂冶炼废气的污染，使周围山上的林木枯萎而剩下秃山，排出的污水使河鱼绝迹。每当雨季，洪水从秃山上倾泻而下，居民无法在此生活，纷纷离去。最后铜厂倒闭，小镇成了一片废墟。

如果说农业生产主要是生活资料的生产，它在生产和消费过程中所排放的废弃物可以纳入生态系统的物质循环，且能迅速净化、重复利用的话，那么工业生产把大量深埋地下的矿物资源开采出来，加工利用投入环境中，许多工业产品在生产和消费过程中排放的"三废"

则是生物和人类所不熟悉的，难以降解、同化和忍受的。

3. 环境问题的第一次高潮（20世纪50—60年代）

环境问题的第一次高潮出现在20世纪50—60年代，当时环境问题突出，震惊世界的公害事件接连不断。如1952年12月伦敦烟雾事件（5—8日伦敦发生烟尘污染，4天中死亡人数较常年同期多400人）和1953—1956年日本水俣病事件（1953年在日本水俣海湾的渔民中开始出现狂怒病，后来称为水俣病。患者表现为焦虑、易怒、幻觉、恐惧，很多人精神失常和死亡，后查明，是甲基汞沿生物链富集并依次传递，最后到人，存留于脑中，造成毒害）。更为轰动世界的特大公害事件，就是所谓"腊芙运河污染案"。腊芙运河位于纽约州尼亚加拉的边区，是一条不到1000m长的未挖成的河道。1942年一家农药厂购买了这块地产，用来倾倒工厂废弃物，在11年中共倾倒了21000t化学物质。1953年这家工厂填了运河，赠给当地政府，此后在这里建了1200栋房子和一所学校。若干年后，从运河覆盖层渗出黑色污液，经有关部门对空气、地下水和土壤测定，发现有82种化学物质，其中11种被认为有致癌危险。同时，发现该地区婴儿先天性缺陷比例很高，进一步调查又发现居民的体细胞中有过量的或破裂的染色体物质。以上的污染事件都引起了居民的恐惧和愤怒，使全世界为之震动，形成了环境问题的第一次高潮。

4. 环境问题的第二次高潮（20世纪80年代以后）

环境问题的第二次高潮是伴随着环境污染和大范围生态破坏，尤其是1984年由英国科学家发现，1985年美国科学家证实在南极洲上空出现了"臭氧空洞"而出现的。人们共同关心的影响范围大和危害严重的环境问题有三类：一是全球性的大气污染、温室效应、臭氧层破坏和酸雨等；二是大面积生态破坏，如大面积森林被毁、草场退化、土壤侵蚀和沙漠化；三是突发性的严重污染事件迭起，如墨西哥油库爆炸事件（1984年11月）、印度博帕尔农药泄漏事件（1984年12月）、前苏联切尔诺贝利核电站泄漏事故（1986年4月）、莱茵河污染事故（1986年11月）和多起海上油轮漏油事故等。在1978—1988年间这类突发性的严重污染事故就发生了10多起。这些全球性大范围的环境问题严重威胁着人类的生存与发展，不论是政府还是公众，也不论是发达国家还是发展中国家，都普遍对此表示不安。

5. 环境问题发生了质变

我们把两次高潮进行对比，可以看出环境问题已由量变转化为质变。

（1）影响范围不同。第一次高潮主要出现在工业发达国家，重点是局部性、小范围的污染问题；第二次高潮则是大范围，乃至全球性环境污染和大面积生态破坏问题。

（2）就危害后果而言，第一次高潮人们关心的是环境污染对人体健康的影响，环境污染虽也对经济造成损害，但问题还不突出。第二次高潮不但明显损害人群健康（因水污染和环境污染而死亡的人数全世界平均每分钟就达28人），而且全球性的环境污染和生态破坏已威胁到全人类的生存与发展。

（3）就污染源来说，第一次高潮的污染源尚不太复杂。第二次高潮出现的污染源则分布广、来源杂，解决这些环境问题，只靠一个国家的努力很难奏效，要靠众多国家，甚至全球人类的共同努力才行。

（4）与第一次高潮相比，第二次高潮带有突发性，事故的污染范围大，危害严重，经济损失巨大。例如：印度博帕尔农药泄漏事件，受害面积达40km^2，死亡人数0.6万～1万人，受害人数为10万～20万人，其中许多人双目失明或终生残废。

（5）关注的国家扩大了。环境问题的第一次高潮主要出现在经济发达国家，而第二次高潮既包括经济发达国家，也包括了众多的发展中国家。发展中国家不仅认识到国际社会面临的环境问题与己休戚相关，而且本国面临的诸多环境问题，如植被破坏和水土流失造成的生态恶性循环，是比发达国家的环境污染危害更大、更难解决的环境问题。

由此可见，环境问题已发生质变，已由局部问题变为全人类面临的世界性问题。

三、当前面临的主要环境问题

当前世界所面临的主要环境问题是人口、资源、生态破坏和环境污染问题，它们之间相互关联、相互影响，已成为当今世界环境科学所关注的主要问题。

1. 人口问题

由于人口的迅速增长，加上贫困与生态环境退化，已使人口与环境严重失调，人口的增长与分布超过了当地环境的承载力。人口的迅速增长还加剧了贫困，人口与环境相互影响又造成紧张的社会关系，出现了"环境难民"问题。

可以说人口的急剧增长是当今环境的首要问题。旧石器时代，人口的倍增期为 3 万年，公元初为 1000 年，19 世纪为 150 年，现代只需 40 年。近百年来，世界人口的增长速度达到人类历史上的最高峰，1999 年，世界人口突破了 60 亿，比世纪初增长了 4 部。2011 年 10 月 31 日突破了 70 亿，预计到 2025 年，世界人口可能超过 80 亿。新增加的人口中 90% 都出生在发展中国家。而这些国家正在遭受森林破坏、水土流失、土地沙漠化的灾害。

随着人口的增加，生产规模的扩大，一方面所需的资源要急剧增大，另一方面在任何生产中都会有废弃物排出，使环境污染加重。

地球上的一切资源都是有限的，即使是可再生资源，在每年中可供应量也是有限度的。而其中一些资源尤其是土地资源不仅总面积有限，人类难以改变，而且还是不可迁移的和不可重叠利用的，所以地球上所能承载的人口也必定是有限的。如果人口急剧增加，超过了地球环境的合理承载力，则必然会造成生态破坏和环境污染。所以，计划和控制相应的人口数量，是保护环境和可持续发展的主要措施。

2. 资源问题

资源问题是当今人类发展面临的另一主要问题。随着全球人口的增长和经济的发展，对资源的需求与日俱增，人类正面临着某些资源短缺或耗竭的严重挑战。全球资源匮乏和危机主要表现在：土地资源在不断减少和退化，森林资源在不断缩小，淡水资源出现严重不足，生物物种在减少，某些矿产资源濒临枯竭等。

（1）土地资源减少。

土地资源损失，尤其是可耕地资源损失、土壤退化与沙漠化已成为全球性的问题，发展中国家尤为严重。目前，人类开发利用的耕地和牧场，正在不断减少或退化，沙漠化、盐渍化问题比较严重。而全球可供开发利用的备用资源已很少，许多地区已经枯竭。随着人口的快速增长，使得许多国家粮食不能自给，人均占有的土地资源在迅速下降，加之缺乏适当的环境管理，于是把森林和草原改为耕地，从而加快了土壤退化与水土流失、土地盐渍化。

土壤退化导致土地资源减少和质量恶化。土壤退化是指土壤在物理、化学和生物学方面的性能变劣而导致其生产力降低的变化过程。沙漠化和土壤侵蚀是导致土壤退化的重要原因。

目前，全球沙漠面积相当于全球土地面积的 1/4。全世界每年约有 600 万 hm^2 的土地继续出现沙漠化或有沙漠化危险。纯经济效益为零或负值的土地面积，每年以 2100 万 hm^2 的速度持续增加；放牧的约八成、依赖降雨的农田约六成和灌溉农田约三成的土地因沙漠化已超过中等受害程度。现在世界上有 8.5 亿人口生活在不毛之地或贫瘠的土地上。在 20 世纪 80 年代中期，撒哈拉沙漠地区的旱灾曾造成 300 万人死亡；现在沙漠化影响着世界 1/6 人口的生活。

土壤侵蚀指土壤表层因风雨而损失的现象。全世界每年因土壤侵蚀约损失土地 700 万 hm^2，每年经河流冲入海洋的表土达 240 亿 t，其中世界主要产粮国美国年流失土壤 15.3 亿 t、印度 47 亿 t、中国 50 亿 t。同时土壤风蚀、盐渍化、水涝和土壤肥力丧失等现象都在日趋增加。农药和化肥的不适当使用，也导致了土壤污染。

全球人口不断增加，土地资源却迅速减少和退化，生产力下降，农作物减产，这一系列问题对人类的生存已构成了严重威胁。

（2）森林资源锐减。

森林是地球生物圈的重要组成部分，是陆地上最大的生态系统，是人类赖以生存的基础。森林不仅提供木材和林业副产品，更重要的是具有涵养水分、保持水土、防风固沙、调节气候、保障农牧业生产、保存森林生物物种、维持生态平衡和净化环境等生态功能。

地球上曾有 76 亿 hm^2 的森林，到 19 世纪降为 55 亿 hm^2。进入 20 世纪以后，森林资源遭到严重破坏，目前全世界仅有不到 40 亿 hm^2，覆盖率已由过去的 2/3 下降到占陆地面积的 30%，并在迅速减少。历史上森林植被变化最大的是温带地区，如中国的黄河流域和西亚的两河流域，但近几十年中，世界大的毁林主要发生在热带地区。全球每年砍伐和焚烧森林 2000 多万 hm^2，其中热带雨林的消失速度由 1980 年的 1210 万 hm^2 增加到 1990 年的 1700 万 hm^2。世界热带雨林目前仍以每分钟 $20hm^2$ 的速度消失。照此速度发展下去，到 2030 年世界雨林可能会全部消失。

砍伐森林的主要目的是把林地改作耕地或获取燃料和木材。森林减少的结果是土地裸露、土壤流失、局地气候变化、河水流量减少、湖面下降、农业生产力降低、物种减少等，并进一步造成全球性生态环境恶化。

科学家对保护热带森林的呼声越来越高，但有些国家响应的实际步骤非常缓慢。处在热带森林地区的发展中国家已成为国际经济"开发"的理想场所，这些项目往往要毁坏大面积森林。如何保护热带森林已是各国生态环境学家极为重视的问题。

（3）淡水资源危机。

淡水是维持生命的基本要素。全球淡水储量约 $3.5×10^{16}$ m^3，占全球水储量的 2.53%。与人类生活密切相关的河流、湖泊和浅层地下水只有 $104.6×10^{12}$ m^3，占全部淡水储量的 0.3%。

随着人口激增和工农业生产的发展，缺水已成为世界性问题。20 世纪，世界人口增加了 2 倍，而人类用水量增加了 5 倍。目前，全世界有近百个国家缺水，严重缺水的达 40 多个，占世界人口的 40% 以上，其中 26 个国家约 3 亿人极度缺水。预计到 2025 年，世界上将会有 35 亿人面临缺水。全世界人口的 1/5，得不到安全卫生的饮用水，另有 20 多亿人缺乏良好的卫生设施，每年有 500 万人因此丧生。

水污染更加重了水资源危机。水污染不仅影响人类对淡水的使用，而且还会严重影响自然生态系统并对生物造成危害。全世界每年向江河湖泊排放各类污水 4260 亿 t，造成 55000 亿 m^3 的水体被污染，占全球径流总量的 14% 以上；河流稳定流量的 40% 受到污染，并呈日益增长趋势。估计今后 30 年内，全世界污水量将增加 14 倍，特别是发展中国家，污水、废水基本不经处理即排入水体的现象将更为严重，造成有水而又缺水的现象。

21世纪淡水资源正在变成一种宝贵的稀缺资源。淡水资源短缺已成为许多国家经济发展的障碍，水资源正面临着资源短缺和用水量持续增长的双重矛盾之中。随着水资源日益紧缺，水的争夺战将愈演愈烈，联合国人类环境会议指出："石油危机之后，下一个危机是水。"联合国水事会议又进一步强调："水，不久将成为深刻的社会危机。"

3. 大气环境污染

大气环境污染作为全球性的重要环境问题，主要指广泛的大气污染造成的臭氧层破坏、酸沉降、有毒有害化学物质的危害和由于温室气体过量排放造成的全球气候变化。

（1）臭氧层破坏。

地球大气平流层中的臭氧层，能吸收滤掉太阳光中过多的有害紫外线（达99%），尤其是能有效吸收可严重杀伤人和其他生物的波长为200～300nm的紫外线，从而减少对地球生物的伤害。臭氧层可以说是地球生命的保护伞。经过臭氧层过滤的阳光柔和，穿透臭氧层辐射到地球上的少量紫外线对人体无害，而且能杀菌防病，促进人体内维生素D的生成，使地球生物正常生长和世代繁衍。但是人类的活动使大气中的某些化合物含量增加，逐渐耗损和破坏臭氧层，例如氯氟烃类化合物、聚四氟乙烯和其他耗损臭氧的物质破坏了平流层中的臭氧分子，使臭氧浓度降低，从而使射向地球表面的有害紫外线辐射增加。有资料表明，臭氧层中臭氧浓度减少1%，会使地面增加2%的紫外辐射量，导致皮肤癌的发病率增加2%～5%。臭氧层损耗也将给野生动物和水生动物等地球生物带来灾难。自20世纪50年代中期以来，每年9—10月南极大陆空气柱臭氧总量急剧下降，形成臭氧层空洞，到1991年此洞已扩展到整个南极大陆上空。1992年底，南极上空臭氧层空洞面积达317万 km²，1998年9月已达2720万 km²。此外全球各局部地区臭氧层的损耗也多有报道。

据预测，人类若不采取措施保护大气臭氧层，到2075年，由于太阳紫外线的危害，全世界将有1.54亿人患皮肤癌，其中300多万人死亡；将有1800万人患白内障；农作物将减产7.5%；水产品将减产2.5%；材料的损失将达47亿美元；光化学烟雾的发生率将增加30%。这将危及人类的生存和发展。2001年开始，智利一些城市向市民发出防止紫外线伤害的警报，要求市民上午10时到下午3时避免出门，这是人类历史上第一次。

（2）温室效应及全球变暖。

地球大气的温度是由阳光照到地球表面的速率和吸热后的地球表面以长波辐射的形式散发到空间的速度间的平衡决定的。适于地球生命生存的湿润而温和的气候是由于大气中的温室气体，如水蒸气、二氧化碳、甲烷及其他吸收长波辐射的气体，阻挡了地球辐射热的散发，起到地球大气的吸热保温作用（温室效应）的结果。

但是，人类活动尤其是大量化石燃料的燃烧和砍伐森林的双重作用，使大气层的组成发生了惊人的变化，温室气体在大气中的浓度正在以空前的速度增加，从而导致全球气候变暖。在过去100年间，全球平均地面气温已增加了0.3～0.6℃，地球气温上升会引起海水膨胀和陆地冰雪融化，使海平面上升，沿海地区遭受海浸等危害；全球海平面升高了10～20cm，这是全球变暖的有力佐证。但地球上不同纬度、不同地理区域，其气候变化的趋势和幅度存在着明显的差异。近40年来，我国气象台站的全年平均气温分析表明：东北、华北、新疆北部等地区有变暖趋势，但我国南部变暖不明显。

实际上温室效应对地球气候的影响要复杂得多，大气中温室气体浓度的升高，并不可能造成全球同步升温。温室效应会导致气候变得极端化，可能是夏天更热，冬天更冷，所以更准确地说，是引起全球气候变化。由此引起一系列如高温、低温、干旱、洪涝、疾病、暴风雨和热带风加剧等灾害，进而造成农田、湿地、森林及其他生态系统的变化和一些不良后果。

（3）酸沉降危害加剧。

大气中含有的酸性物质转移到大地的过程统称为酸沉降。通常将 pH 值低于 5.6 的湿性酸沉降称为酸雨。酸雨的形成主要是化石燃料产生的硫氧化物（SO_x）和氮氧化物（NO_x）等大气酸性污染物溶入雨水所致。

造成酸雨的大气酸性污染物不仅影响局部地区，还能随气流输送到远离其发生源数千里以外的广大地区，成为穿越国界长距离移动的大气污染问题。20 世纪 50 年代以来，酸雨在世界上的分布逐年扩大，几乎遍布各大洲。降水 pH 值最低可达 3.0 左右，曾测到 $pH<2$ 的酸雨，比柠檬汁还酸。

酸沉降危害严重，被称为"空中死神"。酸雨直接降落到植物叶面而使植被和农作物受害或枯死；使土壤酸化引起有害金属元素溶出伤害植物根部；使江河湖泊酸化，导致鱼类和两栖动物丧失繁育能力，使水生生物减少；同时，酸雨腐蚀各种建筑材料和古迹，并直接影响人体健康。

4. 海洋环境污染

地球上海洋面积为 3.62 亿 km^2，占地球表面的 70.9%；海水体积为 13.7 亿 km^3，占地球表面总水量的 97% 以上。世界上 60% 的人生活在 60km 宽的沿岸线上。海洋拥有地球上最丰富的生物资源、矿物资源、化学资源和动力资源。海洋给人类提供食物的能力约为陆地上所能种植的全部农产品的 1000 倍，而现在人类对海洋的利用不足 1%。海洋是人类未来希望之所在。

海洋是地球上一个稳定的生态系统。但是近些年来，人类的活动给海洋环境和海洋生物带来了一次又一次的灾难，特别是沿岸海域的污染，已直接影响到海洋生态和人类生活。海洋污染问题已到了不容忽视的地步。

海洋的污染主要来自陆地，污染物通过江河流入海洋。此外，船只的泄漏和对海洋资源的过度开采也对海洋环境造成危害。近年来，海上石油开采引起的污染越来越受到人们的关注。2010 年 4 月 20 日夜间，位于墨西哥湾的"深水地平线"钻井平台发生爆炸后沉入墨西哥湾，沉没的钻井平台每天漏油达 5000 桶，并且海上浮油面积在 2010 年 4 月 30 日统计的 9900km² 基础上进一步扩张。此次漏油事件造成了巨大的环境污染和经济损失。美国路易斯安那州、亚拉巴马州、佛罗里达州的部分地区以及密西西比州先后宣布进入紧急状态。

5. 固体废料和有毒化学品污染

（1）固体废料。

固体废料包括工业固体废弃物、生物垃圾、污水渣等。全世界每年产生各种废料 100 亿 t。具有毒性、易燃性、腐蚀性、反应性和放射性的废弃物，称为危险废料，全世界每年约产生 4 亿 t。最危险的废料是放射性废料和剧毒化学品废料。全世界各地核电站每年产生的核料约 1 亿 t。

固体废料，尤其是危险废料通过各种途径污染水域、土壤和空气环境，直接或间接影响人类健康和地球生态系统。固体废料的堆放还要占用大量宝贵的土地。据测算，全球城市废料量大约 25 年增加 1 倍，每年约有 520 万人死于与废料危害有关的疾病。照此速度，到 2025 年前全球城市废料量将再翻一番。

（2）有毒化学品污染。

当前，世界上大约有500万化学品和700万种化学物质，其中许多对人体健康生态环境有明显危害，具有致癌、致畸、致突变的有500余种。同时，每年要有几万种新的化学物质和化学品问世，其中约有1/6投入市场。化学品一经生产出来，在没有自然和人为消解的情况下，最终必然进入环境，并在全球迁移，分别进入各生物介质，给全球带来危害。现在在我们的地球上，几乎找不到一处地方是没有受到污染的"清洁区"，连南极的企鹅和北极苔藓地的驯鹿，也受到了DDT的污染。

化学污染源除工业外，还有汽车尾气、农药化肥、香烟烟雾、家庭接触的和天然源的化学物质等。

6. 生态系统简化

生物多样性（Biodiversity）是生物及其与环境形成的生态复合体以及与此相关的各种生态过程的总和，是地球最显著的特点之一，是人类社会赖以生存和发展的基础。生命自出现以来，约经历了34亿年漫长的进化过程，并已出现过类似恐龙灭绝的事件6次，使52%的海洋动物家族、78%的两栖动物家族和81%的爬行动物家族消失。经历几十亿年的发展进化，形成了当今世界形形色色的生物类群。据测算，地球上现存的生物种类大约在500万～3000万种，被人们记录的约170万种，其中微生物约10万种，植物30万种，动物130万种，其中哺乳动物4300多种，爬行动物6000多种，两栖动物3500多种，鸟类约9000种，鱼类23000多种；而海洋生物和热带雨林生物就占全部生物种类的绝大部分。生物多样性是维护自然生态平衡和人类赖以生存及发展的生态基础。生物多样性包括遗传多样性、物种多样性、生态系统多样性和景观多样性。

近年来，由于环境污染、天然林和湿地的破坏，生物物种灭绝加速，每天约有50～100种物种灭绝，这是自恐龙消失以来物种灭绝最快的时代。不仅是物种，动植物种内的品系和族系也在消失，生态系统趋于简化。据估计，倘若某一森林地区的面积缩小10%，即可使生物品种下降50%。而地球上现存的野生生物种类一旦灭绝，就没有再出现的可能。生物多样性的快速消失，可能会对人类的健康以及赖以生存的农业和畜牧业造成严重影响，并进一步威胁到人类的生存。联合国环境规划署指出，保持物种多样性以及生态环境健康具有重要的经济意义。最近开展的一项研究显示，每年仅因毁林和森林退化就会导致2万亿～4.5万亿美元的损失；另一方面，如果每年对自然保护区投资450亿美元用于改善生态系统，由此带来的收益可高达5万亿美元。

《生物多样性公约》于1992年6月在巴西里约热内卢召开的联合国环境与发展大会上通过。该公约是生物多样性保护和持续利用进程中具有划时代意义的文件。会上有150多个国家的首脑在公约上签了字，并于1993年12月29日起正式生效。现在人们已经逐渐认识到生物多样性在经济、科学、道义、文化、心理上的价值。

第六节 中国的环境问题

一、地理因素分析

中国的土地面积次于俄罗斯和加拿大，居世界第三位，但我国是一个多山国家，山地面积占65%，另有大面积的沙漠和戈壁，可耕地面积较小。

山区地势高，重力梯度大，植被破坏使水土大范围流失，上游水土的流失，造成下游的淤塞。水土流失带在我国三级阶梯的第二阶梯上，处于干湿交替生态脆弱带。最为严重的是黄土高原，这里 60％是粉沙，70％是坡地，土层厚达几十米甚至几百米，土质疏松，黏力弱，极易被水流冲刷流失。长江流域因森林破坏，水土流失仅次于黄河，其中四川最为严重。西北、华北、东北中部风蚀严重。青藏高原、高山区、东北部分地区冻融侵蚀严重。我国尚有一些生态脆弱带：农牧交错带、干湿交替带、城乡交接带、水陆交界带、森林边缘带、沙漠边缘带、重力梯度带和其他脆弱区。这些生态脆弱带处于不同生态系统之间，物流、能流、结构、功能状况不平衡，变化速率快，时空移动力强，被替代概率大，复原机会小，抗干扰力弱。和其他大国相比，我国的海岸线较短，大部分国土远离海洋，多属大陆性气候。

二、资源相对贫乏、分布不均

说中国资源贫乏，可能多数人不愿接受。长期以来，中国"地大物博"的教育早已深植人心。这种盲目乐观的评估，促使了人们对宝贵资源的浪费，使得人们对我国主要资源的情况及基本国情缺乏正确的认识和真实的了解。而日本对每个国民从儿童时开始不断进行"资源贫乏"的教育，使人们认识到珍惜资源是每一个公民的义务和责任，这样的教育产生了积极效果。表 1—1 为我国与世界主要生态资源比较（1998），可以看出，我国在主要自然资源的人均占有量上，与世界人均水平有较大差距。

表 1—1　　　　　　　　　　　中国与世界主要生态资源比较（1998）

项　目	世界人均量	中国人均量	项　目	世界人均量	中国人均量
水径流量（万 m³）	1.08	0.24	耕地面积（hm²）	0.37	0.09
森林面积（hm²）	0.79	0.11	草地面积（hm²）	0.76	0.29
土地面积（hm²）	2.61	0.98			

注　未包括南极洲。

1. 水资源

我国是一个水资源缺乏的国家，我国的水资源有以下几个基本特点。

（1）总量不大。我国的淡水资源总量约为 28000 亿 m³，占全球水资源的 6％，次于俄罗斯、加拿大及国土面积比中国小得多的巴西，和美国、印度尼西亚相当。扣除难以利用的洪水径流和散布在偏远地区的地下水资源后，中国现实可利用的淡水资源仅为 11000 亿 m³ 左右，见表 1—2。

表 1—2　　　　　　　　　　　　几个国家水资源情况比较

国　家	年径流量（×10¹² m³）	人口（×10⁸）	人均径流量（×10⁴ m³）	耕地面积（×10⁶ hm²）	平均径流量（×10⁴ m³/hm²）
巴西	5.19	1.23	4.22	32.33	16.05
加拿大	3.21	0.24	13.00	43.60	7.20
美国	2.97	2.20	1.35	189.33	1.65
印度尼西亚	2.81	1.48	1.90	14.20	19.80
中国	2.71	11.30	0.24	94.20	2.85
印度	1.78	6.78	0.26	164.67	1.05
日本	0.42	1.16	0.36	4.33	9.75
世界总量	47.00	43.35	1.0	926.00	3.60

（2）人均较少。我国的人均水资源量只有 2000m³，仅为世界平均水平的 1/4，是全球人均水资源最贫乏的国家之一。

（3）分布不均。从空间分布来看，长江以南耕地占全国的 36％，而水资源为全国的 82％以上。长江以北耕地占 64％，水资源不足 18％。黄、淮、海河流域耕地占全国的 41.8％，增产潜力最大，水资源却不到 5.7％。水资源呈明显南多北少分布。

从时间分布看，由于我国降水受季风影响，降水量和径流量在一年中分配不均。长江以南，3—6 月（或 4—6 月）的降水量约占全年降水量的 60％；而长江以北地区，6—9 月的降水量，常常占全年降水量的 80％。降水集中程度过高，可用水资源占水资源总量的比例便低。另外，降水量年际变化也很大。我国主要江河都出现过连年枯水年和连年丰水年。这种年内分配不均，年际变化很大的特点，使可用资源的数量远远低于水资源总量。

（4）水资源浪费。人们对水资源缺乏严重性的认识还远远不够。尽管我国水资源严重缺乏，但水资源浪费却是非常惊人的。我国农业用水技术原始，主要以漫灌为主，灌溉效率仅有 25％～40％。全国工业重复用水率低，单位产品用水量比发达国家高 5～10 倍。我国是世界上用水量最多的国家，仅 2002 年，全国淡水取用量达到 5497 亿 m³，大约占世界年取用量的 13％，约是美国 1995 年淡水供应量 4700 亿 m³ 的 1.2 倍。

（5）水污染严重。水污染情况严重，由于污水治理比例不大，使 80％以上的河流受到污染。现在，由于水污染而造成的水资源损失是最为巨大、速率最高的。我国地表水污染较重，同时全国多数城市地下水受到一定程度的点状和面状污染，且有逐年加重的趋势。严重的水污染不仅降低了水体的使用功能，进一步加剧了水资源短缺的矛盾，对我国正在实施的可持续发展战略造成了严重影响，而且还严重威胁到了居民的饮水安全和人民群众的健康。

在全国 600 多个城市中，缺水城市达 400 多个，其中严重缺水城市有 110 个。水资源短缺不仅影响工农牧业生产，也影响到人们的生活。农村有 3 亿多人饮水不安全，在我国北方和西北地区的农村，尚有 5000 多万人口得不到基本的饮水保障。

2．土地、耕地资源

我国土地总面积居世界第 3 位，人均土地面积为 0.777hm²，相当于世界人均水平的 1/3，但是我国由于多山多沙漠，所以可耕地面积较小，比印度还小许多。根据国土资源部 2007 年年中公布的资料，目前，我国耕地只有 18.27 亿亩，人均仅有 1.39 亩，不到世界人均水平的 40％。我国人多地少与土地粗放利用并存，新增建设用地规模过度扩张，用地结构也不够合理，进一步加剧了人与地的矛盾。我国政府为此画了一条"红线"，即全国耕地不少于 18 亿亩。严格控制建设用地规模，实现耕地总量的动态平衡，是我们执行基本国策的重要措施和目标。在全国耕地面积中，坡度大于 25°的陡坡耕地约 600 万 hm²，主要分布在西部地区。按照国家有关规定，25°以上的陡坡耕地应当有计划地逐步退耕还林、还草，改善生态环境。

3．森林资源

据第七次全国森林资源清查（2004—2008 年）结果：全国森林面积 1.95 亿 hm²，森林覆盖率 20.36％，活立木总蓄积 149.13 亿 m³，森林蓄积 137.21 亿 m³；天然林面积 1.2 亿 hm²，天然林蓄积 114.02 亿 m³；人工林保存面积 0.62 亿 hm²，蓄积 19.61 亿 m³。我国森林面积居世界第 5 位，森林蓄积列居世界第 6 位。但是，我国森林覆盖率仅相当于世界平均水平的 61.52％，居世界第 130 位；人均森林面积 0.132hm²，不到世界平均水平的 1/4；人均森林蓄积 9.421m³，不到世界平均水平的 1/6。另外，森林分布情况不均：东部地区森林覆盖率为 34.27%，中部地区为 27.12%，西部地区只有 12.54%，尤其是占国土面积 32.19% 的西北 5 省（自治区）森林覆盖率只有 5.86%。

4. 草原资源

我国是草原资源大国，拥有各类天然草地 3.9 亿 hm²，约占国土面积的 40%，仅次于澳大利亚，但人均占有草地仅 0.33hm²，约为世界人均草地面积的 1/2，主要问题是草原质量差。近年来，超强度开发，包括开垦天然草场和长期超载放牧，导致了草地的退化、沙化和沙漠化。

5. 海洋资源

我国东南部濒临太平洋，邻接大陆的有渤海、黄海、东海、南海。近海水域面积达 470 万 hm²，大陆海岸线 18000km，岛屿海岸线 14000km，沿海滩涂面积 20799km²。共有岛屿 5100 个，其中台湾、海南岛两岛面积都超过 3 万 km²。

海洋资源指的是海洋环境中可以被人类利用的物质和能量以及与海洋开发有关的海洋空间。我国面海部分相对集中，而大片国土地处内陆，近海海洋环境优越，拥有较丰富的海洋资源。台湾是我国名副其实的宝岛，南海诸岛是我国宝贵的海洋资源。

6. 自然生物资源

（1）物种。我国有高等植物 3 万余种，占世界的 10%，居世界第 3 位。中国有脊椎动物 6481 种，占世界的 14%，其中哺乳类 581 种，鸟类 1331 种，鱼类 3862 种，爬行类 412 种，两栖类 295 种，均居世界前列。中国物种的特有性较高，在脊椎动物中，特有种数达 667 种；在高等植物中，约有 17300 种为特有种。大熊猫、朱鹮、华南虎、羚牛、藏羚羊、褐马鸡、绿尾虹雉、白鳍豚、扬子鳄和水杉、银衫、珙桐、台湾杉、银杏、百山祖冷杉、香果树等均为我国特有的珍稀濒危野生动植物。

（2）湿地。我国现有 100hm² 以上的湿地总面积 3848 万 hm²（不包括香港、澳门和台湾），约占国土总面积的 4% 和世界湿地总面积的 10%，居亚洲第一和世界第四位。其中天然湿地面积 3620hm²，包括滨海湿地面积 594 万 hm²、河流湿地面积 820 万 hm²、湖泊湿地面积 835 万 hm²、沼泽湿地面积 1370 万 hm²。

（3）自然保护区。截至 2006 年年底，我国自然保护区数量已经达到 2395 个，总面积为 15153.5 万 hm²，占陆地国土面积的 15.16%。其中国家级自然保护区 265 个，总面积为 9169.7 万 hm²。

三、生态环境问题

我国的生态环境支持系统在恶化，已经引起了越来越多人们的关注。

1. 森林锐减

我国原来森林资源是很丰富的，但过量的砍伐使森林资源锐减。伐木工业曾是我国的支柱产业之一。主要林区覆盖率建国时与目前比：长白山区由 82.5% 降到 14.2%，四川省由 20% 降到 8%，西双版纳由 60% 降到 30%，海南由 35% 降到 7%。用材林、成熟林蓄积量持续减少。森林质量不高，林龄结构以幼龄林、中龄林和人工林为主。

森林作为自然资源，具有经济、生态和社会三大效益。现在人们已开始认识到森林生态系统是陆地上面积最大、最重要的生态系统。森林的减少对生态环境的影响是巨大的。

2. 草原退化

近年来，由于不合理开垦、过度放牧及重用轻养，使本处于干旱、半干旱地区的草原生态系统遭受了严重破坏而失去平衡，导致生产力下降。草原生产力明显受气候因素的影响，特别是近年地球气温变暖，我国北方草原地区降雨量下降。例如内蒙古东部地区，20 世纪

80 年代与 60 年代相比，年均降雨量由 400～450mm 下降到 250～350mm，严重影响了草原质量。广大农牧民为了解决生活燃料的短缺，不得不砍伐和采挖荒漠上仅存的一点林木和植被，更增加了我国草原复原的难度。目前，我国 90％的草地已经或正在退化，其中中度退化程度以上（包括沙化、碱化）的草地达 1.3 亿 hm²，并以每年 200 万 hm² 的速度增加，退化速度每年为 0.5％，而改良草地的建设速度每年仅为 0.3％。建设速度远远赶不上退化速度，草原面积逐年缩小，草原植被覆盖日渐降低，许多地方已成裸地。

3. 水土流失、土壤沙化、耕地减少

我国水土流失严重，共有水土流失面积 356 万 km²，占国土总面积的 37.08％。每年流失表土量达 50 亿 t，为世界第一，相当于我国耕地每年被刮去 1cm 厚的沃土层，宝贵的氮、磷、钾元素随之流失。我国水土流失最严重的是黄土高原，每平方公里土壤的侵蚀模数为 5000～10000t，由此，黄河水中的含沙量为世界之最，每立方米河水达 37kg 以上。长江流域由于近年来植被破坏，水土流失面积迅速增加，长江已成为世界大河泥沙含量的第 4 位。此外，土壤风蚀在我国一些地方也极为严重。甘肃河西走廊发生沙尘暴的次数逐年增多，1970 年仅刮 1～2 次，1979 年达 12 次。黑风暴一刮，天昏地暗，飞沙走石，1977 年我国西北地区一次沙尘暴，白天漆黑如夜，仅河西地区就使数十人丧生。现在沙尘暴的影响已从华北扩展到华东，甚至到达了台湾岛。

由于对土地不合理的使用，土壤沙化的程度加剧，我国沙漠面积已从新中国成立以来的 6667 万 hm² 扩展到 13000 万 hm²，几乎扩大了 1 倍，约占国土面积的 13.5％，另外还有 670 万 hm² 的耕地和 1/3 的天然草场不同程度地受到了沙漠化的威胁和影响。

从表 1-2 可知，我国的耕地面积仅约美国的 1/2、不到印度的 60％，而这有限的耕地仍以较快的速率减少。除上述原因外，我国耕地还因人口增加和城市建设而被大量侵占。

在耕地面积减少的同时，耕地质量也在下降。受荒漠化的影响，我国干旱、半干旱地区 40％的耕地在不同程度地退化。另外，耕地污染也在加剧，约有 1000 万 hm² 的耕地受到了不同程度的污染。

4. 生态失衡，灾害频繁

我国大部分地区受季风影响，加之历史上过度开发造成的生态破坏，各种灾害不断发生，尤其是旱灾和水灾，基本上每三年发生一次。新中国成立后的两次生态大破坏，使得生态环境失衡严重，加之气温上升，雨量减少且不均，旱涝灾害同时增加。

从表 1-3 可以看出，全国平均受灾面积和成灾面积 20 世纪 80 年代都明显高于 50 年代，这和我国生态状况恶化有关，尤其是围湖造地，使得湖泊面积大幅度减少。据统计，在这 40 年中，我国共减少湖泊 500 多个，水面积缩小 186 万 hm²，蓄水量减少 513 亿 m³。

表 1-3　　　　　　　　　　我国 40 年洪涝、干旱灾害情况　　　　　　　　　　单位：万 hm²

年　份	洪　涝		干　旱	
	受灾	成灾	受灾	成灾
1950—1957	809.6	523.9	748.1	248.0
1958—1962	758.6	399.2	3059.2	1194.4
1963—1966	927.5	607.0	1368.5	606.5
1970—1976	498.0	195.0	2379.1	581.4
1977—1979	623.7	292.7	3155.7	1143.3
1980—1990	1160.5	606.9	2732.9	1254.1

由于生态环境的变化，我国气候变化的总趋势是趋向大陆化，形成难以逆转的生态效应。据天津环保局 1989 年研究，该地区大陆度平均增加 3.32 个百分点，引起的生态效应是每年多蒸发水分 $2 \times 10^8 \sim 5 \times 10^8$ t，农作物播种期推迟 $1 \sim 1.5$ 天，旱地面积年均扩大 10 万～12 万亩，冻害及干风频率增加 3%～4%。四川中部地区因降雨的时空分布不均形成"十年九旱，冬旱春干，初夏雨少，伏旱常见"的景象，和昔日的情况已发生了很大变化。另外由于植被减少，涵水能力剧降，造成长江中下游经常出现洪水灾害。1996 年和 1998 年的长江两次出现少见的洪水，给中下游城乡造成了严重灾害。2008 年南方地区大雪灾，2010—2012 年仍没有结束的西南地区大旱实为历史之罕见，大自然对人类破坏生态的报复随时可能发生。

目前主要生态环境问题依然突出，生物多样性下降趋势尚未得到有效遏制，遗传资源不断丧失和流失。此外，我国农村环境问题日益显现，农业源污染物排放总量较大，局部地区形势有所好转，但总体形势仍十分严峻。

四、环境污染严重

随着经济增长、人口增加和城市化进程加快，全国环境形势日趋严峻，以城市为中心的环境污染正在加剧并向农村蔓延，生态破坏范围在扩大，程度在加重，局部地区的环境污染和生态破坏已成为影响当地经济发展和社会稳定、威胁人们健康的重要因素。

全国地表水污染问题不容轻视，湖泊（水库）富营养化问题十分突出。2011 年，长江、黄河、珠江、松花江、淮河、海河、辽河、浙闽片河流、西南诸河和内陆诸河十大水系监测的 469 个国控断面中，Ⅰ～Ⅲ类、Ⅳ～Ⅴ类和劣Ⅴ类水质断面比例分别为 61.0%、25.3% 和 13.7%。监测的 26 个国控重点湖泊（水库）中，Ⅰ～Ⅲ类、Ⅳ～Ⅴ类和劣Ⅴ类水质的湖泊（水库）比例分别为 42.3%、50.0% 和 7.7%。地下水污染严重，全国 200 个城市地下水水质监测，优良—良好—较好水质的监测点比例为 45.0%，较差—极差水质的监测点比例为 55.0%。

2011 年，全国废水排放总量为 652.1 亿 t，化学需氧量排放总量为 2499.9 万 t，氨氮排放总量为 260.4 万 t。

四大海区中，黄海近岸海域水质良好，南海近岸海域水质一般，渤海和东海近岸海域水质差；九个重要海湾中，黄河口和北部湾水质良好，胶州湾和辽东湾水质差，渤海湾、长江口、杭州湾、闽江口和珠江口水质极差。

2011 年，环保重点城市环境空气中二氧化硫、二氧化氮和可吸入颗粒物年均浓度分别为 0.041mg/m³、0.035mg/m³ 和 0.085mg/m³。113 个环保重点城市中，环境空气质量达标城市比例为 84.1%。监测的 468 个市（县）中，出现酸雨的市（县）占 48.5%；降水 pH 值年均值低于 5.6（酸雨）、低于 5.0（较重酸雨）和低于 4.5（重酸雨）的市（县）分别占 31.8%、19.2% 和 6.4%。全国酸雨分布区域主要集中在长江沿线及以南和青藏高原以东地区，主要包括浙江、江西、福建、湖南、重庆的大部分地区，以及长江三角洲、珠江三角洲、湖北西部、四川东南部、广西北部地区。酸雨区面积约占国土面积的 12.9%。

环境保护重点城市区域噪声总体水平为一级和二级的占 76.1%，三级占 23.9%。全国城市各类功能区噪声昼间达标率为 89.4%，夜间达标率为 66.4%。4 类功能区夜间噪声超标较严重。环境保护重点城市区域噪声平均等效声级范围在 46.8～58.0 dB（A）之间。

2009 年，全国工业固体废物产生量为 204094.2 万 t，比上年增加 7.3%，十年间增加了 1.6 倍；危险废物产生量为 1429.8 万 t。

　　值得提出的是，我国的环境污染有从城市向农村转移、东部向西部转移、下游向上游转移的趋势，这是一个十分危险的趋势。如果一个国家的发展是以耗竭资源和污染环境的方式进行的，那么这种发展肯定是难以为继的。

第二章 生态学基础

从"征服自然"、"人定胜天"的豪言可以看到人们在自然环境面前的恣意。严酷的现实告诉我们，人类对大自然的认识，实在是知之甚少。认识自然、尊重自然，进而求得与自然的和谐，才是正确的态度。环境科学是研究人类活动与环境质量变化基本规律的学科，而生态学则是环境科学的理论基础。

第一节 概 述

一、生态学概念

生态学（ecology）一词是由德国生物学家赫克尔（Ernst Haeckel）于 1869 年首次提出的。1886 年，赫克尔创立了生态学学科。ecology 来自希腊语"oikos"与"logos"，前者意为"住所"，后者指"学科研究"。赫克尔把生态学定义为：研究有机体与环境之间相互关系的科学。

生态学是当今最为活跃的前沿学科之一，从"生态环境"、"生态问题"、"生态平衡"、"生态危机"、"生态意识"等使用频率很高的词汇中可以看到，生态学具有广泛的包容性和强烈的渗透性。

生态学研究的基本对象是两方面的关系，其一为生物之间的关系，其二为生物与环境之间的关系。对生态学的简明表述为：生态学是研究生物之间、生物与环境之间相互关系及其作用机理的科学。

二、生态学的起源

生态学是人们在对自然界认识的过程中逐渐发展起来的。古希腊哲学家亚里士多德的著作《自然历史》中，曾描述了生物之间的竞争以及生物对环境的反应；我国春秋战国时期的思想家管仲、荀况等人的著作中也谈到动物之间、动植物之间的某些关系，都包含了朴素的生态学思想。欧洲文艺复兴之后，人类开始认识自己居住的星球，对生物科学的研究从叙述转为实际考察。马尔萨斯研究生物繁衍与土地及粮食资源的关系，1803 年发表了人口论。达尔文于 1859 年出版了《物种起源》，对生态学的发展也做出了很大贡献。赫克尔是在前人的基础上创立了生态学。

从学科上讲，生态学来源于生物学，是环境科学的基础学科之一。到目前为止，生态学的多数分支，都主要在生物学的基础上进行研究。但近年来，生态学迅速与地学、经济学以及其他学科相互渗透，出现了一系列新的交叉学科。生态问题已成为全世界关注的问题，生态学研究的范围在不断扩大，应用也日益广泛和深入。

三、生态学的发展

第一阶段：从古代到 19 世纪，是生态学的初创阶段。简单朴素的生态学思想形成，人们通过观察和研究，于 19 世纪创立了生态学。

第二阶段：20 世纪前半叶，是生态学的形成阶段。这个时期，生态学的基础理论和方法都已经形成，并在许多方面有了发展。植物群落学、动物生态学等基本的生物生态学学科体系已经建立，尤其是 1935 年英国生态学家泰思利提出生态系统的概念，把生物与环境之间关系的研究全面地高度概括起来，标志着生态学的发展进入了一个新的阶段。他认为："只有我们从根本上认识到有机体不能与它们的环境分开，而与它们的环境形成一个系统，它们才会引起我们的重视。"在这个阶段，生态学还是隶属于生物学的一个分支学科。

第三阶段：20 世纪后半叶，是生态学的发展阶段。

工业发展、人口膨胀、环境污染和资源紧张等一系列的世界性问题出现后，迫使人们寻求和协调人与自然的关系，探索可持续发展的途径，从而推动了生态学的发展。

近代系统科学、控制论、电脑技术和遥感技术的广泛应用，为生态学对复杂系统结构的分析和模拟创造了条件，为深入探索复杂系统的功能和机理提供了更为科学先进的手段。另外一些相邻学科的"感召效应"也促进了生态学的高速发展。

这个时期，生态学的研究吸收了其他学科的理论、方法及成果，拓宽了生态学的研究范围和深度。同时生态学向其他学科领域扩散或渗透，促进了生态学时代的产生，生态学分支学科大量涌现。生态学和数学相结合，产生了系统生态学；生态学和物理学相结合，产生了能量生态学；用热力学解释生态系统产生了功能生态学；生态学和化学相结合，产生了化学生态学。

同时生态学的原理和原则在人类生产活动的许多方面得到了应用，并与其他一些应用学科及社会科学相互渗透，产生了许多应用科学。如农业生态学、森林生态学、污染生态学、环境生态学、人类生态学、社会生态学、人口生态学、城市生态学、经济生态学及生态工程学等。

生态学经历了向自然科学和社会人文科学交叉和渗透的发展过程，它的发展过程及其研究领域的拓宽，深刻反映了人类对环境不断关注、重视的过程。目前，生态学理论已与自然资源的利用及人类生存环境问题高度相关，可以认为，生态学已由生物学的分支学科发展为生物学与环境科学的交叉学科。生态学已成为环境科学重要的理论基础。

生态学将朝着人和自然普遍的相互作用问题的研究层次发展，将影响人们认识世界的理论视野和思维方法，具有世界观、道德观和价值观的性质。

第二节　生物生存环境——生物圈

一、生物圈的概念

生物圈这一概念是由奥地利地质学家休斯（E. Suess）于 1875 年首先提出，20 世纪 20 年代前苏联生物地球化学家维尔纳茨基（В. И. Вернадский）发现生物活动对地表化学物质的迁移和富集有重大影响，提出了生物圈的学说。

地球上的一切生物，包括人类，都生活在地球的表面层，因为只有这个表面层有空气、水、土壤，可以接收到太阳的辐射，因而能维持生物的生命。我们把地球表面生物赖以生存的部分称为生物圈（biophere）。

二、生物圈的组成

生物圈由大气圈、水圈和岩石土壤圈组成。

1. 大气圈

地球大气由各种气体混合组成，由于地球引力的作用，大气的密度随高度的增加而减小，并逐步过渡到宇宙空间与星际气体物质相连接。大气圈的结构见图 2-1。

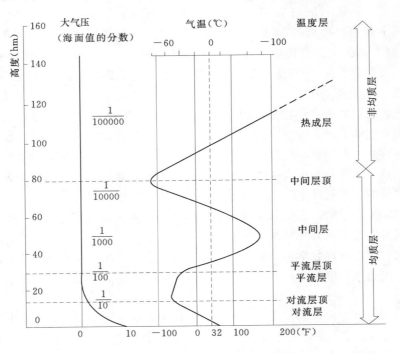

图 2-1　大气圈的结构（仿斯特拉斯）

大气圈按气体物质的组成比例，可分为均质层与非均质层。

（1）均质层。从地表向上大约 80～85km 的高度，大气的化学组成按其体积成分比例基本上是一致的，称为均质层，包括对流层、平流层和中间层。均质层里除固体杂质和水汽之外的干洁空气的主要成分见表 2-1。

表 2-1　　　　　　　　　　　　　干 洁 空 气 主 要 成 分

气 体 成 分	化学分子式	空气中的含量（%）	
		按 体 积	按 质 量
氮	N_2	78.09	75.52
氧	O_2	20.95	23.15
氩	Ar	0.93	1.28
二氧化碳	CO_2	0.03	0.05
臭 氧	O_3	0.000001	—

（2）非均质层。在地球表面上空大约 85km 以上的大气层为非均质层，由 4 种气体层所组成，即氮分子层、氧原子层、氦原子层和氢原子层。从 85～800km 的气层中，大气密度很小，氧分子和部分氮分子在太阳紫外线辐射作用下分解为原子，并处于高度电离状态，故称为电离层。电离层能反射无线电波，在无线电通信中有重要意义。电离层之外空气非常稀薄，受地球引力作用微弱，一些高速运动的空气质点可以逸散到太空中，故称为逸散层。

根据温度变化情况，又可把大气分为对流层、平流层、中间层和热层四层。其中前三层为均质层，最后一层为非均质层。

1）对流层。大气最下层为对流层，其下界为地表，上界在低纬度约为 17～18km，中纬度约为 10～12km，高纬度约为 8～9km。由于对流层空气主要靠地面长波辐射增热，靠近地面受热多，故气温高，离地面较远则气温低。因而对流层在一般情况下气温随高度增加而降低，平均每升高 100m 气温降低 0.6℃。

　　对流层对人类和生物的影响最大，它提供人类及生物生存所必需的碳、氢、氧、氮等元素。对流层中空气对流旺盛，天气变化显著，集中了地球大气总质量的 74％以及几乎全部水汽。影响生物和人类的一切天气现象如风、雨、雪、冰雹、雷电都发生在对流层中，大气污染也主要发生在这里。所以对流层与人类生产、生活关系极为密切，对生物生长繁殖和分布有很大影响，特别是地球表面上 2km 以内，受生物、地形等因素影响更大，局部气流变化更加剧烈，与人类生活的关系也更为密切。

　　2）平流层。在对流层上面，有 1～2km 的过渡层，称为对流层顶。对流层顶至 50～55km 的范围为平流层。平流层的温度随高度的增加而增加，形成一个强大的逆温层，因而，气流平稳、垂直运动微弱，水汽和尘埃极少，所以很少有天气现象出现。

　　受到广泛关注的臭氧层就在平流层中。臭氧在大气层中只占百万分之一，而大部分集中在平流层中，其浓度峰值大约在距地面 20～25km 的高度上，臭氧层能吸收太阳辐射中的大部分短波紫外线和宇宙射线，使地球上的人类和其他生物免受有害辐射，成为人类和其他生物的保护伞。

　　3）中间层。自平流层顶到 80～85km 是中间层。中间层的特点是气温随高度增加而迅速下降，其顶部温度可下降到−83℃。由于温度下高上低，空气作强烈的垂直对流运动，所以中间层又称高空对流层。

　　4）热层。从中间层向上进入非均质层，在这里气温急剧上升，最高可达 1100～1650℃，这是太阳辐射中的紫外线被该层大气中的原子强烈吸收的缘故。

　　2. 水圈

　　地球上的水体包括海洋、河流、湖泊、地下水、大气水和冰，构成了地球的水圈。海洋是水圈的主体，世界海洋约占地球总面积的 71％。水圈的水以液态、固态、气态三种形式存在，地球上水量分布情况见表 2-2。

表 2-2　　　　　　　　地球上水量分布（据 Shumskiy 等材料）

存在态	体积（km³）	占总水量的百分比（％）	存在态		体积（km³）	占总水量的百分比（％）
海洋	1349929000	97.5017	地下水	浅层	4500000	0.3250
咸水湖	94000	0.0068		深层	5600000	0.4045
冰	24230000	1.7501	大气水		12000	0.0009
淡水湖	125000	0.0090	植物		600	0.00005
河流	1200	0.0001	动物		600	0.00005
土壤水	25000	0.0018	合计		1384518000	100.0000

　　水是生物生存所必需的要素。生命起源于水环境，水是原生质的组成成分，一切新陈代谢、生化过程都是在机体内的水环境中进行的。水参与地球表面的能量转化与物质循环。

　　水在地球上的分布呈明显的不平衡性和不对称性。海洋咸水占总水量的 97％以上，淡水只占 2.5％，而在这些淡水中，几乎 70％被固定在南北极的冰盖和冰川中，30％在地下含水层，淡水湖及河流里的水仅占淡水的0.36%，占地球上总水量的0.0091%，可见淡水资源是非常有限的。

地球上的水不是静止的，而是处于永恒的循环之中。水以大气环流、海洋和河流等形式在地球上流动和再分配，通过蒸发、降雨、渗透等进行水循环，不断往复、永无止境，使地球水量保持平衡，见表2-3（引自刘培桐等）。水的循环，不仅调节了气候，而且净化了大气和水自身。

表2-3 地球水量的平衡

类　　别	海　洋	陆　地	全　球
降雨（km^3/a）	324000	99000	423000
蒸发（km^3/a）	361000	62000	423000
流入量（km^3/a）	+37000	-37000	0
降雨（cm/a）	90	67	83
蒸发（cm/a）	100	42	83
流入量（cm/a）	+10	-25	0

3. 岩石土壤圈

（1）岩石圈。

地球的内部，从内到外大致可以分为地核、地幔和地壳三层，岩石圈即指最外层的地壳部分。大陆地壳的平均厚度约为35km，海洋下的地壳厚度为5~8km。岩石圈是生物圈的牢固基础，地壳层的质量只是地球总质量的0.7%，但它直接影响着生命的存在和繁衍。

岩石圈中富含各种化学物质，组成原生质的元素就来源于此。岩石圈中除了植物生长所需的矿物质营养外，还贮藏着丰富的地下资源，如煤炭、石油、铁矿、铜矿等有色金属。

（2）土壤圈。

土壤圈在地球表面，由岩石圈表面物理风化而成的疏松层作母质，加上水和有机物质通过化学变化以及生物作用，经过相当长的时间才形成。土壤是有机界和无机界相互联系、相互作用的产物。

土壤圈是自然环境中生物界与非生物界之间的一个复杂的独立的开放性物质体系，具有特殊的组成和功能。土壤主要由矿物质、有机物、水分和空气构成，是环境中物质循环和能量转化的重要环节，是岩石圈、大气圈和水圈之间的接触和过渡地带。

土壤不仅能为生物提供营养和栖息场所，还具有同化和代谢外界输入物质的能力。土壤中生活着各种微生物和土壤动物，能对外来的各种物质进行分解、转化和改造，所以土壤又被看成是一个自然的净化系统。当土壤被污染超过土壤自净化能力时，就会破坏土壤自然动态平衡。

三、生物圈的形成

与地球46亿年的历史相比，生物圈的历史则短得多，它有自己的形成、发展过程。地球形成的早期是无生物的世界，因此根本不存在生物圈。地球的原始生物最早是从海洋中萌发的，明显的生命现象大约出现在25亿~30亿年前。约在4亿年前（泥盆纪），水生动物、植物、菌类三级生态系中的植物界开始从海洋登上陆地，生物实现了水生到陆生的飞跃，从而形成了水陆的动植菌三级生态系，生物圈就是在这个过程中形成的。

生物对整个生物圈的形成、演化起着重要的作用，它使地球的结构、条件和演化过程发生了根本的变化。早期地球上空是没有氧的还原性气体，由于绿色植物的光合作用促进了大气的演化，最后才形成现代大气的组成和大气圈。土壤是由矿物质、水、空气、有机物和生物组成的，没有生物有机体提供有机物质，就不可能有土壤。所以，土壤是生物对地壳表层改造的产物。据推算，自地球上有生命以来，已产生的生物总量几乎超过了地壳无机物总量一倍。这样大量的生命物质和能量交换，极大地改变了地球的自然动态平衡，改变了物质循环和许多自然演变过程。

大约在 300 多万年前出现了人类，生物圈进入了新的发展阶段。人类不同于其他生物，能制造工具和使用工具，有意识的劳动改变了世界，干预了生物圈和生物地球化学过程。当然，在人类历史的早期，对生物圈的影响和作用是不大的。随着科学技术的发展，人类控制和支配自然的能力不断提高。特别是 19 世纪工业迅速发展以来，人类开发自然和利用自然资源的规模越来越大，不仅大量的矿物质从地壳中被开采出来，而且生物圈从来没有的诸多人工合成材料、化学物质源源不断地被输入生物圈，这些都会影响生物圈的正常功能和物质平衡。总之，人类的生产活动成为地球上影响生物圈的巨大力量。

四、生物圈的特征

（1）生物圈是地球上人类和生物的唯一生存地，到目前为止和可以预见的将来，还没有其他选择。

（2）生物圈具有很强的"生物化"特征。把生物圈的概念仅作为生命区来理解显然是不完全的。它是一个极其复杂的、能自动调节的生命物质和非生命物质系统，它积累和重新分配巨大的物质资源和能量资源。

（3）生物有机体呈现种类的多样性。生物多样性是生物圈的基本特征之一。地球上曾出现过的物种总数有近 2.5 亿种。

（4）生物圈的结构呈现不平衡性和不对称性。山脉、平原、河流的分布是不平衡的，陆地上和海洋中的生命物质分布也是不平衡的。例如，活质的最大浓度分布在陆地温带、亚热带、热带的土壤中，活质的较小浓度分布在寒冷的极地、干旱地区和荒漠、高山及海洋深处。由于地形地貌的复杂性，生命物质分布不均匀，加上物种本身的多样性，造成生物种群和群落分布的镶嵌性。大陆和海洋的分布对比关系呈不对称性。

（5）生物圈通过物质循环和能量转化来自我调节和平衡，在人类出现之前，没有哪一种生物具有打破这种平衡的力量，但人类的出现则改变了这个局面。20 世纪的人类活动已开始大范围地按照自身的需要改造生物圈，从而使生物圈发生了很大变化。但是人类是生物圈的居民，应该也必须服从自然法则。人类既然具有改变生物圈的能力，那么对于生物圈的维持就应有一种道德责任。

第三节　生态因子及其作用

一、生态因子的概念

任何一种生物生长与发育都离不开生活环境，也称生境。生境（habitat）指在一定时间内对生命有机体生活、生长发育、繁殖以及有机体存活量有影响的空间条件及其他条件的总和。在生境中对生物的生命活动起直接作用的那些环境要素称为生态因素，也称生态因子。生态因子影响了生物的生长、发育和分布，影响了种群和群落的特征。

在生物学中，在一定的时间范围内，占据某个特定空间的同种生物有机体的集合体，称为种群。生物群落是指在一定的历史阶段，在一定的区域范围内，所有有生命部分的总合。

二、生态因子的分类

生态因子可分为物质和能量两大类，也可分为非生物因子和生物因子两类。

非生物因子也称自然因子，物理、化学因子属非生物因子，如光、温度、湿度、大气、水、土壤等。

生物因子包括动物、植物与微生物，即对某一生物而言的其他生物。它们通过自身的活动直接或间接影响其他生物。现在有一种观点认为人对环境的影响太大，作为一种特殊的生物，人应该单列，即生态因子还应包括第三方面的因素——人为因素。例如，人类的砍伐、挖掘、采摘、引种、驯化以及环境污染等。

任何生物所接受的都是多个因子综合的作用，但其中总是有一个或少数几个生态因子起主导作用。

三、生态因子的一般特征

1. 综合作用

生物在一个地区生长发育，它所受到的环境因素影响不是单因子的，而是综合的、多因子的共同影响。如温度是一年、二年生植物春化阶段中起决定作用的因子，但如果空气不足、湿度不适，萌芽的种子仍不能通过春化阶段。这些因子彼此联系、互相促进、互相制约，任何一个因子的变化，必将引起其他因子不同程度的变化，只是这些因子中有主要的和次要的、直接的与间接的、重要的和不重要的区别。由于生态因子之间相互联系、相互影响、互为补充，所以在一定条件下是可以相互转化的，例如温度和湿度有明显的相关关系。

2. 主导因子作用

在对生物起作用的诸多生态因子中，有一个生态因子起决定性作用，称为主导因子（leading factor）。如以食物为主导因子，表现在动物食性方面可分为食草动物、食肉动物和杂食动物等。以土壤为主导因子，可将植物分成沙生植物、盐生植物、喜钙植物等。

3. 生态因子的不可替代性和补偿作用

生态因子对生物的作用各不相同，从总体上来说生态因子是不可替代的，但在局部是可以作一定的补偿，例如光辐射因子和温度因子可以互相补充，但不能互相替代。在一定条件下的多个生态因子的综合作用过程中，由于某一因子在量上的不足，可由其他因子作一定的补偿。以植物的光合作用来说，如果光照不足，可以增加二氧化碳的量来补偿。但生态因子的补偿作用只能在一定的范围内作部分的补偿，而不能以一个因子替代另一个因子，而且因子之间的补偿作用也不是经常存在的。

4. 生态因子的直接作用和间接作用

生态因子对生物的生长、发育、繁殖及分布的作用可分为直接作用和间接作用。例如，光、温度和水，对生物的生长、分布以及类型起直接作用，而地形因子，如起伏、坡度、海拔高度及经纬度等对生物的作用则不是直接的，但它们能影响光照、温度、雨水等因子，因而对生物起间接作用。

5. 因子作用的阶段性

生物生长发育有其自身的规律，不同的阶段对环境因子的需求是不同的，所以生态因子对生物的作用又具有阶段性，例如，有些鱼类不是终生定居在固定的环境中，而是根据其生活史的不同阶段，对生存条件有不同要求，进行长距离的洄游，大马哈鱼生活在海洋中，生殖季节就成群结队洄游到淡水河中产卵。农作物在不同的生长阶段，对水分的需要量和对养分的需要量及养分种类的需求是不同的。

四、生态因子作用的规律

1. 限制因子规律

在环境诸因子中，某个因子限制了生物的生长、发育、繁殖或生存，我们称这个因子为限制因子。如温度升高到上限时会导致许多动物死亡，温度上限是动物生存的限制因子。干旱地区的水、寒冷地区的温度都是生物发育、生殖、活动的限制因子。

2. 最低量（最小因子）定律

最低量定律是德国化学家利必希（Liebig）于1840年提出的。他在研究各种化学元素对植物生长的影响时发现，硼、镁、铁等微量元素是不可缺少的，当某种元素降到最小值时，别的养分再多，该植物也不能正常生长。他认识到，作物的产量常常不是被需要量大的营养物质所限制，而是受某些微量元素所限制，这就是利必希最低量定律，与系统论中的"水桶原理"的涵义是一致的。

利必希最低量定律适用于物资和能量的输入与输出处于平衡状态时。利用其考察环境的时候，必须注意因子间的相互作用。在生态系统中，某些因子之间有一定程度的相互替代性，如某些物质的高浓度，可以改变最小限制因子的利用率或临界限制值，有些生物能够以一种化学上非常相近的物质代替另一种自然环境中欠缺的所需物质，至少可以替代一部分。例如，在锶丰富的地方，软体动物可以在贝壳中用锶代替一部分钙。有些植物生长在阴暗处比生长在阳光下需要的锌少些，所以锌对处在阴暗处的植物所起的限制作用会小一些。

3. 耐受性定律

耐受性定律是美国生态学家谢尔福德（Shelford）提出的，他认为因子在最低量时可以成为限制因子，但如果因子量超过生物体的耐受程度时也会成为限制因子。每种生物对一种环境因子都有一个生态上的适应范围，都有一个最适点及最低点和最高点，其最高点到最低点之间的宽度称为生态幅。在生态幅的范围内，有一个最适点，生物在最适点或接近最适点时才能很好生活，趋向两端时，就会被抑制，就会引起有机体的衰减或死亡，此即为耐受性定律。一种生物如果经常处于极限条件下，生存就会受到严重危害。

根据生物对各种因子适应的幅度，可将生物分为多种类型，即对该因子的狭适性类和广适性类。生态幅表示某种生物对环境的适应能力，生态幅宽的称为广适性生物。广适性生物比窄适性生物对环境有更强的适应能力，窄适性生物很容易受到环境条件的淘汰。一些濒于灭绝的生物多是窄适性生物。

不同生物对同一个因子会有不同的耐受极限，同一种生物在不同的生长阶段对同一个因子也有不同的耐受极限。如原生动物一般能耐受高温50℃，形成孢囊时耐受性更高；家蝇在44.6℃左右出现热瘫痪，到45～48℃就开始死亡；玉米生长发育所需的温度最低不能低于9.4℃，最高不超过46.1℃，其耐受限度为9.4～46.1℃。

关于耐受性定律还有以下几种情况：

（1）生物对各种生态因子的耐受幅度有较大差异，生物可能对一种因子的耐受性很广，而对另一种因子耐受性很窄。

（2）在自然界中，生物不一定都在最适环境因子范围内生活，一般来说对所有因子耐受范围很广的生物，分布较广。

（3）当一个物种的某个生态因子不是处在最适度状态时，另一些生态因子的耐受限度将会下降。例如，当土壤含氮量下降时，草的耐旱能力将下降。

（4）自然界中生物之所以并不都在某一特定因子的最适范围内生活，其原因是种群的相互作用（如竞争、天敌等）和其他因素常常妨碍生物利用最适宜的环境。

（5）繁殖期通常是一个临界期，环境因子最可能起限制作用。繁殖期的个体、种子、胚胎、幼体的耐受限度一般要狭窄得多，较适宜的环境对它们的生存是必要的。

（6）生物的耐受性是可以改变的。生物对环境的适应和对环境因子的耐受并不是完全被动的。生物的进化可使它们积极地适应环境，从而减轻环境因子的限制作用，生物的这种能力称为因子补偿作用。在生物种内，经常可以发现，地理分布范围较广的物种与地方性的物种有所不同。动物，尤其是运动能力发达和个体较大的动物，则常常通过进化形成适应性行为，产生补偿作用以回避不利的地方性环境因子。

在生物群落层次中，通过群落中各种不同种类的相互调节和适应作用，结成一个整体，从而产生对环境因子的补偿作用，这就是所谓的群落优势。例如，自然界实地观察到的生态系统的代谢率——温度曲线总比单个种的曲线平坦，也就是说，生态系统的代谢率在外界温度变化时能够保持相对稳定，这就是群落稳定的一个具体例子。在外界因素干扰下生态系统的稳定性是有利于生物生存的。

限制因子和耐受性限度的概念为生态学家研究复杂环境建立了一个出发点。在研究某个特定环境时，经常可以发现可能存在的薄弱环节或关键环节，首先应集中考察那些很可能接近临界的或者"限制性的"环境条件。

第四节　生态系统的基本概念及类型

一、生态系统的概念

生态系统（ecosystem）一词最初是由英国植物群落学家 A. G. 坦斯利（A. G. Tansley）于 1935 年首先提出的。他根据前人和他本人对森林动态的研究，把物理学中的"系统"引入生态学，提出了生态系统的概念。他认为：整个系统，"它不仅包括生物复合体，而且还包括了人们称之为环境的各种自然因素的复合体。我们不能把生物与其特定的自然环境分开，生物与环境形成一个自然系统。正是这种系统构成了地球表面上的基本单位，它们有不同的大小和类型，这就是生态系统。"生态系统概念的提出，对生态学的发展产生了巨大的影响。在生态学的发展史中有过三次大的飞跃，从个体生态学到种群生态学是一次飞跃，从种群生态学到群落生态学是第二次飞跃，20 世纪 60 年代开始了以生态系统为中心的生态学，从群落生态学过渡到生态系统生态学是生态学发展史上的第三次飞跃，是比前两次更为深刻的变革。

生态系统是指在一定的时间和空间内，生物和非生物成分之间，通过物质循环、能量流动和信息传递，而相互作用、相互依存所构成的统一体，是生态学的功能单位。生态系统也就是生命系统与环境系统在特定空间的组合。有的学者把生态系统简明地概括为：生态系统＝生命系统＋环境条件。

生态系统是一个广泛的概念，根据这一概念任何生命系统及其环境都可以看作生态系统。一个生态系统在空间边界上是模糊的，其空间范围在很大程度上是依据人们所研究的对象、研究内容、研究目的或地理条件等因素而确定的。从结构和功能完整性角度看，它可小到含有藻类的一滴水，大到整个生物圈。

生态系统可以是一个很具体的概念，一片森林、一片草地、一个小池塘、一个培养皿都是一个生态系统，同时，它又是空间范围上抽象的概念。生态系统和生物圈只是研究的空间范围及其复杂程度不同。小的生态系统组成大的生态系统，简单的生态系统组成复杂的生态系统，而最大、最复杂的生态系统就是生物圈。生物圈就是一个滋生万物的最大的封闭性的生态系统，由许多大小不同的开放性生态系统组合而成。

以一个小的池塘为例，在池塘里有水、植物、微生物和鱼类。它们相互联系、相互制约，在一定的条件下，保持着自然的暂时的相对平衡，形成一个非常精巧而又复杂的生态系统。

实际上，自然界或人类社会存在的各类生态系统都是由微、小、中、大等多级分层的子系统组成的，它们都有空间上的联系顺序和时间上的持续发展，构成完整而复杂的生态综合体。生态系统概念的提出，为研究生物与环境的关系提供了新的基础、观点及角度。目前生态系统已成为生态学中最活跃的领域，在理论上得到了发展，在实践上得到了应用。

二、生态系统的组成

生态系统的成分，不论是陆地还是水域，或大或小，都可以概括为非生物和生物两大部分。如果没有非生物环境，生物就没有生存的场所和空间，也就得不到能量和物质，生物就无法生存，仅有环境而没有生物也谈不上生态系统。生态系统可以分为非生物环境、生产者、消费者与分解者四种基本成分。

1. 非生物环境

非生物环境包括三部分：一为太阳能和其他能源、水分、空气、气候和其他物理因子；二为参与物质循环的无机元素（如碳、氢、氧、氮、磷、钾等）与化合物；三为有机物（如蛋白质、脂肪、碳水化合物和腐殖质等）。

2. 生产者

生产者是指能利用太阳能，将简单的无机物合成为复杂的有机物的自养生物。生产者主要指绿色植物，包括水生藻类，另外还有光合细菌和化学合成细菌。

生产者在生态系统中的作用是通过光合作用将太阳光能转变为化学能，以简单的无机物为原料制造各种有机物，保证自然界二氧化碳与氧气的平衡。生产者不仅供给自身生长发育的能量需要，也是其他生物类群及人类食物和能量的来源，并且是生态系统所需一切能量的基础。生产者在生态系统中处于最重要的地位。

3. 消费者

消费者是指直接或间接依赖并消耗生产者而获取生存能量的异养生物，主要是各种动物。它们不能利用太阳光能制造有机物，只能直接或间接地从植物所制造的现成的有机物质中获得营养和能量。它们虽不是有机物的最初生产者，但可将初级产品作为原料，制造各种次级产品，因此它们也是生态系统中十分重要的环节。

消费者包括的范围很广。直接以植物为食，如牛、马、兔、食草鱼以及许多陆生昆虫等，这些食草动物称为初级消费者。以食草动物为食，如食昆虫鸟类、青蛙、蛇等，这些食肉动物称为次级消费者。以这些食肉的次级消费者为食的食肉动物，可进一步分为三级消费者、四级消费者，这些消费者通常是生物群落中体形较大、性情凶猛的种类，如虎、狮、豹、鲨鱼等，这类消费者数量较少。消费者中最常见的是杂食性消费者，如池塘中的鲤鱼、兽类中的熊、狐狸等以及人类等，它们的食性很杂，食物成分还随季节变化。生态系统中正是杂食性消费者的这种营养特点，构成了极其复杂的营养网络关系。

4. 分解者

分解者又称还原者，都属于异养生物，主要指微生物如细菌、真菌、放射菌、土壤原生动物和一些小型无脊椎动物等。分解者体形微小，但数量大得惊人，分布广泛，存在于生物圈的每个部分。它们具有把复杂的有机物分解还原为简单的无机物（化合物和单质）并将其释放归还到环境中去供生产者再利用的能力。生态系统中正是有了分解者，物质循环才得以运行，生态系统才得以维持。

三、生态系统的基本特征

生态系统和其他系统一样，都是具有一定的结构，各组成成分之间相互关联并执行一定功能的有序整体。从这个意义上讲，生态系统与物理系统是相同的。但生态系统是一个有生命的系统，使得其具有不同于机械系统的许多特征，这些特征主要表现在以下几个方面。

1. 生态系统具有生物学特征

生态系统具有生命有机体的一系列生物学特性，如发育、代谢、繁殖、生长与衰老等。这就意味着生态系统具有内在的动态变化的能力。任何一个生态系统都是处于不断发展、进化和演变之中，根据发育状况可将生态系统分为幼年期、成长期、成熟期等不同发育阶段。

2. 生态系统具有一定的区域特征

生态系统都与特定的空间相联系，这种空间都存在着不同的生态条件。生命系统与环境系统的相互作用以及生物对环境长期的适应结果，使生态系统的结构和功能反映了一定的地区特征。同是森林生态系统，寒带的针叶林与热带雨林有着明显的差异，这种差异是区域自然环境不同的反映，也是生命成分在长期进化过程中对各自空间环境适应和相互作用的结果。

3. 生态系统是开放的自律系统

机械系统是在人的管理和操纵下完成其功能的，而自然生态系统则不同，它具有代谢机能，这种机能是通过系统内的生产者、消费者、分解者三个不同营养水平的生物种群来完成的，它们是生态系统自我维持的结构基础。在生态系统中，不断地进行着能量和物质的交换、转移，保证生态系统发生功能并输出系统内生物过程所制造的产品或剩余物质和能量，自然生态系统不需要人的管理和操纵，是开放的自律系统。

4. 生态系统是一种反馈系统

反馈指系统的输出端通过一定通道，即反馈返送到输入端，变成了决定整个系统未来功能的输入。生态系统就是一种反馈系统，能自动调节并维持自身正常功能。系统内不断通过（正、负）反馈进行调整，使系统维持和达到稳定。自然生态系统在没有受到人类或其他因素的严重干扰和破坏时，其结构和功能是非常和谐的，因为生态系统具有这种自动调节的功能。在生态系统受到外来的干扰而使稳定状态改变时，系统靠自身反馈系统的调节机制再返回稳定、协调状态。应该指出的是，生态系统的自动调节功能是有一定限度的，超过这个限度，会对生态系统造成破坏。

四、生态系统的结构

构成生态系统的各组成部分，环境及各种生物种类、数量和空间配置，在一定的时期处于相对稳定的状态，使生态系统能够保持一个相对稳定的结构。对生态系统结构的研究目前主要着眼于形态结构和营养结构。

1. 形态结构

生态系统的形态结构是生物种类、数量的空间配置和时间变化，也就是生态系统的空间与时间结构。例如，一个森林生态系统，其植物、动物和微生物的种类和数量基本上是稳定的，它们在空间分布上有明显的成层和垂直分布现象。在地上部分，自上而下有乔木层、灌木层、草本植物层和苔藓地衣层；在地下部分，有浅根系、深根系及根际微生物。动物的空间分布也有明显的分层现象，最上层是能飞行的鸟类和昆虫；地面附近是兽类；最下层是蚂蚁、蚯蚓等，许多鼠类在地下打洞。在水平分布上，林缘、林内植物和动物的分布也有明显不同。

各生态系统在结构的布局上有一致性。上层阳光充足，集中分布着绿色植物的树冠或藻类，有利于光合作用，故上层又称为绿带或光合作用层。在绿带以下为异养层或分解层，又称褐带。生态系统中的分层有利于生物充分利用阳光、水分、养料和空间。

形态结构的另一种表现是时间变化，这反映出生态系统在时间上的动态。一般可以从三个时间量度上来考察：一是长时间量度，以生态系统进化为主要内容，如现在森林生态系统自古代时期以来的变化；二是中等时间度量，以群落演替为主要内容，如草原的退化；三是以年份、季节和昼夜等短时间度量的周期性变化，如一个森林生态系统，冬季满山白雪覆盖，一片林海雪原，春季冰雪融化，绿草如茵，夏季鲜花遍野，五彩缤纷，秋季果实累累，气象万千。不仅有季相变化，就是昼夜也有明显变化，如绿色植物白天在阳光下进行光合作用，在夜间只进行呼吸作用。短时间周期性变化在生态系统中是较为普遍的现象。

生态系统短时间结构的变化，反映了植物、动物等为适应环境因素的周期性变化，而引起整个生态系统外貌上的变化，这种生态系统短时间结构的变化往往反映了环境质量高低的变化，所以对生态系统短时间结构变化的研究具有重要的意义。

2. 营养结构

生态系统各组成部分之间，通过营养联系构成了生态系统的营养结构。

（1）食物链。

生态系统中各种成分之间最本质的联系是通过营养来实现的，即通过食物链（food chain）把生物与非生物、生产者与消费者、消费者与消费者连成一个整体。食物链在自然生态系统中主要有牧食性食物链和腐生性食物链两大类型，它们在生态系统中往往是同时存在的。如森林的树叶、草、池塘的藻类，当其活体被消费者取食时，它们是牧食性食物链的起点；当树叶、枯草落在地上，藻类死亡后沉入水底，很快被微生物分解，这时又成为腐生性食物链的起点。

（2）食物网。

在生态系统中，一种生物一般不是固定在一条食物链上，往往同时属于数条食物链，生产者如此，消费者也是这样。如牛、羊、兔和鼠都可能吃同一种草，这样这种草就与四条食物链相连。再如，黄鼠狼可以捕食鼠、鸟、青蛙等，它本身又可能被狐狸和狼捕食，黄鼠狼就同时处于数条食物链上。实际上，生态系统中的食物链很少是单链，它们往往是相互交叉，形成复杂的网络式结构，即食物网（food web）。食物网形象地反映了生态系统内各生物有机体之间的营养位置和相互关系。

生态系统中各生物之间，正是通过食物网发生直接和间接的联系，保持着生态系统结构和功能的相对稳定性。应该指出的是，生态系统内部营养结构不是固定不变的，而是不断发生变化的。如果食物网中某一条食物链发生了障碍，可以通过其他食物链来进行必要的调整和补偿。有时，营养结构网上某一环节发生了变化，其影响会波及整个生态系统。

食物链和食物网的概念是很重要的。正是通过食物营养，生物与生物、生物与非生物环境才能有机地结合成一个整体。食物链（网）概念的重要性还在于它揭示了环境中有毒污染物转移、积累的原理和规律。通过食物链可以把有毒物质在环境中扩散，增大其危害范围。生物还可以在食物链上使有毒物质浓度逐渐增大千倍、万倍，甚至百万倍。

所以，食物链（网）不仅是生态环境的物质循环、能量和信息传递的渠道，当环境受到污染时，其又是污染物扩散和富集的渠道。

五、生态系统的类型

自然界中的生态系统是多种多样的，为研究方便起见，人们从不同的角度，把生态系统分成若干个类型。如可以按生态系统的能量来源特点、按生态系统能量内所含成分的复杂程度、按生态系统的等级等来划分。常见的划分方法有以下几种。

1. 按人类对生态系统的干预程度划分

（1）自然生态系统指没有或基本没有受到人为干预的生态系统，如原始森林生态系统、未经人工放牧的草原生态系统、荒漠生态系统和极地生态系统等。

（2）半自然生态系统指受到人为干预，但其环境仍保持一定的自然状态的生态系统，如人工抚育的森林、经过放牧的草原、养殖湖泊和农田等。

（3）人工生态系统指完全按照人类的意愿，有目的、有计划地建立起来的生态系统，如城市生态系统等。

2. 按生态系统空间环境性质划分

（1）陆地生态系统，包括森林、草原、荒漠、极地等生态系统。

（2）淡水生态系统，可再分为：流水生态系统，如河流；静水生态系统，如湖泊、水库。

（3）海洋生态系统，可再分为：海岸生态系统、浅海生态系统、远洋生态系统。

第五节 生态系统的基本功能

生态系统的结构及其特征决定了它的基本功能，主要表现在生物生产、能量流动、物质循环与信息传递几个方面。

一、生物生产

生态系统不断运转，生物有机体在能量代谢过程中，将能量、物质重新组合，形成新的产品的过程，称为生态系统的生产。生态系统的生物生产可分为初级生产和次级生产两个过程。前者是生产者把太阳能转变为化学能的过程，又称为植物性生产。后者是消费者的生命活动将初级生产品转化为动物能，故称之为动物性生产。

1. 初级生产

初级生产是指绿色植物的生产，即植物通过光合作用，吸收和固定光能，把无机物转化为有机物的过程。初级生产的过程可用下列化学方程式概述：

$$6CO_2 + 12H_2O \xrightarrow{\text{光能}(2.8 \times 10^6 \text{J}) \text{ 叶绿素}} C_6H_{12}O_6 + 6O_2 + 6H_2O \qquad (2-1)$$

式中，CO_2 和 H_2O 是原料，糖类（CH_2O）是光合作用的主要产物，如蔗糖、淀粉和纤维素等。实际上光合作用是一个非常复杂的过程，人类至今对它的机理还没有完全搞清楚。毫无疑问，光合作用是自然界最为重要的化学反应。

植物在单位面积、单位时间内，通过光合作用固定太阳能的量称为总初级生产量

（GPP）常用单位：J/（$m^2 \cdot a$）。植物的总初级生产量减去呼吸作用消耗的量（R），余下的有机物质即为净初级生产量（NPP），总初级生产量与净初级生产量之间的关系，可以用下式表示：

$$NPP = GPP - R \qquad (2-2)$$

生态系统初级生产的能源来自太阳辐射能，如果把照射在植物叶面的太阳光能作 100％计算，除叶面蒸腾、反射、吸收等消耗，用于光合作用的太阳能约为 0.5％～3.5％，这就是光合作用能量的全部来源。生产过程的结果是太阳能转变为化学能，简单的无机物转变为复杂的有机物。

在一个时间范围内，生态系统的物质贮存量，称为生物量。不同的生态系统，不同水热条件下的不同生物群落，太阳能的固定数及其速率、其总初级生产量、净初级生产量和生物量都有很大差异。全球初级生产量分布有以下特点：

（1）陆地比水域的初级生产量大。主因是占海洋面积最大的大洋区缺乏营养物质，其生产力很低，平均仅 125g/（$m^2 \cdot a$），有海洋荒漠之称。

（2）陆地上初级生产量有随纬度的增加而逐渐降低的趋势。陆地生态系统中热带雨林的初级生产量最高，由热带雨林向温带常绿林、落叶林、北方针叶林、稀树草原、温带草原、荒漠而依次减少。初级生产量从热带到亚热带、温带、寒带逐渐降低。

（3）海洋中初级生产量有由河口湾向大陆架和大洋区逐渐降低的趋势。河口湾由于有大陆河流所携带的营养物质输入，其净初级生产量平均为 1500g/（$m^2 \cdot a$），大陆架次之，大洋区最低。

（4）全球初级生产量可划分为三个等级。生产量极低的区域：生产量为 2.09×10^6～4.19×10^6 J/（$m^2 \cdot a$）或者更少。大部分海洋和荒漠属于这类区域。

中等生产量区域：生产量为 2.90×10^6～1.26×10^7 J/（$m^2 \cdot a$）。许多草地、沿海区域、深湖和一些农田属于这类区域。

高生产量区域：生产量大约为 4.19×10^7～1.05×10^8 J/（$m^2 \cdot a$）。大部分湿地生态系统、河口湾、珊瑚礁、热带雨林和精耕细作的农田、冲积平原上植物群落等属于这类区域。

2. 次级生产

生态系统的次级生产是指消费者和分解者利用初级生产物质进行同化作用建造自己和繁衍后代的过程。次级生产所形成的有机物（体重增加和后代繁衍）的量称为次级生产量。

生态系统净初级生产量只有一部分被食草动物所利用，而大部分未被采食和触及。真正被食草动物所摄取利用的这一部分，称为消耗量。消耗量中大部分被消化吸收，这一部分为同化量，剩余部分经消化道排出体外。被动物所固化的能量，一部分用于呼吸而被消耗掉，剩余部分被用于个体成长和生殖。生态系统次级生产量可用下式表示：

$$PS = C - Fu - R \qquad (2-3)$$

式中　PS——次级生产量；

　　　C——摄入的能量；

　　　Fu——排泄物中的能量；

　　　R——呼吸所消耗的能量。

生态系统中各种消费者的营养层次虽不相同，但它们的次级生产过程基本上都遵循上述途径。

二、能量流动

1. 生态系统的能量

能量是作功的能力。在生态系统中，能量是基础，一切生命活动都存在着能量的流动和转化。没有能量的流动，就没有生命，没有生态系统。生态系统内的能量流动与转化是服从于热力学定律的。

生态系统的能量流动是指能量通过食物网络在系统内的传递和耗散过程。它始于生产者的初级生产，止于还原者功能的完成，整个过程包括着能量形式的转变，能量的转移、利用和耗散。生态系统中的能量包括动能和潜能两种形式，潜能也即势能。生物与环境之间以传递和对流的形式相互传递与转化的能量是动能，包括热能和光能；通过食物链在生物之间传递与转化的能量是势能。生态系统的能量流动也可以看作是动能和势能在系统内的传递与转化的过程。

2. 生态系统能量流动的基本模式

（1）能量形式的转变。在生态系统中能量形式是可以转变的，例如在光合作用中就是由太阳能转变为化学能；化学能在生物间的转移过程中总有一部分能量被耗散，转变为热能耗散到环境中。

（2）能量的转移。在生态系统中，以化学能形式的初级生产产品是系统内的基本能源。这些初级生产产品主要有两个去向：一部分为各种食草动物所采食；一部分作为凋落物质的枯枝败叶成为分解者的食物来源。在这个过程中能量由植物转移到动物与微生物身上。

（3）能量的利用。能量在生态系统的流动中，总有一部分被生物所利用，这些能量是各类生物的成长、繁衍之需。

（4）能量的耗散。无论是初级生产还是次级生产过程，能量在传递或转变中总有一部分被耗散掉，即生物的呼吸及排泄耗去了总能量的一部分。生产者呼吸消耗的能量约占生物总初级生产量的50%。能量在动物之间传递也是这样，两个营养层次间的能量利用率一般只有10%。

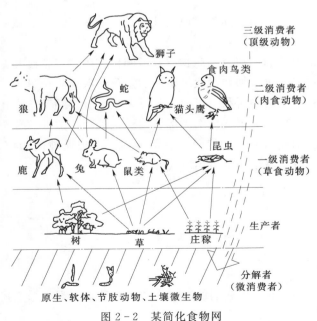

图2-2　某简化食物网

3. 生态系统能量流动的渠道

生态系统是通过食物关系而使能量在生物间流动的。食草动物取食植物，食肉动物捕食食草动物，即植物→食草动物→食肉动物，从而实现了能量在生态系统的流动。所以生态系统能量流动的渠道就是食物链和食物网。图2-2是某简化食物网。

在分析生态系统的能量流动或食物关系时，要认识到食物链不是固定不变的，某一环节的变化将会影响到整个链条，甚至生态系统的结构。但在人为的干扰不很严重的自然生态系统中，食物链又是相对稳定的。

生态学中把具有相同营养方式和食性的生物归为同一营养层次，把食物链中的每一个营养层次称为营养级，或者说营养级是食物链上的一个环节。如生产者称为第一营养级，它们都是自养生物；食草动物为第二营养级，它们是异养生物并具有以植物为食的共同食性；食肉动物为第三、第四等营养级。但有些动物可能同时占据多个营养层次，如杂食动物。

根据生物之间的食物联系方式和环境特点，可以把生态系统的能量流动分为以下几种类型。

（1）第一能流：指生态系统中牧食性食物链传递的能量。牧食性食物链是生物间以捕食关系而构成的食物链。如小麦→麦蚜虫→肉食性瓢虫→食虫小鸟→猛兽。

（2）第二能流：指生态系统中腐生性食物链传递的能量。腐生性食物链是从死亡的生物有机体被微生物利用开始的一种食物链。如动植物残体→微生物→土壤动物；有机碎屑→浮游动物→鱼类。

（3）第三能流：指在生态系统的能量传递过程中，贮存和矿化的能量。生态系统中常有相当一部分物质和能量没有被消耗，而是转入了贮存和矿化过程，如森林蓄积的大量木材、植物纤维等，都可以贮存相当长的一段时间。但这部分能量最终还是要腐化，被分解而还原于环境，完成生态系统的能流过程。矿化过程是在地质年代中大量的植物和动物被埋藏在地层中，形成了化石燃料（煤、石油等）。

4. 生态系统能量流动特点

生态系统中能量传递和转换是遵循热力学第一、第二定律的。热力学第一定律也就是能量守恒定律，即能量可由一种形式转化为其他形式的能量。能量既不能消灭，也不能凭空产生。热力学第二定律阐述了任何形式的能（除了热）转到另一种形式能的自发转换中，不可能100％被利用，总有一些能量以热的形式被耗散出去，这时熵就增加了。热力学第二定律又称熵律。

生态系统是开放的不可逆的热力学系统，把热力学定律应用于生态系统能量流动是十分重要的。生态系统能量流动有以下特点。

（1）能流是变化着的。能流在生态系统中和在物理系统中是有所不同的。非生命的物理系统（电、热、机械）是遵循物理学规律的，可以用数学形式来表达，对于一定的系统来说变化是一个常数。例如，在电压和温度都稳定的情况下，铜导线中的电流是一个常数。而在生态系统中，能流是变化的，且变化常是非线性的。在生态系统中的能流，无论是短期行为，还是长期进化都是变化的。

（2）能流的不可逆性。在生态系统中能量只能朝一个方向流动，即只能是单向流动，是不可逆的。其流动方向为：太阳能→绿色植物→食草动物→食肉动物→微生物。太阳的辐射能以光能的形式输入生态系统后，通过光合作用被植物所固定，此后不能再以光能的形式返回；自养生物被异养生物摄取后，能量就由自养生物流到异养生物，也不能再返回；对总的能流途径而言，能量只能一次性流经生态系统，是不可逆的。热力学第二定律注意到宇宙在每一个地方都趋于均匀的熵。它只能向自由能减少的方向进行，而不能逆转。所以，从宏观上看，熵总是日益增加。

（3）能量的耗散。根据热力学第二定律，在封闭的系统中，一切过程都伴随着能量的改变，在这种能量的传递与转化过程中，除了一部分可继续传递和作功的自由能以外，还有一部分不能传递和作功的能，这种能以热的形式耗散。

在生态系统中，从太阳辐射能被生产者固定开始，能量沿营养级的转移，每次转移都必然有损失，流动中能量逐渐减少，每经过一个营养级都有能量以热的形式散失掉。图 2-3 是以各营养级所含能量为依据而绘制的，其形似塔，所以称为生态学金字塔。

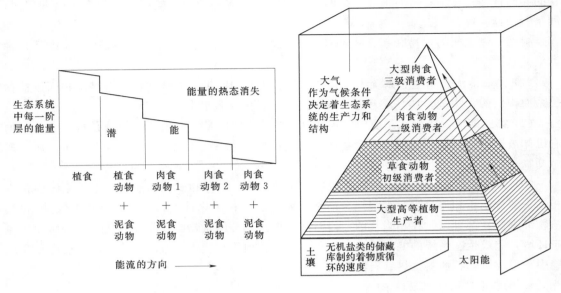

图 2-3　生态学金字塔

（4）能量利用率低。首先生产者（绿色植物）对太阳能的利用率就很低，只有约 1.2%。然后，能量通过食物营养关系从一个营养级转移到下一个营养级，每经过一个营养级，能流量大约减少 90%，通常只有 4.5%～17%，平均约 10% 转移到下一个营养级，亦即能量转化率为 10%，这就是生态学中的十分之一定律，也称林德曼效率，由美国生态学家林德曼（R. L. Lindeman）于 1942 年提出。这一定律证明了生态系统的能量转化效率是很低的，因而食物链的营养级不可能无限增加。国外有学者先后对 100 多个食物链进行了分析，结果表明大多数食物链有三或四个营养级，而有五个或六个营养级的食物链的比例很小。

三、物质循环

1. 物质循环的基本概念

（1）物质处于不断的循环之中。

宇宙是由物质构成的，运动是物质存在的形式。物质循环是生态系统的重要功能之一。生态系统中生物的生命活动，除了需要能量外，还需要有物质基础，物质在地球上是循环使用的。生态系统中各种营养物质经过分解者分解成为可被生产者利用的形式归还环境中重复利用，周而复始地循环，这个过程叫物质循环。

生态系统的物质循环是闭路循环，在系统内的环境、生产者、消费者、还原者之间进行。植物根系吸收土壤中的营养元素通过光合作用于植物本身，消费者和分解者直接或间接以植物为食，植物的枯枝败叶、动物的尸体，经过还原者的分解，又归还到土壤中重新利用。

（2）生态系统物质循环研究常用的几个概念。

1）库（pool）是指某一物质在生物或非生物环境暂时滞留（被固定或贮存）的数量。例如，在一个湖泊生态系统中，磷在水体中的数量是一个库；磷在浮游生物中的含量又是一个库，磷在这两个库之间的动态变化就是磷这一营养物质的流动。生态系统的物质循环实际上就是物质在库与库之间的转移。库可以分为两类：

贮存库，其库容量大，元素在库中滞留的时间长，流动速率小，多属非生物成分，如岩石或沉积物。

交换库或称循环库，是指元素在生物和其环境之间进行迅速交换的较小而又非常活跃的部分。如植物库、动物库、土壤库等。

2）流通率，指物质在生态系统中单位时间、单位面积（或体积）内物质移动的量。

3）周转率，是指某物质出入一个库的流通率与库量之比，即：

$$周转率 = \frac{流通率}{库中该物质的量} \qquad (2-4)$$

4）周转时间，是周转率的倒数。周转率越大，周转时间就越短。例如，二氧化碳周转时间大约是一年多一点（主要指光合作用从大气圈移走的二氧化碳）。大气圈中氮的周转时间约近 100 万年（某些细菌和蓝绿藻的固氮作用）。大气圈中水的周转时间只有 10.5 天，即大气圈中所含水分一年要更新大约 34 次。海洋中主要物质的周转时间，硅最短，约 8000 年；钠最长，约 2.06 亿年。

（3）生态系统中的物质。

生物的生命过程中，大约需要 30～40 种化学元素，这些元素大致可分为以下三类。

1）能量元素，也称结构元素，是构成生命蛋白所必须的基本元素碳、氢、氧、氮。

2）大量元素，是生命过程大量需要的元素，包括钙、镁、磷、钾、硫、钠等。

3）微量元素，以人体为例，上述两类元素约占 99.95％。而微量元素，在人体只占 0.05％，包括铜、锌、硼、锰、钼、钴、铁、氟、碘、硒、硅、锶等。微量元素的需要量很小，但也是不可缺少的。在人体中，铁元素是血红素的主要成分，钴是维生素 B_{12} 不可缺少的元素，钼、锌、锰是多种酶的组成元素。这些物质存在于大气、水域及土壤中。

2. 生态系统的能量流动与物质循环的关系

（1）生态系统中生命的生存和繁衍，既需要能量，也需要营养物质。没有物质，生态系统就会解体；而没有能量，物质也没有能力在生态系统中进行循环，生态系统也不能存在。

（2）物质是能量的载体。没有物质，能量就不可能沿着食物链传递。物质是生命的基础，也是储存、运载能量的载体。

（3）生态系统的能量流和物质流紧密结合，维持着生态系统的生长、发育和进化，见图 2-4。生态系统的能量来自太阳，物质来自地球，即地球上的大气圈、水圈、岩石圈和土壤圈。一个来自天，一个来自地，正是这天与地的结合，才有了生命，才有了生态系统。

3. 生态系统物质循环的分类

（1）从物质循环的层次上分，可以分为：生物个体层次的物质循环、生态系统层次的物质循环和生物圈层次的物质循环。

生物个体层次的物质循环主要指生物个体吸收营养物质建造自身的同时，还经过新陈代谢活动，把体内产生的废物排出体外，

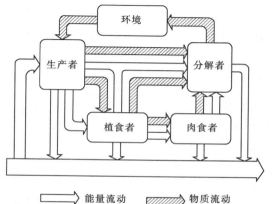

图 2-4 生态系统中能量流动与物质循环的关系

经过分解者的作用归还于环境。

生态系统层次的物质循环是在一个具体范围内进行的（某一生态系统内），在初级生产者代谢的基础上，通过各级消费者和分解者把营养物质归还环境之中，又称营养物质循环。

生物圈层次的物质循环是营养物质在各生态系统之间的输入与输出，以及它们在大气圈、水圈和土壤圈之间的交换，称生物地球化学循环或生物地质化学循环。

（2）根据物质参与循环的形式，可以将循环分为气相循环、液相循环和固相循环三种。气相循环物质为气态，以这种形态进行循环的主要营养物质有碳、氧、氮等。液相循环指水循环，是水在太阳能的驱动下，由一种形式转变为另一种形式，并在气流和海流的推动下在生物圈内循环。固相循环又称沉积型循环，参与循环的物质中有一部分通过沉积作用进入地壳而暂时或长期离开循环。这是一种不完全循环，属于这种循环方式的有磷、钙、钾和硫等。

4. 主要的生物地球化学循环

（1）水循环。

水循环属于液相循环，是太阳能驱动的全球水循环。地球表面的 2/3 以上被水所占据，海洋、湖泊、河川中的水不断蒸发，变成水蒸气，进入大气。气流实际上就是地球上空巨大的"河流"，大气中的水蒸气遇冷凝结成雨、雪、雹等降落到地面。降水中有一部分流入江河，最后汇入海洋；另一部分渗入地下，其中一部分成为地下水，一部分被植物吸收。被植物吸收的水，除了少量结合在植物组织外，大部分通过植物叶面的蒸腾作用，重返大气。为了维持生命，动物也从外界摄取一定量的水（直接摄入或通过吃植物），并通过身体蒸发把水释放到外界环境，但总量比通过植物的水要少得多。

生物圈中水的循环过程见图 2-5。全球水循环是最基本的生物地球化学循环，它强烈地影响着其他所有各类物质的循环。水循环对于一切生物的生命维持系统，以及对于人类从事生产和生活都是必不可少的，此外，它还起到调节气候、清洁大气和净化环境等作用。目前，全球出现的干旱和水涝灾害就是水循环中出现的问题，人为干扰则是其形成的重要原因。

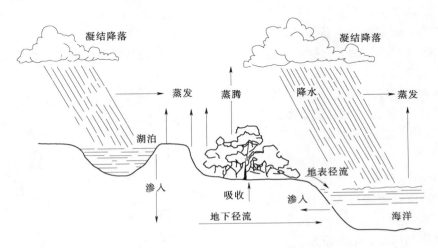

图 2-5 生物圈中水的循环过程

地球上各种水体的周转期是不同的（表 2-4）。除生物水外，以大气中和河川水的周转周期最短，这部分水可以得到不断更替，并可以在较长的时间内保持淡水动态平衡。

表 2－4 　　　　　　　　　　地球上各种水体的周转期

水 体 类 型	周转期	水 体 类 型	周 转 期
永久带底冰	10000 年	河川水	16 年
极地冰川	9700 年	大气水	8 年
海洋	2500 年	沼泽	5 年
永久积雪、高山积雪	1600 年	土壤水	1 年
深层地下水	1400 年	生物水	几小时
湖泊	17 年		

（2）碳循环。

碳循环是生物圈中一个很重要的物质循环。碳是构成有机物的必需元素，含碳化合物可以说是有机化合物的同义词。生物体干重的 40%～50% 为碳元素。碳还以二氧化碳的形式存在于大气中。绿色植物从空气中取得二氧化碳，通过光合作用，把二氧化碳和水转变为葡萄糖及多糖类，同时放出氧气。这一过程可视为自然界碳循环的第一步。植物本身的新陈代谢或作为食物进入动物体内时，植物性碳一部分转化为动物体内的脂肪等，一部分在动植物呼吸时，以二氧化碳形式排入大气，是碳循环的第二步。最后，枯枝败叶、动物尸体等有机物，又被微生物所分解，生成二氧化碳排入大气，从而完成了一次完整的碳循环（图 2－6）。

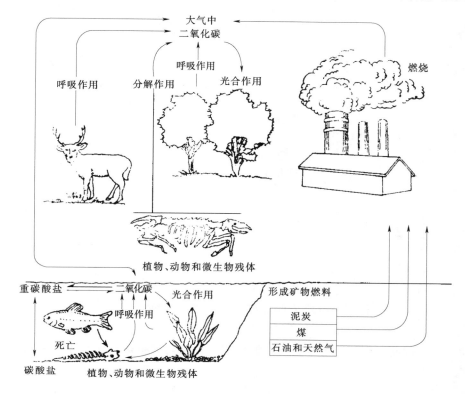

图 2－6　碳的循环

另外还有一些碳的支循环，例如碳酸盐岩石从大气中吸取二氧化碳，溶于水中，在水中形成的碳酸氢钙在一定条件下转变为碳酸钙沉积于海底。而水中的碳酸钙又被鱼类、甲壳类动物摄取并构成它们的贝壳、骨骼等组织，转移到陆地上来，这是碳循环的又一条途径。还有一条途径是在地质年代，动植物尸体长期埋藏在地层中，形成各种化石燃料，人类在燃烧这些化石燃料时，燃料中的碳氧化成二氧化碳，重新回到大气中，完成碳的循环。

陆地和大气之间的碳循环原来基本上是平衡的，但人类的生产活动却不断地破坏着这种平衡。目前碳循环出现的主要问题是两个方面，一方面是人为活动向大气中输送的二氧化碳大大增加，另一方面是人们的砍伐破坏使森林面积不断缩小，大气中被植物吸收利用的二氧化碳量减少。结果是大气中二氧化碳的浓度显著增加，即在碳循环过程中，二氧化碳在大气中停滞和聚集，其温室效应的加强，将导致全球气候变暖。

（3）氧循环。

与碳近似，氧存在于大气圈、水圈、岩石圈与生物体中。现在大气中的氧气，是在生物圈漫长的岁月中植物光合作用所积累形成的，是人类与动物呼吸所需氧气的来源（图2-7）。

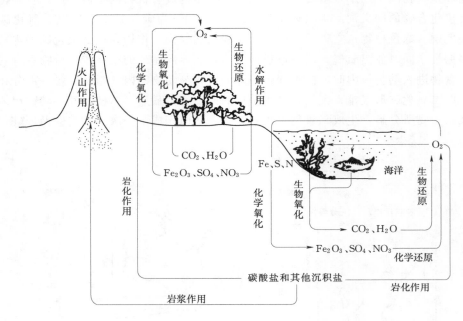

图2-7 氧循环

大气中的氧气大体上稳定在一个水平上，正常空气中按体积计算的氧气是20.95%。大气与海洋在交界面上进行的氧气交换，对稳定大气中的氧气含量起了一定的作用。大气中氧气含量的波动范围大约在0.5%。

一个正常的成年人每小时大约需吸入25L氧气，呼出22.6L二氧化碳。当空气中含氧量降到12%时，可发生代偿性呼吸困难；降到10%时，可发生恶心、呕吐、智力活动减退等现象；当空气中氧气含量在7%～8%以下，而又不能及时供氧时，可危及生命，使呼吸、心脏活动停止。因此在密闭环境中工作，攀登高山或航空作业时，应备有供氧装置。

（4）氮循环。

氮是生物细胞的基本元素之一，无论是原生质或是蛋白质和氨基酸，都是含氮物质。大气中78%都是氮气，但绝大多数生物无法直接利用，氮只有从游离态变成含氮化合物时，才能成为生物的营养物质。

氮循环主要是在大气、生物、土壤和海洋之间进行。大气中的氮进入生物有机体主要有四种途径：一是生物固氮，某些植物（豆科植物）的根瘤菌和一些蓝绿藻能把空气中的惰性氮转变为硝酸盐，供植物利用。二是工业固氮，是人类通过工业手段，将大气中的氮合成为氨或铵盐，即农业上使用的氮肥。三是岩浆固氮，火山爆发时喷出的岩浆可以固定一部分氮。四是大气固氮，雷雨天气发生的闪电现象而产生的电离作用，可以使大气中的氮与氧化合生成硝酸盐，经雨水淋洗进入土壤。植物从土壤中吸收硝酸盐、铵盐等含氮分子，在植物体内与复杂的含碳分子结合成各种氨基酸，氨基酸联结在一起形成蛋白质。动物直接或间接从植物中摄取植物性蛋白，作为自己蛋白质组成的来源，并在新陈代谢过程中将一部分蛋白质分解成氨、尿素和尿酸等排出体外，进入土壤。动植物死后，体内的蛋白质被微生物分解成硝酸盐或铵盐回到土壤中，重新被植物吸收利用。土壤中的一部分硝酸盐，在反硝化细菌作用下，变成氮回到大气中。所有这些过程总合起来构成氮的循环（图2-8）。

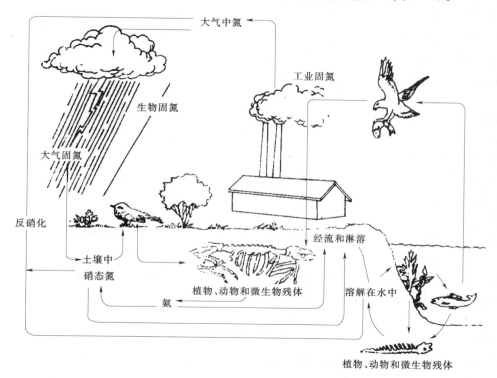

图2-8 氮的循环

人类的活动使氮循环出现了问题。现在在氮循环中，工业固氮量已占很大比例。据统计，在20世纪70年代时，全世界工业固氮总量已与全部陆生生态系统的固氮量基本相等。由于这种人为干扰，使氮循环的平衡被破坏，每年被固定的氮超过了返回大气的氮。大量的氮进入江河、湖泊和海洋，使水体出现富营养化，使蓝藻和其他浮游生物极度增殖，鱼类等难以生存。这种现象在江河湖泊中称为水华，在海洋中称为赤潮，是水域富营养化所造成的环境问题。另外，大气中被固定的氮，不能以相应数量的分子氮返回大气，而是形成一部分氮氧化物进入大气，是造成现在大气污染的主要原因之一。

（5）硫循环。

硫是构成氨基酸和蛋白质的基本成分，它以硫键的形式把蛋白质连接起来，对蛋白质的构型起着重要作用。硫循环兼有气相循环和固相循环的双重特征。二氧化硫和硫化氢是硫循环中的重要组成部分，属气相循环；硫酸盐被长期束缚在有机或无机沉积物中，释放十分缓慢，属于固相循环。

大气中的二氧化硫和硫化氢主要来自化石燃料的燃烧以及动植物废物及残体的燃烧，它们经雨水的淋洗，进入土壤，形成硫酸盐。土壤中的硫酸盐一部分供植物直接吸收利用，另一部分则沉积海底，形成岩石。人类对硫循环的干扰，主要是化石燃料的燃烧，向大气排放了大量的二氧化硫，这不仅直接危害生物和人体健康，而且还会形成酸雨，使地表水和土壤酸化，对生物和人类的生存造成更大的威胁。

四、信息传递

生态系统包含着大量复杂的信息，既有系统内要素间关系的"内信息"，又存在着与外部环境关系的"外信息"系统。信息是生态系统的基础之一，没有信息，就不存在生态系统。信息科学理论和技术极大地促进了生态系统信息研究的发展。

生态系统信息传递又称信息流，指生态系统中各生命成分之间及生命成分与环境之间的信息流动与反馈过程，是它们之间相互作用、相互影响的一种特殊形式。可以认为整个生态系统中的能流和物质流的行为由信息决定，而信息又寓于物质和能量的流动之中，物质流和能量流是信息流的载体。

信息流与物质流、能量流相比有其自身的特点。物质流是循环的，能量流是单向的、不可逆的，而信息流却是有来有往的、双向流动的。正是由于信息流的存在，自然生态系统的自动调节机制才得以实现。

信息流从生态学角度来分类，主要有营养信息、物理信息、化学信息和行为信息。

1. 营养信息

通过营养传递的形式，把信息从一个种群传递给另一个种群，或从一个个体传递给另一个个体，即为营养信息。实际上食物链、食物网就可视为一种营养信息传递系统。例如，在英国，牛的饲料是三叶草，三叶草传粉靠土蜂，土蜂的天敌是田鼠，田鼠的天敌是猫，猫的多少会影响到牛饲料的丰歉，这就是一个营养信息传递的过程。食物链中任一环节出现变化，都会发出一个营养信息，对别的环节产生影响。

2. 物理信息

通过声音、光、色彩等物理现象传递的信息，都是生态系统的物理信息。这些信息对于生物而言，有的表示吸引，有的表示排斥，有的表示友好，有的表示恐吓。

与植物有关的物理信息主要是光和色彩。植物与光的信息联系是非常紧密的，植物和动物之间信息常是非常鲜艳的色彩。例如，很多被子植物依赖动物为其授粉，而很多动物依靠花粉取得食物，被子植物产生鲜艳的花色，就是给传粉的动物一个醒目的标志，是以色彩形式传递的物理信息。

动物间的物理信息十分活跃、复杂，它们更多是使用声音信息。昆虫是用声信号进行种内通讯的第一批陆生动物。用摩擦发出声信号，是昆虫中最常见的声信号通讯方式。鸟类的鸣、兽类的吼叫，可以表达惊恐、安全、恫吓、警告、嫌恶、有无食物和要求配偶等各种信息。这些实际上就是动物自己的语言。

鸟类以用声音信息通信而著称。动物世界中还没有一类动物像鸟类那样善于使用声音通信。已知9000种左右的鸟类中，几乎都能发出声音信号，这是鸟类进化的标志。它们丰富而复杂的声音信号更增加了生态系统中信息的多样性，使整个自然界充满了生气和活力。

鸟类声音信号可分为三类，即机械声、叫声和歌声。机械声如啄木鸟的敲击声，在繁殖期以此信号招引异性。叫声常称叙鸣，指鸟类的日常叫声，一般表示高兴、烦恼、取食、惊恐、进攻和保卫领域等。歌声常称鸣啭，常与求配偶有关。鸟类的声音信号中变化最多的是歌声。

动物间使用光信号的有荧光昆虫和发光的鱼类等。

3. 化学信息

化学信息是生物在某些特定的条件下或某个生长发育阶段，分泌出某些特殊的化学物质，这些分泌物不是提供营养，而是在生物的个体或种群之间传递某种信息，这就是化学信息，这些分泌物称为化学信息素，也称为生态激素。生物代谢产生的一些物质，尤其是各类激素都属于传递信息的化学信息素。

化学生态学发展迅速，发现了多种化学信息素。这些物质制约着生态系统内各种生物的相互关系，使它们之间相互吸引、促进，或相互排斥、克制，在种间和种内发生作用。例如有的植物体可以分泌某些有毒化学物质，抑制或灭杀其他个体的生长。有的生物个体可以分泌某种激素，用以识别、吸引、报警、防卫，或者引起兴奋等。这些生态激素在生物体内含量极少，但是一旦进入生态系统，就会作为信息传递物质而使物种内和物种间关系发生显著变化。

4. 行为信息

许多动物的不同个体相遇时，常会表现出有趣的行为，即所谓行为信息。这些信息有的表示识别，有的表示威胁、挑战，有的向对方炫耀自己的优势，有的则表示从属。例如燕子在求偶时，雄燕会围绕雌燕在空中做出特殊的飞行形式。社会性昆虫如蜜蜂、白蚁等生活中基本的特点是信息的频繁传递。蜜蜂除具有光、声、化学信号通信外，舞蹈行为是它们信息传递的又一重要方面。

对于生态系统的信息传递，人类还了解较少。生态系统的信息比任何其他系统都要复杂，所以在生态系统中才形成了自我调节、自我建造、自我选择的特殊功能。生态系统信息传递是生态学研究中的一个薄弱环节，同时也是一个颇具吸引力的研究领域。另外，通过对生物信息传递的研究，还可获得其他生态信息。

第六节　生　态　平　衡

一、生态平衡的概念

广义的生态平衡是指生命各个层次上，主体与环境的综合协调。在个体层次上，人缺铁造成贫血，铁多又会引起铁中毒，这就是铁离子失衡；在种群层次上，由于各种原因造成的种群不稳定，都属生态失衡。而狭义的生态平衡指生态系统的平衡，简称生态平衡。本节所讨论的是后者。

生态平衡是生态系统在一定时间内结构与功能的相对稳定状态，其物质和能量的输入、输出接近相等，在外来干扰下，能通过自我调节恢复到原初稳定状态，则这种状态可称为生态平衡。也就是说，生态平衡应包括三个方面的平衡，即结构、功能以及输入和输出物质数量上的平衡。

生态平衡是相对的平衡。任何生态系统都不是孤立的，都会与外界发生联系，会经常受到外界的干扰和冲击。生态系统的某一部分或某一环节，经常会在一定的限度内有所变化，但是由于生物对环境的适应性，以及整个生态系统的自我调节机制，使得系统保持相对稳定状态。所以，生态系统的平衡是相对的，不平衡是绝对的。而当外来干扰超过生态系统自我调节能力，不能恢复到原初状态时谓之生态失调或生态平衡的破坏。

生态平衡是动态平衡。生态系统各组成部分不断地按照一定的规律运动或变化，能量在不断地流动，物质在不断地循环，整个系统都处于动态变化之中。维护生态平衡不是为保持其原初状态，生态系统在人为有益的影响下，可以建立新的平衡，达到更合理的结构、更高效的功能和更好的生态效益。

二、保持生态平衡的因素

生态系统有很强的自我调节能力，例如，在森林生态系统中，若由于某种原因发生大规模虫害，在一般情况下，不会发生生态平衡的毁灭性破坏。因为害虫大规模发生时，以这种害虫为食的鸟类获得更多的食物，促进了鸟类的繁殖，从而会抑制害虫发展。这就是生态系统的自我调节。但是任何一个生态系统的调节能力都是有限的，外部干扰或内部变化超过了这个限度，生态系统就会遭到破坏，这个限度称为生态阈值。

生态系统的自我调节能力，与下列因素有关。

1. 结构的多样性

生态系统的结构越复杂，自我调节能力就越强；结构越简单，自我调节能力越弱。例如，一个草原生态系统，若只有草、野兔和狼构成简单的食物链，那么，一旦某一个环节出了问题，如野兔消灭，这个生态系统就会崩溃。如果这个系统食草动物不限于野兔，还有山羊和鹿等，那么，在野兔不足时，狼会去捕食山羊或鹿，野兔又可以得到恢复，生态系统仍会处于平衡状态。同样是森林，热带雨林的结构要比温带的人工林复杂得多，所以，热带雨林就不会发生人工林那样毁灭性的害虫。生态系统自我调节能力与其结构的复杂程度有着密切的关系。

2. 功能的完整性

功能的完整性是指生态系统的能量流动和物质循环在生物生理机能的控制下能得到合理运转。运转越合理，自我调节能力就越强。例如，北方的河流就没有南方的河流对污染的承受能力强，河流对污染的自我净化能力与稀释水量、温度、生物降解所需要的微生物等因素有关，而南方河流水量大，水温高，可以进行生物降解的微生物数量和种类以及微生物生长的条件都比北方河流优越，所以，南方河流抗污染和进行自我调节的能力就比北方河流强。

三、生态失衡的原因

生态平衡的破坏，有自然因素和人为因素。

1. 自然因素

自然因素主要是指自然界发生的异常变化或自然界本来就存在的对人类和生物的有害因素，例如火山爆发、海啸、水旱灾害、地震、台风、流行病等自然灾害，都会使生态平衡遭到破坏。自然因素对生态系统的破坏是严重的，甚至可能是毁灭性的，并具有突发性的特点。但这类自然因素一般是局部的，出现的频率不高。由自然因素引起的生态平衡的破坏，称为第一环境问题。

2. 人为因素

主要指由于人类对自然资源的不合理利用，以及人类生产和社会活动产生的有害因素。人为因素是引起生态平衡失调的主要原因。由人为因素引起的生态平衡破坏，又称为第二环境问题，主要表现在以下三个方面。

（1）物种改变引起生态失衡。

人类有意或无意地使生态系统中某一生物消失或引进某一种生物，都可能对整个生态系统造成影响。

在一个稳定的生态系统中，如果人们引进某个生物物种，这个物种在原来的生态系统中由于环境阻力，其种群密度被控制在一个生物学常数的水平上，但在一个新迁入的生态系统中，开始阶段这个物种也有一个适应新环境的过程，到一定阶段，因为没有天敌，可能会急剧增加，引起"生态爆炸"，打破生态平衡。如 1859 年一个名叫托马斯·奥斯京的澳大利亚人，从英国带回 24 只兔子，放养在自己的庄园里。在几乎没有天敌限制的情况下，欧洲兔子大量繁殖，短时间内繁殖的数量极为惊人。该地区原来的青草和灌木全被吃光，田野一片光秃，造成水土流失，生态系统受到严重破坏。澳大利亚政府曾鼓励大量捕杀，但不见效果。直到 1950 年引进野兔的天敌，一种粘液瘤病，才控制住了野兔的蔓延。非洲杀人蜂也是一个典型的例子。1956 年非洲蜜蜂被引进巴西，与当地的蜜蜂交配，产生的杂种具有极强的毒性且主动向人攻击。这些杀人蜂在南美洲森林中，因没有天敌而迅速繁殖，每年以 200～300km 的速度扩散，后来甚至到达美国南方几个州，对人和家畜的生命构成极大威胁。我国 20 世纪 50 年代曾全民齐动员消灭麻雀，致使许多地方出现了严重的虫害，麻雀减少造成的影响一直延续到今天。2001 年我国把麻雀列为国家保护鸟类，这是我国在生态环境意识上的重大进步。

从这个意义上讲，用基因工程技术研制的新种类，也是没有天敌的，应慎之又慎。目前，国际上对基因食品的态度是比较谨慎的。

（2）环境因素改变引起生态失衡。

人类社会活动的迅猛发展，大大地改变了生态系统的环境因素，甚至破坏了生态平衡。由于人类而造成的环境因素改变，主要有以下几类：

1）对生态系统的直接破坏。例如，森林被称为"地球之肺"，森林生态系统是陆地上最稳定、最复杂、最大的生态系统，是人类赖以生存的基础，具有一系列的生态效应。而人类已砍伐了地球上一半以上的森林，并仍以森林生长速度 10～20 倍的速度继续砍伐。这样势必会破坏整个地球生物圈生态系统的平衡。

2）大规模建设引起的环境因素改变。例如，埃及的阿斯旺水坝，由于修建之前论证不充分，没有把尼罗河的入海口、地下水、生物群落等当作一个统一的整体来充分考虑生态系统的多方面的影响，只为发电和灌溉之利，结果导致了农田盐渍化、红海海岸浸蚀、捕鱼量锐减、寄生血吸虫的蜗牛和传播疟疾的蚊子增加等不良后果。这是大规模建设引起生态失衡的突出例子。

3）人类的生活和生产使大量的污染物质进入环境，也极大地改变了生态系统的环境因素，破坏了生态系统的平衡。

（3）信息系统的破坏引起的生态失衡。

各种生物种群必须依靠彼此的信息传递，才能保持其集群性，才能正常繁殖，而由于人类对环境的破坏和污染，破坏了某些信息，就可能使生态平衡遭到破坏。例如，噪声会影响鸟类、鱼类的信息传递，造成它们迷失方向或繁殖受阻。有些雌性昆虫在繁殖期，将一种体外激素排放到大气中，有引诱雄性昆虫的作用。如果人们向大气中排放的污染物与这种激素发生化学反应，性激素失去作用，昆虫的繁殖就会受到影响，种群数量就会减少甚至消失。

四、生态系统平衡的调节机制

生态系统平衡的调节主要是通过系统的反馈机制、抵抗力和恢复力实现的。

1. 反馈机制

自然生态系统可以看作是一个反馈控制系统，其方框图如图 2-9 所示。

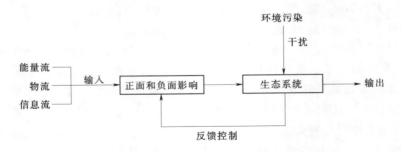

图 2-9 反馈控制方框图

系统中，正常的输入有能流（如太阳能）、物流、信息流，而环境污染则是使系统产生偏离的干扰，反馈控制系统的输出端的结果对系统的干扰输入再产生影响，有正的影响（如污染），有负的影响（如绿色植物的生态效应）两种情况。如果反馈是倾向于反抗系统偏离目标的运动，最终使系统趋于稳定状态，实现动态平衡，这就是负反馈。一般而言，正常的自然生态系统具有负反馈调节能力。当然，物质系统没有绝对的稳定，负反馈系统也是相对的。

2. 抵抗力

抵抗力是自然生态系统具有抵抗外来干扰并维持系统结构和功能原状的能力，是维持生态平衡的重要途径之一。这种抵抗力和自我调节能力与系统发育阶段及状况有关，那些生物种类复杂、由生物网组成的、物流及能流复杂的、多样性的生态系统，比那些简单、单纯的生态系统，其抵抗干扰和自我调节能力也要强得多，因而要稳定得多。环境容量、自净作用等都是系统抵抗力的表现形式。

生态系统的抵抗干扰和自我调节能力是有限度的。当干扰超过某一临界值时，系统的平衡就遭破坏，甚至会产生不可逆转的解体或崩溃，这一临界值在生态学中称生态阈值，在环境科学上称作环境容量，其值大小与生态系统的类型有关，还与外来干扰因素的性质、作用方式及作用持续时间等因素密切相关。

3. 恢复力

恢复力是指生态系统遭受外干扰破坏后，系统恢复到原状的能力。一般来说，恢复力强的生态系统，生物的生活世代短，结构比较简单。如杂草生态系统遭受破坏后恢复速度要比森林生态系统快得多。生物成分生活世代长、结构复杂的生态系统，一旦遭到破坏则长期难以恢复。

抵抗力和恢复力是生态系统稳定性的两个方面，两者正好相反，抵抗力强的生态系统其恢复力一般较弱，反之亦然。森林生态系统对干扰的抵抗力很强，然而，一旦遭到破坏，恢复起来则十分困难。

在自然生态系统中，能量与物质的输入与输出基本上保持平衡，生产者、消费者、还原者在种类和数量上保持相对稳定，组成完善的食物链与能量流动的金字塔营养结构。自然生态系统在演变发展过程中，逐渐形成了一种相对稳定的自律系统。

生态系统平衡的条件，至少应包括：生态系统结构的平衡、功能的平衡、物质与能量在输入与输出上的平衡、信息的通畅，以及外干扰小于临界值。

第三章　城市环境生态学基础

城市对于人类来说，意味着聚集和发展，但同时也意味着对自然的远离和破坏。古代许多城市的消亡，主要原因在于对周围自然环境的破坏。现在人们已开始用生态的可持续发展的角度重新审视城市。

第一节　城市环境生态学的基本原理

一、以人为本原理

从生态学的角度，人是城市环境的主体，是城市生态系统食物链的顶端，城市的生产、建设都应体现以人为本的原则。在哲学上，以人为本的科学内涵主要是人相对于神和物而言。西方早期的人本思想，主要是相对于神本思想，主张用人性反对神性，用人权反对神权，强调把人的价值放到首位。中国历史上的人本思想，主要是强调人贵于物，"天地万物，唯人为贵"。在城市环境中，以人为本，就是与神、物相比，人更重要更根本，不能本末倒置，不能舍本求末。

不科学的发展观是以征服自然为目的，以科学技术为手段，以物质财富的增长为动力的发展模式，这种发展破坏了人类赖以生存的基础，使人类改造自然的力量转化为毁害人类自身的力量。人们在试图征服自然的同时，往往不知不觉地变成了被自然征服的对象。耗竭资源、污染环境、生态破坏、人们失去健康，GDP上去了，城市变为不适宜居住的地方，这种以物为本的发展不如不要。以人为本就必须明确发展的目的。城市发展的最终目的是提高人们的生活质量，满足人们的物质文化需要，处处体现对生命的尊重。

二、城市生态位原理

生态位（niche）是指物种在群落中，在时间、空间和营养关系方面所占的地位。生态位的宽度与该物种的适应性有关，适应性较大的物种占据较宽的生态位。

城市生态位是一个城市给人们生存和活动所提供的生态位。具体讲，就是城市中的生态因子（如水、食物、能源、土地、气候、交通、建筑等）和生产关系（如生产力、生活质量、环境质量、与外系统的关系等）的集合。它反映了一个城市的现状对于人类各种经济活动和生活活动的适宜程度，反映了一个城市的性质、功能、地位、作用及其人口、资源、环境的优劣势，从而决定了它对不同类型的经济以及不同职业、年龄人群的吸引力。

城市生态位大致可分为生产生态位和生活生态位。生产生态位就是资源、生产条件生态位，包括了城市的经济水平（物质和信息生产及流通水平）、资源丰盛度（如水、能源、原材料、资金、劳力、智力、土地、基础设施等）。生活生态位就是环境质量、生活水平生态位，包括社会环境（如物质生活和精神生活水平及社会服务水平等）及自然环境（物理环境质量、生物多样性、景观适宜度等）。

总之，城市生态位是城市满足人类生存发展所提供的各种条件的完备程度。一个城市既有整体意义上的生态位，如一个城市相对于外部地域的吸引力与辐射力；也有城市空间各组成部分因质量层次不同所体现的生态位的差异。对城市居民个体而言，不断寻找良好的生态位是人们生理和心理的本能，人们向往生态位高的城市和地区的行为，从某种意义上说，是城市发展的动力，也是城市发展的客观规律。

三、多样性导致稳定性原理

自然界的大量事实证明，生态系统的结构越多样、复杂，则其抗干扰的能力越强，系统也就越稳定。也就是说，生态系统的稳定性是与其结构的多样性、复杂性呈正相关。这是因为在结构复杂的生态系统中，当食物链（网）上的某一环节发生异常变化，造成能量、物质流动的障碍时，可以由不同生物种群间的代偿作用加以克服。多样、复杂的生态系统即便受到较严重的干扰，也会自发地通过群落演替，恢复原来的稳定状态，只是所需时间要比受轻干扰要长。例如在热带雨林中，由于物种十分丰富，某些物种的缺失，会因其他物种的代偿作用，而不会对整个生态系统造成大的影响。与此相对比，在仅有地衣、苔藓的北极苔原地区，这种简单的植被一旦受到破坏，就会使以地衣、苔藓为食的驯鹿和靠捕食驯鹿为生的食肉兽类无法生存，结构极为简单的苔原生态系统是难有代偿作用的。

多样性导致稳定性的原理在城市生态系统中同样有效。例如，多种不同类型的人力资源保证了城市发展对人力的需求；城市用地的多样属性保证了城市各类活动的展开；多种交通方式的有效结合使城市交通效率高且稳定；城市产业结构的多样性和复杂性使得城市经济稳定和高效。这些都是多样性导致稳定性原理在城市生态系统的应用和体现。

四、食物链原理

在生态学里，食物链指以能量和营养物质形成的各种生物之间的联系，食物网则指许多食物链彼此相互交错连接而形成的复杂营养关系。

广义的食物链原理应用于城市生态系统中，指以产品、下脚料、废料为物流，以利润为动力将城市生态系统中的企业联系在一起。各企业之间的产品和生产原料是相互提供的，一个企业的产品是另一些企业的原料，某些企业的下脚料或废料也可能是另一些企业的原料。人们可以根据增加利润和保护环境等目的，对城市食物网进行"加链"和"减链"的调整，除掉那些效益低、污染大的链环，增加新的生产链环，例如增加能充分利用物资资源、效益高、无污染的产品和企业。这样可使城市生态系统的物流和能流更加合理、高效和完善。

城市生态学的食物链原理还表明，人类居于食物链的顶端，需要依靠其他生产者及各营养级的"供养"而生存。另外，人是城市各种产品的最终消费者。生存环境污染的后果最终会通过食物链的富集作用而归结于人类自身，使人类自身成为污染的最终受害者。

五、最小因子原理

前文已讲到生态学的最小因子原理和系统论中的水桶效应，这些原理同样适用于城市生态系统。在城市生态系统中，影响其结构、功能行为的因素很多，但往往有某一个处于临界量（最小量）的生态因子对城市生态系统功能的发挥具有最大的影响力，只要改善其量值，就会大大增加系统功能。在城市发展的各个阶段，总存在着影响、制约城市发展的特定因素，当克服了该因素时，城市将进入一个全新的发展阶段。

六、系统整体功能最优化原理

生态系统中各子系统和系统整体是相互影响的，各子系统功能的状态取决于系统整体功能的状态，而各子系统功能的发挥也会影响系统整体功能的发挥。城市各子系统都具有自身的发展目标和趋势，各子系统之间与系统整体之间的关系不一定总是一致的，有时会出现相互牵制、相互制约的关系状态，对此应该以提高系统整体功能和综合效益为目标，局部功能与效益服从整体功能与效益，以实现系统整体功能最优化。

七、环境承载力原理

环境承载力是指某一环境在不发生对人类生存发展有害变化的前提下，在规模、强度和速度上，所能承受的人类社会作用的能力。

环境承载力包括：资源承载力、技术承载力和污染承载力等。资源承载力，包括如淡水、土地、矿藏、生物等自然资源条件，以及劳力、交通工具、道路系统、市场因子、经济实力等社会资源条件。技术承载力，主要指劳动力素质、文化程度与技术水平等，污染承载力是反映环境容量与自净能力的指标。资源承载力又可分为现实的和潜在的两种类型。

环境承载力会因城市的外部环境条件的变化而变化。环境承载力的变化会引起城市生态系统结构和功能的变化。城市生态系统向结构复杂、能量最优利用、生产力最高的方向演化，称之为正向演替，反之称为逆向演替。城市生态系统的演化方向是与城市生态系统中人类活动强度是否与城市环境承载力相协调而密切相关的。当城市活动强度小于环境承载力时，城市生态系统就有条件有可能向结构复杂、能量最优利用、生产力最高的方向演化。

第二节 城市及城市生态系统

一、城市

1. 城市的含义

城市是人类聚集的中心，是人类社会经济、政治、科学文化发展到一定阶段的产物。城市是以空间与环境利用为基础，以聚集经济效益为特点，以人类社会进步为目的的一个集约人口、集约经济、集约科学文化的空间地域系统，它是一个经济实体、政治社会实体、科学文化实体和自然实体的有机统一，是社会政治、经济、文化中心。

从生态学角度，可把城市定义为：城市是经过人类创造性劳动加工而拥有更高价值的人类物质、精神环境和财富，是更符合人类自身需要的社会活动的载体，是一类以人类占绝对优势的新型生态系统。

2. 城市的发展及其特征

近代城市出现在18世纪产业革命之后，城市开始出现社会化、专业化的机器。工业的发展与集中，伴随着商贸与人口的集聚，也带来了城市经济、交通、文化、科技以及城市基础设施的完善与发展。城市的高效服务和完备设施，又促进了工业的发展和生产效率的发挥。当今世界各国的经济发展与城市化过程都是同步进行的。

作为经济、政治、文化中心的现代城市，大都具有以下明显特征：生产高度集中；商业贸易飞速发展；城市基础设施完备；城市功能多样化。随着城市规模的扩大和各种设施的发展与完善，城市具有越来越多的功能。

同时，随着城市的发展，城市环境遭到破坏，并出现综合性的"城市病"，如住房紧张、交通阻塞、环境污染严重、居民生活质量和健康水平大大下降等。这些城市生态环境问题，不仅影响着居民的生活质量，也严重地限制着城市的发展。当产业集中的危害（负效应）大于其利益（正效应）时，城区的产业会反向向郊区或附近区域转移，形成新的工业区、商业区和居民区。

每个城市都是一定区域的中心，都以相应的经济区域作依托，城市是周围广大地区生产、交换、分配、消费等各种经济活动的集中场所。一定规模的城市有一定的吸引力作用，如市场的引力，就业机会的引力和城市各种现代化生活设施的引力等。一些大城市购物、上学、看病、参加各种文化娱乐活动都很方便，就业机会也较多，因此，人们一般都不愿离开大城市。

二、城市生态系统

1. 城市生态系统的概念

把城市看作一种生态系统，是生态系统生态学的重要发展，用生态学的视角研究城市成为一个新的领域。城市生态系统是一个以人为核心的系统，它不仅包含自然生态系统的组成要素，也包括人类及其社会经济等要素，因此，城市生态系统是一个自然、经济与社会复合的人工生态系统。从传统生态学的观点看，城市本身并不是一个完整的自我稳定的生态系统，但按照现代生态学观点，城市也具有自然生态系统的某些特征，具有某种相对稳定的生态功能和生态过程，生态学的普遍规律在城市中同样适用，所以我们把城市环境系统归结为城市生态系统。

城市生态系统是人类生态系统的主要组成部分。它既是自然生态系统发展到一定阶段的结果，也是人类生态系统发展到一定阶段的结果。

2. 城市生态系统的产生及发展

城市生态系统是人类生态系统经过漫长的发展时期，在一定的阶段产生的。在人类生态系统的发展过程中，经过了自然生态系统到农业生态系统的演变，最后才产生城市生态系统，从此，人类生态系统可划分为农村生态系统和城市生态系统两大类型。

城市生态系统的发展历史在整个人类生态系统的发展史中只占很小一部分，但城市生态系统的发展却对整个人类生态系统的发展起着举足轻重的作用。当今，城市生态系统已经成为人类生态系统的主体。

第三节　城市生态系统的组成与结构

一、城市生态系统的组成

城市生态系统是一个以人为中心的自然、经济与社会复合的人工生态系统，所以城市生态系统的组成首先是人，另外包括自然系统、经济系统与社会系统。

自然系统包括城市居民赖以生存的基本物质环境，如太阳、空气、淡水、森林、气候、岩石、土壤、动物、植物、微生物、矿藏、自然景观等。经济系统涉及生产、流通与消费的各个环节，包括工业、农业、交通、运输、贸易、金融、建筑、通信、科技等。社会系统涉及到城市居民的物质生活与精神生活诸方面，如居住、饮食、服务、医疗、旅游等，还涉及文化、艺术、宗教、法律等上层建筑范畴。

从环境科学角度，根据子系统的空间因素及相互作用，可以对城市生态系统的组成作以下划分，见图 3-1。社会学家提出的城市生态系统构成见图 3-2。

二、城市生态系统的结构形式

城市生态系统的结构是系统组成要素相互连接、相互影响的方式和秩序。

1. 链结构

（1）食物链结构。在城市生态系统生物的营养结构中，有两种不同的食物类型。一种是自然食物链，也就是传统意义的食物链，即绿色植物为初级生产者，食草动物和食肉动物分别为一级、二级消费者兼次级生产者，人类是杂食的最高级消费者。不同之处是，在城市中

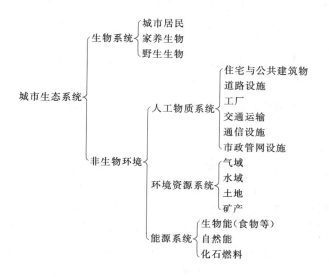

图 3-1 环境学角度的城市生态系统构成

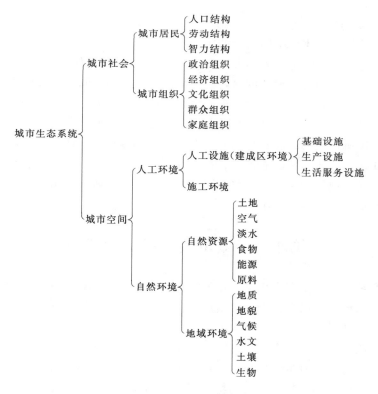

图 3-2 社会学角度的城市生态系统构成

所要消费的动植物大部分靠周围环境系统提供，人类食用的动植物也须经过简单的加工。另一种是完全人工食物链，经过复杂人工加工的食品、饮用品、药品供人类直接食用，该食物链只有一级消费者。在城市生态系统中，人类是最主要、最高级的消费者，位于食物链的顶端。

（2）资源链结构。为满足人类除食物以外的其他消费（穿、住、行、用等）的需求，在城市生态系统中就有了资源利用链结构，这是其他自然生态系统所没有的。资源利用链结构由一条主链和一条副链构成。在主链中，各类资源经初加工，生产出一系列中间产品，再经深加工后生产出可供直接消费的最终产品。最终产品的一部分留在市区环境，一部分输出到外界。主链从资源到最终产品的转变过程中都会产生一定量的废弃物，这些废弃物如果加以重复、综合利用，即为资源链的副链，副链中部分有价值的废弃物返还主链，其余的被排入市区环境或广域环境。

2. 生命与环境相互作用结构

城市生态系统中的生命与环境之间、环境要素之间都存在一定的相互作用的关系，其中城市人群与环境之间的关系是该结构的主要内容。在城市中，自然生物的生长、发育和分布在很大程度上是在人的干预下，生物种群单一，优势种突出，群落结构简单，空间分布也受到人为的限制。尽管如此，自然生物仍在美化、调节环境方面发挥着重要的作用。

在次生自然环境中，人的活动改变了局部气候、地质基础、土壤结构、微地形和水系，人的部分生产生活废弃物排入大气、水体或地下。城市生态系统的演变在于适应人的生存需要并发挥一定的自然净化功能，但这是有限度的，人的无理性活动也会导致气候恶化、地面沉降、环境污染等后果。

3. 空间组合结构

城市生态系统组成要素的空间组合结构有两种基本形式。

（1）圈层式结构。圈层式结构以市区生命系统与环境系统为内圈，郊区环境为中心圈，区域环境为外围圈。这种自然形成的自内向外呈同心圈状的空间结构形式体现了生命系统与各环境要素的内在联系，是人类生存的中心聚集倾向和广域关联倾向的必然结果。

（2）镶嵌式结构。镶嵌式结构有大镶嵌和小镶嵌之分。所谓大镶嵌，是指各圈层内部的各要素按土地利用所形成的团块状功能分区的空间结构形式。如在市区或郊区，都有以单一要素为主的居住区、工业区、商业区、文化区等，各区按各自的功能特点与要求，分布在不同的位置上，形成有规律的块状和条状镶嵌结构。所谓小镶嵌，是指各功能分区内部组成要素按土地利用所形成的微观空间组合形式。

第四节　城市生态系统的特征

城市生态系统与自然生态系统有一定的相似性，因此也具有自然生态系统的一般特点。然而，城市生态系统作为以人为中心的结构复杂、功能多样、巨大开放的人工系统，在许多方面具有鲜明的特征。

一、人是城市生态系统的主体

同自然生态系统和农村生态系统相比，城市生态系统中生命系统的主体是人类，而不是各种植物、动物和微生物。其最突出的特点是人口的发展代替或限制了其他生物的发展。

1. 生物量的比较

人口集中且密度高、增长速度快是城市的最大特征，城市的人为活动十分强烈。在城市中，其他生物的种类和数量受到人类的控制，所以，在城市生态系统中，相对于其他生物，人占绝对优势。从城市单位面积的人口生存量看，人类远远超过了其他生物。表3-1是三个城市人口生物量与植物生物量的比较。从城市人口占各国总人口比重看，城市生态系统以人为主体的特征也十分明显（表3-2）。

表 3-1	三个城市人口生物量与植物生物量的比较		单位：t/km²
城　市	人类生物量 a	植物生物量 b	$a:b$
东京（23个区）	610	60	10：1
北京（城区）	976	130	8：1
伦　敦	410	280	10：7

表 3-2				一些国家城市人口比例				%
年份 国家	1920	1950	1960	1965	1970	1975	1980	1996	2002
英国	73.3	77.9	78.6	80.2	81.6	84.4	88.3	89	90
法国	46.7	55.4	62.3	66.2	70.4	73.7	78.3	—	74
德国	63.4	70.9	76.4	78.4	80.0	83.8	86.4	86	86
美国	51.4	64.0	69.8	72.1	74.6	77.6	82.7	76	75
日本	18.0	35.8	43.9	48.0	53.5	57.6	63.3	77	78
俄罗斯	—	39.5	49.5	53.4	57.1	59.5	65.4	—	73

2. 人的作用

在城市生态系统中，城市居民既是自然人，又是社会人。人类是生态系统中的消费者，处于营养级的顶端，人类的生命活动是生态系统中能流、物流、信息流的一部分。人类同时又是经济生态系统中的生产者，是生产力诸要素中最积极、最活跃的部分，参与生产经营，创造物质财富，参与这些物质财富的交换、分配与消费。人类为了延续，也为了保证社会源源不断需要的劳动力，要进行自身的再生产。在上述自然、经济、社会的再生产中，人类都是核心，是主体。

二、城市生态系统是高度人工化的生态系统

1. 城市是人类改造大自然的产物

城市生态系统的环境，包括物理环境、社会环境、经济环境，都受到人为的强烈干扰，许多环境因素本身就是人类创造的。一个城市从规划、建设到管理都是人类主宰的。城市的物流、能流、信息流以及人类本身的流动都是按人类确定的途径流动的。人工控制与人工作用对城市的存在和发展起着决定性的作用。

大量的人工设施叠加于自然环境之上，形成了显著的人工化特点，如人工化地形、人工化地面（混凝土、沥青）、人工化水系（给排水系统）、人工化气候（空调房间、恒温室），甚至城市热岛、城市风也是人工干扰的结果。城市生态系统不仅使原有的自然生态系统的结构和组成发生了人工化的变化，而且，城市生态系统中大量出现的人工技术物质（建筑物、道路公用设施）完全改变了原有自然生态系统的形态和结构。

2. 人工化的营养结构

由于人工控制与人工作用的结果，城市生态系统改变了自然生态系统营养级的比例关系及营养关系。另外，在食物（营养）输入、生产、加工、传送过程中，人为因素也起主要作用。

3. 人工化的生态系统对人类自身的影响

人类与环境的关系是长期历史发展过程中形成的，实质上是人类在生物的进化过程中逐渐适应了环境选择的结果。在这个漫长的过程中，人类自身发生了某些生态变异，如前额变小、脑容量变大等。但是人类对环境的适应能力是有限的，如果环境发生剧烈的变化，超过人类的调节范围，就会引起人体某些功能发生异常，甚至生病死亡。人类从祖先生活的自然生态环境，到城市生态系统这种高度人工化的生态系统，在心理和生理上都发生了变化，引起诸如抵抗力减弱、身体肥胖而不结实、神经衰弱、心血管病和癌症等所谓城市病。世界各国流行病学调查都表明城市肺癌死亡率远高于农村。我国的统计也表明肺癌的死亡率有明显的城乡差别。城市环境对人体健康最明显的影响是环境污染，有毒物质通过大气、水体、食物等影响人体，引起慢性中毒，危害健康和寿命，甚至影响子孙后代。

三、城市生态系统的不完整性

1. 城市生态系统缺乏生产者（绿色植物）

从表 3-1 可以看到，在城市中，生产者（绿色植物）与消费者（人）的比例严重失调。城市中的植物不仅数量少，而且功能也发生了改变，其主要任务已不是向消费者提供食物，而是改变为美化环境、消除污染和净化空气等。这样城市生态系统就需要从外部输入大量的食物来满足消费者的需要。如香港、澳门这样的城市，人们所需的食物几乎全部需要从外部输入。

2. 城市生态系统缺乏分解者

在城市中，自然生态系统为人工生态系统所代替，使生物群落不仅数量变少，而且结构变得十分简单，以人体为主的生物量高度集中。在城市中，大面积的地面已人工化，分解者赖以生存的土壤结构发生了巨大变化，使得城市生态系统缺少分解者，分解功能微乎其微，系统内的废弃物不可能由分解者就地分解。例如，在自然生态系统中，秋天树叶落在土地上，土壤里有足够的分解者，形成一个完整的物质循环，但在城市中，大部分树下（如行道树和庭院树等）地面已被硬化，落叶需要收集起来运往异地分解。另外，城市生产和生活都会产生大量的废弃物和废水，需要花费大量的人力物力来收集、运输和处理。这都是城市废弃物的产生量和城市内分解者数量严重背离所导致的。

所以，城市生态系统是一个不完整、不独立的生态系统。

四、城市生态系统是高度开放性系统

城市生态系统是一个开放性的大系统，在外界干扰不超过其生态阈值时，总处于非平衡的稳定状态。自然生态系统是一个自律系统，只要输入太阳能，通过绿色植物的光合作用，依靠系统内的能量和物质的传递就可以维持系统的平衡状态。而城市生态系统则不同，消费者的数量远远大于生产者，要维持非平衡的稳定状态，就要不断地从系统外输入能量和物质，另外在人力、资金、技术、信息等方面对外界也有不同程度的依赖性，这也就是城市流动人口多的原因。

城市生态系统的开放性还表现在系统内缺乏分解者，也没有足够的空间，所在城市产生的大量废物不可能在本系统内分解和容纳，还要输送出系统外。

以香港为例，从每天主要物质和能源的输入输出，可以看到城市物质和能源流动量之大（见表 3-3）。

城市生态系统具有大量、高速的输入输出量，能量、物质和信息在系统中高度聚集，高速转化，其能量转化功率为每平方米每年（42～126）$\times 10^7$J，是所有生态系统最高的。如果从开放性和高度输入的性质来看，城市生态系统又是发展程度最高、反自然程度最强的人类生态系统。

表 3 - 3　　　　　　　　　　香港城市居民物资输入、输出与排废　　　　　　　　　　单位：t/d

品名	输入	输出	废物	品名	输入	输出	废物
食物	5985	602		纸	1015	97	691
饲料	335			其他			728
海水	360000			污泥			6301
淡水	1068000			污水			819000
液体燃料	11030	612		一氧化碳			155
固体燃料	193	140		二氧化硫			308
玻璃	270	65	152	二氧化氮			110
塑料	680	324	184	碳氢化合物			0.29
水泥	3572	11		铅			0.34
木材	1889	140	637	颗粒物质			42
钢材	1878	140	65				

五、城市生态系统的脆弱性

1. 城市生态系统不是一个自律系统

自然生态系统中能量和物质能够满足系统内生物生存的需要，有自动建造、自我修补、自我调节，以维持其本身动态平衡的功能。在城市生态系统中能量和物质要依靠其他生态系统（农业和海洋生态系统等）人工地输入，城市生态系统不可能自给自足，同时城市的大量废弃物，远远超过了自身的自然净化能力，也要依靠人工输送系统输送到其他生态系统。它必须要有一个人工管理完善的物质和能源的输送系统，以维持其正常机能。城市生态系统不可能自我封闭地独立存在，必须依赖其他生态系统才能存在和发展，从这个意义上讲，城市生态系统是一个十分脆弱的系统。

2. 城市生态系统的自我调节机能脆弱

由于城市生态系统的高度人工化，不仅产生了环境污染，城市物理环境也发生了极大的改变，如城市热岛与逆温层的产生、地形变迁、不透水地面等破坏了原有的自然调节机能。

在城市生态系统中，以人为主体的食物链常常只有二级或三级，而且作为生产者的植物，绝大多数都来自其他系统，系统内绿色植物的地位和作用已完全不同于自然生态系统。与自然生态系统相比较，城市生态系统由于物种多样性降低，能量流动和物质循环的方式、途径都发生改变，使系统本身的自我调节能力降低，其稳定性在很大程度上取决于社会经济系统的调控能力和水平，以及人类对这一切的认识，即环境意识、环境伦理和道德责任。

3. 城市生态系统营养关系出现倒置

一个稳定的生态系统的最基本的要求是：其营养关系中营养级越低数量应越大。在自然生态系统中，由绿色植物、食草动物、食肉动物及大型肉食动物组成了金字塔形营养结构，见图 3 - 3（a），这是一个典型的稳定系统。在农村生态系统中，营养结构要比自然生态系统简单得多，绿色植物主要是人工种植的农作物，动物主要是人工饲养的家畜和家禽。但能量在各营养级中流动基本上还是遵循生态金字塔规律的，见图 3 - 3（b）。而城市生态系统则完全不同，表现出相反的规律，绿色植物的生物现存量远远小于人口的生物现存量，动物也相当少，以人占绝对优势的城市，呈倒金字塔的营养结构，见图 3 - 3（c）。这样的营养结构表明城市生态系统是一个不稳定系统，人所需要的食物在系统内根本无法满足，需要从系统外输入。生产和生活活动所必需的其他资源和能源，同样也需要从系统外输入。城市生态系统的营养关系决定了要维持系统的稳定和有序，必须有外部生态系统的物质和能量的输入。

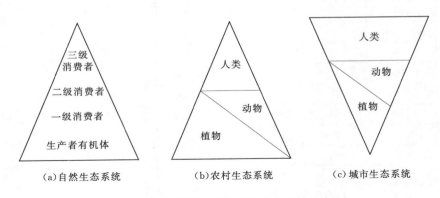

图 3－3　不同类型生态系统营养结构示意图

六、城市生态系统是多层次的复杂系统

城市生态系统是一个典型的复杂系统，它是一个多层次、多要素组成的复杂大系统，据估计城市生态系统包含的要素数量数以亿计。仅以人为中心，即可将生态系统划分为以下几个层次的子系统。

（1）生物（人）-自然环境系统。只考虑人的生物性活动，人与其生存环境的气候、地形、食物、淡水、生活废弃物等构成一个子系统。

（2）人-经济系统。只考虑人的经济（生产、消费）活动，由人与能源、原料、工业生产过程、交通运输、商品贸易、工业废弃物等构成一个子系统。

（3）人-社会文化系统。只考虑人的社会活动和文化活动，由人的社会组织、政治活动、文化、教育、康乐、服务等构成一个子系统。

以上各层次的子系统内部，都有自己的能量流、物质流和信息流，而各层次之间又相互联系，构成不可分割的整体。一个优化的城市生态系统不仅要求系统功能多样性以提高其稳定性，还要求各子系统相互协调，以求内耗最小。

另外，城市生态系统的发展变化过程要比自然生态系统复杂得多。在自然规律之下，一个新物种的出现不知要经过多少万年，自然生态系统的发展变化，主要表现在生物数量的增减上。而在城市生态系统中，人们对能源和物质的处理能力上，不仅有量的扩大，而且可以不时地发生质的变化。与自然生态系统相比，城市生态系统的发展和变化也要迅速得多。

第五节　城市生态系统基本功能

城市生态系统的功能在于满足城市居民生产、生活的需求，体现在生产功能、能量流动功能、物质循环功能、人口流动功能和信息传递功能等方面。

一、生产功能

1. 生物生产

城市生态系统的生物生产功能是指系统所具有的，包括人类在内的各类生物交换、生长、发育和繁殖过程，其中包括生物初级生产和生物次级生产。

（1）生物初级生产。城市生态系统的绿色植被包括森林、草地、果园、苗圃和少量的农田等人工或自然植被。在人工的调控下，它们可能会生产少量的粮食、蔬菜、水果和其他绿色植物产品。和自然生态系统相比，城市生态系统的生物初级生产不占主导地位，甚至是微不足道的。但城市植被的景观作用功能和环境保护功能对城市生态系统来说是十分重要的。因此，尽量大面积地保留和保护城市的农田、森林、草地系统是非常必要的。

（2）生物次级生产。城市生态系统的生物初级生产量远远不能满足系统内的生物（主要是人）的次级生产的需要，因此，城市生态系统所需要的生物次级生产物质，如肉、蛋、奶类有相当部分从系统外输入，表现出明显的依赖性。

另一方面，由于城市的生物次级生产主要是人，故城市生态系统的生物次级生产除了受自然因素的影响外，主要受人的行为的影响，具有明显的人为可调性。城市生物次级生产表现出强烈的社会性，它是在一定的社会规范和法律制约下进行的。为了维持一定的生存质量，城市生态系统的生物次级生产在规模、速度、强度和分布上应与城市生态系统的生物初级生产和物质、能量的输入、分配等过程保持一致。

2. 非生物生产

城市生态系统的非生物生产是人类生态系统特有的生产功能，为满足城市人类的物质消费与精神需求。城市生态系统的非生物生产，有物质的与非物质的两大类。

（1）物质生产：是指满足人们物质生活所需的各类有形产品及服务，包括各类工业产品；基础设施产品，指各类为城市正常运行所需的城市基础设施，如道路、交通、给水排水等，各类基础设施为人类活动提供了必需的支撑体系；服务性设施产品，指服务、金融、医疗、教育、贸易、娱乐等各项活动得以进行所需要的各项设施。

城市生态系统的物质生产产品不仅为本城市地区的人们服务，更可能是为城市地区以外的人们服务。因此，城市生态系统的物质生产量是巨大的，所消耗的资源和能量也是惊人的，对城市区域及外部区域自然环境的压力也是非常大的。

（2）非物质生产：是指满足人们的精神生活所需的各种文化艺术产品及相关的服务。城市中具有众多的精神产品生产者，如作家、诗人、剧作家、画家、雕塑家、歌唱家、演奏家等，有难以计数的精神文化产品出现，如小说、绘画、音乐、戏剧、雕塑等，用以满足人们精神文化生活的需求。

城市生态系统的非物质生产实际上是城市文化功能的体现。城市从出现时就与人类文化紧密联系在一起。城市的建设与发展反映了人类文明和人类文化进步的历程，是人类文明的结晶，是人类文明的集中体现。城市始终是人类文化知识的生产基地，是文化知识发挥作用的市场，同时又是文化知识产品的消费空间。

二、能量流动功能

城市生态系统的能量流动是指能源在系统内外的传递、流通和耗散过程。

能量是物质作功的能力，是地球上生命存在的一个基本因素。能量分动能和势能两种。动能是运动的能，势能则是潜在的能，如被大坝集聚的水、煤、石油等所内含的能量。利用势能通常要把它转变为动能，燃料里的势能是化学能，它能够通过燃烧而释放出来。城市生态系统中的能量流动是以各类能源的消耗与转化为其主要特征的。

1. 能源分类及特点

能源是指产生机械能、热能、光能、化学能、生物能等各种能量的自然资源或物质。能源的类型可以有不同的分法。

（1）按照能源的来源可分为太阳能、地热能、原子核能和潮汐能。

太阳能是来自太阳的能量，除了直接的太阳辐射能外，煤、石油、天然气等矿物燃料和生物能、水能、风能、海洋能等都是间接来自太阳能。

地热能是以热的形式蕴藏于地球内部的能量。

原子核能是地球上的各种核燃料产生的能量。

潮汐能是太阳和月亮等天体对地球的相互吸引力所引起的能量。

（2）按对环境的影响程度可分为清洁型能源和污染型能源。

清洁型能源，如水能、风能等。

污染型能源，如煤炭、石油等。

（3）按形式可分为一次能源和二次能源。

一次能源又称原生能源，指太阳能、生物能（生物转化了的太阳能）、核能（聚、裂变能）、矿物燃料、风能、水力、海洋能（潮流能、波浪能、温差能、浓差能）、地热能、潮汐能等。煤炭、石油、天然气等均属此类，这些能源除少数（天然气）可直接利用外，大多数需要加工转化后才能利用。

二次能源又称次生能源，是指原生能源经加工转化后的能的形式，如电力、柴油、液化气等。二次能源一般形式单一，便于输送、贮存、管理和使用。

（4）按能否再生可分为可再生能源和不可再生能源。

可再生能源又称可更新能源，是指太阳能、水能、氢能、生物能、风能、海洋能、地热能、潮汐能等可以再生而不会枯竭的能源。不可再生能源又称不可更新能源，是指煤、石油、天然气等化石能源和以铀、锂、铌、钒等为原料的核能能源。

（5）按技术发展水平可分为常规能源和新能源。

常规能源指与科技水平及生产水平相适应的能源利用类型，新能源则是指相对高于社会经济发展水平的能源利用形式和种类。

（6）按利用情况还有有用能源和最终能源。

有用能源指使用者为了达到使用目的，将次生能源转化为特殊的使用形式，如电动机的机械能、炉子的热能、灯的光能等。

最终能源则是能量使用的最终目的，它是存在于产品中或投入到所创造的环境中的能量形式。如抽水机把机械能转变为水的势能；日光灯把光能投入到所创造的明亮环境中，最终转变为热量耗散掉等。

2. 能源结构

随着生产力的发展和科学技术的进步，人类在能源消费上经历了三个阶段，目前正蕴酿走向第四阶段。

在整个前资本主义时期，生产力不发达，人力和畜力是主要生产动力，木柴等在能源消费中居首位，被称为能源的木柴时代。

以蒸汽机为标志的18世纪的资产阶级产业革命促进了煤炭的大规模使用，到20世纪初达95％，取代木柴成为主要能源，进入了能源的煤炭时代，完成了世界能源消费结构的第一次重大变革。

第二次世界大战后，20世纪60年代初石油（气）产量与消费量超过煤炭，世界能源迈入了石油时代。结构迅速转换的主要原因：一是石油产量的增加，二是石油自身条件优越，如可燃性强，单位热量高（比煤炭约高1倍），利用价值大，开采条件好，费用低，按热量计算，成本只等于煤炭的 1/3，便于运输，陆上管道与海上油轮，既方便又便宜。当然煤炭开采条件日益恶化也是因素之一。

今后能源消费结构变化的趋势是从传统的矿物燃料（煤、油、气等）转化为可再生能源（太阳能、核聚变能、生物质能等）为基础的持久能源系统。在转换的过渡时期，仍以油气为主，煤炭、核能、新能源的比重可望有所提高，将是能源的多极化时代。表 3-4 为 2008 年我国与世界部分国家能源消费结构。表 3-5 为世界部分国家一次能源消费构成。表 3-6 为世界能源消费构成的发展变化趋势。

表 3-4　　　　　　　　　　世界部分国家能源消费结构（2008 年）　　　　　　　单位：百万 t 油当量

国 家	石油	天然气	煤炭	核能	水电	合计
中国	375.7	72.6	1406.3	15.5	132.4	2002.5
美国	884.5	600.7	565.0	192.0	56.7	2299.0
日本	221.8	84.4	128.7	57.0	15.7	507.5
德国	118.3	73.8	80.9	373.7	4.4	311.1
英国	78.7	84.5	35.4	11.9	1.1	211.6
法国	92.2	39.8	11.9	99.6	14.3	257.9
意大利	80.9	69.9	17.0	—	8.8	176.6
加拿大	102.0	90.0	33.0	21.0	83.6	329.8
澳大利亚	42.5	21.2	51.6	—	3.4	118.3
俄罗斯	130.4	378.0	101.3	36.9	37.8	684.6
印度	135.0	37.2	231.4	3.5	26.2	433.3
巴西	105.3	22.7	14.6	3.1	82.3	228.1
世界总计	3927.9	2726.1	3303.7	619.7	717.5	11294.9

表 3-5　　　　　　　　　　　　世界部分国家一次能源消费构成　　　　　　　　　　　%

国　　家	1993 年					2008 年				
	石油	天然气	煤炭	核能	水电	石油	天然气	煤炭	核能	水电
美国	39.6	26.3	24.3	8.3	1.2	38.5	26.1	24.6	8.4	2.5
俄罗斯	25.6	49.0	19.1	4.2	2.1	19.0	55.2	14.8	5.4	5.5
法国	38.7	12.3	6.0	40.0	2.5	35.8	15.4	4.6	38.6	5.5
德国	40.7	17.8	29.2	11.8	0.4	38.0	23.7	26.0	10.8	1.4
英国	38.4	26.4	24.4	10.5	0.2	37.2	39.9	16.7	5.6	0.5
日本	55.4	11.1	17.4	14.2	1.9	41.7	16.5	25.4	11.2	3.1
中国	19.8	2.1	76.3	0.1	1.7	18.8	3.6	70.2	0.8	6.6
印度	—	—	—	—	—	31.2	8.6	53.4	0.8	6.0
巴西	—	—	—	—	—	46.2	10.0	6.4	1.4	35.2
世界总计	39.7	23.3	27.3	7.2	2.6	34.8	24.1	29.2	5.5	6.4

能源结构是指能源总生产量和总消费量的构成及比例关系。一个国家的能源结构在一定程度上可以反映该国生产技术和经济发展水平。从总生产量分析能源结构，称能源的生产结构；从总消费量来分析能源结构，称能源的消费结构，即能源的使用途径。世界各国能源消费结构是有差异的。影响世界各国能源消费结构变化的因素：一是经济发展与生产力发展水平；二是能源资源条件。如 20 世纪 50 年代中期，美国成为世界第一个以油气为首位能源的

国家（油气占 69%），日本能源贫乏，60 年代中期实现转换（现占 58.2%），而煤炭资源丰富国家的进程迟缓，如前联邦德国、法国、英国到 60 年代末 70 年代初才相继以油气为主要能源，有的国家至今仍以煤炭为主，如我国（占 70.2%）和印度（占 53.4%）等。另外还和一些国家的资源和政策特点有关，使得其能源结构很有特点，例如俄罗斯的天然气、法国的核能、我国的煤炭、巴西的水电都占到主导地位。

长期以来天然气增长比例较高，煤炭所占比例处于下降趋势，但近年来情况发生了变化，煤炭成为增长最快的燃料，另外水电也有增长，这两项都是由于我国因素的影响，其他国家处于下降趋势。目前发展最快的是可再生能源。2008 年，风能和太阳能装机容量分别增长了 29.9% 和 69%，生物燃料乙醇增长了 33%。

表 3-6　　　　　　　　世界能源消费构成的发展变化趋势　　　　　　　　　　%

年份	石油	天然气	煤炭	核能	水电	合计
1950	27.0	9.8	61.5	1.7		100
1960	33.3	15.1	49.5	2.1		100
1970	44.1	20.0	32.5	2.4		100
1975	44.5	20.7	31.8	3.0		100
1980	44.2	21.5	30.8	3.5		100
1990	38.1	23.9	32.4	15.01		100
2000	38.3	23.5	25.2	6.3	6.4	100
2002	37.9	23.9	25.3	6.4	6.3	100
2004	37.1	23.7	27.0	6.1	6.2	100
2006	36.0	24.0	28.1	5.9	6.3	100
2008	34.8	24.1	29.2	5.5	6.4	100
1950—2008	+7.8	+14.3	-32.3	—	—	
2000—2008	-3.5	+0.6	+4.0	-0.8	0	

城市是消耗能源的主要区域，城市的能源结构与全国的能源生产结构、消费结构、城市的经济结构特征等密切相关。我国主要城市燃气气源目前主要是以石油液化气为主，这表明我国城市的能源消费结构尚处于一个较低的水平。发达国家城市的燃气气源基本上都是天然气（天然气热值高，污染少，成本低，是城市燃气现代化的主导方向）。电力消费在能源消费中的比重和一次能源用于发电的比例也是反映城市能源供应现代化水平的两个指标。

据统计 80% 的环境污染来自燃料的燃烧过程。几种主要污染物的来源及所占的比例见表 3-7。

表 3-7　　　　　　　　　　几种主要污染物的来源比例　　　　　　　　　　%

污染物来源	主　要　污　染　物				
	粉　尘	硫氧化物	氮氧化物	一氧化碳	碳氢化物
燃料燃烧	42	73.4	43.2	2.0	2.4
交通运输	5.5	1.3	49.1	68.4	60
工业过程	34.8	23	1.3	11.3	12
固体物处理	4.5	0.3	5.1	8.1	5.2
其他	13.2	2.0	3.2	10.2	20.5

3. 城市生态系统能量流动过程

城市生态系统能量流动基本过程见图3-4。

原生能源中只有少数可以直接利用，如煤、天然气等，大多数都要经过加工转化为次生能源才能使用。

在能源的转化、传输、利用过程中都有能量的损耗。原生能源转化为次生能源的过程（如煤、石油转化为电力、柴油），是最容易产生污染的环节，从这个意义上讲，我们应该尽量选用清洁的原生能源如天然气、核能等。此外，利用新技术新工艺提高原生

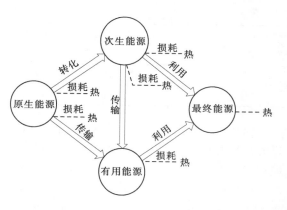

图3-4　城市生态系统能量流动基本过程

能源转化为次生能源的转化效率；提高次生能源向有用能源、最终能源传输和利用效率，也是提高能源利用率、减少城市环境污染的途径。世界各国的能源利用率有很大的差异，我国与发达国家也有较大的差距，见表3-8。城市能源的消耗主要是工业生产、居民生活和交通运输三大部分。

表3-8　　　　　　　　　　　　我国与部分国家能源利用率　　　　　　　　　　　　　　　%

能源利用情况		发　电	工　业	铁路交通	民　用
国家	日　本	30.8	76.0	22.4	75.4
	美　国	30.0	75.1	25.1	75.1
	中　国	23.9	35.0	15.2	25.5
中国与美国、日本两国能源利用差距		6.1～6.9	40.1～41.0	7.2～9.9	49.6～49.9
中国能源利用率提高的潜力		20	53	66	66

三、物质循环功能

城市生态系统中物质循环是指各项资源、产品、货物、人口、资金等，在城市各个区域、各个系统、各个部分之间以及城市与外部之间的反复作用过程。它的功能是维持城市的生存、运行、生产功能，维持城市生态系统的生产、消费、分解和还原过程。

1. 城市生态系统物质循环中物质流类型

（1）自然力推动的物质流。城市生态系统物质循环中物质流包括自然力推动的物质流，它具有数量大、状态不稳定、对城市生态环境质量影响大的特征，尤其是对城市大气质量和水体质量起着重要的影响作用。城市的人口和工业生产集中，每天的耗氧量大，而城市的植被很少，产氧量则很小，造成氧的不平衡，这就需要空气流从外界带入大量氧气。与此相反，城市中产生的二氧化碳远远大于消耗量，需要空气流把城市多余的二氧化碳带出界外。北京的空气流见表3-9。

（2）人工推动的物质流。一般所讲物质在城市生态系统中循环的过程，实际上主要就是人工推动的物质流。显然它在物质流中是最为复杂的，不是简单的输入和输出，还要经过生产（有形态和功能的改变）、交换、分配、消费、积累以及排放废弃物等环节和过程。

表 3－9		北 京 每 日 的 空 气 流			单位：万 t
	输　入	输　出	产　生	消　费	差　值
空　气	28.39×10^4	28.39×10^4	—	—	—
氧　气	65580.9	65542.7	3.34	41.5	−38.16
二氧化碳	130.59	182.64	57.06	5.01	+52.05

（3）人口流。城市的人口流是一种特殊的物质流，包括时间上和空间上的变化。城市人口的自然增长和机械增长反映了城市人口在时间上的变化；城市内部人口流动的交通人流和城市与外部之间的人口流动反映了城市人口的空间变化。

（4）其他物质流。除了上述物质流类型外，人们还从经济角度，提出了城市的价值流、资金流，包括投资、产值、商品流通和货币流通等，以反映城市社会经济的活跃程度，其实质与物质流是相同的。

2. 城市生态系统物质循环的特点

（1）系统内外物流量大。绝大多数城市都缺乏维持城市生存发展的各种物质，需要从城市外部输入。城市生态系统在输入大量物质满足城市生产和生活需求的同时，也输出大量的物质（产品及废物），其物流量是巨大的。其中生产性物质远远大于生活性物质，因为城市最基本的特点是经济集聚（生产集聚），城市首先是一个生产集聚区。

（2）城市生态系统的物质流缺乏生态循环。因为城市生态系统是高度人工化的生态系统，系统内的分解者数量很少，作用微乎其微，再加上物质循环中产生的废物数量巨大，故城市生态系统中废物难以分解、还原，物质被反复利用、周而复始循环的比例是相当小的。

（3）物质流受到强烈人为因素的影响。城市生态系统的高度人工化，决定了物质流的全过程都受到人为因素的影响。

（4）物质循环过程中产生大量废物。管理、技术的限制及城市生态系统物质利用的不彻底导致了物质循环的不彻底，物质循环的不彻底又导致了物质循环过程中产生大量废弃物。

四、信息传递功能

1. 信息的概念

信息一词原意是消息、知道，信息科学诞生后，信息被解释为用符号传递的、接受者预先不知道的情况，以后又广义表述为客观世界带有某种特性的信号。按照信息论的观点，任何实践活动都可以简化为三股流，即人流、物流、信息流，其中信息流起着支配作用。信息流调节着人流和物流的数量、方向、速度、目标，驾驭人和物，做有目的、有规则的活动。

2. 信息的作用

（1）传递知识，通过消息、情报、指令、数据、图像、信号等形式，传播知识。当今世界每年发表的科学论文数以千万篇计，每小时都有几十项发明创造，被人称作知识爆炸时代，而这些知识的传播就要靠信息的传递。现在可以说，任何科学领域都离不开信息技术。

（2）信息是科学技术与生产力之间的桥梁和纽带。信息在人类社会经济发展进程中起着前所未有的越来越重要的作用。

信息产业已经成为发展速度最快的产业，2008 年世界电子信息产业总产值达 4.96 万亿美元，占世界总产值的 9.6%，居各产业之首。2008 年我国电子信息产业总产值达 6.3 万亿元，占世界电子信息产业总产值的 18.5%，超过美国居世界首位，占全国总产值的 21.0%，居国内各产业之首，已成为国民经济的支柱产业。

（3）信息可以节约时间、提高效率。例如，交通部门采用调度通信，可使运输能力提高50％以上，基建部门利用电信指挥，可以提高劳动效率15％以上。

在信息通信尚不发达的时候，人们不得不借助传统的交通交往方式来传递、交换信息，这就增加了交通量和费用。充分利用信息通信，还可节约大量能源。据测算，市内电话耗能是乘公共汽车交往耗能的1/29，是乘出租小汽车交往的1/504；长途电话耗能是乘火车交往耗能的1/90，是乘长途汽车交往耗能的1/140。

（4）信息在世界经济中的作用。

信息与物质、能源并列为现代社会的三大基础资源。从经济学意义上讲，最有希望的民族已不是最能利用物质和能源的民族，而是最能利用信息资源的民族。

当今世界上，信息资源的利用是很不平衡的。占世界人口15％的发达国家拥有世界信息资源总量的80％。越是发达的国家，在信息资源上越具有更高的投入强度。这既是经济发达的结果，也是经济发展的一个重要原因。我国信息产业也正在以远高于传统工业的速度迅猛发展。

3．城市的信息传递

（1）城市的信息系统。

城市是现代政治、经济、文化的中心，也是信息的中心，对周围地区具有辐射力和凝聚力。城市有现代化的信息技术，如包括激光排版在内的现代印刷技术、包括卫星接收与发射的无线电通讯技术、电话、电子计算机、激光全息技术以及电子信息网络等，还有使用这些技术的人才。

城市有完善的新闻传播网络系统，如报社、电台、电视台、出版社、杂志社、通讯社以及党派、行政、军事决策机关等，因此城市有大容量的信息流。

邮电通信是现代城市的基础设施之一，为社会政治、经济、文化、科学技术提供必不可少的信息传递设施，把城市的生产、交换、分配、消费四个环节有机地联系起来。邮电通信的发达程度，在一定程度上反映了一个国家或一个城市的经济发展水平。一个城市信息资源的利用程度可用两个指标来表示：一是信息装备，主要包括电话普及率、电视普及率、计算机设备普及率和信息网络的普及率；二是信息流通量，主要包括人均年使用通讯费用和订购报刊图书的费用，现在使用互联网人数以及使用方式也是一个重要指标。

（2）信息在城市生态系统中的作用。

在城市生态系统中的信息流最基本的功能是维持城市的生存与发展。在城市生态系统中，正是有了信息流的串联，系统内的各种成分和因素才能被组成纵横交错、立体交叉的多维网络体，不断地演变、升级、进化、飞跃。互联网的出现是信息技术发展史上的重大事件，其对世界社会、经济、文化的发展以及对人们生活方式的影响将是难以估量的。

城市对周围地区具有辐射力和凝聚力，其体现之一是信息。周围的信息会在城市中高度集中。同时城市又是信息处理中心。城市有集中的信息处理设施和机构，如新闻传播网络系统、邮电通信系统、科研教育系统，以及相应的高水平的信息处理人才。对于输入的分散、无序的信息，经处理后，输出时却是经过加工的集中的而有序的信息。

城市信息流的流量反映了城市的发展水平和现代化程度。城市信息流的质量则反映了信息的有用程度。

第四章　城市生态系统的平衡与调控

第一节　城市生态系统的平衡

城市生态系统是一个多变量、多功能、大容量、高效率的开放大系统。城市生态系统的平衡是人类的愿望，也是人类的职责。

一、两种不同的平衡

1. 静态平衡

经典热力学认为，在封闭的孤立系统中，一切物质都要从不平衡向平衡状态过渡，在这个自发的过程中，都伴随着熵值的增加，无序地增大，当熵值达到最大值，即无序度最大时，系统呈现了平衡状态，即宏观静止的混乱无序状态。这是终极的平衡。

熵表示任何一种能量在空间中分布的均匀程度，分布得愈均匀，熵值就愈大。熵值是衡量系统有序或无序程度的指标。

2. 动态平衡

动态平衡的平衡是暂时的、相对的、有条件的、偶然的。生态系统及城市生态系统的所谓平衡都是动态平衡，实际上是一种非平衡状态的稳定。在城市生态系统中，人类与环境的关系、各子系统之间的关系错综复杂，经常处于非平衡状态，如何使这个复杂的大系统在非平衡状态下保持稳定有序的状态，是探索的重要课题。

二、城市在非平衡状态下保持稳定有序的结构

城市生态系统的本质目标是越来越有序，在低耗、高效、和谐的基础上，为人类创造优良的经济环境、社会环境与生态环境，以满足人们高标准生活质量的要求。下面来分析城市生态系统达到非平衡稳定有序的条件。

1. 城市生态系统必须是一个开放系统

城市生态系统必须是一个开放系统，并且在时空上和状态上存在和发生着不可逆变化。非平衡系统理论认为，一个物质系统要在非平衡状态形成稳定有序的结构，这个系统必须是开放的，通过开放交流，引入负熵流，导致系统形成稳定有序的结构。其熵值有下列关系：

$$d_s = d_{is} + d_{es} \tag{4-1}$$

式中　d_s——系统的总熵变；

d_{is}——城市生态系统内部不可逆过程产生的熵增加；

d_{es}——物流、能流、信息流中所产生的负熵值。

若使　　　　　　　　　　　　　　　$d_s \leqslant 0$

则须　　　　　　　　　　　　　$d_{is} + d_{es} \leqslant 0$

或　　　　　　　　　　　　　　　$-d_{es} \geqslant d_{is}$

即负熵流要大于或等于熵增，也就是说，要维持系统稳定有序的状态，要求外部环境向系统内输入更大的负熵流。

城市生态系统的开放性表现在三个方面：城市生态系统与系统外的交流、城市的社会经济系统与自然环境系统之间的交流、城市内部各子系统之间的交流。

开放是城市生存、发展的关键所在。城市只有在开放的过程中，与系统外不断进行物质、能量、资金、人才、人口、信息的交流，同时输出产品、技术和排放废物，维持城市的新陈代谢，即输入负熵流，才能使城市保持稳定有序。

2. 城市生态系统处于远离平衡态区域

城市生态系统从其营养结构和不完整性，都可以说明其明显处于远离平衡态区域。在平衡态、近平衡态区域系统呈一定的规律性变化，是确定性或线性关系。与平衡态、近平衡态有本质不同的远离平衡态，呈非线形关系。

3. 城市生态系统各要素间存在着非线性关系

城市生态系统是自然、社会、经济复合的人工生态系统。现代城市是多层次、多要素组成的复杂大系统，有人估计城市生态系统包含的要素数量可达上亿个。在城市复杂的大系统中，各子系统之间有着广泛的、错综复杂的联系。它们相互之间的关系是互相联系、互相制约、互相推动的非线性关系，而不是简单的因果关系、依赖关系。在城市生态系统中，人类的主观控制、自觉性、能动性与目的性起着明显的主导作用。强有力的城市工作系统、决策关系、执行系统、监督系统与信息反馈系统卓有成效地工作，可以保证城市生态系统实现正常、稳定、协调运转。

正是这种强烈的开放性、非线性的相互关系，使城市生态系统可以在远离平衡的状态下，使系统出现稳定有序的结构，这就是所谓的耗散结构。耗散结构理论是比利时物理学家 I. Prigogine 于 1967 年提出的，该理论指出："一个远离平衡态的复杂系统，各要素的作用具有非线性的特点，正是这种非线性的相关机制，导致了大量离子的协同作用，突变而产生有序结构"。这种远离平衡的非线性区形成的新的稳定的有序结构，称之为耗散结构。

三、城市生态系统失衡和不稳定原因

城市生态系统的失衡和不稳定是由城市生态系统自身的问题引起的。这种失衡和不稳定造成了城市人类生存环境质量的下降以及由于这种环境质量下降逐渐出现的城市人类生存危机。

城市生态系统问题在全世界具有某些共性，诸如城市化进程对自然环境的破坏、气候变化、大气污染和水污染等。城市环境污染问题正在成为制约城市发展的一个重要障碍，我国许多城市的环境污染已相当严重，如沈阳、西安和北京等城市已被列入全球大气污染严重的城市名单。因此，必须更有效地控制我国城市环境污染，改善城市环境质量，使城市社会经济得以持续、稳定和协调发展。

1. 自然生态环境遭到破坏

城市化的发展不可避免地影响了自然生态环境，引起了一系列生态环境的变化，如城市热岛效应、环境污染、生活方式的改变等，对人们的影响将是长期的、潜在的。另外人类在创造和享受现代文明的同时，却抑制了绿色植物、动物和其他生物的生存，改变了它们之间长期形成的相互关系。人类还将自己圈在自己创造的人工化城市环境中并与大自然长期隔离，加之城市规模过大、人口过分集中，使得许多"文明病"、"公害病"相继出现，如肥胖病、心血管病、高血压病、癌症等。

2. 土地的变化

(1) 城市占用土地的扩大。城市占用的土地在迅速扩大。在发展中国家，城市化的进程

方兴未艾，城市迅速扩大，新城市不断出现。有些国家城市交通过多地依赖小汽车，加速了城市向外蔓延，造成土地、能源、空间等资源的浪费和城市中心的衰落。在发达国家，城市群的形成和城市人口由市区向郊区的扩展，也加快了占用农业用地的速度。人们一旦从市区高层建筑住房中解脱出来，都希望住进郊区低层的带有园地的住宅，会占去大量土地。例如在美国，据测算，城市郊区每增加一个居民就要损失 $0.15hm^2$ 土地。

（2）地下水位下降和地面沉降。城市建筑物密度增大和城市地面硬化，在很大程度上阻止了雨水向土壤的渗透，使得城市地下水位下降。那些主要以地下水为水源的城市，地下水位的下降尤为严重。

大量抽取地下水，会使地面发生沉降。另外大量开采矿物，包括煤炭、石油的开采，也会造成地面沉降。不论何种原因形成的地面沉降，复原都是十分困难的。城市地面沉降会造成房屋破坏、地下管线扭曲破裂等事故，还会对城市造成其他影响。例如上海市区地面已普遍低于黄浦江高潮时水位2m，给防汛造成了极大压力。地面沉降也使上海地下水水管排水不畅，暴雨后路面积水严重。

到1995年，我国已有50多座城市出现地面沉降，其中以北京、天津、上海、杭州、太原、西安等城市较为严重。

（3）土壤被污染。对土壤更大的破坏是城市废弃物对土壤的污染。现在城市中的废弃物的数量和成分都与农村废弃物不同，不能正常地返回土壤中去，成为城市和社会的一大问题。城市废弃物对土壤的破坏，主要表现在对土壤的化学污染和垃圾占用大量土地。我国城市垃圾的无害化处理率仅为2.3%，97%以上城市的生活垃圾只能运往郊区长年露天堆放，城市陷入垃圾的包围之中。被污染的土壤会对地面水和地下水造成再次污染。

3. 城市气候和大气的变化

（1）城市气候变化。大气和土壤表面的能量平衡是气候变化的决定因素，而城市的土壤表面已被人为改变了，所以造成了城市气候的变化。城市气候情况的变化，对城市生态环境以及城市居民的生活有很大影响。

（2）大气污染。大气污染是城市的一个主要问题，最容易为城市居民所直接感受和伤害。大气中的污染物主要有粉尘微粒、一氧化碳、硫氧化物、氮氧化物和光化学氧化剂等。近年来，随着工业的发展，一些有毒重金属如铅、镉、汞等也进入了大气。

据国外的统计资料，每年因为空气污染造成的心肺疾病而死亡的人数已超过了死于交通事故与谋杀的人数之和。联合国曾组织了一次全球空气污染的网点监测，在对污染情况的排序中，我国所有入选监测网的五个城市（沈阳、西安、北京、上海、广州），全部进入前十名。据监测，到1995年，我国城市大气中总悬浮微粒日均值浓度，北方地区已超过世界卫生组织规定标准的4～5倍，南方地区也达3倍多。

4. 淡水短缺和水污染

（1）淡水短缺。城市供水短缺在世界范围已成为一个特别尖锐突出的制约性问题。人们对水资源缺乏的严重性认识还远远不够。当今世界，水资源缺乏不仅制约经济的发展，还将对社会稳定和国际关系产生严重影响。

目前城市的缺水情况是，有的城市所在地区缺乏地面与地下水资源，有的城市所在地区并不缺乏资源，但由于水资源受到污染，使得可供利用的清洁水源严重不足。淡水匮乏不是淡水资源问题的全部，更令人忧虑的是人们缺乏必要的觉悟，还在肆意地破坏、浪费极其宝贵而数量有限的淡水资源。

（2）城市水污染。城市中的工业废水和生活污水未经处理或处理不够，都会通过下水系统流入江河湖海，造成水污染。水污染会破坏珍贵的淡水资源，祸及农业和渔业，还会危害人们的健康。水质污染对人类健康的影响分两类：一是通过水中致病生物而引起的传染病蔓延；二是水中含有的有毒物质引起的中毒。中国科学院的一份国情研究报告表明，全国 532 条主要河流中，有 436 条受到了不同程度的污染，一半以上的城市地下水受到污染。

5. 人口密集

人口密集是城市尤其是大城市、特大城市的普遍现象。据有关资料，国外 42 个大城市人口平均密度为每平方千米 7918 人。我国城市的人口密度一般都高于国外，例如，据有关资料统计，上海市区的人口密度高达每平方千米 11312 人，如果仅计算 10 个市区，则可达到每平方千米 22615 人。城市人口密度大是我国大城市的一大特点。

6. 绿地缺乏

联合国提出的城市人均公共绿地面积标准是 50～60m^2，从表 4-1 看，达到这一标准的城市为数不多。1995 年我国人均公共绿地是 5.2m^2，外国为 18.8m^2；2000 年我国为 8.1m^2，外国为 19m^2。2011 年全国城市人均拥有公园绿地面积 11.18m^2，见表 4-2。这表明我国城市人均公共绿地明显偏低，并且绿化与房地产开发和城市道路拓宽矛盾日益尖锐，城市建成区绿地减少，有些城市以远郊和市辖县的绿地来提高人均绿地面积。

表 4-1　　　　　　　　　　部分国外城市人均公共绿地面积　　　　　　　　　　单位：m^2/人

城市	华沙	维也纳	柏林	平壤	莫斯科	巴黎	伦敦	纽约	东京
人均公共绿地	90	70	50	47	44	24.7	22.8	19.2	3.4

表 4-2　　　　　　　　　　我国部分城市人均公共绿地面积　　　　　　　　　　单位：m^2/人

城市	北京	天津	沈阳	长春	哈尔滨	上海	南京
人均绿地面积	15.3	8.0	13.0	11.6	7.15	13.1	17
城市	杭州	福州	济南	武汉	广州	西安	平均
人均绿地面积	10.44	10.21	10	9.32	15.0	9.5	8.98

第二节　城　市　环　境

一、城市环境

城市环境是指影响城市人类活动的各种自然的和人工的外部条件。狭义的城市环境主要指物理环境及生态环境，包括大气、土壤、地质、地形、水文、气候、生物等自然环境及建筑、管线、废弃物、噪声等人工环境。广义的城市环境除了物质环境外还包括社会环境、经济环境和美学环境。

根据城市环境的定义，城市环境组成可以归纳为城市物理环境、城市社会环境、城市经济环境、城市美学环境。

1. 城市物理环境

（1）城市自然环境。包括太阳辐射、大气、土地、地质、地形、水文、气候、植物、动物、微生物等。城市自然环境是构成城市环境的基础，它提供了一定的空间区域，是城市环境赖以生存的地域条件。

（2）城市人工环境。包括房屋、道路、管线、基础设施、废弃物、噪声等。城市人工环境是实现城市各种功能所必需的物质基础设施。

2. 城市社会环境

城市社会环境体现了城市这一区域在满足人类的城市中各类活动方面所提供的条件，包括人口分布与结构、社会服务、文化娱乐、社会组织等。

3. 城市经济环境

城市经济环境是城市生产功能的集中表现，反映了城市经济发展的条件和潜势，包括物质资源、经济基础、科技水平、市场、就业、收入水平、金融及投资环境等。

4. 城市美学环境（景观环境）

城市美学环境是城市形象、城市气质和韵味的外在表现和反映，包括自然景观、人文景观、建筑特色、文物古迹等。

二、城市环境的特点

1. 城市环境有相对明确的界限

城市有明确的行政管理界限及法定范围。通常，城市和外界都有行政管理界限。城市内部还可分远郊区、近郊区和城区，城区还可分为不同的行政管理区，它们之间都有行政管理界限。行政管理界限和自然环境中江河、森林、草原、山川分布界线是有区别的。

2. 城市环境受人工化的强烈影响

城市是人类对自然环境施加影响最强烈的地方。城市人口集中、经济活动频繁，对自然环境的改造力强、影响力大。这种影响又会受到自然规律的制约，导致一系列城市环境问题，例如城市热岛效应、城市大气和水体污染等。

3. 城市环境结构复杂、功能多样

与一般自然环境不同，城市环境的构成不仅有自然环境因素、人工环境因素，同时还有社会环境因素、经济环境因素和美学环境因素。城市环境的自然环境因素和人工环境因素是人类对自然环境加以人工改造后形成的。城市环境包括人类社会环境与经济环境因素，表明城市是人类社会高度集聚的聚落形式。人类在城市中经济活动高度集聚，并由于经济的高度集聚性导致了社会生活的高集聚。另外，美学因素也是城市环境的一个独特组成部分。

城市环境的组成决定了城市环境结构的复杂性，呈现多重性及复式特征。而正是由于城市环境所具有的多元素构成、多因素复合式结构，才能保证其能够发挥多种功能，使得城市在社会经济发展过程中起到的巨大作用远远超过了其本身地域界限的范围。

4. 城市环境制约因素多

（1）受外部环境的制约。从生态学讲，城市生态系统不是也不可能是封闭系统，只能是开放的。如果城市系统内外的物流、能流、信息流出现中断或梗阻，后果是不可想象的。可见城市环境系统对外界有很大的依赖性，只有这种系统间的流动维持畅通和平衡，城市环境系统才会正常运行和保持良性循环。

（2）城市环境还受包括城市社会环境、经济环境在内的诸多因素的制约。

（3）国内、国际政治形势及国家宏观发展战略的取向与调整也对城市环境产生种种直接或间接影响。

5. 城市环境系统的脆弱性

城市越是现代化、功能越复杂，系统内外和系统内部各因素之间的相关性和依赖性就越强，一旦有一个环节发生问题，将会使整个环境系统失去平衡。例如，当城市供电发生故障，会造成工厂停产、给排水停顿、交通混乱等问题，由此又会连锁引起一系列严重问题。可以说，在现代社会，城市中的任何主要环节出了问题且不能及时解决，都可能导致城市的困扰和运转失常甚至瘫痪。城市环境越是远离自然状态，其自律性就越差，越显脆弱性。

三、城市环境问题的产生与发展

1. 城市环境问题的产生

在城市化进程中，特别是城市向现代化迈进的历程中，都普遍地遇到了"城市环境综合征"的问题，如人口膨胀、交通拥挤、住房紧张、能源短缺、供水不足、环境恶化、污染严重等。这不仅给城市建设带来了巨大压力，成为严重的社会问题，而且也成为城市经济发展的制约因素。城市是一个复杂的受多种因素制约的具有多功能的有机综合载体，只有实现城市经济、社会、环境的协调发展，才能发挥其政治、经济、文化等的中心作用，才能健康和持续发展。否则，必然会因发展失衡而产生诸多问题，这就是所谓的城市环境问题。

2. 我国城市环境问题发展阶段

我国城市环境问题从总体上来说是在新中国成立（1949年）以后出现的，大体上可分为以下三个阶段。

（1）1949—1965年。

这是我国工业化初步基础奠定的时期。在该时期的前半期（1949—1957年），虽然没有明确的环境保护目标，但大规模的经济建设并没有全面展开，国外援建项目集中在一些城市，在这些城市的城市规划受到国外较正规规划思想的影响，工业布局较为合理，城市环境基本上得到了保护。在后半期，由于"大跃进"路线的指导，盲目追求高速度，不顾工业的合理布局，在城市内上了很多高能耗、高污染和高消耗的工业项目。工业企业从1957年的17万个猛增到1959年的31万个，城市环境受到了污染，形成了一次污染高峰。大炼钢铁和其他工业项目砍伐了大量的森林植被。当时人们缺乏环境意识，环境问题不断积累和恶化。"大跃进"失败后，进行了5年国民经济的调整，使经济得到恢复。在城市盲目建立起来的工厂大部分被关掉，城市环境污染状况随之得到一定改善。

（2）1966—1976年。

这是"文化大革命"时期。这期间不仅国民经济到了崩溃的边缘，环境污染和生态破坏也达到了十分严重的程度。我国城市环境污染问题许多是来自这个时期。城市建设没有城市总体规划作为依据，所建设的13万多个工厂，绝大多数建在大中城市，并且没有任何防治污染的措施，致使城市环境质量急剧恶化，特别是大气污染和水质污染已十分严重。虽然在后半期采取了一些整治措施补救，但问题太多，难度太大，已积重难返。

（3）1977年以后。

20世纪80年代初，国民经济初步恢复元气。在此时期，保护环境成为一项基本国策，从规划到建设和生产都加强了环境管理措施，尤其是1984年以来，城市环境保护工作有了起色。另一方面，从80年代开始，我国城镇数量迅猛增加。这一时期，城市基础设施建设得到很大发展，但远远适应不了城市经济的发展和人民生活的需要，长期落后的局面还未彻底改变。同时，城市对水、能源、原材料的消耗迅速增加，有效利用率并未有明显提高，城市环境污染由于产业结构和能源结构的变化相应地有所改变，但并没有根本性改变，生产和环保一手硬一手软的局面并没有改变，这些都给城市环境带来了很大压力。

第三节　城市环境容量

一、环境容量

环境容量是指某一环境在自然生态结构和正常功能不受损害，人类生存环境质量不下降的前提下，能容纳的污染物的最大负荷量。其大小与环境空间大小、各环境要素的特征和净化能力、污染物的理化性质等有关。环境容量有总容量（绝对容量）与年容量之分。前者与时间无关，是某一环境能容纳的污染物的最大负荷量，由环境标准规定值和环境背景值决定；后者是在考虑输入量、输出量、自净量等条件下，每年某一环境中所能容纳污染物的最大负荷量。

环境容量主要应用于实行总量控制，把各污染源排入某一环境的污染物总量限制在一定数值以内，为区域环境综合治理和区域环境规划提供科学依据。

二、城市环境容量

1. 概念

城市环境容量是指环境对于城市规模及人的活动提出的限度，即城市所在地域的环境，在一定的时间、空间范围内，在一定的经济水平和安全卫生要求下，在满足城市生产、生活等各种活动正常进行的前提下，通过城市的自然条件、经济条件、社会文化历史条件等共同作用，对城市建设发展规模以及人们在城市中各项活动的强度提出的容许限度。

2. 城市环境容量的影响因素

（1）城市自然环境因素。

自然环境因素是城市环境容量中最基本的因素。它包括地质、地形、气候、矿藏、动植物等因素的状况及特征。由于现代科学技术的高度发展，人们改造自然的能力越来越强，常常轻视自然因素在城市环境容量中的地位和作用，这是造成环境问题的主因。自然环境因素是城市环境容量中最重要的，也是最容易被忽视的因素。

（2）城市物质因素。

城市的各项物质因素的现有构成状况对城市建设与发展以及人们的活动都有一定的容许限度。这里的城市物质因素主要指工业、仓库、居住建筑、公共建筑、城市基础设施、物资供应等。

（3）经济技术因素。

城市现有的经济技术实力对城市发展规模也提出了容许限度。一个城市的经济技术条件越雄厚，则它所具有的改造城市环境的能力也越大，城市环境容量也越有可能提高。

三、城市环境容量类型

城市环境容量包括城市人口容量、自然环境容量、城市用地容量、城市工业容量、城市交通容量、城市建筑容量等。

1. 城市人口容量

（1）城市人口容量概念。

城市人口容量是指在特定的时期内，在城市这一特定的空间区域能相对持续容纳的具有一定生态环境质量和社会环境质量水平及具有一定活动强度的城市人口数量。

城市人口容量概念包含以下三方面的内涵。其一是在特定的空间范畴内；其二，这一人口规模必须是具有一定生态环境质量和社会生活水平条件下的人口数量；其三，这种生态环境质量和社会环境质量不仅应满足一定人口规模的动态需求，同时还应具有相对的时间延续性。

城市人口容量在城市环境容量中起决定性作用。实际上，在人均城市用地标准明确后，城市人口一经确定，城市用地规模等也基本上随之确定了。此外，城市人口始终是个变量，人口的变化对城市中的一切变化皆起着先导作用。相比之下，城市用地等变化则具有从属性和滞后性特征。因此，强调人口因素在城市规模中的主导地位是有其合理性的。

（2）城市人口容量特点。

1）有限性。生活在城市中的人类有其生物属性，人口容量与其他生物一样要受其生存空间的制约。随着城市人口绝对数量与相对数量（人口密度）的不断上升，城市人均生存空间在变小。另外，人类的活动强烈地改变了城市原有的自然条件，而城市是一个不完善的生态系统，无法通过正常的生态循环来净化自身环境。同时现代城市的功能越来越复杂，也使得城市环境系统在某种意义上变得越来越脆弱。这些都限制了城市人口容量的增长。在这种情况下，除非使城市人口容量控制在一定的限度之内，否则就必将以牺牲城市中人们的生活质量作为代价。

2）可变性。人类除了具有生物特性之外，更明显的特征是其社会属性。人类在生存过程中，绝不是像其他生物一样，消极地无所作为地适应其生存空间提供的各种条件，而是能够主动地用各种手段来改造其生存空间的质量。例如，建高层建筑和地下建筑以拓宽生存空间。人类生存空间及其容量是一个以生产力发展水平及科技发展水平为背景的概念，它反映了人类利用和改造自然、驾驭自然的能力和程度。其基本特征是动态的、不断扩大的，而不是静态的、固定的。

城市人口容量的可变性还表现在：在城市的不同发展阶段，人类的活动强度不同，城市人口容量也不同。另外城市规划、城市管理、城市开发等各项主观决策行为也会在一定程度上影响城市人口容量。

3）稳定性。在一定的生产力与科学技术水平下，一定时期内，城市人口容量具有相对稳定性。城市人口容量由众多因素共同作用，单项、个别因素的变化不大可能对城市人口容量起十分大的作用。一定的时期内，可以将一定生态环境质量和社会生活质量下的城市人口容量看成是一个在有限范围内波动的量。

（3）城市人口容量的影响因素。

1）自然因素的影响。从自然因素角度而言，土地、水源和能源是城市人口容量的主要限制因素。如地处盆地，周围群山环抱的城市，在确定该市的人口容量时，就应考虑其未来可以发展的土地面积对人口增长带来的影响与限制。又如我国北方不少城市缺水严重，确定这类城市的人口容量，就不能不考虑水这一限制因素。在其他条件不变的情况下，如水源问题得到根本性的改变，那么城市人口容量必然会出现一定幅度的提高。

2）生产力和科技发展水平的影响。生产力和科技发展水平对城市人口容量有着很大的作用。随着社会生产力和科技水平的提高，自然资源不断被人类利用，自然环境对人口的承载力也不断提高，使得区域内在不降低生存质量的前提下，单位城市用地所能容纳的人口数量呈现不断提高的趋势。从地球上人口增长的历史来看，每一历史时期生产力、科技水平的突破都使得人口规模得到极大增长，人口容量也相应得到提高。

3）生存空间质量的影响。生产力和科技水平的发展是无止境的，但是人类生存空间的容量不会无限制增长。人类不仅有不断扩展自身生存空间范围的欲望，更有不断提高其生存空间质量的要求，从某种意义上讲，随着人类不断发展，后者越来越占主导地位。生存空间的扩大在不少情况下与生存空间质量的提高是相矛盾的，制约着生存空间在数量上的增长。由此推论，人类生存空间范围在数量上不仅不能够无限制地增长，相反可能会随着人类对生存空间质量期望值的提高，处于相对下降的状况之中。因此，城市生存空间质量是一个对城市人口容量具有重要作用的社会因素。

（4）城市人口容量的计算。

城市人口容量的确定取决于城市人口的平均密度以及城市用地规模所可能达到的限度。城市人口平均密度的确定，既要考虑国家有关规范、标准，又要考虑到城市所在地域的自然环境条件特点，同时还要满足城市居民安全卫生生活的要求。城市用地规模的确定则既要受城市自然环境条件限制，又要受城市行政辖区范围限制，同时与城市在地域中的地位和作用以及当前科学技术水平和经济建设能力亦有关。

城市人口容量计算可近似用下式表示：

$$P = b \cdot s \tag{4-2}$$

式中　P——城市人口规模，万人；

　　　b——城市用地规模，km^2；

　　　s——城市平均人口密度，万人/km^2。

2. 城市大气环境容量

大气环境容量指在满足大气环境目标值的条件下，某区域大气环境所能承纳污染物的最大能力或所能排放的污染物的总量。大气环境目标值指能维持生态平衡及不超过人体健康阈值，常被称作自净介质对污染物的同化容量。而大气环境所能承纳污染物的最大能力或能排放的污染物总量也被称为大气环境目标值与本底值之间的差值容量，大小取决于该区域内大气环境的自净能力以及自净介质的总量。超过了容量的阈值，大气环境就不能发挥其正常的功能，生态的良性循环、人群健康及物质财产将受到损害。研究大气环境容量可以为制定区域大气环境标准、控制和治理大气污染提供重要依据。

3. 水环境容量

（1）水环境容量概念。

水环境容量指在满足城市居民安全卫生使用城市水资源的前提下，城市区域水环境所能承纳的最大的污染物质负荷量。水环境容量与水体的自净能力和水质标准有密切关系，当然也与城市水资源的量有关，水体量越小，水环境容量就越小。

（2）水环境容量的计算。

一般来说，水环境容量取决于三个因素，即水环境的量及状态、该污染物的地球化学特性、人及生物机体对该污染物的承受能力。

环境容量计算通常用下列公式表示：

$$W_i = C_{oi} Q K \tag{4-3}$$

式中　W_i——i 污染物的环境容量；

　　　C_{oi}——i 污染物的环境标准；

　　　Q——环境单元的体积；

　　　K——i 污染物在环境单元中的自净系数。

4. 土壤环境容量

（1）土壤环境容量的概念。

土壤环境容量指土壤对污染物质的承受能力或负荷量。当进入土壤中的污染物质低于土壤容量时，土壤的净化过程成为主导方面，土壤质量能够得到保证；当进入土壤的污染物超过土壤容量时，污染过程将成为主导方面，土壤受到污染。土壤环境容量取决于污染物的性质和土壤净化能力的大小。

（2）土壤环境容量的计算。

土壤环境容量一般分绝对容量（W_Q）和年容量（W_A）。

绝对容量由环境标准的规定值（W_S）和环境背景值（B）来决定。

以浓度单位（ppm）表示的计算公式为

$$W_Q = W_S - B \qquad\qquad (4-4)$$

以质量单位表示的计算公式为

$$W_Q = M(W_S - B) \qquad\qquad (4-5)$$

式中　M——土壤质量，t；

　　　W_Q——绝对容量，g。

年容量（W_A）为土壤每年所能容纳的污染物的最大负荷量。年容量的大小除了与土壤标准规定值和土壤背景值有关外，还同土壤对污染物的净化能力有关。若某污染物的输入量为 A（单位负荷量），一年后被净化的量为 A'，那么

$$K = \frac{A'}{A} \times 100\% \qquad\qquad (4-6)$$

式中　K——某污染物在土壤中的年净化率。

以浓度单位（ppm）表示的年容量计算公式为

$$W_A = K(W_S - B) \qquad\qquad (4-7)$$

以质量单位表示的年容量计算公式为

$$W_A = KM(W_S - B) \qquad\qquad (4-8)$$

年容量与绝对容量的关系为

$$W_A = KW_Q \qquad\qquad (4-9)$$

5. 城市工业容量

城市工业容量指城市自然环境条件、城市资源能源条件、城市交通区位条件、城市经济科技发展水平等对城市工业发展规模的限度，在许多情况下以城市工业用地的发展规模来表现。影响城市工业容量的因素很多，如前述的人口容量、大气环境容量和水环境容量等。也有研究者根据工业用地占城市建设用地的比例，以及工业用地与居住用地之间的比例关系，并参照国家规范加以比较分析，从而得出城市工业容量的结论。

例如，某城市现状工业用地为 464hm²，占城市建设用地比例为 31%（国家规定为 15%～25%），人均工业用地为 45.5m²/人（国家规定为 10～25m²/人），人均工业用地与人均居住用地之比为 0.73：1，明显偏高。该市工业容量（主要是工业用地）的确定首先考虑规划期末一定的经济规模所需的城市工业用地，并将工业用地占城市建设用地比重下调至 25%，工业用地与居住用地之比下调至 0.49：1，以此得出该市工业容量。

6. 城市交通容量

（1）城市交通容量的概念。

城市交通容量指现有或规划道路面积所能容纳的车辆数。城市交通容量首先要受城市道路网形式及面积的影响，此外，还要受机动车与非机动车占路网面积比重、出车率、出行时

间及有关折减系数的影响。

（2）城市交通容量的计算。

城市交通容量可用以下计算式估算：

$$T = \frac{MEd}{BR}tr \tag{4-10}$$

式中　T——交通容量（车辆数）；

$\quad\quad M$——建成区道路网面积；

$\quad\quad E$——车行道占道路网面积比例；

$\quad\quad d$——机动车占车行道面积比例；

$\quad\quad B$——每辆车占车行道面积比例；

$\quad\quad R$——出车率；

$\quad\quad t$——每辆车每次出行时间；

$\quad\quad r$——交通管制的折减系数。

例如龙岩市交通情况如下：$M=25.836\text{hm}^2$；$E=3:4$；$d=3:5$（非机动车为 $2:5$）；$B=100\text{m}^2$（非机动车为 2.5m^2）；$R=1/3$ 次（非机动车为 2 次）；$t=1\text{h}$，全天以 15h 计；$r=0.5$，则

$$T_{(机)} = \frac{25.836 \times \frac{3}{4} \times \frac{3}{5} \times 15 \times 0.5}{100 \times \frac{1}{3}} = 2.61(万辆)$$

$$T_{(非机动车)} = \frac{25.836 \times \frac{3}{4} \times \frac{2}{5} \times 15 \times 0.5}{2.5 \times 2} = 11.63(万辆)$$

龙岩市的实际情况是，机动车总量为 0.5 万辆，小于计算出的可达 2.61 万辆的交通容量；而非机动车已有 12 万辆，和计算容量（11.63 万辆）相差不大。这就为该市制定交通政策及道路系统规划和建设提供了一定的依据。

第四节　城市环境与经济益损

一、环境问题与经济发展水平

影响城市环境问题的因素很多，除了诸如城市规模、地理与气候条件、行政管理能力和居民环境素质等因素外，一个重要的社会因素是经济发展水平。

在贫困城市，特别是城市的贫困居民区，最具威胁性的环境问题通常是那些和家庭紧密相关的问题，妇女和儿童受到的危害最大。例如，居民特别是妇女在烟雾弥漫的厨房比在户外更容易受到空气污染的危害。居民区垃圾堆积比收集起来的城市垃圾造成的问题更大、更直接。人类粪便是重要的污染物，家庭内和居民区的卫生条件对健康的危害通常比工业污染更具威胁性。

随着经济的发展和收入的提高，人们会采取各种方法保护自己免受有害物质的直接影响，所以和家庭密切相关的问题会首先得到解决。但是，这些努力一般只是减少了个人直接遭受污染的影响，实质上是将这些问题转移到了其他地方。例如，下水道等家庭卫生系统的建立，降低了个人和家庭受污染的影响，可是，生活污水不加处理就排放出去，将使城市河

水和地下水受到污染，不仅影响城市供水，而且直接影响河流生态系统。电对个人和家庭都是洁净燃料，电的普及使用，在一定程度上减少了家庭环境污染，然而发电厂却是周围区域大气污染的一个重要污染源。另外，经济的发展使资源消耗更多，如能源、水、建筑材料和其他生产、生活所需物质，并且产生出更多种类、更大数量的生活垃圾与工业废弃物。所以，经济的发展可能使家庭和居民区的环境问题有所缓解，而日益增多的人口、城市和周围地区的大气污染、水污染和有害废弃物产生的问题可能会增加。

二、环境问题对经济的影响

环境问题除了对人体健康和自然资源的影响外，还会造成经济损失。这些损失有的是直接的，有些是间接的，可以极大地破坏城市化创造的生产力。但是，环境问题造成的经济损失，除了少数的费用比较容易计算外，例如治疗和污染有关的疾病的医疗费用，大部分是很难计算出来的。

例如环境问题对人体健康的影响常常以工人生产力的减少多少来计算，但是，计算经济损失，还应包括工厂生产力和产量的损失。由于污染而引起的健康问题是一种经济损失，它不仅包括医疗费和当前的误工损失，还应该包括身体不好造成的长期影响的损失，而现在以经济眼光评价健康状况和死亡的标准还很不清楚。自然风景的破坏、由于交通堵塞而失去的娱乐时间和工作时间也都是经济损失。

近年来，许多国家都在开展对城市环境质量下降造成的经济损失的研究。例如，研究报告指出，在墨西哥城由于大气污染对人体健康的危害而造成的经济损失估计每年约达15亿美元。据估计每年因颗粒物引起的呼吸道疾病造成的死亡人数为12500人，同时还损失1120万个工作日。用金钱来计算城市对周围环境的影响所造成的经济损失则更为困难。

人体健康因污染而受损、环境及自然资源被破坏，这些影响综合起来就破坏了城市经济的生产力。除了医疗费用增高之外，健康问题还由于造成工作日减少、失去受教育的机会，以及劳动寿命的缩短而降低了生产力。当周边地区的自然资源消耗殆尽或受到破坏时，就要到更远的地方去获取资源，费用自然会大大提高。良好的城市基础设施是生产力发展的基本保证，稳定的物质能源供应、畅通有效的通信及交通网络可以提高产量和降低成本，相反，则会造成严重的经济损失。

交通堵塞是基础设施失灵的一个明显例子。城市街道交通堵塞减缓了商业和服务业运转的速度，不仅造成了无效益的等候时间，还造成燃料的无效利用，使大气污染更加严重。交通堵塞还有更多的间接影响，如使人们精神紧张和情绪恶化而降低了生产力等。其代价是高昂的。

三、生态环境保护经济效益的特点

环境与经济的关系是非常复杂的，是环境经济学研究的内容。这里只是讲生态环境保护经济效益的一些特点。

1. 区域性

一般物资资料生产的成果可直接表现在所取得的经济利益上，而生态环境保护的成果不仅表现在本身的利益上，还表现在其他一系列部门所获得的利益上，城市生态环境保护与治理取得的成果使得一定区域内的各个部门和所有居民都获得经济效益。

2. 难计量性

按现在经济计算的法则，物资资料生产的经济效益一般是可以通过计算准确地用量表示。而生态环境保护经济效益则不然，有时它可以用价值法则，直接计算出经济效益，有时则不能用价值法则准确计算出生态环境保护的经济效益。例如，对某一地区的水环境进行综合治理和实施生态保护措施后，所产生的环境经济效益就很难准确地用价值来表示。其对人体健康、经济发展、资源保护、景观增值等多方面的影响，是难以准确定量计算的，特别是对于那些社会效益和环境效益，就更难用货币定量评价。

3. 宏观与微观的不一致性

在物质资料生产中，其微观经济效益和宏观经济效益是一致的。在进行经济效益分析时，可以直接将各个企业的所获得费用和所付出费用相比，就可以取得宏观经济效益。而生态环境保护的经济效益是不能用简单的数学相加的关系来计量的。例如，在具有多个污染源的城市，对每个污染源进行治理与控制，由污染物削减量所产生的生态环境经济效益，是不能用所获得的各个微观效益进行简单的数学相加而作出生态环境的总体综合评价的。因为，多种污染物在环境中发生的协同作用是难以计量的。一般来说，宏观经济效益是按生态环境损害程度直接计算的，而不是由微观经济效益相加计算。

4. 综合性

物质资料生产的经济效益一般表现在物质财富的增加，而生态环境经济效益不仅包括物质财富的经济效益，还要包括社会效益和环境效益。例如，对生态环境的保护，使得人类生存条件得到了较大改善，较好地保持了生态平衡，增强了居民的体质，提高了人们的环境保护意识，促进了可持续发展战略的实施，使社会经济与生态环境得到了协调发展。所以，在对生态环境经济效益进行评价时，一定要对其取得的环境效益、经济效益和社会效益进行综合的全面分析。

第五节 城市生态系统评价

一、城市生态系统评价内容

城市生态系统评价是系统调控的基础，是协调城市发展与环境保护关系的需要，是进行城市环境综合整治，促进城市生态系统良性循环的需要，同时也是制定城市国民经济社会发展计划和城市生态环境规划的基础。通过城市生态系统的评价可为促进城市建设的发展，维护城市生态平衡和区域人口合理分布等提供依据。

城市生态环境系统评价主要有如下两方面的内容。

1. 城市生态环境现状评价

全面对城市自然本底、功能本底和包括大气、水质、土壤、植被、地质、地貌等环境本底状况进行调查，掌握城市生态特征（包括工业布局和经济结构、城市规模、人口密度、城市交通、绿地状况、城市建设投资比例等）以及不同功能区环境质量现状和污染物分布情况，并进行相应的定量、定性评价。与此同时，分析产生污染的原因，寻找影响城市环境质量的主要污染物以及主要污染源，掌握城市环境污染的内在规律及变化特点，反映城市环境质量对人类各种经济活动和社会活动的影响程度及潜在影响。城市生态环境现状评价可以直观地反映一个城市性质、地位、功能和作用及其环境、人口、资源等的基本状况。

2. 城市发展对生态环境的综合影响评价

根据城市经济社会发展短期和长期计划，以城市生态环境质量为目标，讨论其将对生态环境各要素的影响，通过分析、比较、推论和综合，对城市生态环境质量进行预测评价。这部分的重点是应对城市经济开发过程中可能产生的各种环境影响进行科学预测。根据城市环境质量要求，分析城市环境质量发展趋势，提出城市生态环境的主要问题及原因，以便对症下药。落实控制城市生态环境污染的措施及对策，为城市、人口、产业等发展规模与环境质量的平衡和协调提供充分的依据。

二、评价指标确定原则

城市生态系统是一个多目标、多功能、结构复杂的综合系统，因此，必须建立一套多目标综合评价的指标体系，并且该体系在系统中应具有评价和控制的双重功能。国内学者提出，城市生态系统评价指标必须具备以下三个必要条件。

（1）可查性。任何指标都应该是相对稳定的。可以通过一定的途径一定的方法进行调查。任何迅速变化、振荡、发散、无法把握的指标都不能列入评价指标体系。

（2）可比性。每一条指标都应该是确定的并可以比较的。比较的含义是，同一指标可在不同的范围内比较，应该尽量利用现有的常用的统计数据，化为有确切意义的无量纲的指标，以便于比较研究。

（3）定量性。评价指标体系的每一条指标都应定量。这是适应建立模式、进行数学处理的需要。

三、评价方法

为了描述城市生态系统的现状和预测其发展变化趋势，理想的城市生态系统评价指标应具有完全性、独立性、可感知性、贴切性和合理性。在确定城市生态系统评价指标体系时一般考虑如下问题：

（1）根据研究或规划设计工作的目的去选择指标。

（2）将复杂庞大的城市生态系统划分为若干层次与若干小系统。

（3）综合研究城市生态系统的结构、功能、运行状态、过程及效应，并按这一思路。选择评价指标。

（4）将各层次、各子系统单一指标组合成全系统的综合指标。

第六节　城市生态规划

一、城市生态规划概述

城市生态规划可以认为是遵循生态学原理和城市规划原理，对城市生态系统的各项开发与建设作出科学合理的决策，从而调控城市居民与城市环境的关系。也就是运用系统分析手段、生态经济学知识，以及各种社会、自然的信息与规律，来规划、调节城市各种复杂的系统关系，在现有条件下寻找扩大效益、减少风险的可行性对策而进行的规划。

联合国人与生物圈计划报告中指出："生态规划就是要从自然生态和社会心理两方面去创造一种能充分融合技术和自然的人类活动的最优环境，诱发人的创造精神和生产力，提供高的物质和文化生活水平"。城市生态规划不同于传统的城市环境规划只考虑城市环境各组成要素及其关系，也不仅局限于将生态学原理应用于城市环境规划中，而是涉及城市规划的方方面面。致力于将生态学思想和原理渗透于城市规划的各方面，使城市规划生态化。城市生态规划不仅关注城市的自然生态，而且也关注城市的社会生态；不仅重视城市现今的生态关系和生态质量，还关注城市未来的生态关系和生态质量，关注城市生态系统的持续发展。

二、城市生态规划的目标

1. 城市人类与环境的协调

主要内容有人口的数量与结构，要与社会经济和自然环境相适应，抑制过猛的人口再生长，以减轻环境负荷；土地利用类型与强度要与区域环境条件相适应，并符合生态法则；城市人工化环境结构内部比例要协调。

2. 城市与区域发展的协调

城市生态系统与区域生态系统是息息相关、密不可分的。这是因为：城市生态环境问题的发生和发展都离不开一定的区域；对城市生态系统的调节、增加城市生态系统的稳定性，也离不开一定的区域；人工化环境与自然环境和谐结构的建立也需要一定的区域回旋空间。

3. 城市经济、社会、生态的可持续发展

城市生态规划的目的是使城市的经济、社会系统在环境承载力允许的范围内，在一定的可接受的人类生存质量的前提下得到不断地发展，并通过城市经济、社会系统的发展为城市的生态系统质量的提高和进步提供经济和社会推动力，最终促进城市整体意义上的可持续发展。

三、城市生态规划的内容

城市生态系统不同于其他生态系统，具有集聚化、人工化、还原功能差、需要人工调节等特点。由于这些特点，城市生态规划十分强调规划的协调性，即强调经济、人口、资源、环境的协调发展，这是规划的核心所在；强调区域性，生态问题的发生、发展都离不开一定的区域，城市生态规划是以特定的区域为依托，规划人工化环境在区域内的布局和利用；强调层次性，城市生态系统是个网络庞大、多级多层次的大系统，因此，一个合理的规划应该体现出不同层级的层次性。

城市生态规划在内容上大致可以分为几个子规划，即人口适宜容量规划、土地利用适宜度规划、环境污染防治规划、生物保护与绿化规划、资源利用与保护规划等。

城市土地是城市生态环境的基本要素，又是人类活动的载体。它的利用方式成为城市生态结构的关键环节，同时决定了城市生态的状态和功能，因此城市土地成为连接城市人口、经济、生态环境、资源等要素的核心。通过对城市土地利用进行生态适宜度的分析并根据选定方案调整产业布局，以调整系统内物质流、能量流和信息流的生态效能与经济功能，达到维持城市生态平衡和经济高效的目的，因而成为城市生态规划的首要内容。

城市土地生态规划在一定程度上可以理解为城市土地利用规划的专项规划。它主要研究：城市土地区位背景与社会经济发展态势对城市土地生态系统可能产生的影响；城市范围内各土地组成要素之间及土地结构单元之间的相互关系和其物流、能流与价值流的传输与量化；土地生态类型与土地利用现状之间的协调程度与发展趋势；城市土地生态区的划分原则、类型、结构及其功能；城市土地生态设计的原理及方法。

城市土地生态规划包括三个层次：城市土地生态总体规划，它是对城市体系范围内全部土地的开发与利用，是战略性用地配制，主要解决跨部门、跨行业的土地生态问题；城市土地生态专项规划，它是为解决某个特定的土地生态问题而编制的规划，如土地污染防治规划、公园及绿化用地规划、居住区用地规划、开发区用地规划等；城市土地生态设计，它是微观的土地生态规划，是总体规划和专项规划的深入，也可认为是土地生态详细规划，例如对住宅用地、工业用地、绿化用地等的界线范围的规划，提出人口密度、土地绿化覆盖率等控制指标。

四、城市生态规划原则

城市生态系统是一个社会-经济-自然复合的生态系统，所在城市生态规划既要遵守三个生态要素的原则，又要遵守复合系统原则。

1. 自然生态原则

城市的自然生态、物理组分是其赖以生存的基础，又往往是城市发展的限制因素。在进行城市生态规划时，首先要搞清自然本底状况，要研究城市人类活动对城市气候、生物的影响以及自然生态要素的自净能力等，提出维护自然环境基本要素再生能力和结构多样性、功能持续性的方案，依据城市发展总目标及阶段目标，制定不同阶段的生态规划方案。

2. 经济生态原则

城市的经济活动是城市生存的命脉，也是城市生态规划的物质基础。城市生态规划应促进经济发展，而不是抑制生产。生态规划一方面要体现经济发展的目标要求，另一方面要受环境生态目标的制约。从这一原则出发进行生态规划，可从城市能流研究入手，分析各部门间能量流动规律、对外界依赖性、时空变化趋势等，由此找到提高能量利用效率的途径。

3. 社会生态原则

城市是人类集聚的结果，人的社会行为、价值观和文化观念直接影响城市演替与进化的方向和进程。所以在进行城市生态规划时，应以人类对生态的需求值、价值观为出发点，树立以人为本的观念，使其符合公众的利益和需求，被公众所接受和支持。

4. 复合生态原则

城市生态系统是自然生态系统中的一个特殊组分，城市是区域环境中的特殊部分。进行城市生态规划，必须把城市生态系统和区域生态系统视为一个有机体，把城市内各小系统视为城市生态系统内有机联系的单元，综合考虑自然、经济、社会生态因素及它们之间的相互关系。

五、城市生态规划的方法与步骤

目前，国内外城市生态规划还没有统一的编制方法、步骤和规范，但一些专家学者对此已进行了不同程度的研究，如美国宾夕法尼亚大学学者提出的地区生态规划步骤为：

（1）制定规划研究的目标。

（2）区域生态的详细资料与生态分析。

（3）区域的适宜度的分析与确定。

（4）在适宜度分析的基础上选择方案。

（5）方案的实施。

（6）执行规划。

（7）评价规划执行的结果，进行必要的调整。

我国学者陈涛 1991 年提出的生态规划基本步骤为：

（1）规划的基础，经济、社会、生态环境综合调查与分析评价。

（2）规划的目标，确定经济、社会、生态规划的目的。

（3）进行生态规划。

（4）进行相应的和必要的生态工程设计。

（5）建立健全的相应的管理措施。

（6）规划实施。

我国学者王祥荣（1995）认为城市生态规划的目的是在生态学原理的指导下，将自然与人工生态要素按照人的意志进行有序的组合，保证各项建设的合理布局，能动地调控人与自然、人与环境的关系。为达到这个目的，城市生态规划应采取特定的工作程序（图 4-1）。

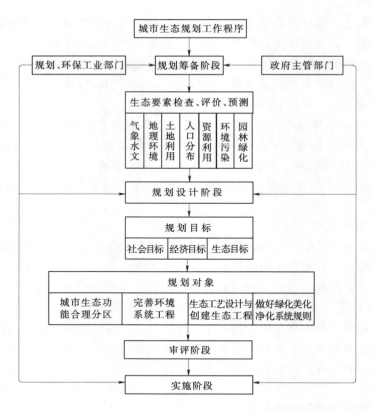

图 4-1 城市生态规划程序（引自王祥荣，1995）

第七节 城市生态建设

一、城市生态建设的概念

城市生态建设是在世界范围内环境污染、资源浪费及城市发展受到前所未有挑战的情况下提出的。在联合国 MAB 计划的倡导下，世界上许多城市如罗马、法兰克福、华盛顿、莫斯科、东京以及我国北京、上海、天津等，都开展了相应的研究，生态城市已成为国际第四代城市的发展目标。

城市生态建设是按照生态学原理去协调人与环境的关系，协调城市内部结构与外部环境的关系，使人类在空间的利用方式、程度、结构、功能等方面与自然生态系统相适应，为人类创造一个安全、清洁、美丽、舒适的生活环境。

城市生态建设是有计划、有系统、有组织地安排城市人类今后相当长一个时期内的行为，绝不是短期或突击性的行为。城市生态建设的基本点是合理利用环境容量（环境承载力），这也是它的出发点和归宿。城市生态建设是在城市生态规划的基础上进行的具体实施的建设行为。城市生态规划的一系列目标将通过城市生态建设得到逐步实现。

二、城市生态建设的内容

生态建设除了资源的开发利用和环境整治外，还包括人口、经济、社会等方面的内容。城市生态建设的内容应根据城市现存的生态问题来确定，主要有以下几个方面：

1. 适宜的人口容量

适宜人口容量，是指在一个时期某一特定区域内与物质生产和自然资源相适应的并能产生最大社会效益的一定数量的人口。适宜人口容量是社会发展水平、消费水平、自然资源和生态环境的函数。

2. 适宜的土地利用

土地是人类最主要的自然资源，具有不可移动、不可创造和不可再生的特性。所谓土地利用的适宜性是指土地利用应符合生态法则，在土地开发利用的过程中不仅要考虑经济上的合理性，而且要考虑与其相关的社会效益和环境效益。土地利用适宜性的研究即是寻求某种能最大限度地发挥土地潜力并减少其生态限制的土地利用方式，以制定科学的合理永续的城市土地利用规划。

3. 优化产业结构

城市产业结构是城市生产功能的具体表现形式之一。城市的产业结构体现了城市的职能和性质，决定了城市基本发展方向和空间分布，对城市发展产生了作用力。城市合理的产业结构模式还应遵循生态工艺原理演进，使其内部各组分形成综合利用资源、互相利用产品和废弃物，最终优化、闭合的产业链结构。

4. 建立市区和郊区复合生态系统

为了增强城市生态系统的自律和协调机制，必须对市区和郊区统一规划、统一调控，建立一个完整的复合生态系统。生态农业是郊区农业较理想的生产方式，它不但能提高农业的生产效率，还能净化和重复利用市区工业和生活废弃物，为城市提供更多的优质产品。

5. 防治城市环境污染

城市环境污染的防治是城市生态建设的重要内容。其重点是城市大气、水、噪声、固体污染物污染的防治和治理，在做好环境污染预测的基础上，研究选用适宜的处理方法和程序，使污染控制能力与经济增长速度相协调，形成并维持高质量的城市生态系统，使城市得以可持续发展。

6. 城市生物保护

城市的出现和发展使得除人类以外的生物大量、迅速地从城市环境中减少以至消亡，这是城市生态环境恶化的重要原因之一。生物尤其是绿色植物在城市生态环境中担负着重要的功能，城市绿化程度以及人均绿地面积是表征城市生态建设水平的重要指标。城市生物保护应制定科学合理的规划，包括城市绿地系统规划、森林公园及自然保护区规划、珍稀及濒临灭绝动植物保护规划等。

7. 提高资源利用效率

提高资源利用效率是改善城市乃至区域环境质量的重要措施，应贯穿于资源开发、生产等各个环节，主要体现在水资源、能源、再生资源的利用和保护等方面，是城市生态系统建设的一个重要组成部分。城市是资源高度集中的消耗区域，其利用效率既反映了城市科学技术水平及经济发展水平，也反映和影响了城市环境质量水平。

三、生态城市

1. 生态城市概念

生态城市是一个经济发达、社会繁荣、生态保护三者保持高度和谐，技术与自然达到充分融合，城乡环境清洁、优美、舒适，从而能最大限度地发挥人的创造力与生产力，并有利于提高城市文明程度的稳定、协调、有利于持续发展的人工复合系统。

生态城市是一个全新概念，是人类发展到一定阶段的产物，是现代文明与人类理性及道德在发达城市中的体现。

2. 生态城市衡量标志

（1）高效率的物质转换系统。

在从自然物质→经济物质→废弃物质的转换过程中，必须是自然物质投入少，经济物质产出多，废弃物质排泄少。为达到这一目标，不仅需要系统中各产业有较高的效率，而且要以合理的产业结构为基础。从三个产业的总体结构来看，必须是第三产业大于第二产业大于第一产业的倒金字塔结构，并形成合理的比例关系。一些学者认为第三产业的比重最好在70％以上，除了发展贸易、金融保险业外，还应大力发展信息产业。第二产业要通过发展高新技术来推动物质的有效转换与再生、能量的多层次充分利用和无污染工艺，在第二产业中，高新技术产业的比重应超过30％。第一产业则应以绿色产品和绿色产业为开发重点，并逐步使第一产业向工厂化、观光化发展。

（2）高效率的流通系统。

这里的流通系统包括物流、能流、信息流、价值流和人口流的流动。高效率的流通系统，包括构筑于三维空间联结系统内外的交通运输系统，其主动脉是地铁、高速公路、空中航线和远洋航线以及贯穿城市的高架道路等；配套齐全、保障有效的物资和能源（食品、原材料、水、电、燃料等）的供给系统；建立在数字化、智能化基础上的信息传递系统；布局合理、服务良好的商业、金融服务系统；先进有效的污水、废气、废物处理排放系统。

（3）高质量的环境状况。

即对城市由于生产和生活造成的大气污染、水污染、噪声污染和各种废弃物，都能有效防治和及时处理，使各项环境质量指标均能达到国际城市的最高标准。

（4）完善的城市绿化系统。

根据联合国有关组织的规定，生态城市的绿地覆盖率应达到50％，居民人均绿地面积90m²，居住区内人均绿地面积28m²。城市绿化系统应是一个多功能、立体化的绿化系统。它由大地绿化、道路绿化、庭院绿化和建筑绿化等构成，点线面相结合、高低错落，在更大程度上发挥绿地调节城市气候、净化空气、美化城市景观，以及提供娱乐和休闲场所的功效。

（5）良好的人文环境。

生态城市应具有发达、完善的教育体系和较高的人口素质。作为基础条件之一，成年人受教育的程度都必须在高中以上，其中受过高等教育的人数应占40％～50％以上。生态城市应具有良好的社会风气、安定和谐的社会秩序、丰富多彩的精神生活和良好的医疗服务，有较完善的社会福利保障系统。人们具有较高的公共道德标准和生态环境意识，并以此来规范自己的行为。

（6）高效率的管理。

生态城市通过其结构体系，对资源利用、人口控制、社会服务、城市建设、环境保护、治安防灾等实施高效率的管理。

第五章 城 市 人 口

城市是人口最集中的集聚地。人类是环境的主体，也是城市生态系统的主体。在人类影响环境的诸因素中，人口是最主要、最根本的因素。人口问题是一个复杂的社会问题，也是人类生态学的一个基本问题。在城市化的过程中，人口问题、环境问题、资源问题和发展问题一样，是当前世界各国共同关注的热点。

第一节 人 口 的 发 展

一、世界人口的发展

1. 世界人口增长概况

人类早期对各个阶段人口是很难精确估算的，直到1万年前，农业革命发生前后，人类才有比较可靠的地方居住，以狩猎和采集为生，那时候，全世界的总人口大约只有500万左右。农业革命使粮食生产趋于稳定，保证了食物的供给，使人口增长速度加快。真正的高人口增长率出现在工业革命以后。人类的生存条件大为改善，疾病亦得到有效控制，而生产的发展，客观上又需要大量劳动力，使人口增长进一步加快。图5-1为世界人口的增长情况。从图中可见，世界人口一直呈加速增长势头，但急剧的增加只是过去几十年所出现的突发性现象。400万年以前就出现在非洲大陆上的人类，数量到19世纪初才达到10亿。联合国人口活动基金会发表的《世界人口白皮书》显示，世界人口在1918—1927年期间达到20亿，到1960年超过了30亿，14年后的1974年达到40亿，又过了13年，突破了50亿大关，12年后的1999年突破了60亿，2011年10月31日地球上第70亿个婴儿降生，仅用了12年。

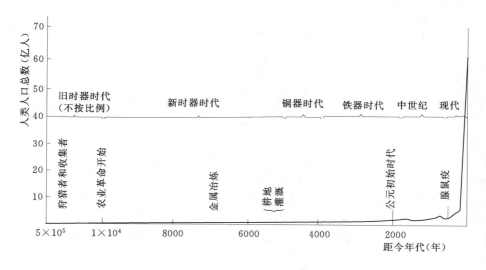

图5-1　50万年来人类人口增长情况

世界人口的增长，在不同地区是很不平衡的。发展中国家人口增长率比发达国家高得多，约为发达国家的 2 倍以上。世界人口相对集中于发展中国家。从人口增长率来看，1900—2000 年发达国家平均每年为 0.83％；而发展中国家则高达 1.52％。按这样一种增长格局，环境本来就比较脆弱，经济发展原来就比较落后的地区，人口增长却越来越快，对环境的压力也越来越大。所以，对发展中国家的生态环境构成威胁的主要因素是过快的人口增长。

2. 当今世界人口发展的特点

从长期的历史角度看，工业化国家人口增长同其发展过程中物质繁荣的增长有关，但现在情况发生了很大的变化，最贫穷的国家人口增长最快。目前世界人口增长呈现以下新的特点：

（1）发达国家人口出生率下降。

近几十年来世界人口猛增，主要发生在发展中国家，而发达国家早在 20 世纪 60 年代就已经出现人口增长率下降的趋势。目前，这些发达国家中人口发展已出现低出生率、低死亡率、低增长率的现象，其中还有些国家出现了人口负增长。与此相反，发展中国家人口年平均增长率接近 3％。

（2）年龄两极分化。

总的来说，世界人口正在老龄化，年龄中值从 1950 年的 22.9 岁提高到 1985 年的 23.3 岁，预计到 2025 年，年龄中值将超过 30 岁。人口年龄结构可以分为三种基本类型：年轻型人口、成年型人口和老年型人口。国际通用标准见表 5-1。

表 5-1　　　　　　　　　　　　　人口年龄构成类型标准

类　　型	年轻型	成年型	老年型
少年儿童系数 （0～14 岁人口在总人口中比重）	＞40％	30％～40％	＜30％
老年人口系数 （65 岁以上人口在总人口中比重）	＜4％	4％～7％	＞7％
年龄中值数	＜20 岁	20～30 岁	＞30 岁

发展中国家年轻型人口多，如 1987 年印度 14 岁以下儿童占其人口的 37.2％，1986 年约旦 14 岁以下儿童为 51％。与此相反，发达国家少年儿童系数较低，1986 年英国为 19％，法国为 20.8％。这表明了发达国家人口老年化的趋势。按世界通例，凡 65 岁以上老人占本国总人口 7％以上者，称老年型人口，而西方国家又把这一标准提高到了 14％。1986 年英国 65 岁以上人口为 15.3％，瑞典为 16％。

（3）城市人口膨胀。

20 世纪初，世界人口只有 16 亿，城市人口不到 20％，而到 1977 年就超过了 40％。目前城市人口已经超过农村人口。近几十年来城市人口的增长速度惊人。当今，世界上千万人口的城市已不鲜见。如特大城市东京，人口已超过 3000 万。德里、圣保罗、孟买、纽约、墨西哥城、上海、北京的人口已在 2000 万以上，首尔、洛杉矶、莫斯科、伦敦人口都在 1000 万～2000 万。

二、我国的人口增长概况

公元前，我国人口大约在 1000 万；公元初至 17 世纪中期，人口为 5000 万～6000 万，占当时世界人口的 10% 左右；1684 年人口突破了 1 亿；1760 年为 2 亿；1900 年为 4 亿；1949 年为 5.4 亿。

新中国成立后，人口进入高速增长期。根据历次人口普查情况，1953 年为 5.74 亿；1964 年为 6.95 亿；1982 年为 10.32 亿；1990 年为 11.6 亿。1957 年时，人口大约在 6 亿左右，马寅初教授就大声疾呼："中国人口如继续这样无限制发展下去，就一定要成为生产力发展的障碍"。但当时采取了奖励生育的政策，片面强调"人多力量大"，忽视了人口过度增长的危害，尽管 20 世纪 70 年代开始实行计划生育政策，但我国人口倍增的态势已经形成。目前，控制人口数量已被列为我国的基本国策。

三、城市人口的概念

城市人口又称城镇人口或城镇居民。从城市规划、管理和建设的角度来看，城市人口应包括居住在城市规划区域建成区内的一切人口，包括一切从事城市的经济、社会、文化等活动及享受着城市公共设施的人口。城市的一切设施、物质供应及活动场所必须考虑容纳这些人口，并为其提供各种各样的服务。他们常年居住生活在城市的范围内，构成该城市的社会主体，是城市经济发展的动力，是建设的参与者，又是城市服务的对象，他们赖城市以生存，又是城市的主人。

但是，由于我国几十年来一直执行城市和农村分离的户籍管理制度，城市人口还特定为居住在城市范围内并持有城市户口的人口。所以，城市人口在我国同时含有三个含义：①居住在城市规划区范围内的人口；②居住在市辖区域范围内的人口；③持有城市户口的人口。

第二节　城市人口的基本特征

城市人口的基本特征主要表现在城市人口结构和空间分布。城市人口结构又称城市人口构成。将城市人口按其各种属性表现出的差别，可分为两类：①城市人口自然结构，如人口数量、性别结构、年龄结构等；②城市人口社会结构，如阶级结构、民族结构、家庭结构、文化结构、宗教结构、语言结构、职业结构、经济收入结构等。城市人口的数量、年龄、性比、密度、分布和行业特征等都是城市人口要素。这些要素从不同角度反映了城市人口结构的状况。

一、城市人口自然结构

1. 城市人口数量

城市人口数量是指城市区域内人口的总个体数，含固定人口总数和流动人口总数。

城市人口的数量是不断变化的。造成变化的因素是多方面的，但从个体数量上的变动来看，主要由四个基本参数所决定，即人口的出生率、死亡率、迁（流）入率和迁（流）出率。这样城市人群在某个特定时间内的数量变化可以表示为：

$$N_{t+1} = N_t + B - D + I - E \qquad (5-1)$$

式中　N_t——时间 t 时的人口数量；

$\quad N_{t+1}$——一个时期后的人口数量；

$\quad B$——在 t 和 $t+1$ 期间出生的个体数；

$\quad D$——在 t 和 $t+1$ 期间死亡的个体数；

$\quad I$——在 t 和 $t+1$ 期间迁（流）入的个体数；

$\quad E$——在 t 和 $t+1$ 期间迁（流）出的个体数。

城市人口基数（t 时间的城市人口数）和人口的出生率、死亡率、迁（流）入率和迁（流）出率一起影响着城市人口的发展规模。如果不考虑迁（流）入和迁（流）出的人口个体数的变化情况，城市人口数量亦可以简化为：

$$N_{t+1} = N_t + B - D \qquad (5-2)$$

这样在单位时间内，出生数和死亡数之差就等于人口的增长量。所以，城市人口数量的变化取决于出生率和死亡率的对比关系。出生率高于死亡率时，表现为正增长，出生率低于死亡率时，表现为负增长，出生率等于死亡率时，人口数量相对稳定。

城市人口的寿命、出生率、死亡率和迁移率等都受城市的自然环境和社会环境因素的影响，反之，城市人口数量也会对城市环境造成影响。

2. 城市人口的年龄结构

（1）年龄结构及划分。

在生态学中，种群的年龄结构反映的是种群中不同年龄的个体数量的分布情况。在城市生态系统，城市人口的年龄结构亦称为城市人口构成，指在城市人口中，不同年龄的个体数量的分布情况，也即各年龄级人口分别占城市总人口数的比例。各年龄级的划分，因分析的目的不同而有不同的划分方法。一般情况下，是把城市人口划分为：托幼年龄、中小学年龄、劳动年龄和老龄，也可以划分为：幼龄、生育龄和老龄等。

一般来说，城市人口是异龄群体，含有不同年龄的个体，分别构成城市人口的不同龄级。不同龄级的个体数与人口总数的比率，则构成城市人口年龄比率，由幼龄到老龄各个龄级的年龄比率构成人口的年龄结构。

（2）年龄结构模式。

通常把城市人口年龄结构模式归为三种类型：增长型、稳定型和衰退型。增长型是指在人口年龄结构中，老龄级的个体所占比例最小，而幼龄级个体所占比例最大。在发展过程中，年幼个体除了补充已死去的中龄和老龄的个体外，总是有剩余，这样种群的数量会继续增长。稳定型是指在人口年龄结构中，每一个龄级的个体的死亡数量接近进入该龄级的新个体，人口总数会处于相对稳定状态。衰退型是指在人口年龄结构中，幼龄级的个体数量很少，而老龄级的个体数量却相对较大，同时大多数个体已过了生育年龄，这样种群的数量有逐渐减少的趋势。图 5-2 所示意的是城市人口年龄结构。

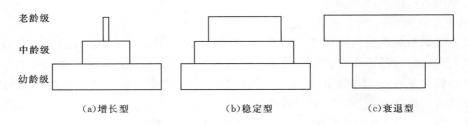

图 5-2　城市人口年龄结构示意图

目前，发展中国家的大多数城市人口年龄结构为增长型，少数大城市的人口群中，老年人逐渐增加，例如我国的上海等大城市，逐渐由增长型向稳定型过渡。发达国家的城市多为稳定型。

（3）城市人口年龄结构对城市生态系统的影响。

城市人口年龄结构对城市生态系统，对城市的社会、经济和文化等活动有很大的影响。

例如，若年轻人口的比例过大，则城市面临着人口教育、未来就业等社会问题；老龄人口比例过大，则有托养、保健和劳动力短缺等问题。因此，城市人口年龄结构的分析研究，对于预测城市人口自然增长速度、劳动力资源的数量、利用程度及其潜力、教育设施计划、老年保健、医疗卫生等具有重要意义。

3. 城市人口性比

城市人口性比是指城市中人口总数或某个龄级的个体中男人对女人的比例，即：性比＝男人个体数/女人个体数，或者相反，指城市中人口总数或某个龄级的个体中女人对男人的比例，即：

$$性比＝女人个体数/男人个体数$$

城市人口性别构成是城市人口自然结构的基本要素之一。这一要素不仅与恋爱、婚姻、家庭和人口再生产有直接关系，而且与城市经济结构的调整、城市建设和规划有密切关系。城市中男女比例，甚至各年龄段男女比例应大体保持平衡。如果某些城市重工业比重过大，男职工过多，女职工很少；某些城市轻纺工业比重过大，女职工过多，男职工过少，则比例失调，会造成恋爱、婚姻、家庭等社会和环境问题。

4. 城市人口密度

（1）城市人口密度的概念。

城市人口密度一般指城市用地范围内（城市区域内）单位面积上居住的人口数，常用人/km² 或人/hm² 来表示。这个概念有两种含义：一是指城市行政区内单位面积上的人口数；二是指城市规划区域建设区范围内单位面积上的人口数。常用的城市人口密度通常指的是后者。

城市人口密度是人口结构的一个重要的基本要素，反映一个城市乃至城市内某一区域居住人口的疏密程度。其指标常作为城市规划、建设、管理和人口迁移等计划的重要参考依据。

长期以来，人们普遍认为城市规模过大是造成城市交通拥挤、住宅缺乏、环境恶化、用地紧张等现代城市问题的主要原因，但是，经国内外大量调查研究表明，城市大小与城市问题并不完全相关，城市人口密度过大才是现代城市问题产生的重要原因。

（2）城市人口过密化。

城市人口过密化即城市人口密度过大，是指城市人口密度超过合理密度的状态，是人口在城市过度集中的表现。这种人口在城市内的过度集中，产生了一系列制约城市社会经济持续发展的城市问题。

（3）我国城市人口过密化的现状。

我国城市人口过密化问题十分突出，而且造成城市人口过密化的原因较为复杂。我国从1950 年起，就以发达国家大城市存在的各种城市问题以及当时已经出现的人口和产业向大城市外围地区扩散的现象为依据，制定了"控制大城市，发展小城镇"的城市发展方针，并于 1989 年在城市规划法中明确提出了"严格控制大城市规模、合理发展中等城市和小城市"的城市政策。

与发达国家相比，我国城市的发展水平较低，这一点在城市规模和地域形态上的表现尤为突出。在我国坚持控制大城市发展方针的几十年中，大城市用地规模受到相当程度的限制，而由于人口增长惯性，大城市人口规模却越来越大。人口增长超过了用地发展速度，导致了我国大城市人口过密化，例如上海市人口接近东京中心地区的城市人口，但是，城市化地域面积仅相当于东京中心地区面积的 41％左右。发达国家大城市地域的城市人口主要分布在半径约 50km 的实际城市化地域范围内，而我国特大城市的城市人口则主要分布在半径约 10km 的实际城市化地域范围内。

如果以城市非农业人口和建成区面积计算，我国城市的平均人口密度达到了 11160 人/km²。200 万人口以上城市的平均人口密度为 17935 人/km²，20 万～50 万人口城市的平均人口密度为 10346 人/km²，20 万人口以下城市的平均人口密度为 8300 人/km²。近几年来，我国城市人口密度随着城市规模的提高而上升的趋势比较明显，一些特大城市都超过了 20000 人/km²。

日本的东京和大阪是世界上公认的人口过密城市。1992 年东京和大阪城市地域中心地区的人口密度分别为 12906 人/km² 和 11339 人/km²。而我国除兰州外，各主要城市的人口密度均超过了东京。

5. 城市人口分布

城市人口分布是指人口在城市空间的分布状况。城市人口的分布状况受到城市自然环境、经济、社会和政治等多种因素的相互制约，这些因素通过对城市人口迁移、人口城市化、人口城市规划和增殖等城市人口要素的影响，形成城市人口的不同分布类型和不同的分布区。城市人口要素对城市人口分布的影响有：

（1）人口迁移。

人口在地理空间中改变居住地的移动称为人口迁移。

1）人口迁移的分类。从空间上分，可以分为国际间迁移、国内城市间的迁移、城乡间的迁移和城市内不同功能区间的迁移；从时间上分，可以分为临时性迁移（如上学、求医等）、季节性迁移（如放牧）、周期性迁移（如民工进城打工）和永久性迁移。

2）人口迁移的原因与目的。人口迁移内在、主动的因素主要是经济和社会的发展。人们迁移的目的主要是寻求好的工作、高的收入、优越的社会环境和居住条件，过舒适的生活。另外，战争、自然灾害、环境变化和政治或政策原因也会使人口发生被动迁移。

3）我国的人口迁移。由于我国长期以来执行严格的户籍管理制度，人口迁移受到很大的限制。随着进一步的改革开放和城市化进程的加快，城乡间人口迁移，人口城市化是现代人口迁移的重要表现。另外随着经济、交通和科学技术的发展，人口的迁移活动将更加频繁。

（2）人口城市化。

人口城市化是在城乡人口迁移过程中，农村人口不断向城市转化和集中，城镇人口占总人口的比重逐步提高的单向动态过程。人口城市化的过程主要有两种途径：农村人口大量涌入城市；农村人口通过社会经济发展就地转化为具有城市生活方式的人口。人口城市化的过程、特征、方式不同，使得其社会后果必然呈现较大差异。不同国家、地区的城市人口迁移、人口城市化都有其特征，受不同的政治制度和政策影响。

（3）人口城市规划。

人口城市规划是以人口为主体对城市发展进行统筹安排、合理布局的一种决策方法，目的是使城市有一个合理的人口分布。人口城市规划要以城市发展状况和特点为基础，以人口发展的现状和可能的趋势为依据，充分考虑到城市的自然和社会环境条件，科学合理地安排和布局。

人口城市规划的主要任务是：根据人口情况和城市人口容量确定城市发展规模、性质、职能；根据自然环境条件确定城市的功能分区；研究与确定城市的建筑层次格局及居民密度；对城市的主体风格、交通网络、公用设施、绿化等众多问题予以统筹安排和实施。城市人口分布合理有利于城市整体布局合理、功能协调。

（4）城市人口的分布格局。

城市人口的分布格局是关于人口在城市的水平空间上的数量状况和分布状况。城市人口的分布格局与人口特征、社会特征和城市综合环境条件密切相关，是人口对城市环境和社会发展状况的长期选择的结果。人口迁移、人口城市化的进程和人口城市规划都会影响城市人口的分布格局。

在自然生态系统中，种群的分布格局一般可分为四种类型，即随机分布、集群分布、均匀分布和散式分布，如图 5-3 所示。

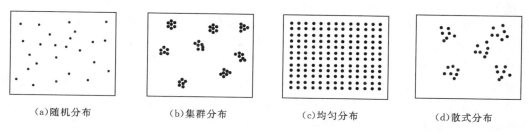

（a）随机分布　　　　（b）集群分布　　　　（c）均匀分布　　　　（d）散式分布

图 5-3　种群分布格局类型

随机分布是指种群个体的分布是完全随机的。集群分布也称核心分布或集聚分布，其特征是种群个体的分布很不均匀，常成群或成块地密集分布，各群的大小、群间距离都不相等，各群大多数是随机分布的。集群分布是最广泛存在的一种分布格局，在大多数自然情况下，种群个体常是集群分布。均匀分布是种群个体等距离分布。散式分布的特征是种群高度集结成许多集群，而这些集群间又是有规律地均匀分布的。

在城市生态系统中，人口的分布不像自然生态系统中的种群分布。由于受到人口城市规划、城市不同区域对人口的吸引力和其他社会因素的影响，城市人口的分布虽然也是集群的，但群体间的分布不是随机的，距离也不是均匀和等距的。因此可以说，城市人口的分布格局主要是在人口城市规划等因素的作用下的超集群分布格局。

二、城市人口社会结构

1. 城市人口服务结构

从城市人口服务关系结构可以把城市人口分为基本人口、服务人口与被托养人口三大类。基本人口指对外服务的工矿交通企业界、行政机关事业单位以及高等院校的在册人员，他们对城市的规模起决定性作用。服务人口指为城市内服务的企事业单位、文教、医疗及商业单位的在册人员。被托养人口指未成年、未参加工作和丧失劳动力的人员。

2. 城市人口职业结构

城市人口职业结构指的是城市的劳动人口在各个社会部门所占的比例，即各部门的职工或劳动人员人数占城市在职人员总数的比例。由于各国的发展和社会管理有很大的差异，所以，各国城市人口职业结构的分类也有很大的不同。在我国，按国民经济部门统计的分类，可将城市人口分为以下几类：

（1）生产性劳动人口，含工业职工、农林职工、基本建设职工、交通运输职工等。

（2）非生产性劳动人口，含商业及服务业人员、城市公用事业职工、金融部门职工、科教文化卫生人员、国家机关与人民团体人员等。

（3）非劳动人口，除上述两类以外的不从事社会劳动的人口。

城市人口职业结构反映城市性质和职能特点，如果是工业中心，则工业职工比重大，文化中心则文教职工比重大，政治中心则政府机关工作人员的比重大等。

3. 城市人口文化结构

城市人口文化结构又称城市人口智力构成，主要包括各种学历人口数占城市人口总数的比例或占七岁以上人口数的比例，另外还有部分人口的文化水平，如就业人口的文化水平等。目前一般把城市人口分为文盲、七岁上学前、小学学历、中学学历和大学学历五大类。各个行业又可根据行业特点进行人员文化结构分类。

城市人口文化水平的高低，可反映城市的职能和效益，一般政治、文化中心城市的人口文化水平较高。城市人口文化结构对于城市规划，特别是教育规划有重要参考价值。在现代社会，经济发展、科技进步、国际交往对城市人口文化水平有更高的要求，城市教育规划的目的，应该是努力提高城市人口文化水平，建立合理的人口智力结构。

4. 城市人口民族结构

城市人口民族结构指城市人口中各民族人口数占城市总人口数的比例。不同的国家或不同地区的城市人口民族的分类体系都不尽相同，但城市人口民族特征反映一个城市形成过程中各民族迁移与聚居的情况，还会影响到城市文化传统和建筑风貌的特征，对城市规划、建筑以及城市经济发展都有重要影响。在少数民族人口比重大的城市或某些城区，应在生活服务设施、宗教等方面照顾少数民族风俗习惯，如设立少数民族学校和满足少数民族特殊需要的商品供应等。要严格、正确地执行国家的少数民族政策。

第三节　城市人口的规模与发展

一、城市人口规模

城市人口规模即聚集在城市区域内的人口数量。城市合理的人口规模是每个城市的经济、社会、人口健康发展的基础。合理的人口数量在城市区域集中，会产生经济和科学文化的聚集效益。城市的用地规模、各种建筑、市政设施、生产规模和消费力规模等均与城市人口规模有着密切的联系。

目前，进行城市人口发展规模的研究方法主要有两大类型：一类是根据城市发展中对经济活动人口的增长要求和城市经济活动人口占总人口的合理比例，来确定规划期末的城市总人口规模；另一类是根据人口增长速度、人口构成的特点及人口政策等社会因素，确定合理的人口自然增长率，计算城市人口自然增长数，再根据城市发展的可能条件、城市人口的承载力等因素确定合理的机械增长率，计算机械增长人口数和预测城市人口的发展规模。

二、城市人口自然增长率（数）

城市人口自然增长率是反映城市人口出生和死亡相互作用下的人口自然增减状况的一项指标。较长时间的城市人口自然增长率资料，可以表示一定社会条件下城市人口的再生产规律，是编制城市社会经济发展战略、城市规划的重要依据。

城市人口自然增长率为城市中年净增人口数与城市总人口数之比，通常用千分数（‰）来表示。计算公式为：

$$人口自然增长率 = \frac{年内出生人口 - 年内死亡人口}{年人口} \times 1000‰ \tag{5-3}$$

或者　　　　　　人口自然增长率＝人口出生率(‰)－人口死亡率(‰)　　　　　(5-4)

根据城市人口自然增长率可以计算出城市人口自然增长数。

三、城市人口机械增长率

城市人口机械增长率是指一定时期内城市人口迁入和迁出的差数。计算公式为：

$$某一时间城市人口机械增长率 = \frac{某一时间迁入人口数 - 某一时间迁出人口数}{某一时间平均人口数} \times 1000‰$$

$$(5-5)$$

城市人口机械变化，主要与城市发展，特别是经济发展有直接关系，与城市规模、职能变化、劳动力状况变化以及政府机关的决策也有密切的关系。新兴城市、发展中城市一般人口机械增长较快。

四、城市人口承载力

城市人口承载力也称城市人口环境容量，指在一定的条件下，城市生态系统所能维持的最高人口数。影响城市生态系统人口承载力的因素复杂多样，诸如城市用地、城市设施、人的消费水平以及与城市发生物质和能量交换的外界系统等。另外城市人口承载力随地理条件的变化而变化，有很强的地域性。

五、人口环境容量观

人们对于城市人口环境容量有着不同的看法，有的乐观，有的悲观，正确的态度是可持续发展的城市人口环境容量观。

对于人口环境容量，一部分人认为，地球上还有大量的资源尚未开发，科学技术和生产力在不断发展，所以人口环境容量还有很大的潜力。另一部分人认为，人口规模超过环境容量的基本表现是整个环境内生态系统的退化，如污染、森林减少、草原减退、沙漠化、食物和其他自然资源的短缺、气候变异、灾害频繁等；即使现有人口规模不再增加，但人均消费水平还会继续以相当快的速度上升，资源的耗用仍会不断增加；人类只是地球上生物群中的一种，不能也不可能只是保证自身的生存和发展，为其他生物保留适合于它们生存和维持某种程度繁荣的条件，也是人类自身的需要。

目前世界多数科学家普遍认为，人口环境容量不像生态环境容量那样主要决定于自然环境因素，而是一个非常复杂和不断变化的人口、自然环境、社会、经济与文化的综合体系。人口环境容量随着人类科学技术水平和经济发展水平的发展而发展，任何超越现实状况的观点都是违背人类历史发展规律的。

总之，制约人口容量及其变化的生态环境、社会、经济因素是多样的和复杂的。科学技术的进步、社会经济的发展会有利于提高人口容量，但是，人类物资文化生活水平的提高又会使人口容量受到限制。有限的资源、能源是制约人口容量及其弹性的基本因素，随着人类社会文明与发达程度的不断提高，影响和制约人口容量的因素还将日益增多。

第四节　城市人口的迁移

城市人口的迁移是城市人口研究的基本内容之一，主要表现在城市流动人口的流动和人口迁居。

一、城市流动人口

1. 城市流动人口的概念

城市流动人口的概念对于不同国家有很大差别。在我国一般认为城市流动人口是指城市中未持有城市户口的非常住户人口，可以分为：在城市从事短期、季节性工作的外地人口；到城市旅游、出差、探亲、借读就学人口。其中前者是主要对城市化进程起到推动作用的人口。

城市流动人口可能会造成一系列城市社会问题和环境问题。大量的流动人口可能造成城市住房紧张、交通拥挤，加剧环境恶化和城市能源、水资源、食品及其他商品供应紧张，甚至导致犯罪率上升、传染病流行等。但是，流动人口对增加城市劳动力和税收、促进城市的繁荣与发展都有积极作用。城市流动人口与城市的持续稳定发展密切相关，因此城市流动人口的数量、性质和来源对城市健康发展和城市生态系统功能的正常发挥都具有重要的参考价值。城市流动人口的数量与城市的性质、规模、位置等有关，一般大城市、政治经济文化中心、交通枢纽和旅游城市等流动人口数量较大，并且大城市中流动人口居住时间较长。

2. 流动人口与城市化

在城市化的初期，城市人口的迁移主要是人口从非城市化地区（农村）进入城市地区，即迁移流动过程和城市化过程是同步进行的。特别是发展中国家，在城市化进程速度较快的时期，城市流动人口增长迅猛，例如在我国，1982 年城市流动人口近 3000 万，1991 年约 7000 万，1995 年达 8000 万，2011 年达 2.21 亿之多。

从农村到城市的流动人口，承担了一些城市人口不愿接受的脏、苦、累、差的工作，构成了城市运行、发展不可缺少的一部分。反过来流动人口又需要城市提供必要的衣食住行条件，城市生态规划与建设必须考虑他们的需求。流动人口从微观上看，具有流动性和不稳定性，但从城市宏观上看，又具有相对的稳定性。

二、城市人口迁居

城市人口迁居也称城市内的迁移，指城市中以住宅位置改变为标志的人口移动。

城市的发展一直伴随着人口移动。在城市发展初期，城市人口的变迁主要是人口从非城市化地区进入城市地区。当城市发展到一定阶段时，必然会引起城市内部人口的变动，这一变动过程也称为城市人口迁居过程。城市人口迁居会使城市空间结构发生改变，使城市出现人口空间、社会空间、功能空间的地域性分化。城市内住宅位置的变化在改变城市系统和城市空间结构中起重要作用。城市人口迁居的理论研究，主要有以下几种。

1. 伯吉斯模式（1925）

在伯吉斯提出城市结构同心圆理论时，其中就有人口迁居的模式。他认为，外来移民最初进城时为找工作方便，便居住在中心商业区，随着人口压力增大，住房紧张，促使城市中心区的人口向外城区迁移。低收入新住户开始向较高级的住宅区入侵，而较高级住宅区的住户卖掉房子向外迁移，入侵更高级的住宅区。由此，迁居就像波浪一样向外层传开，最高级住宅区位于城市边缘。伯吉斯称这种向外运动的模式为入侵和演替。

2. 霍伊特模式（1939）

霍伊特在提出城市结构扇形理论时提出了人口迁居的过滤模式。他认为，现有住房过时或衰落时，上层阶级为了维持他们的地位，就会购买新建的高级住宅，土地利用由此而展开。高收入住户向外迁居的过程中，留下的空房子向低收入的住户过滤，而人向高级住宅区迁移。

3. 阿久努胡德和费利模式（1960）

这种模式把住宅位置与住户在家庭生命周期中所处的阶段联系起来，如新婚夫妇首先租借城市中的公寓，有了孩子以后租借郊区的单一平房，最后是在城市边缘买自己的住宅。这种向外运动的模式，形式上与入侵、过滤模式相同，但运动的原因不同。

4.20 世纪 60 年代中期以后的研究

20 世纪 60 年代中期以后，在城市研究上出现了以贝里和阿朗索为首的空间分析学派。在城市人口迁居研究方面，重点放在空间规律和数量模式上，主要有迁居的距离和方向、迁居的统计模式和空间相互作用模型。但是空间分析学派在解释社会问题和人类行为时过分简单化，后来，以研究人地关系中人的主观能动性和行为为主的学派逐渐兴起。他们认为：决定迁居是内外压力作用的结果，内部压力来源于住户对空间和设施的要求变化所产生的有形需求。当内外压力达到一定程度时，就会发生迁居。

总之，城市人口迁居的研究前期是把人当作人类生态环境的一分子，由人的社会地位、家庭状况、经济收入决定其在城市中的居住位置。概括起来是，如果有大量低收入流动人口移入城市，他们可能向城市中心区聚集，迫使其他人向外移动，开始入侵和演替过程；同时高级住户不满意现有住宅而移向新住宅，并引起低级住户的移动；还有一些人的迁居是因为结婚生子、年老等对住宅空间产生特定需求。所有这些移动都要受个人经济状况等因素的制约。20 世纪 60 年代后期人口迁居研究的出发点转移到空间特征和数量模式上，后来又重视人的行为，强调人的个性，研究人对客观环境的感知。20 世纪 70 年代末开始把迁居研究的出发点放在社会经济结构分析上，从而丰富了城市人口迁居研究的内容和方法，促进了城市人口迁居研究的进展。

三、我国城市人口迁居基本原因

现在，我国的一些大城市有了中心区人口减少，外围区人口增多的变化趋势，其市内的人口迁居是重要原因之一。我国城市人口迁居的基本原因可以归纳为两大类：主动的和被动的。被动迁居表明迁居者受外界控制很大，自己虽然也有改善居住状况的愿望，但由于客观条件的限制，很少有选择迁居（包括住宅区位、面积、样式等）的权利；主动迁居表明迁居者在迁居过程中对住宅有相当充分的选择权利。在我国有约 70％的迁居是被动的，过去以单位分房为主，现在主要是城市改造、拆迁、经济适用房、安置房、廉租房等，被迁居者基本上没有什么选择余地；30％的迁居是主动的，其中以买房为主。主动迁居和被动迁居不仅反映了居民迁居的自由度，更反映了居民的经济状况。

目前我国正处于转型期和高速发展期，城市人口迁居逐渐活跃。城市人口迁居动力机制是住户的住宅及周边自然生态环境的需求所产生的内部压力和城市社会环境条件的发展所产生的拉力共同作用的结果。迁居过程与迁居者本身的需求、社会文化心理、社区的综合环境影响、城市规划与建设、人口政策、土地使用和住房政策都有密切的关系。对现阶段影响我国城市人口迁居的因素分析如下。

1. 迁居者内在因素

迁居者内在因素，在住户经济实力有限时将被抑制，而经济发达、生活水平提高之后，就会充分表现出来。

（1）迁居者的生活需求。

迁居者的生活需求主要指对住宅本身的需求和对住宅区位的需求两方面。

对住宅本身的需求：人口增加导致人均住房面积的缩小和孩子长大家庭生活不方便所产生的增大住宅面积的需求；因结婚等原因，新户形成所产生的对住宅的需求；社会地位升高所产生的住宅需求；经济能力的提高所产生的住宅需求。

对住宅区位的需求：因工作地点太远而产生的住宅区位的要求；因环境关系而产生的对

住宅区位的要求，包括自然环境、社会环境和文化环境。

（2）迁居者文化心理的需求。

迁居者文化心理对迁居过程有很大影响，如在市民眼中，城市和农村、老城市和新城市、大城市和小城市、中心城市和偏远城市在各方面仍存在较大的差异。人们受到传统观念的影响和城区生活环境的吸引，除非迫不得已，往往不会主动从前者迁往后者。

2. 外界的影响

（1）社区环境的影响。

我国城市的居民，如果长期生活在某一社区，对周围的物质环境十分熟悉，并且建立了以家庭联系和私人交情为基础的社会网络，一般情况下，他们是不太愿意搬迁的。据对上海市旧城区居民的调查，尽管大多数人对居住环境很不满意，但是有 80％ 以上的居民愿意留居原住地，15.6％ 的居民愿意搬迁到附近的地段，只有 3.8％ 的人不愿意定居原地。广州市的一个对旧城改造的调查也表明，74％ 的居民不愿意离开原住地。这些例子都说明了牢固的社区关系对人们的迁居有一种限制作用。

（2）城市规划与建设的影响。

过去，我国城市发展的指导思想是"先生产、后生活"、"变消费城市为生产城市"等，其结果是我国城市规划只强调工业的发展，生活服务设施严重缺乏和滞后，新增人口主要集中在市区，郊区对定居人口的吸引力不大。改革开放之后，人们对城市的认识发生了转变，由强调"生产型"，改变为强调城市的"中心型"，开始重视生活区的服务配套设施建设，吸引了大量新增人口及部分旧城区人口在边缘区定居。

（3）经济发展与住宅建设的影响。

城市规划对人口迁居起着宏观控制作用，住宅建设则为人口迁居提供了物质条件，而经济发展为住宅建设提供了经济基础。经济的快速发展为住宅建设提供了可靠和稳定的资金来源。另外居民收入的大幅度增长，使他们在衣食得到满足后，对住宅的要求随之提高。

住宅建设对迁居的影响表现在：住宅数量的大幅度增加为人口迁居提供了物质基础；住宅的空间分布决定了人口迁居的方向。过去，我国城市住宅多是在城市中心兴建，现在在城市边缘兴建了大量大型居住区，并且生活设施配套齐全，住宅的边缘分布使中心区的人口总体上表现为向外迁居。

（4）土地制度的影响。

1978 年前，土地的无偿使用制度限制着人口迁居。在无偿土地使用制度下，制约各种用地的主要因素是交通费用，靠近市中心交通费用低，各种服务设施齐全，这样住宅和其他行业一样都具有靠中心分布的趋势，如图 5 - 4 （a）所示。另外，在无偿土地使用制度下，经济规律不起作用，土地利用性质难以转变和优化，居住人口分布具有相对稳定性。

土地有偿使用制度的改革激活了城市人口迁居过程。其原因是：第一，土地有偿使用使得地价成为制约各种用地分布的重要因素。各种功能的用地，根据其付租能力，重新调整在城市里的位置，住宅自然被从中心区挤到外围，如图 5 - 4 （b）所示；第二，土地有偿使用为城市基础设施资金的良性循环提供了条件，而城市基础设施（尤其是郊区）的改善对人口从中心区向郊区迁移十分有利；第三，土地有偿使用制度，为房地产业的兴起提供了条件。

（5）住房政策的影响。

过去，我国实行城市住宅低租金制的福利分配政策。这种政策完全否定住宅的商品属性，其结果是：一方面建房资金难以收回，建房能力难以提高；另一方面又会导致分配不

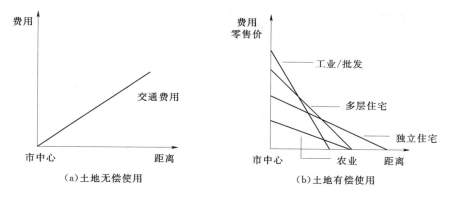

图 5 - 4 土地使用制度对城市人口分布的影响 (引自周春山, 1996)

均, 一部分人住房需求无限制膨胀, 更加剧了住房的紧张状况。而且无偿分配的对象只是城市中的一部分人。在住房全面紧张的情况下, 人口迁居难以进行。1986 年以提租补贴、优惠价格出售公房、新房新制度为主要内容的住房制度改革全面推开。这项改革使建房资金逐渐实现了良性循环, 并使住房得以合理利用, 为城市人口迁居提供了物质条件。

四、我国城市人口迁居的特征

我国城市人口迁居的特征如下:

(1) 不同于美国以汽车为交通工具, 向郊区远距离扩散的郊区化, 我国城市人口在主要是以公共交通和自行车为主要交通工具时, 城市人口迁居呈短距离、蔓延式向外扩散。而近年来, 我国许多城市不顾国情, 也大力发展以小汽车为主体的交通体系, 导致交通拥堵、运行速度降低及空气严重污染, 同时在城市建设上也出现了城市迅速扩大等一系列问题, 付出了沉重的代价。

(2) 由于我国经济发展水平较低, 多数居民无经济实力在住房市场中自由选择住房, 因此, 城市的人口迁居以被动迁居为主, 过去以单位分房为主, 现在则主要是原住房屋被拆迁而被安置。

(3) 过去单位分房中, 以户主的工作年限、职务、职称为主要依据, 因而住户社会地位的变化引起的迁居较为普遍。我国不存在国外一些城市因外来移民和种族原因引起的迁居。

(4) 从我国目前的情况看, 家庭成员的成长、新家庭的形成和户主职位的变动是引起迁居的内在原因; 新区建设、旧城改造是引起迁居的直接外在原因。

(5) 近年来, 影响城市人口迁居的因素发生了很大的变化。改革开放前, 计划经济下的土地制度、住房制度、就业政策严重制约着人口迁居, 居住人口在城市的分布具有静止性。改革开放后, 限制人口迁移的因素在减弱、消失, 人口迁居的可能性大大增加。

第五节 城 市 化

一、城市化的概念

不同的学科可以从不同的角度对城市化定义和研究。

地理学对城市化的定义是: 由于社会生产力的发展而引起的农业人口向城市人口、农村居民点形式向城镇居民点形式转化的全过程。包括城镇人口比重和城镇数量的增加, 城镇用地的扩展, 以及城镇居民生活状况的实质性改变等。

人口学对城市化的定义是：农业人口向非农业人口转化并在城市集中的过程。表现在城市人口的自然增加，农村人口大量进入城市，农业工业化，农村日益接受城市的生活方式。

社会学对城市化的定义是：农村社区向城市社区转化的过程。包括城市人口在总人口中比重的增加；城市数量的增加、规模的扩大；公用设施、生活方式、组织体制、价值观念等方面城市特征的形成和发展。一般以城市人口占总人口中的比重衡量城市化水平。

综合来说，现代城市化的概念有以下含义和过程：①工业化导致城市人口的增加；②单个城市地域的扩大及城市关系圈的形成和变化；③拥有现代市政服务设施系统；④城市生活方式、组织结构、文化氛围等上层建筑的形成；⑤集聚程度达到称为城镇的居民点数目日益增加。

二、城市化水平

城市化水平一般用城市人口占总人口数的比重来表示。

1. 城市化水平指标

$$PU = \frac{U}{P} \times 100\% \qquad (5-6)$$

式中　U——城市人口；

　　　P——总人口。

2. 城市化速度指标

$$TA = \frac{1}{n(PU_{t+n} - PU_t)} \qquad (5-7)$$

式中　　TA——城市化速度；

　　　　n——两时刻间的率数；

PU_{t+n}，PU_t——在 $t+n$ 年和 t 年的城市人口百分比。

要注意，公式中城市化速度（TA）的单位是城市人口比重平均增长（或减少）的百分点，而不是百分比。

3. 城市化质量指标

城市现代化是城市素质的综合反映，衡量城市现代化的指标体系划分为三类指标。第一类，经济结构及发展水平指标：人均 GDP（元/人）、第三产业从业人员比重（％）等。第二类，基础设施现代化水平指标：人均道路面积（m²）、万人拥有机动车辆、万人拥有医生人数、万人拥有电话机数。它们分别反映交通、医疗卫生及通信的发展水平。第三类，人的现代化水平指标：人均拥有公共图书馆藏书、万人拥有在校大学生人数、人均居住面积（m²）以及人均公共绿地面积（m²）。分别反映人的素质、人的居住环境状况以及文化基础设施的发展水平。

单一地用城市人口比例作为衡量城市化水平的指标也是不全面的，像拉美一些国家虽然城市人口比重高达 80％以上，却面临着严重的城市问题。

4. 世界城市化水平发展趋势

全世界城市化水平是很不均衡的。发达国家城市化起点高，城市化水平高，发展趋势减缓，出现逆城市化现象。发展中国家起点低，城市化水平低，发展势头强劲，但有的城市发展不合理。在发展中国家的城市化发展也很不平衡，最高的中南美洲和发达国家相差无几，东亚次之，非洲较低。表 5-2 为世界城市化水平发展趋势比较。发达国家与发展中国家的城市化水平标准有一定的差别，对城市人口的定义也有一定的差异，在研究时要注意。

表 5-2　　　　　　　　　世界城市化水平发展趋势　　　　　　　　　　　%

年份	世界平均	发达国家	发展中国家	中国
1950	29.2	53.8	17.0	11.2
1960	34.2	60.5	22.2	19.8
1970	37.1	66.6	25.4	17.4
1980	39.6	70.2	29.2	19.4
1990	42.6	72.5	33.6	26.4
2000	46.6	74.4	39.3	36.2
2010	51.8	76.0	46.2	49.7
2020	57.4	77.4	53.1	55.0

三、城市化进程及一般规律

1. 城市化发展阶段

通常用城市人口比重来划分一个国家或社会的城市化阶段：城市人口比重在 10% 以下，属于城市化史前阶段；10%～20% 为城市化起步阶段；20%～50% 为城市化加速发展阶段；50%～60% 为城市化基本实现阶段；60%～80% 为城市高度发达阶段；80% 以上为城市化自我完善阶段和城乡完全一体化阶段。当然，不能简单地用以上指标机械地去评价一个国家或社会的城市化。

2. 世界城市化几种模式

（1）同步城市化。这是指城市化的进程与工业化和经济发展的水平趋于一致的城市化模式。这里的一致主要指城市化与经济发展呈显著的正相关关系。发达国家在城市化加速时期，这种相关性表现得相当明显。

（2）过度城市化。又称超前城市化，是指城市化水平明显超过工业化和经济发展水平的城市化模式。城市化的速度大大超过工业化的速度，城市化主要是依靠传统的第三产业来推动，甚至是无工业化的城市化，大量农村人口涌入少数大中城市，城市人口过度增长，城市建设的步伐赶不上人口城市化速度，城市不能为居民提供就业机会和必要的生活条件。相当数量的发展中国家是这种城市化模式。

（3）滞后城市化。是指城市化水平落后于工业化和经济发展水平的城市化模式。滞后的原因主要是政府采取种种措施来限制城市化的发展，结果使城市的集聚效益和规模效益得不到很好的发挥。这是一种违背工业化和现代化发展规律的城市化模式。我国城市化就是这种城市化的突出代表。1980 年世界城市化水平为 42.2%，发达国家为 70.2%，发展中国家为 29.2%，而我国城市化水平仅为 19.4%，城市化明显滞后。

（4）逆城市化。是指城市市区人口尤其是大城市市区人口郊区化、大城市外围卫星城镇布局分散化的城市化模式，所谓"逆"并不是指城市人口的农村化，更不是指城市文明和生活方式的农村化，而是指城市市区人口向郊区迁移，大城市人口向卫星城迁移的倾向。造成逆城市化的原因主要有大城市城区人口过于密集、就业困难、环境恶化、地价房租昂贵、生活质量下降，引起人口向环境优美、地价房租便宜的郊区或卫星城迁移；城市产业结构的调整和新兴产业的发展，带动了城区人口的外迁，交通、通讯的现代化大大缩短了城市与郊区的时空距离等。逆城市化不是城市化的反向运动，而是城市化发展的一个新阶段，是更高层次的城市化。

3. 城市化的进程

正常的城市化进程都会经历从城市化开始、郊区城市化、逆城市化、再城市化的过程。城市化的开始，一般指人口向城市地区转移和乡村地区转变为城市地区的过程。郊区城市化，人口的主要流向是城市中、上阶层人口移居市郊或外围地带。逆城市化，大城市中心市区、郊区人口向外迁移，迁向离城市更远的农村和小城镇，出现了与城市化相反的人口流动的现象。逆城市化也称城市中心空洞化，是建立在城乡差别近于消失、形成一体化的基础上。乡村和小城镇的交通、信息等的完善，再加上优越的自然风光，吸引了久在城市中面对浑浊空气、噪声的大城市居民到乡村、城镇暂住或定居，从而出现逆城市化现象。具体表现在大城市中心区萎缩，中小城镇迅速发展，城市人口向乡村居民点和小城镇回流。再城市化是在此背景下，国家与城市政府积极采取措施，调整产业结构，大力发展高科技产业和第三产业，积极开发市中心衰落区，在市域内实现人口增长。再城市化就是进一步提升城市化的功能和内涵。

四、城市化的正面效应与风险

1. 城市化是社会发展的必然选择

城市是人类文明的标志，是人们经济、政治和社会生活的中心。城市化的程度是衡量一个国家和地区经济、社会、文化、科技水平的重要标志，也是衡量国家和地区社会组织程度和管理水平的重要标志。城市化是人类进步必然要经过的过程，是人类社会结构变革中的一个重要线索，经过了城市化，标志着现代化目标的实现。

2. 城市化正面效应

（1）改善环境。合理的城市化可以改善环境，使得环境向着有利于提高人们生活水平和促进社会发展的方向转变，降低人类活动对环境的压力。

（2）促进经济发展。有助于提高工业生产的效率，工业化使城市化获得持续推进的动力。能够卓有成效地带动广大农村的发展，有利于改善地区产业结构、产业调整。作为区域发展的经济中心，能带动区域经济发展，而区域经济水平的提高又促进城市的发展。

（3）促进科技发展。科学技术的进步和信息化的推进，使现代化大城市成为主要的科技创新基地和信息交流中心，进而提高区域的整体发展水平。

（4）促进文化发展。城市文化向乡村广泛地扩散和渗透，影响着乡村的生产生活方式，并提高乡村的对外开放程度，有利于城市与乡村的交流，缩小城乡发展差距。

（5）促进农业人口向城市人口转化。城市能够创造出比较多的就业机会，大量吸收乡村剩余人口。劳动力从第一产业向第二、第三产业逐渐转移，促使聚落形态、生产方式、生活方式、价值观等的变化。

3. 问题与风险

（1）城市发展存在的风险。联合国的研究表明：全球60％拥有百万人口的大城市位于至少有一种重大自然灾害风险的地区，如地震和洪水。城市面临着移民、全球化、经济发展、社会不平等、环境污染和气候变化等多重压力。

（2）粮食问题。农民大量离开原耕种土地，粮食安全问题存在隐患。在快速城镇化过程中，一定要避免农村的凋敝、农业的衰败和农民的被边缘化。城市化的过程中，利润往城市流动不可避免，而怎么保证农业不衰退，是一个非常尖锐的命题。

（3）大城市病日益突出。许多大城市的城市病已经相当严重。交通拥挤、资源紧缺、城市居民生活质量下降等问题在困扰着城市的进步与发展。

第六节 中国人口城市化

一、独特的城市化过程

我国的城市化走的是一条完全独特的道路，既不同于发达国家，也不同于一般的发展中国家。在很长一段时期，我国的城市化完全脱离经济和工业发展的影响，而只受制于特殊的城乡二元户籍制度。

1. 我国城市化进程

我国城市化已经经历了三个阶段：1949年前还处于城市化史前阶段，到1949年城市人口比重刚达到10.64%，近90%的人口生活居住在农村；从1949年到1979年，我国处于城市化起飞阶段，到1979年城市人口比重仅仅达到19.96%，还有80%的人口生活在农村，特别是1957—1978年的20年间，中国城市人口比重不但没有提高，反而下降了0.49个百分点，即从1959年的18.41%下降到1978年的17.92%；从1980年开始，我国进入了快速城市化发展阶段，一直到现在，还没有走出这一阶段，步入更高的阶段。1949—2011年城市化水平见表5-3，变化曲线见图5-5。

表5-3 　　　　　　　　　1949—2011我国城市化水平　　　　　　　　 %

年份	城市化率	年份	城市化率	年份	城市化率	年份	城市化率
1949	10.64	1965	17.98	1981	20.16	1997	29.92
1950	11.18	1966	17.86	1982	21.13	1998	30.40
1951	11.78	1967	17.74	1983	23.62	1999	30.89
1952	12.46	1968	17.62	1984	23.01	2000	36.22
1953	13.31	1969	17.50	1985	23.71	2001	37.66
1954	13.69	1970	17.38	1986	24.52	2002	39.09
1955	13.48	1971	17.26	1987	25.32	2003	40.53
1956	14.62	1972	17.13	1988	25.81	2004	41.76
1957	15.39	1973	17.20	1989	26.21	2005	42.99
1958	16.25	1974	17.16	1990	26.41	2006	43.90
1959	18.41	1975	17.34	1991	26.37	2007	44.94
1960	19.75	1976	17.44	1992	27.63	2008	45.68
1961	19.29	1977	17.55	1993	28.14	2009	46.59
1962	17.33	1978	17.92	1994	28.62	2010	49.68
1963	16.84	1979	19.99	1995	29.04	2011	51.27
1964	18.37	1980	19.39	1996	29.37		

注 资料来自《中国人口统计年鉴》。

2. 我国城市化进入加速发展阶段

改革开放以后，我国进入了城市化快速发展阶段。1978—2011年，我国城市化率年均以0.99个百分点增长，速度是相当快的。就1980年以来的30多年时间来看，我国城市化还有逐渐提速的发展趋势：1980—1990年的10年时间内，城市人口比重净增7.02个百分点，年均0.7个百分点，而1990—2000年，净增了9.81个百分点，年均0.98个百分点；

图 5-5　1949—2011 年中国城市化水平变化曲线

从 2000—2010 年净增 13.46 个百分点，年均 1.35 个百分点。

随着我国政治经济改革开放的进一步深入，近来一些有利于农村剩余劳动力向城镇转移的政策陆续出台，有的省市已经开始对严格执行了几十年的户籍管理制度进行初步改革。随着我国政治经济各方面的不断发展，随着人口城市化进程的加快，人口自由流动的各种束缚必将被解除。

城市人口比重提高增速，只是体现中国城市化步入快速发展的一个方面。在过去的 30 年，特别是最近 20 年中，中国城市发展扩张之快，前所未见。1990 年末全国城市建成区面积 12856km²，2000 年末达到 22439km，十年中扩大了 9583km，是 1990 年面积的 1.75 倍，2006 年末扩大到 33660km²，比 1990 年扩大了 20804km²，是 1990 年的 2.6 倍。

二、我国人口城市化特征

1. 特殊的城乡二元户籍管理制度

在世界人口城市化的进程中，各国情况有很大不同。发达国家城市人口的增长一般与城市的经济发展和城市基础设施建设是基本适应的，而多数发展中国家由于不具备城市人口急剧扩张所需具备的经济条件，城市基础设施同日益涌进的过量人口明显不相适应，产生了一系列社会问题。我国人口城市化所面临的客观条件和许多发展中国家相类似，但在很长一段历史时期，我国城市较少出现诸如交通拥挤、住房紧张、就业困难等问题，这些不能不归功于长期实行的限制农村人口向城市迁移的政策，即城乡二元户籍管理制度，以及相应的各种管理制度的严格控制。

但是，从长期和宏观的观点看，我国长期实施的严格限制农村人口向城市迁移的政策，把我国的经济、社会划分为城市和农村两大截然不同的板块，把国民划分为城市居民和乡村农民两种截然不同的身份，对人口城市化乃至整个经济、社会的发展产生了一系列不利的影响。

2. 城乡二元户籍管理制度的负面影响

（1）延缓了人口城市化的进程，造成了人口城市化滞后于工业化，滞后于政治经济改革的进程。美国经济学家钱纳里（Chenery）在整理分析了 101 个国家在 1950—1970 年间经济、社会发展的统计数据后，归纳出人口城市化水平与国民生产总值之间的比例关系。与此相比较，我国城市人口所占比重未能达到应达到的城市化水平。

（2）割断了人口从农业向非农产业转移与人口从农村向城市迁移的必然联系，影响了城市集聚效益的充分发挥。按一般的规律而言，工业化过程和城市化过程是同步的，二者相互联系、相互促进。工业化过程需要源源不断的劳动力，所以其过程伴随着人口由农业向非农产业的转移。由于城市具有集中的优势，在提供工业生产所必需的交通、通讯、信息、人才、技术条件方面具有农村无法替代的作用，因而可以产生巨大的聚集效益。因此，农业向非农产业的转移，必然要求人口由农村向城镇迁移。但我国长期实施限制人口迁移政策和严格的户籍管理制度，阻断了这一转移过程，从而基本上阻断了城市化的进程。改革开放后，在人口由农业向非农产业转移的时候，不能完全实现人口从农村向城镇的迁移，农民只能"离土不离乡"、"进厂不进城"。进城打工的农民工不能在城市安家，形成了庞大的留守儿童群体。这种做法虽然可以在一定时期和一定程度上减轻城市人口的压力，却割断了人口从农业向非农产业转移与人口从农村向城市迁移的必然联系，违背了经济发展的一般规律。

（3）妨碍了城乡统一的、优化的劳动力市场的建立和发展。长期以来，由于严格的户籍管理制度，使得农村由于生产的发展造成的大量剩余劳动力没有出路；而在城市，由于实行对城市劳动力统包工、统分配或优先分配的就业制度的影响，使城镇劳动力的择业期望值过高，造成城镇的就业难和艰苦岗位的招工难并存，劳动力流动性很差，影响了城市的发展。按照经济发展规律，培育和完善城乡统一的、优化的劳动力市场，是实现城乡之间、城市之间劳动力合理流动的有效途径。

3. 存在明显的区域差别和不平衡

2006 年我国东、中、西部城市化水平分别为 54.6％、40.4％和 35.7％。城市化水平最高的是上海，为 88.7％，其次为北京和天津，分别为 84.3％和 75.7％。可以说东部地区已经进入城市化基本实现阶段，而西部地区则刚刚步入城市化快速发展阶段。

4. 独特的城市人口界定

因为我国有着独特的城乡二元户籍制度，用农业户口和非农户口来区分城乡人口，这一做法到现在还没有完全改变，至少目前有不同的城市人口统计口径：城市户籍人口；城市常住人口；城镇人口等等。现在，国家统计局已经采用城市常住人口比重作为城市化率指标，而城市常住人口指在城市居住生活半年以上的各类人口。但是，许多农村流动人口虽然在城市生活多年，并没有真正成为城市居民，这样就会高估我国城市化水平。

三、人口城市化进程中应注意的问题

1. 要避免大跃进式的城市化

城市化水平严重滞后于经济发展水平，其原因主要是城乡二元结构的影响，通过补城市化这一课，经济中存在的许多结构性问题就能得到一定程度的缓解，有利于社会的稳定和经济的长期发展。但是，如果用行政手段推进城市化水平的大跃进，盲目发展城市，不考虑资源环境承载能力，将会付出沉重的代价。

2. 要坚持工业化带动城市化

一般认为，我国尚处于工业化中期阶段，目前第三产业还无法承担推动城市化的主力角色，工业化在未来一段时间内还将是城市化的主要推动力量。工业化对我国城市化带动的根本性作用体现在：持续推进的工业化进程将对农村剩余劳动力产生直接的需求；工业化会产生对服务业的衍生需求，从而增加社会对劳动力的需求；转移劳动力收入提高后会对第二产业和第三产业产生更多的需求，从而进一步扩大社会对劳动力的需求。

从政策层面而言，在目前阶段，必须仍然坚持以工业化带动城市化。即便是在第三产业已占很高比重的城市，也必须重视工业化的战略地位，推动新型工业化的实施。失去工业化支撑的第三产业发展必然在低水平上徘徊，在这种格局下，单纯地谈第三产业占 GDP 比重

是没有意义的。

3. 城市化的方向、质量比速度重要

和城市化的速度相比，方向与质量更重要。城市应该做到资源的有效配置，宜居生活的构建，以及公众身份和权利的实现。人口城市化不是土地城市化，以加快城镇化进程的名义盲目拉大城市框架，滥占耕地、乱设开发区，不断扩大城市面积是不可取的。政府在城市化进程中的主要职责是提供公共产品和公共服务，而不是最大限度地追求经济利益。

第六章　城市大气污染与控制

环境污染是城市环境问题中最严重的问题，而大气污染则是重中之重。大气是人类生存的最重要的环境要素，人需要吸入空气中的氧气以维持生命。一个成年人每天呼吸大约 2 万次，吸入约 15kg 空气，远比每天约需 1.5kg 的食物和 2.5kg 的水要多。其他动物也一刻不能离开空气，植物离开空气就无法进行光合作用。如果空气中混进毒害物质，则毒物会随空气不断地被吸入肺部，通过血液而遍及全身，对人的健康直接产生危害。所以大气污染对人们健康的影响时间长、范围广、危害大。

第一节　大气污染及危害

一、大气与大气污染

在环境科学中，对大气和空气两个名词的使用是有所区别的。一般，对于室内和特指地方与空间（如车间、厂区等）供动植物生存的气体，习惯上称为空气，对这类场所的气体污染就用空气污染一词。在大气物理、大气气象和自然地理的研究中，是以大区域或全球性的气流为研究对象，对这种范围的空气污染就称为大气污染。上述两类污染，也可以统称大气污染。

大气的总质量约为 6000 万亿 t，相当于地球质量的百万分之一。大气的厚度约 1000km，其中我们赖以生存的空气主要是地面上 10～12km 范围的那一部分。

1. 大气的组成

大气是由多种成分组成的混合气体，其组成可以分为不变组分、可变组分和不定组分三部分。不变组分是干洁空气，可变组分主要指的是空气中的水蒸气和二氧化碳，不定组分指的是分别由原生环境问题和次生环境问题引起的大气污染物。

（1）干洁空气。

干洁空气即干燥清洁空气，它的主要组成见表 6-1。

表 6-1　　　　　　　　　　　干 洁 空 气 的 组 成

气体类别	含量（容积百分数）	气体类别	含量（容积百分数）
氮（N_2）	78.09	氪（Kr）	$1.0×10^{-4}$
氧（O_2）	20.95	氢（H_2）	$0.5×10^{-4}$
氩（Ar）	0.93	氙（Xe）	$0.08×10^{-4}$
二氧化碳（CO_2）	0.03	臭氧（O_3）	$0.01×10^{-4}$
氖（Ne）	$18×10^{-4}$		
氦（He）	$5.24×10^{-4}$	干洁空气	100

干洁空气中各组分的比例，在地球表面各个地方几乎是不变的，因此可看作为大气中不变组分。

（2）水蒸气与二氧化碳。

大气中水蒸气含量不大，在 4% 以下，但其含量随时间、地域、气象条件的不同而变化很大，对天气变化起着重要作用，因而也是大气中的重要组分。

在通常情况下，大气中二氧化碳的含量为 0.02%～0.04%，但是由于人类大规模的生产生活活动，已经导致了大气中二氧化碳的含量明显增加。

（3）自然因素的污染物。

自然因素的污染物指由于自然因素而生成的颗粒物（如岩石风化、火山爆发、宇宙落物等）、硫化氢、硫氧化物、氮氧化物等。

以上为大气的自然组成，或称为大气的本底。若大气中某个组分的含量远远超过上述标准含量，或自然大气中本来没有的物质在大气中出现时，即可判定它们是大气的外来污染物，但水分含量的变化不视为外来污染物。

2. 大气污染

大气污染通常是指由于人类活动和自然过程引起某种物质进入大气中，呈现出足够的浓度，达到了足够的时间并因此而危害了人体的健康或危害了环境的现象。按污染的范围，大气污染可分为 4 类。

（1）局部地区大气污染，如某个工厂烟囱排气所造成的直接影响。

（2）区域性大气污染，如工矿区或附近地区的污染。

（3）广域性大气污染，是指更广泛地区、更广大地域的大气污染，如在大城市及大工业带出现的大气污染。

（4）全球性大气污染，是指跨国界乃至涉及整个地球大气层的污染，如酸雨、温室效应等。

二、城市大气环境中的主要污染物

1. 大气污染物分类

排入大气的污染物种类很多，依照不同的原则，可将其进行分类。

依照污染物的形态，可分为颗粒污染物与气态污染物。

依照与污染源的关系，可分为一次污染与二次污染。若大气污染物是从污染源直接排出的原始物质，进入大气后其性态没有发生变化，则称其为一次污染物；若由污染源排出的一次污染物与大气中原有成分或几种一次污染物之间，发生了一系列的化学变化或光化学反应，形成了与原污染物性质不同的新污染物，则所形成的新污染物称为二次污染物。

2. 常见大气污染物

（1）颗粒污染物。

进入大气的固体粒子与液体粒子均属颗粒污染物。

1）尘粒。一般是指粒径大于 $75\mu m$ 的颗粒物。这类颗粒物由于粒径较大，在气体分散介质中具有一定的沉降速度，因而易于沉降到地面。

2）粉尘。如在固体物料的输送、粉碎、分级、研磨、装卸等机械过程中产生的颗粒物，或由于岩石、土壤的风化等自然过程中产生的颗粒物，分为降尘和飘尘。降尘颗粒较大，粒径在 $10\mu m$ 以上，靠重力可以在短时间内沉降到地面。飘尘粒径小于 $10\mu m$，不易沉降，能长期在大气中飘浮。

3）烟尘。在燃料的燃烧、高温熔融和化学反应等过程中所形成的颗粒物，飘浮于大气中称为烟尘。烟尘粒子粒径很小，一般均小于 $1\mu m$。

4）雾尘。雾尘是小液体粒子悬浮于大气中的悬浮体的总称。粒子粒径小于 $100\mu m$，水雾、酸雾、碱雾、油雾都属于雾尘。

（2）气态污染物。

以气体形态进入大气的污染物称为气态污染物。气态污染物种类很多，按其对我国城市大气环境的危害大小，有以下主要污染物：

1）碳氧化合物。污染大气的碳氧化合物主要是一氧化碳和二氧化碳。一氧化碳是城市大气中含量最多的污染物（约占大气污染物总量的 $1/3$），其天然本底只有百万分之一左右。一氧化碳是无色、无味的气体，对植物无害而对人类有害。实验证明，一氧化碳与血红素的结合能力较氧气大 $200\sim300$ 倍，因此，一氧化碳中毒会使血液携带氧的能力降低而引起缺氧。城市中的一氧化碳绝大部分是汽车尾气排放的，高浓度的一氧化碳常出现在上下班时间、交通繁忙的道路和交叉路口。

2）含硫化合物。主要指二氧化硫、三氧化硫和硫化氢等，其中二氧化硫的数量最大，危害也最大，是影响城市大气质量的主要气态污染物。

3）含氮化合物。主要是一氧化氮和二氧化氮，一般空气中一氧化氮对人体无害，但当它转变为二氧化氮时，就变为有害。

4）碳氢化合物。这里主要指有机废气，如烃、醇、酮、酯、胺等。

5）卤素化合物。主要指含氯化合物氯化氢及含氟化合物氟化氢、氟化硅等。

（3）二次污染物。

气态污染物从污染源排入大气，可以直接对大气造成污染，同时还可以经过反应形成二次污染物。主要气态污染物和由其所生成的二次污染物种类见表 6 - 2。

二次污染物一般危害更大。二次污染物中危害最大，也最受普遍重视的是光化学烟雾。光化学烟雾主要有如下类型：

1）伦敦型烟雾。也称为硫酸烟雾，常指大气中未燃烧的煤尘、二氧化硫与空气中的水蒸气混合并发生化学反应所形成的烟雾。

2）洛杉矶型烟雾。也称为光化学烟雾，一般指汽车、工厂等排入大气中的氮氧化物或碳氢化合物，经光化学作用所形成的烟雾。

表 6 - 2　　　　　　　　　　　气体状态大气污染物的种类

污 染 物	一 次 污 染 物	二 次 污 染 物
含硫化合物	SO_2、H_2S	SO_3、H_2SO_4、MSO_4
碳的氧化物	CO、CO_2	无
含氮化合物	NO、NH_3	NO_2、HNO_3、MNO_3
碳氢化合物	C_mH_n	醛、酮、过氧乙酰基硝酸酯
卤素化合物	HF、HCl	无

注　M 代表金属离子。

3）工业型光化学烟雾。例如在我国兰州西固地区，氮肥厂排放的 NO_2、炼油厂排放的碳氢化合物，经光化学作用所形成的就是一种工业型光化学烟雾。

（4）其他有害的空气污染物。

空气中石棉微粒主要来源于石棉的开采和加工、各种石棉制品的生产和处理、建筑材料和刹车材料的应用等。石棉能引起许多疾病，还能引起职业性肺癌。

在用四乙基铅作汽油防爆剂时，汽车尾气中的铅有97％成为直径小于0.5μm的微粒，飘浮在空中，危害很大。

汞的空气污染主要来源于汞加工厂、有色金属冶炼厂、化工及仪表工厂等，现在在城市则主要来自如电池、荧光灯管等含汞的废弃物。

三、城市大气污染的危害

1. 大气污染对健康的影响

大气污染对人体健康的影响，取决于大气中有害物质的种类、性质、浓度和持续时间。空气污染引起的急性伤害是易于觉察的，但低水平污染对健康的连续慢性影响则很难得到精确的结论。对于这种情况一般采用两种方法进行分析研究，即毒理学和流行病学的方法。

（1）从毒理学看污染物对健康的影响。

颗粒污染物对人体的危害程度与其粒径大小和物化性质有关。例如飘尘对人体的危害性就取决于飘尘的粒径、硬度、溶解度和化学成分以及吸附在尘粒表面的各种有害气体和微生物等。从粒径方面看，大于10μm的降尘一般不能进入呼吸道造成危害；5～10μm间的粒子，能进入呼吸道，但由于惯性力作用会被鼻毛与呼吸道黏液吸附然后排出体外；小于0.5μm的粒子由于气体扩散作用也会被黏附在上呼吸道表面而随痰排出；只有0.5～5μm的粒子可以直接到达肺细胞而沉积。成年人肺泡总表面积约为55～70m^2，上面布满毛细管。因此，毒物能很快被肺泡吸收并由血液送至全身，没有经过肝脏，所以毒物由呼吸道进入肌体危害最大。由此而知，粒径为0.5～5μm的飘尘对人的危害最大。

有害气体在化学性质、毒性和水溶性等方面的差异，也会造成危害程度的差异。有刺激作用的有害物（如烟尘、二氧化硫、硫酸雾、氯气、臭氧等）会刺激上呼吸道黏膜表层的迷走神经末梢，引起支气管反射性收缩和痉挛、咳嗽等。在低浓度毒物的慢性作用下，呼吸道的抵抗力逐渐减弱，诱发慢性支气管炎，严重的还可引起肺气肿和肺心性疾病。大气中无刺激作用的有害气体（如一氧化碳等）由于不能为人体感官所觉察，危害性比刺激性气体还要大。

在生态系统中，常常表现出整体性大于各个因子之和的特性。在大气污染中，当多种污染物共存时，对人们的危害往往比它们各自作用之和要大得多。当二氧化硫、二氧化氮与颗粒污染物同时被吸入体内，其危害性会增加许多倍。它们与飘尘气溶胶粒子结合最容易侵入肺部，沉积率很高，可导致呼吸道及肺部病变，引起肺气肿及肺癌等。

汞是近年来引起重视的空气污染物，因为无机汞能通过微生物自然转变为剧毒的有机汞（如甲基汞）而浓集于生物中。汞蒸汽对中枢神经系统毒性极大。

铅进入人体后，大部分沉积于骨骼中，但是含铅汽油中的四乙基铅进入人体后，多蓄积于肝脏和肾脏，中毒的症状是脑神经麻木和慢性肾病，严重时可导致死亡。

镉及镉化合物进入人体，可蓄积在肝脏、肾脏和肠黏膜上。镉的积累性中毒可引起疼痛病。

（2）从流行病学看大气污染对健康的影响。

流行病学是用统计分析的方法来研究污染对人们的影响。恶性肿瘤死亡在20世纪70年代初仅占死亡总数的12.57％，1990—1992年，其比重上升到了17.94％。到2000年，城市恶性肿瘤死亡成为了死因分类构成中的首位死因。各类恶性肿瘤的死亡率几十年来发生了很大变化，表6-3为我国恶性肿瘤死亡分类构成排序，其中变化最明显的是肺癌，从原的第四、第五位升为第一位，是我国发病率最高的癌症。肺癌死亡率还存在着明显的城乡差别，见表 6 - 4。

表 6 - 3   **我国恶性肿瘤死亡率分类排序**

年份	分类	位　次　排　序					
		1	2	3	4	5	6
1973—1975	总	胃癌	食道癌	肝癌	肺癌	子宫颈癌	结直肠癌
	男	胃癌	食道癌	肝癌	肺癌	结直肠癌	白血病
	女	食道癌	胃癌	子宫颈癌	肝癌	肺癌	结直肠癌
1990—1992	总	胃癌	肝癌	肺癌	食道癌	结直肠癌	白血病
	男	胃癌	肝癌	肺癌	食道癌	结直肠癌	白血病
	女	胃癌	食道癌	肝癌	肺癌	结直肠癌	子宫颈癌
2004—2005	总	肺癌	肝癌	胃癌	食道癌	结直肠癌	白血病
	男	肺癌	肝癌	胃癌	食道癌	结直肠癌	白血病
	女	肺癌	胃癌	肝癌	食道癌	结直肠癌	女性乳腺癌

表 6 - 4   **我国肺癌死亡率（1/10 万）的城乡差别**

环　境	男性肺癌死亡率	女性肺癌死亡率	环　境	男性肺癌死亡率	女性肺癌死亡率
大 城 市	16.83	8.99	小 城 市	9.98	4.53
中 等 城 市	12.75	5.66	农　村	6.01	2.84

  肺癌的发病率与空气污染直接相关，几十年来经济的发展，城市汽车的增多，使得城市空气污染在加剧。肺癌的发病率与死亡率有明显的城乡差别，大城市高于中小城市，城市高于农村，男性高于女性，男女之比为 2∶1 以上，都说明了这一点。因为城市的空气质量在恶化，城市污染比农村严重，男性在污染空气中的机会和吸烟比例都大于女性。美国由于控制吸烟，20 世纪 90 年代以后肺癌的发病率与死亡率出现了平稳或下降的趋势，但在多数国家，肺癌的发病率与死亡率仍呈上升趋势。

  空气污染还会造成慢性阻塞性肺病、哮喘病、白血病等疾病。表 6 - 5 是北京市交通民警与园林工人呼吸道疾病的比较情况。从表中可以看出，无论是肺结核还是慢性鼻炎或咽炎，交通民警的发病率都显著高于园林工人。白血病的发病率在增加，室内空气污染已经成为诱发白血病的主要原因。

  国际癌症研究中心（IARC）曾组织了 21 个国家 134 名专家对 368 种化学物质进行鉴定，由流行病学调查确定对人类有致癌作用的化学物质有 26 种，由毒理学方法经实验室研究确定致癌的化学物质有 221 种。其中大气中的致癌物质大部分是有机物，如多环芳烃及其衍生物；小部分是有毒的无机物，如砷、镍、

表 6 - 5 **北京市交通民警与园林工人**
呼吸道疾病比较

项　目	交通民警	园林工人
肺结核（%）	16.7±7.8	无
慢性鼻炎（%）	40.2±10.8	29.3±14.4
咽炎（%）	23.2±9.3	12.2±10.3

铍、铬等，这些化学致癌物对人体健康具有潜在的威胁。城市居民长期生活在低剂量的污染环境中，可引起慢性中毒，影响健康和寿命，甚至影响子孙后代。资料表明，城市大气中的苯并（a）芘浓度和煤烟量与肺癌死亡率有明显的相关性，上海有关科研人员将上海市区与崇明岛进行了对比，见表 6 - 6。

表 6-6　　　　　　　　　　上海市大气中苯并（a）芘含量与呼吸道癌相关性

地　区	大气中苯并（a）芘 （$\mu g/1000 m^3$）	降　尘　量 （$g/m^2 \cdot d$）	降尘中苯并（a）芘 （$\mu g/m^2 \cdot d$）	呼吸道癌死亡率 （人/10 万）
上海市区	11.89	0.99	5.35	32.20
崇明岛	0.85	0.15	0.036	14.91
上海：崇明	14.0：1	6.6：1	162：1	2.16：1

2. 大气污染对城市生态环境的影响

大气污染对城市生态环境的影响是多方位的。就大范围的影响来说，有以下几方面：

（1）酸雨。

酸雨又称酸沉降，是指 pH 值小于 5.6 的天然降水（湿沉降）和酸性气体及颗粒物的沉降（干沉降）。酸雨中含有的酸，主要是硫酸和硝酸，是大气中二氧化硫和二氧化氮转化而来的，其化学反应过程大致表示如下：

$$2NO + O_2 \longrightarrow 2NO_2 \tag{6-1}$$

$$2NO_2 + H_2O \longrightarrow HNO_3 + HNO_2 \tag{6-2}$$

SO_2 的气相反应　　　　　　$$2SO_2 + O_2 \longrightarrow 2SO_3 \tag{6-3}$$

$$SO_3 + H_2O \longrightarrow H_2SO_4 \tag{6-4}$$

SO_2 的液相反应　　　　　　$$SO_2 + H_2O \longrightarrow H_2SO_3 \tag{6-5}$$

$$2H_2SO_3 + O_2 \longrightarrow 2 H_2SO_4 \tag{6-6}$$

酸雨在城市中，除了危害植物外，还会损害建筑、设备和露天放置的各种金属。

（2）阳伞效应。

大气污染物中，粉尘、烟尘和气体彼此结合并与水蒸气结合，使空气变浑，加强了云层覆盖，它们减弱了到地面的太阳辐射强度，其作用如同一把阳伞，称为大气污染的阳伞效应。城区的阳伞效应明显强于郊区。它的作用是双重的：在寒冷的天气，使城区更阴冷；在炎热的天气，它又阻挡地面热量向外空散发，使城区更热。

（3）二氧化碳的温室效应。

二氧化碳是一种温室气体。它能使太阳的短波辐射透过，加热地面，而地面增温后所放出的长波热辐射却被温室气体吸收，使大气增温，这种现象称为温室效应。地球大气本来就存在着温室效应，正是这种温室效应才使地球保持了适于人类生存的正常温度环境。但是，由于大气污染、二氧化碳增多，使得原有的平衡被打破，引发了一系列环境问题。温室效应的增强除了对全球气温的影响外，在城市区域还提高了热岛效应的强度，恶化了城市气候环境。

第二节　城市主要大气污染源

一、大气污染源分类

我们所说的污染源是污染物发生源。为了满足污染调查、环境评价、污染物治理等不同方面的需要，对污染源可以进行不同的分类。

1. 按污染源存在形式分类

固定污染源：排放污染物的装置、处所位置固定，如火力发电厂、烟囱、炉灶等。

移动污染源：排放污染物的装置、处所位置是移动的，如汽车、火车、轮船等。

2. 按污染物的排放形式分类

点源：集中在一点的小范围内排放污染物，如烟囱。

线源：沿着一条线排放污染物，如移动污染源在街道上造成污染。

面源：在一个大范围内排放污染物，如工业区许多烟囱构成一个区域性的污染源。

3. 按污染物排放空间分类

高架源：在距地面一定高度上排放污染物，如烟囱。

地面源：在地面上排放污染物，如汽车尾气。

4. 按污染物排放的时间分类

连续源：连续排放污染物，如火力发电厂的排烟。

间断源：间歇排放污染物，如某些间歇生产过程的排气。

瞬时源：无规律的短时间排放污染物，如事故排放。

5. 按污染物发生类型分类

工业污染源：主要包括工业用燃料燃烧排放及生产过程中的排放废气和各类粉尘等。

交通污染源：交通运输工具燃烧燃料排放污染物。

生活污染源：民用炉灶及取暖锅炉燃烧排放污染物，焚烧城市垃圾的废气、城市垃圾在堆放过程中由于厌氧分解排出二次污染物。

二、工业污染源

城市大气污染，在相当高的程度上来自工业污染源。燃料的燃烧，产生了大量污染物，表 6 - 7 表示以石油或煤为燃料、原料产生的废气量。

表 6 - 7　　　　　　　　　以石油或煤为燃料、原料产生的废气量　　　　　　　　单位：kg

污染源	污染物	1t 燃料或原料产生废气
锅　炉	粉尘、二氧化碳、一氧化碳、酸类和有机物	5～15（燃料）
汽　车	二氧化氮、一氧化碳、酸类和有机物	40～70（燃料）
炼　油	二氧化硫、硫化氢、氨、一氧化碳、碳化氢	20～150（原料）
化　工	二氧化碳、氨、一氧化碳、酸、硫化物、有机物	50～200（原料）
冶　金	二氧化硫、一氧化碳、氟化物、有机物	50～200（原料）
矿石加工	二氧化硫、一氧化碳、氟化物、有机物	100～300（原料）

根据表 6 - 7 中的每烧 1t 燃料或每用 1t 原料排放到大气中的污染物的重量和一个城市或地区燃料与原料总用量，就可推算出该城市或地区每年排入大气中的污染物的总重量。由于工业部门的不同，在生产的过程中，随着生产的原料和使用方式的不同，会产生大量不同的有害物质和气体进入大气中。表 6 - 8 表示各工业部门向大气排放的主要污染物。

表 6 - 8　　　　　　　　　　各工业部门向大气排放的主要污染物

工业部门	工厂种类	向大气排放的污染物
电　力	火力发电	烟尘、二氧化硫、氮氧化物、一氧化碳
冶　金	钢铁	烟尘、二氧化碳、一氧化碳、氧化铁、粉尘、锰尘
	炼焦	烟尘、二氧化碳、一氧化碳、硫化氢、酚、苯、萘、烃类
	有色金属	烟尘（含铅、锌、铜等金属）、二氧化硫、汞蒸汽、氟化物

续表

工业部门	工厂种类	向大气排放的污染物
化工	石油化工	二氧化碳、硫化氢、氰化物、氮氧化物、氯化物、烃类
	氮肥	烟尘、氮氧化物、一氧化碳、氨、硫酸气溶胶
	磷肥	烟尘、氟化物、硫酸气溶胶
	硫酸	二氧化硫、氮氧化物、砷、硫酸气溶胶
	氯碱	氯气、氯化氢
	化学纤维	烟尘、硫化氢、二硫化碳、氨、甲醇、丙酮、二氯甲烷
	农药	甲烷、砷、氯、汞、农药
	合成橡胶	丁二烯、苯乙烯、二氯乙烷、二氯乙醚、乙硫烷、氯代甲烷
	冰晶石	氟化氢
机械	机械加工	烟尘
	仪表	汞、氰化物、铬酸气溶胶
轻工	造纸	烟尘、硫化氢、臭气
	玻璃	烟尘
建材	水泥	烟尘、水泥尘

下面是对城市大气污染影响较大的工业类别。

1. 钢铁工业

钢铁工业生产是一个化学、物理的变化的过程，在大规模生产条件下，对环境的污染比较严重。国外一向把钢铁工业列入污染危害最大的三大部门（冶金、化工和轻工）、六大企业（钢铁、炼油、火力发电、石油化工、有色冶炼和造纸厂）的首位。

钢铁工业生产过程有三个方面能引起大气污染：燃料燃烧或不完全燃烧产生的粉尘、二氧化硫和烟道气等；加工原材料时，机械破碎例如煤、焦炭、铁矿、石灰等所产生的粉尘；生产过程的化学反应，如炼钢吹氧时产生的红、黄色氧化铁烟雾。整个污染过程是复杂的，污染源也是多方面的。钢铁工业大气污染以二氧化硫、硫化氢、粉尘为主，对厂内外环境产生严重污染，其面积可达几平方公里。

2. 有色金属工艺

工业中除了铁、锰、铬外的金属称为有色金属。有色金属工业对大气的污染也很严重，其生产排放的有害物见表6-9。有色金属工业气态污染物以二氧化硫为主。据估计，全世界二氧化硫污染量占大气中总污染量的1.8％，而有色金属冶炼厂排出的二氧化硫占大气中二氧化硫总污染量的12％，其总污染量超过钢铁联合企业的二氧化硫对大气的污染量。

表6-9　　　　　　　　有色金属生产排放的有害物

产品名称	每吨产品排出的有害物数量及成分
电解铝	氟尘6～8kg、氟化物（氟化氢、一氧化碳等）17～23kg、一氧化碳300kg、二氧化碳100kg
铜	粉尘57.5kg（除尘后）、二氧化硫3500m³（折合总硫量1120kg，大部分回收）
锌	粉尘77.3kg（除尘后）、二氧化硫折合总硫量610kg
铅	粉尘64.5kg（除尘后）、二氧化硫折合总硫量556kg

3. 化学工业

化工生产的大气污染有以下特点：易燃、易爆气体较多，如低沸点的酮、醛、易聚合的不饱和烃等。在石油化工生产中，特别是发生事故时，会向大气排出大量易燃易爆气体，如不采取适当措施进行处理，容易引起火灾和爆炸事故，危害很大。为了防止事故，通常把这些气体排到专设的火炬系统去烧掉。另外排放物大都具有刺激性或腐蚀性。

化工生产大气污染有害物质主要有碳的化合物、硫的氧化物、氮氧化物、碳的氧化物、氯和氯化物、氟化物、恶臭物质和浮游粒子等。表6-10为化工生产大气污染来源情况。

表6-10　　　　　　　　　化学工业中大气污染的来源

污染物质	化学分子式	发生源及相关行业
二氧化硫	SO_2	含硫物燃烧，如硫酸、冶金、造纸、石油化工等工业
氮氧化物	NO、NO_2	燃料及其他物质高温燃烧，如硝酸、染料、纸浆、炸药、合成纤维
氯、氯化氢	Cl、HCl	化工生产，如盐酸、氯碱、石油化工、农药等工业
氟化物	HF、SiF_4	燃烧及工业生产，如磷肥、窑业、炼铝、炼钢、玻璃、氟塑料、火箭燃料等工业
氰化氢	HCN	化工生产及使用，如氰氢酸、有机玻璃、丙烯腈、电镀业等
硫化氢	H_2S	工业生产，如石油炼制、煤气、合成氨、纸浆工业等
氯化磷	PCl_3、PCl_5	化工生产及使用，如二氯化磷、三氯化磷、氧氯化磷、医药的生产
苯酚	C_6H_5OH	化工生产及使用，如炼焦、涂料、树脂、制药工业等
苯	C_6H_6	有机化工生产及使用，如石油炼制、有机溶剂、涂料工业等
甲醛	$HCHO$	有机化工生产及使用，如石油化工、制革、合成树脂等工业
光气	$COCl_2$	光气及聚亚氨基甲酸酯生产，如有机合成、印染工业等
吡啶	C_5H_5SN	制药、化学工业等

4. 动力工业

动力工业主要指工业生产中供热和供电的生产部门。动力工业排放污染物的数量和危害的程度，因使用燃料和设备的不同而有所不同。以煤为燃料时，主要污染物为二氧化硫和粉尘；以油为燃料时，主要污染物为二氧化硫。此外还有氧化氮、二氧化碳等有害气体以及3，4-苯并芘等一些微量有害物质及微量元素的排出。

三、交通污染源

交通污染源一般都是移动污染源，主要是各种机动车辆、飞机、轮船等排放的有害物进入了大气。由于交通工具以燃油为主，因此主要污染物是碳氢化合物、一氧化碳、氮氧化物、含铅污染物、苯并（a）芘等。随着我国汽车工业的迅猛发展，城市汽车、摩托车拥有量正以较高的速率增加。因此，在城市大气污染中，交通污染的比例明显增加。

汽车不仅在行驶时会从尾部排出尾气，从曲轴排出废气，而且还会从油箱和汽化器挥发出汽油等。汽车污染物排出见图6-1和表6-11。

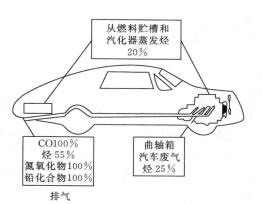

图6-1　汽车污染物质排出图
（引自茹至刚）

汽车对大气的污染主要为汽车尾气。汽车尾气指的是在内燃机的排气行程中排出的燃烧残余的混合气体。污染物的组成和排出量与汽车行驶状况有关。例如经常重复发动、加速减速以及跑跑停停的市内行驶状态和在高速公路上快速行驶的定速行驶状态，其污染物种类和数量都是极不相同的，前者的污染远远大于后者。

表6-11			汽车废物排放表		单位：g/L
污染物	以汽油为燃料	以柴油为燃料	污染物	以汽油为燃料	以柴油为燃料
	小汽车	载重汽车		小汽车	载重汽车
铅化合物	2.1	1.56	氮氧化物	21.1	44.4
二氧化硫	0.295	3.24	碳氢化合物	33.3	4.44
一氧化碳	169	27.0			

应该特别警惕的是汽车废气中的铅污染。医学界认为，铅的危害主要是影响人体中酶和细胞的新陈代谢。长期接触铅污染，会使大脑皮层兴奋和抑制过程发生紊乱，头昏头痛、记忆力减退、智力下降甚至痴呆，也往往有恶心、腹痛、食欲减退、乏力等症状。铅对儿童健康的影响尤其明显。在城市中，汽车废气中的铅污染大部分沉积于近地面的空气中，极易被儿童吸入体内。调查发现，小学生中血铅浓度高的儿童，其智力相对较差。

我国现在已经成为世界上最大的汽车生产国和消费国。巨量的污染物排放导致城市大气污染加剧，而汽车尾气的污染已占整个大气污染的60％以上。

四、生活污染源

人们由于做饭、取暖、沐浴等生活需要，所造成的大气污染的污染源称为生活污染源。在我国城市中，这类污染源具有分布广、排放污染物量大、排放高度低等特点，是城市大气污染不可忽视的污染源。

1. 生活燃料的污染

家庭炊事、取暖所用炉灶一般来说燃烧效率较低，单位燃料所产生污染物比工业生产还要高。冬季的北方城市，大气环境明显恶化，即因生活燃料燃烧所致。我国的燃料构成是以燃煤为主，煤炭消耗约占能源消费的75％，因此煤的燃烧成为我国大气污染的主要来源，同时也形成了我国煤烟型大气污染的特点。

2. 居住环境的污染

近年来，由于建筑和家庭装修业的发展，建筑材料和家具释放的甲醛、苯、氯仿等有机化合物，石棉以及氡等，成了重要的污染物。在半封闭的通风系统和空调系统中，危害更为严重，可引发多种疾病。

3. 其他生活污染

家庭厨房在炒菜时产生的污染物也很多，据北京、沈阳、西安等地抽样监测，厨房中苯并（a）芘浓度大大高于室外大气中的最高浓度值。我国拥有世界上最多的烟民。城市人口密集度高，因吸烟而排出的污染物汇集起来，数量相当可观，且污染源就在人居环境内，所以吸烟的污染也不容忽视。另外城市垃圾堆放场挥发的有害气体也属于生活污染源。

我国城市大气污染以总悬浮颗粒物、二氧化硫、氮氧化物为主要污染物。在总悬浮颗粒物中，对人们危害最大的是0.5～5μm的粒子，也就是PM2.5粒径范围的颗粒。北方城市的污染程度重于南方城市，尤以冬季最为明显。大城市大气污染发展趋势有所减缓，中小城市污染恶化趋势甚于大城市。南方地区酸雨污染严重。

第三节　城市大气环境的影响因素

一、气象因素

污染物进入大气，会被大气输送、混合和稀释，即大气污染的形成与危害，不仅取决于污染物的排放量和离排放源的距离，还取决于周围大气对污染物的扩散能力。由此可见，气象条件是影响大气污染的主要因素之一。

1. 气象动力因子

气象动力因子主要指风和湍流。大气运动包括有规则的水平运动和不规则、紊乱的湍流运动，实际上的大气运动就是这两种运动的叠加。

（1）风。

空气的水平运动称为风。描述风的两个要素为风向和风速。

风对污染物的扩散有两个作用。第一个作用是整体的输送作用。风向决定了污染物迁移运动的方向。污染物总是由上风方被输送到下风方，污染区总是出现在污染源的下风方向。因此，要考查一个地区的大气污染时，一定要了解当地的风向。在城市规划布局中，一个地区的主导风向有着重要的参考意义。主导风向可以从风向频率图（又名风向玫瑰图）上得到。

风向频率是将一个测试点按 16 个方位进行统计，某一方向的风向频率就是指该方向的全年有风次数占全年各方位总和的百分率，这样可以得出各方位的风向频率，其计算公式为：

$$g_n = \frac{f_n}{\sum\limits_{n=1}^{16} f_n + C} \qquad (6-7)$$

式中　g_n——n 方向的风频率；

f_n——所取资料年代内有 n 方位风的次数；

C——在所取资料年代内观测到的静风总次数；

n——表示方位，共有 16 个方位，两相邻方位夹角为 22.5°。

如果从一个原点出发，划出许多（一般是 16）根辐射线，每一条辐射线的方向就是某个地区的一种风向，而线段的长短则表示该方向的风向频率，将这些线段的末端逐一连接起来，就得到该地区的风向频率图。

风对污染物扩散的第二个作用是对污染物的冲淡和稀释作用。对污染物的稀释作用程度主要取决于风速。风速越大，单位时间内与污染物混合的清洁空气量就越大，冲淡稀释作用就越好。一般来说，大气中污染物的浓度与污染物的总排放量成正比，而与风速成反比。

污染系数表示风向、风速联合作用对空气污染的扩散作用，其值可由下式计算：

$$污染系数 = \frac{风向频率}{该风向的平均风速} \qquad (6-8)$$

显然，不同方向的污染系数不同，其大小正好表示该方向空气污染的轻重。如果也像绘制风向玫瑰图那样，在从某原点出发的辐射线上，截取一定长短的线段，表示该方向上污染系数的大小，并把各线段的末端逐一连接起来，就得到污染系数玫瑰图。风向玫瑰图和污染系数玫瑰图，都能直观地反映一个地区的风向或风向与风速联合作用对空气污染的扩散影响。

（2）大气湍流。

大气除了整体水平运动以外，还存在着不同于主流方向的各种不同尺度的次生运动或旋涡运动，我们把这种极不规则的大气运动称作湍流。大气湍流与大气的热力因子如大气的垂直稳定度有关，又与近地面的风速和下垫面等机械因素有关。前者所形成的湍流称为热力湍流，后者所形成的湍流称为机械湍流，大气湍流就是这两种湍流综合作用的结果。大气湍流以近地层大气表现最为突出。近地层大气中，风速的时强时弱，风向的不停摆动，就是存在大气湍流的具体表现。

大气的湍流运动造成湍流场中各部分之间强烈混合，当污染物由污染源排入大气中时，高浓度部分污染物由于湍流混合，不断被清洁空气渗入，同时又无规则地分散到其他方向去，使污染物不断地被稀释、冲淡。

从烟囱的排烟状况可以了解湍流的作用。假设大气中不存在湍流运动，那么由烟囱中冒出的烟被吹向下风向时，应是一根直径几乎不变的烟柱。但实际从烟囱排出的烟，在向下风向飘动时，烟团直径是明显地逐渐加大的。这就说明，烟团在飘动时，除有微弱的分子扩散外，大气湍流在起着主要作用。

湍流的尺度大小不同，对污染物扩散能力也不相同，用图6-2的烟囱排烟来说明。

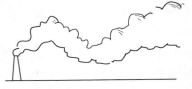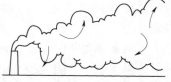

(a)小尺度湍流作用下的烟云扩散　　(b)大尺度湍流作用下的烟云扩散　　(c)复合尺度湍流作用下的烟云扩散

图6-2　大气湍流作用下的烟云扩散

图6-2（a）表示均匀小尺度湍流作用下的烟云扩散情况。湍流尺度小于烟团截面尺寸，烟团在向下风向移动时，湍流作用使其边缘不断与周围空气混合，烟团截面尺寸不断扩大，烟团中污染物浓度不断降低。

图6-2（b）表示烟团在大尺度湍流带动下的扩散情况。湍流尺度大于烟团截面尺寸，带动烟团大幅度波动，但烟团本身截面尺寸变化不大。

图6-2（c）表示不同尺度湍流同时存在下的烟云扩散状况。此时烟团截面尺寸迅速扩大，污染物扩散迅速。

以上情况说明，尺度小于污染烟团的小湍流，不能改变烟团的整体位置；尺度大于污染烟团的大湍流，可以改变烟团整体位置，但扩散作用不强烈；尺度大小与污染烟团相当的湍流或复合尺度湍流最有利于污染烟团的扩散，可以将其拉开、撕裂，使之变形，加速了污染物的扩散。

风和湍流是决定污染物在大气中扩散状况的最直接的因子，也是最本质的因子，是决定污染物扩散快慢的决定性因素。风速愈大，湍流愈强，污染物扩散稀释的速率就愈快。因此凡是有利于增大风速、增强湍流的气象条件，都有利于污染物的稀释扩散。

2. 气象热力因子

（1）大气的温度层结。

大气的温度层结是指大气的气温在垂直方向上的分布，即指在地表上方不同高度大气的温度情况。大气的湍流状况在很大程度上取决于近地层大气的垂直温度分布，因而大气的温度层结直接影响着大气的稳定程度，稳定的大气将不利于污染物的扩散。然而对大气湍流的测量要比相应的垂直温度的测量困难得多，因此常用温度层结作为大气湍流状况的指标，从而判断污染物的扩散情况。

（2）气温的垂直分布。

大气中的某些组分可以吸收太阳的辐射能量，使大气增温。地表也可以吸收太阳的辐射能量，使地表增温，增温后的地表又会向近地层大气释放出辐射能。由于近地层大气吸收地表长波辐射能的能力比直接吸收太阳短波辐射能的能力强，因此，地面成了近地层大气增温的主要热源。这样，在正常的气象条件下（即标准大气状况下），近地层的空气温度总要比其上层空气温度高。因此，在对流层内，气温垂直变化的总趋势，是随高度的增加而逐渐降低。

气温随高度的变化通常以气温垂直递减率 γ 表示，它是指在垂直于地球表面方向上，每升高 100m 气温的变化值。对于标准大气来说，在对流层下层的 γ 值为 $0.3\sim0.4℃/100m$；中层为 $0.5\sim0.6℃/100m$；上层为 $0.65\sim0.75℃/100m$。整个对流层的气温垂直递减率平均值为 $0.65℃/100m$。由于近地层实际大气的情况非常复杂，各种气象条件都可影响到气温的垂直分布，因此实际大气的气温垂直分布与标准大气可以有很大的不同，概括起来有下述三种情况：

气温垂直递减率大于零，表示气温随高度的增加而降低，其温度垂直分布与标准大气相同，晴朗的白天，风不大时，一般出现这种分布。

气温垂直递减率等于零，表示气温基本不随高度变化，符合这样特点的空气层称为等温层。阴天、风较大时，容易形成等温层。

气温垂直递减率小于零，表示气温随高度的增加而增加，其温度垂直分布与标准大气相反，气象上称逆温，出现逆温的空气层称逆温层。逆温层的出现将阻止气团的上升运动，使逆温层以下的污染物不能穿过逆温层，只能在其下方扩散，因此可能造成高浓度污染。很多空气污染事件都是发生在有逆温及静风的条件下，故对逆温这一现象必须予以高度重视。

（3）逆温（仅指对流层内）。

逆温分接地逆温及上层逆温。从地面开始出现逆温，称为接地逆温，这时把从地面到某一高度的气层，称为接地逆温层。若在空中某一高度区间出现逆温，称其为上层逆温，该气层称为上部逆温层。逆温层的下限距地面的高度称为逆温高度，逆温层上、下限的高度差称为逆温厚度，上、下限间的温差称为逆温强度。逆温层的不同类型见图 6-3。

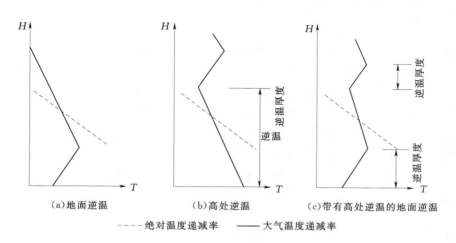

图 6-3　逆温层的类型

1）辐射逆温：是在大陆区常年可见的一种逆温，一般出现在晴朗、少云、风小的夜间。这时地面由于强烈的辐射损失而迅速冷却，近地层大气也随之冷却，而上层大气冷却较慢，出现了从地面起上高下低的温度分布，形成了接地逆温。这种逆温是由于地面的辐射形成的，因而称为辐射逆温。辐射逆温全年都可出现，它的厚度可从几米到二三百米。随日出后，地面受日光照射的增温，辐射逆温会逐渐消失。辐射逆温的生消情况见图 6-4 所示。

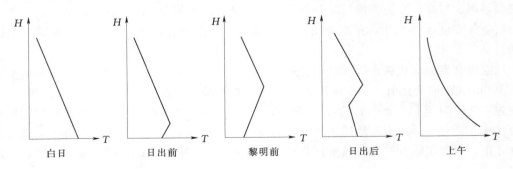

白日　　　　　日出前　　　　黎明前　　　　日出后　　　　上午

图 6-4　辐射逆温的生消过程

2）下沉逆温：在高压控制区，当某一气层（团）发生大规模下沉时，气层顶部绝热温升高，下部温度低，形成逆温。这种由于气团下沉所形成的逆温称为下沉逆温。

下沉逆温多见于副热带反气旋区。它的特点是范围大，不是接近地面，而是出现在某一高度上，属于上部逆温。这种逆温持续时间长、范围宽、厚度大，特别是在冬季，若与辐射逆温结合在一起，会形成很厚的逆温层，对污染物的扩散造成很不利的影响。

3）地形逆温：这种逆温是由于局部地区的地形而形成的，常发生在盆地、谷地中，日落后由于山坡散热快，近坡面上的大气温度变得比盆地、谷地同高度处的气温低。坡面上的冷空气沿坡滑向谷底，而谷底的暖气流被抬升，从而形成逆温。它是一种特殊的辐射逆温。

4）锋面逆温：在对流层中，冷暖空气相遇时，暖空气密度小，会爬升到冷空气的上面去，形成倾斜的过渡区，称为锋面。锋面处冷暖空气温差较大，即可形成逆温，称为锋面逆温。

5）平流逆温：当暖空气平流到冷空气上面时，会形成下低上高的温度分布而形成逆温，这种逆温称作平流逆温。

（4）气温的干绝热递减率。

在物理学中，若一个系统进行状态变化时，与周围物体没有热量交换，称为绝热变化，这个过程称为绝热过程。在绝热过程中，系统的状态变化及对外作功是靠系统的内能变化而达到的。系统某状态下的内能与绝对温度成正比，所以一定状态下的内能可由温度来度量。若取大气中一气团作垂直运动，气团会因升降而引起膨胀和压缩，膨胀和压缩所引起的温度变化，比和外界热量交换所引起的温度变化大得多。理论和实践都证明，对于一个干燥或未饱和的空气气团，在大气中绝热上升 100m 要降温 0.98℃，气团在大气中下降 100m，气团升温 0.98℃，通常可近似取为 1℃。而这个现象与周围温度无关，被称之为气温的干绝热递减率，用 γ_d（1℃/100m）表示，见图 6-5 中虚线。

（5）大气稳定度。

大气稳定度是空气团在垂直方向稳定程度的一种度量，它主要取决于气温垂直递减率 γ 与干绝热递减率 γ_d 之比。图 6-5 用气团理论来讨论大气稳定度问题，就是在大气中假想割取出与外界绝热密闭的气团，根据其受外力作用产生垂直方向运动时，气团内外温度的差异来判断大气的稳定度。

当气层中的气团受到对流冲击力的作用，产生了向上或向下的运动，那么当外力消失

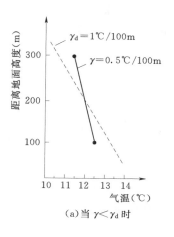

（a）当 $\gamma < \gamma_d$ 时

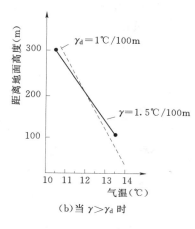

（b）当 $\gamma > \gamma_d$ 时

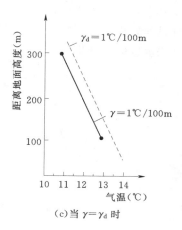

（c）当 $\gamma = \gamma_d$ 时

图 6-5　大气稳定度判断图

后，该气团继续运动的趋势，将存在着三种可能的情况。

1）当 $\gamma < \gamma_d$ 时，如图 6-5（a）所示。如果该气团受外力被迫向上作垂直运动，气团在上升过程中不断进行绝热膨胀，气团内的温度将以 γ_d 的速率下降，而气团外的空气受气温垂直递减率的影响以 γ 速率下降，由于 $\gamma < \gamma_d$，气团内的空气温度下降快，即逐渐地 $t_n < t_w$，气团内部气体密度大于外部，气团的重力大于外部的浮力，这样气团速度会逐渐减小，并有返回原来高度的趋势。相反，如果气团受外力被迫向下作垂直运动，气团在下降过程中不断进行绝热压缩，气团内的温度将以 γ_d 的速率上升，而气团外的空气受气温垂直递减率的影响也以 γ 速率上升，由于 $\gamma < \gamma_d$，气团内的空气温度上升快，即逐渐地 $t_n > t_w$，气团内部气体密度小于外部，受到外部大气浮力的作用，气团速度会逐渐减小，并有返回原来高度的趋势。这种情况表明：当 $\gamma < \gamma_d$，不论由某种气象因素使大气作垂直向上或向下运动，它都有力争恢复到原来状态的趋势。大气的这种状态，称为稳定状态。

2）当 $\gamma > \gamma_d$ 时，如图 6-5（b）所示。如气团受外力作用而上升，气团内的温降小于外部，即 $t_n > t_w$，气团受外部大气浮力作用，继续上升，并且速度不断增加；反之，气团受外力作用而下降，气团内的温升小于外部，即 $t_n < t_w$，气团的重力大于外部大气浮力作用，使它继续下降，并且速度不断增加。总之，当 $\gamma > \gamma_d$ 时，不论由某种气象因素使大气作向上还是向下运动，它的运动趋势总是逐渐远离原来的高度。大气的这种状态称为不稳定状态。

3）当 $\gamma = \gamma_d$ 时，如图 6-5（c）所示。气团受外力作用上升或下降，气团内温度始终与外部大气温度保持相等，即 $t_n = t_w$，气团被推到哪里就停留在哪里。这时大气状态称为中性状态。

大气状态越不稳定，湍流便得以发展，大气对污染物的稀释扩散能力就越强。相反，大气状态越稳定，湍流受到抑制，大气对污染物的稀释扩散能力就越弱。污染物停滞积累在近地大气层中，从而加剧了大气污染，世界多次严重的大气污染事件，几乎都是在这种大气状态条件下产生的。

（6）烟流扩散。

已知风与大气稳定度对污染物扩散输送的影响，现在结合具体的烟型进行定性讨论。在不同的大气状态下，可以看到烟囱里排出的烟羽有不同的形态，下面是几种典型的形状。

1）翻卷型。大气处于不稳定状态，$\gamma > 0$、$\gamma > \gamma_d$。这时对流十分强烈，烟流上下左右摆动翻卷，混合、扩散强烈见图 6-6（a）。若风速较大，推进大气的烟流翻卷激烈，扩散十分迅速，烟流范围很大。有时污染源附近浓度很大，但能很快扩散，而在较远的下风处，污染浓度较轻。此烟流型多发生在夏秋季节及中午前后。

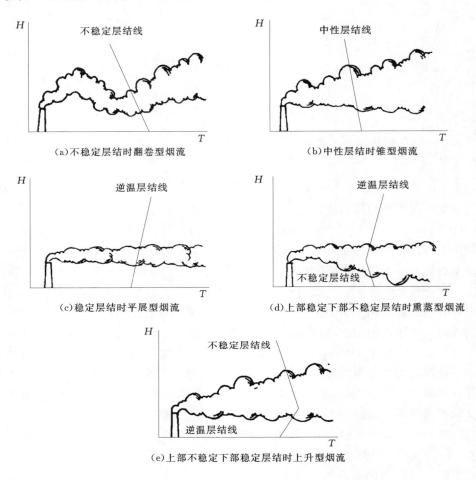

图 6-6　烟流扩散类型

2）锥型。大气处于中性状态，$\gamma > 0$、$\gamma = \gamma_d$。烟云轴基本保持水平，外形似一个椭圆锥。风力较大时，扩散比较迅速，仅次于不稳定层结，污染物输送得比较远，见图 6-6（b）。此烟流型多出现于阴天或多云天和冬季的夜晚，风力又较大的时候。

3）平展型。这种情况出现于逆温层，大气处于稳定状态，$\gamma < 0$、$\gamma < \gamma_d$。这时湍流受到抑制，因而烟流在垂直方向伸展很小，只沿下风方向水平伸展，整个烟流扩散呈缓慢、弯曲的进行状，烟流可输送到很远的下风方向，见图 6-6（c）。此烟流型多出现于冬春季微风的晴天，从午夜到清晨。

4）熏蒸型。这是下部不稳定而上部稳定时的状况，即烟气排出口上方：$\gamma < 0$、$\gamma < \gamma_d$，大气处于稳定状态；而排出口下方：$\gamma > 0$、$\gamma > \gamma_d$，大气处于不稳定状态。烟囱排出的污染物在下方扩散很快，而向上则受阻，因而地面污染物浓度很高，这是最坏的一种情况，见图 6-6（d）。多出现于日出后一段时间，由于夜间地面以上气温出现逆温，但日出后，由于地面加热，逆温层从地面起向上逐渐破坏。当破坏到烟囱高度时，上部仍然处于稳定状态，烟气不向上扩散，而下部不稳定，湍流发展，烟气向下扩散，导致地面烟尘滞留、集聚、浓度上升，常常造成污染危害。

5）上升型。上升型与熏蒸型正相反，此时烟囱排出口上方：$\gamma>0$、$\gamma>\gamma_d$，大气处于不稳定状态；而排出口下方：$\gamma<0$、$\gamma<\gamma_d$，大气为逆温，处于稳定状态。其烟流特点是烟气不向下扩散，而向上扩散良好，见图 6-6（e）。此烟流型一般出现在傍晚前后，这时地面由于长波辐射而降温，从而形成低层逆温，而高空尚保持气温的递减状态。

3. 辐射与云

太阳辐射是地面和大气的主要能量来源。地面白天吸收来自太阳的辐射而增温，夜间又以长波辐射的形式向外辐射使自身降温。

云对太阳辐射起着反射和吸收的作用，减少了对地面的辐射。阴雨天由于云层的阻挡，地面接收太阳辐射就少。同样，在夜间，当地面以长波形式向外辐射时，如果有云层，也会减弱这样的辐射，地面就不易冷却。由此可见，云层存在时，其总的效果是减小气温随高度的变化，减弱的程度要视云量多少来定。

辐射与云的影响有以下两点。

（1）晴朗的白天风比较小，阳光照射下的地面急剧增温。随之，空气也从下而上逐渐增热，气温则由下而上递减，大气处于不稳定状态，直至中午为最强。夜间，太阳辐射等于零，地面因有效长波辐射而失热，空气自下而上逐渐降温，从而形成逆温，大气处于稳定状态。日出前后为转换期，大气接近中性层结。

（2）阴天或多云天，若风比较大，温度层结昼夜变化很小，大气接近中性。

4. 大气运动的影响

影响污染物扩散的气象因子都不是单一起作用的，它们不仅相互作用，并且都要受到大气运动的制约。大气运动常常是以天气形势来描述的，天气形势是指大范围（几百公里以上）的气压、气温及风的分布状况。人们根据不同的气压和温度范围，结合风的流场，就可以把大气运动划分为高压区、低压区，还有冷暖空气交接地带——锋区等，从而组成了天气形势。

当低压控制时，由于有上升运动，云天较多，而且通常风速较大，大气为中性或不稳定状态，有利于污染物扩散稀释。

当强高压控制时，因为有大范围空气下沉，往往在几百米至一两千米的高度上形成下沉逆温，像个盖子似的阻止污染物向上扩散，如果高压移动缓慢，长期停留在某一地区，那么，由于高压控制伴随而来的小风速和稳定层结，则十分不利于稀释扩散。又因为天气晴朗，夜间容易形成辐射逆温，对稀释扩散更不利，此时一旦有足够的污染物排放，就会出现污染危害，如果加上不利的地形条件，往往形成严重的污染事件。伦敦的烟雾事件，就是因为有停滞的反气旋控制，有较强的下沉气流，形成下沉逆温，加上地面辐射冷却较强，近地面又生成辐射逆温，从而形成了一个从下到上的强逆温层，逆温下的水汽接近饱和，有利于雾的生成，这种情况白天、夜晚一直延续，便造成严重的污染事件。

二、地理因素

地理因素以两种基本方式改变着局部区域的气象特征：一是城市地理因素和下垫面粗糙度而引起的动力效应；二是地形和地貌的差异，造成地表热力性质的不均匀性，引起的热力效应。

1. 动力效应

空气流动总是受下垫面的影响，即与地形、地貌、海陆位置、城镇分布等地理因素有密切关系，在小范围引起空气温度、气压、风向、风速、湍流的变化，从而对大气污染物的扩散产生间接的影响。

在一定的地域内，山脉、河流、沟谷的走向，对主导风向具有较大的影响。另外，地形、山脉的阻滞作用，对风速也有很大影响，尤其是封闭的山谷盆地，因四周群山的屏障影响，往往使静风、小风频率占很大比重。我国是一个多山之国，许多城市位于山间河谷盆地上，静风频率高达 30％ 以上。例如重庆为 33％，西宁为 35％，昆明为 36％，成都为 40％ 等。这些城市因静风、小风时间多，不利于大气污染物的扩散。

高层建筑，体形大的建筑物和构筑物，都能造成气流在小范围内产生涡流，阻碍污染物迅速排走扩散而停滞在某地段内，加深污染。图 6-7 是气流通过一幢建筑物的情况。图 6-8 是风向与街道直交时产生的流场。它们表明城市单幢建筑物及建筑群，对风向风速都有一定的影响，一般情况下是建筑物背风区风速下降，在局部地区产生涡流，不利于气体扩散。

下垫面本身的机械作用也会影响到气流的运动，如下垫面粗糙，湍流就可能较强，下垫面光滑平坦，湍流就可能较弱。因此下垫面通过本身的机械作用，也影响着污染物的扩散。

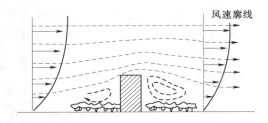

图 6-7　建筑物对气流的影响

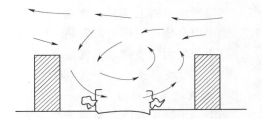

图 6-8　风向与街道直交时产生的流场

2. 热力效应

地形和地貌的差异，造成地表热力性质的不均匀性，往往形成局部气流，其水平范围一般在几公里至几十公里。局部气流对当地的大气污染作用明显，最常见的局地气流有海陆风、山谷风、热岛效应等。

（1）海陆风。

白天由于太阳辐射，地面温度上升快而高于海面，陆地附近空气受热上升，海面空气即来填补，故白天空气自海面吹向大陆，一般可达数公里，即为海风。夜间情况则相反，陆地表面降温快，使得地面附近的空气吹向海洋，形成陆风。在海陆风出现时，近海海面和陆地上空，空气形成一环流，而白日和夜晚风向相反。若在海陆风影响区域建厂，处理不当便容易形成近海地区的污染，见图 6-9。

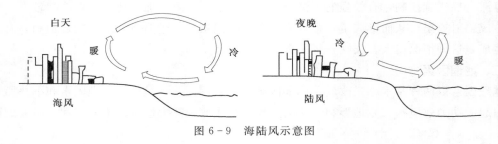

图 6-9　海陆风示意图

（2）山谷风。

山谷风的产生，主要是由于山坡和山谷底受热不均而产生的。在系统性大气演变不剧烈时，遇天气晴朗的夜间，山坡冷却而使坡地上的空气密度大于谷底上同高度的空气密度，冷而重的空气即顺坡向下流动，就形成了坡风。沿河谷各处下泄的气流汇合起来，将构成一股速度较大、层次较厚的气流，顺河谷流向下游平原，即为山风。白天的情况相反，坡地上暖而轻的空气顺坡上升，而沿河谷有一股来自平原的气流来补充，这时形成的风叫谷风。

在不受大的天气形势影响的情况下，山风和谷风在一定的时间进行转换。清晨以后，山风逐渐转为谷风，接近黄昏时，又由谷风转为山风。

山谷风的产生是局部性加热冷却的差异所引起的，有时会在山谷构成闭合的环流。在稳定的山谷风环流区，由于局地气流的影响，污染物往返积累，常常会达到很高的浓度。图 6-10 为夜间山谷中大气污染物积聚示意图，谷地的烟囱排出的烟（污染物）遇到山风被压回谷底，加上由于山风冷空气沉入谷地形成逆温，更加重了污染。

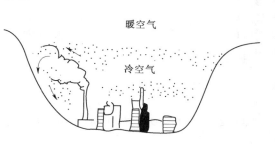

图 6-10　夜间山谷凹地中的污染

（3）城市热岛效应。

通常把城市近地面温度比郊区高的现象称为城市热岛效应。在本书第十章，对此将进行较详细的讨论。这里要讲的是城市热岛效应对大气污染物扩散的影响。

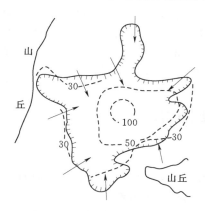

图 6-11　日本旭日市城市风造成污染

由于城区气温特别是低层空气温度比四周郊区高，于是城市地区热空气上升，并在高空向四周辐射扩散，而在城市中心形成一个低压区，四周郊区较冷的空气会流入市区补充，就形成了城市特有的热力环流——热岛环流。这种现象在夜间、在晴朗平稳的天气下，表现得最为明显。热岛环流的示意图见图 10-8。

由于热岛环流的存在，城市郊区工厂所排放的污染物，可由低层吹向市区，使市区污染物浓度升高。因此，在城市四周布置工业区时，要考虑热岛环流存在这一因素。

日本的北海道旭日市，市郊是山地丘陵，市区为平地。由于城市热岛效应，市郊工厂的烟尘使得市中心烟雾弥漫，没有污染源的市区的污染浓度比有污染源的工业区还高，市区严重污染，见图 6-11。

三、其他因素

1. 污染物的成分与性质

排入大气的污染物通常是由各种气体和微小的固体微粒组成，因为不同的化学成分造成不同的污染危害，应该首先了解它们的化学成分，不同的化学成分在大气中的化学反应和清除过程也不同。对于固体颗粒，还应了解它们的粒径分布，不同的颗粒大小，在大气中的重力沉降速度和清除过程是不同的，因而对浓度分布的影响也不同。

2. 污染源情况的影响

（1）源强的影响。

源强是指污染物的排放速率。污染物的浓度与源强是成正比的，所以，要研究空气的污染问题，就必须首先摸清源强的规律。为了摸清这一规律，就必须对工厂的生产量、工艺过程、净化设备等有一定的了解。此外，除了烟囱排放外，各生产环节常有跑、冒、滴、漏等现象存在，对于这类无组织的排放，也要相应地调查和考虑。

（2）源高的影响。

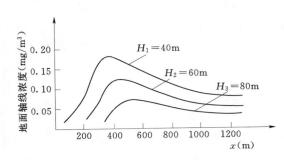

图 6-12　不同烟囱高度（H）对地面浓度的影响

污染源的排放高度对地面浓度分布有很大影响。一般地来说，离源越远则浓度越低，但对于高架源来说，情况比较复杂。它的最大浓度处不是在最近处，而是在相隔了一段距离处，然后浓度再逐渐减小。图 6-12 是烟囱高度分别为 40m、60m、80m 时在同一温度层结下对地面浓度的影响。在开阔平坦的地形和相同的气象条件下，高烟囱产生的地面浓度总比相同源强的低烟囱产生的地面浓度要低。地面最大浓度与烟囱高度的平方成反比。随距离的增加、烟囱高度的影响减少。

另外烟气的温度也有影响。如果排放烟的温度高于周围的气温，则由于浮力和初始动能的作用，烟气离开烟囱口以后会上升到某一高度，这等于增加了烟囱的有效高度。

此外，温度层结对地面浓度的影响也与源高有关，对于高架源不能机械照搬前面所论述的理论。人们关心的是地面浓度而不是烟的中轴线高度的浓度。应该考虑由于源高而带来的变化。例如对于高架源，在大气稳定状态（如逆温）时，烟云常常可飘行几公里才接近地面，致使地面浓度最高值出现在离源较远的地方。相反，在层结不稳定时，由于空气垂直方向活动强烈，扩散较快，可使烟云在近距离便接近地面，地面最高浓度可能在离烟囱较近处出现。

第四节　城市大气污染防治

一、城市大气污染防治的原则

大气污染防治需要综合地运用各种防治方法控制区域大气污染。区域性污染和广域性污染是由多种污染源造成的，并受该地区的地形、气象、能源结构、工业结构、工业布局、建筑布局、交通状况、绿化面积、人口密度等多种自然因素和社会因素的综合影响。城市大气污染防治的原则有以下几条。

1. 减少污染物的排放与净化治理相结合

污染物的排放总量是决定一个区域环境质量的根本问题。对于大气污染来说，能源的消耗量、利用率和工业生产原料利用率的高低是决定排放总量的关键。单纯对污染源净化处理，可以控制每个污染源排放的浓度，但控制不住污染物排放总量的增加，因而不能有效地改善区域的大气质量。必须两者结合，才能使大气中污染物总量逐步减少，大气质量得到根本改善。

2. 合理利用大气自净能力与人为措施相结合

利用大气的自净能力，可以使大气污染物在大气中稀释、扩散、迁移，减轻污染的危害，但这种利用必须是合理的。即使是采用高烟囱排放，若无节制，超过了大气所能承受的负荷，同样会带来酸雨等严重后果。所以决不能忽视采取积极的人为治理措施。

3．分散治理与集中控制相结合

分散的点源治理对于减少污染物的排放是有利的，但不能发挥规模效益，也难以解决区域性问题，实行集中控制，如集中供热，可以为使用大型高效设备和新技术装备提供有利条件，在技术组织、管理及资金等方面，易于取得规模效益。

4．技术措施与管理措施相结合

对污染源的治理，必须要通过一定的技术措施来实现，但若没有相应的管理措施来保证，再好的技术措施也无法发挥作用。

二、城市大气污染防治宏观分析

城市大气污染防治宏观分析就是在制定防治对策时，根据城市大气污染及大气环境特征，从城市生态系统角度，对影响大气质量的多种因素进行系统的综合分析，从宏观上确定大气污染防治的方向和重点，从而为具体确定防治措施提供依据。

1．影响城市大气质量的因素分析

城市大气质量受到多种因素的影响。在进行系统分析时，可参考大气污染源调查及评价、大气污染预测等有关内容。综合因素分析见图6－13。影响因素的分析尽可能做到定量。分析步骤如下：

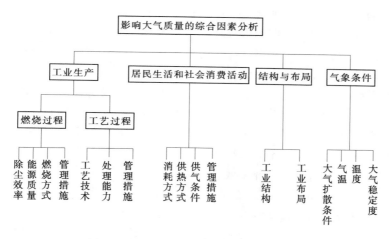

图6－13　影响大气质量的综合因素分析

（1）先进行类比调查，查清本市的各有关因素指标与本省、全国平均水平的差距，或与有关指标原设计能力的差距。

（2）计算各因素指标达到全省、全国平均水平或原设计能力时，所能相应增加的污染物削减量。

（3）计算和分析各因素指标在平均控制水平下的污染物削减量比值，或计算在本市条件下所应达到的水平下的污染物削减量比值，从而确定主要影响因素。

2．确定大气污染防治的方向和重点

通过对大气质量影响因素的综合分析，可以明确影响大气质量的主要因素和目前在控制大气污染方面的薄弱环节。在此基础上，就可以确定城市大气污染防治的方向和重点。

三、城市大气污染防治措施

由于各城市大气污染的特征以及防治的方向和重点不尽相同，所以，措施的确定具有很大的区域性，很难找到适合于一切情况的通用措施。这里简要介绍的是我国城市大气污染防治的一般措施。

1. 科学利用大气环境容量

（1）合理利用大气的自净能力。通过大气的稀释、扩散、氧化、还原等物理和化学作用，可使大气污染物减少和消除，这种现象称大气的自净能力。例如，排入大气的一氧化碳经稀释扩散后浓度降低，再经氧化变成二氧化碳，然后被绿色植物吸收，使空气成分恢复原来的状态。

烟囱越高，烟气上升力越强。又由于高空风速大，有利于污染物的扩散稀释，可减少地面污染，同时还可改善燃料燃烧状态。

在保证大气中污染物浓度不超过要求值的前提下，可以也应该合理地利用大气环境容量。在确定防治措施时，应首先考虑这方面措施的可行性。

（2）绿化。充分利用植物的净化功能。植物本身除有调节气候、吸尘、降噪的功能外，还可吸收大气中的有害污染物，减少对人的危害，同时，绿化可以使大气的自净作用增强。因此，有计划地植树造林、开展绿化是大气污染综合防治具有长效性能和多功能的生态措施。

（3）结合调整工业布局，合理开发利用大气环境容量。工业布局不合理是造成大气环境容量使用不合理的直接因素。例如大气污染源在城市上风向，使得市区上空有限的环境容量过度使用，而郊区及广大农村上空的大气环境容量未被利用。再如污染源在某一小的区域内密集，必然造成局部污染严重，并可能导致污染事故的发生。因此，在合理开发利用大气环境容量时，应该从调整工业布局入手。

应加强城市总体规划和环境保护规划工作。在城乡规划及选择厂址时应充分分析、研究地形及气象条件对大气污染物扩散能力的影响，并综合考虑生产规模和性质，回收利用技术及净化处理设备效率等因素，进行合理规划布局，调整不合理的工业布局。应合理进行功能分区，划分明确的功能类别，对不同的功能区要有各自明确的环境目标，按功能区进行总量控制，以最少的投入，获得最大的环境效益。

2. 实行全过程控制、减少污染排放

对生产实行全过程控制，提高资源利用率和减少污染物的产生量与排放量。实行清洁生产（即源消减法）可体现在两个全过程控制：一个是从原料到成品的全过程控制，即"清洁的原料、清洁的生产过程、清洁的产品"；另一个是从产品进入市场到使用价值丧失整个全过程控制。清洁生产不但可以提高原料、能源利用率，还可通过原料控制、综合利用、净化处理等手段，将污染消灭在生产过程中，有效地减少污染物的排放量。

3. 节约能源

节能是解决大气污染防治的核心问题。通过减少能源的消耗，可有效地减少大气污染物的排放量。具体措施应包括改善燃料结构，使用清洁能源，选择含硫较少的煤炭作为民用燃料等；应改造落后的燃烧方式与燃烧设备，提高燃烧的热效率；提高工业生产技术，使能源利用率逐渐提高。我国由于技术落后、设备陈旧，生产产品的能耗远远高于发达国家水平。

4. 采用气体燃料

燃料气化是解决煤炭燃烧污染大气的最有效措施。气态燃料净化方便，燃烧完全，是减轻大气污染较好的燃料形式。

发展气态燃料最主要的是解决气源问题。一般具有中等热值（低热值 1.47×10^7 J/m³ 以上）和毒性小的气体燃料都可以，如天然气、矿井气、液化气、油制气、煤制气（包括炼焦煤气）和中等热值以上的工业余气等。天然气是一种优良的气体燃料，它的燃值高、污染小。由于我国大型的气田不断被发现和开发，许多城市正以较快的速度普及天然气。例如陕北大型天然气田目前已保证了北京、西安等城市的用气。西部大开发中一个重要项目——西气东输，将把新疆气田的天然气输送到华东地区。这项工程完工后，除了经济效应外，其环境效应将是巨大的。天然气在我国城市中的普及，将大大改善城市大气环境质量。

5. 污染源治理

这是防止大气污染的必不可少的措施，实践证明，即使采用了源削减及综合利用措施，也无法完全避免废气的排放。通过末端净化治理，使污染源的排放达到规定的排放标准，对防治大气污染也是一个积极而有效的措施。

6. 加强管理

我国的环境问题在很大程度上是由于管理不善造成的。为了保证大气污染综合防治的各项措施能有效实行，除必须有先进的科学技术手段和保证外，也必须加强管理。

四、城市大气污染防治技术

1. 烟尘污染的防治

大气中的烟尘主要由工业生产、交通运输工具以及人类生活中的燃料所产生。解决烟尘污染的基本措施是消烟除尘。消烟的关键则在于改造燃烧设备和改进燃烧方法，使燃料在炉中充分燃烧，或改变燃料构成减少烟尘。灰尘主要是由高温烟气带出来的不可燃烧的灰分，因此，除了解决充分燃烧的问题外，安装除尘设备是消烟除尘的又一重要措施。此外，发展区域供热，采用集合式烟囱等，也是解决烟尘的有效措施。

（1）改进燃烧。大气烟尘的有害物质从其生成上看，大致有三类：一类是由于燃烧不完全时产生的一氧化碳、炭粉；二类是燃烧后产生的物质，如二氧化硫和飞灰；三类是高温燃烧时产生的物质，如氮氧化物和碳化氢。这三类污染物中，一类和三类是不完全燃烧与高温燃烧的产物，可通过改进锅炉燃烧设备和燃烧方法，减少排放数量。第二类则要通过改变燃料构成（选择和处理）来解决。

（2）改革燃料构成。对燃料进行选择和处理，是减少污染物产生的有效措施。各种燃料灰分数量有很大差别，煤的灰分量为 5%～20%，石油为 0.2%，天然气灰分量更少。要尽量选用灰分量少的燃料。

在有条件的城市，要逐步推广使用天然气、煤气和石油气。这不仅可改进工业生产状况，而且对于改变城市居民的炉灶污染也是很有必要的。目前国内外已研究开发利用地热能、太阳能、潮汐能、氢燃料等新能源，以代替煤作燃料，减少污染。

（3）采用除尘装置。除尘装置可以减轻烟尘的排放，在技术上比较成熟。除尘器的整体性能主要是用三个技术指标（处理气体量、压力损失、除尘效率）和三个经济指标（一次投资、运转费用、占地面积及使用寿命）来衡量。

2. 气态污染物的防治

（1）二氧化硫废气的治理。目前消除和减少烟气中排出的二氧化硫量，主要有三种方法，即使用低硫的燃料、燃料脱硫和烟气脱硫。

1）使用低硫燃料。1t 煤含 5～50kg 硫黄，1t 石油含 5～35kg 硫黄，天然气基本不含硫，因此，应根据需要尽量选用含硫量少的燃料。

2）燃料脱硫。若选择燃料有困难时，可采取处理的方法，即燃料脱硫和烟气脱硫的方法。消除煤中的硫分，目前尚无很好的办法。重油脱硫取得了一定进展。重油中的硫分大多为有机硫，使重油硫分降低，必须切断硫化物中的 C—S 键，使硫变成简单的固体或气体的化合物，从重油中分离出来，即采用加氢脱硫化法。由于工艺过程的差异，又分为间接脱硫和直接脱硫。间接脱硫法可将含硫 4% 的残油变为含硫 2.5% 左右的脱硫油。直接脱硫法从改进催化剂入手，直接对残油加氢脱硫。直接脱硫法效果较好，可使脱硫油含硫量下降到 1%。

3）烟气脱硫。二氧化硫是量大、影响面广的污染物。燃烧过程及一些工业生产排出的废气中二氧化硫的浓度较低，而对低浓度二氧化硫的治理，还缺少完善的方法。对大气量的烟气脱硫更需进一步研究。目前常用的脱除二氧化硫的方法有抛弃法和回收法两种。抛弃法是将脱硫的生成物作为固体废物抛掉。此方法简单、费用低廉，美国、德国等一些国家多采用此法。回收法是将二氧化硫转变成有用的物质加以回收。此法成本高，所得副产品存在着应用及销路问题，但对保护环境有利。在我国，从国情和长远考虑，应以回收法为主。

a. 湿法。目前，在工业上已应用脱除二氧化硫的方法主要为湿法，即用液体吸收剂洗涤烟气，吸收所含的二氧化硫。其中氨法是用氨水为吸收剂，反应后生成的亚硫酸铵水溶液仍可作为吸收二氧化硫的吸收剂，主要反应如下：

$$NH_4HSO_3 + NH_3 \longrightarrow (NH_4)_2SO_3 \tag{6-9}$$

$$(NH_4)_2SO_3 + SO_2 + H_2O \longrightarrow 2NH_4HSO_3 \tag{6-10}$$

氨法工艺成熟，流程、设备简单，操作方便，副产的二氧化硫可生产液态二氧化硫或制硫酸。硫铵可作化肥，亚铵可用于制浆造纸代替烧碱，是一种较好的方法。该法适用于处理硫酸生产尾气，但由于氨易挥发，吸收剂消耗量大，因此缺乏氨源的地方不宜采用此法。

钠碱法是用氢氧化钠或碳酸钠的水溶液为开始吸收剂，与二氧化硫反应生成的硫酸钠继续吸收二氧化硫，主要吸收反应为：

$$NaOH + SO_2 \longrightarrow NaHSO_3 \tag{6-11}$$

$$2NaOH + SO_2 \longrightarrow Na_2SO_3 + H_2O \tag{6-12}$$

$$Na_2SO_3 + SO_2 + H_2O \longrightarrow NaHSO_3 \tag{6-13}$$

钠碱吸收剂吸收能力大，不易挥发，吸收系统不存在结垢、堵塞等问题。亚硫酸钠法工艺成熟、简单，吸收效率高，所得副产品纯度高，但耗碱量大，成本高，因此只适于中小气量烟气的治理。

钙碱法是用石灰石、生石灰或消石灰的乳浊液为吸收剂吸收烟气中二氧化硫的方法，对吸收液进行氧化可得副产品石膏，通过控制吸收液的 pH 值，可得副产品半水亚硫酸钙。该法所用吸收剂价廉易得，吸收效率高，回收的产物石膏可用作建筑材料，而半水亚硫酸钙是一种钙塑材料，用途广泛，因此成为目前吸收脱硫应用最多的方法。该法存在的最主要问题是吸收系统容易结垢、堵塞，另外由于石灰乳循环量大，使设备体积增大，操作费用增高。

b. 干法。活性炭吸附法是在有氧气及水蒸气存在的条件下，用活性炭吸附二氧化硫。由于活性炭表面具有的催化作用，使吸附的二氧化硫被烟气中的氧气氧化为三氧化硫，三氧化硫再和水蒸气反应生成硫酸。生成的硫酸可用水洗涤下来，或用加热的方法使其分解，生成浓度高的二氧化硫，此二氧化硫可用来制酸。活性炭吸附法虽然不消耗酸、碱等原料，又无污水排出，但由于活性炭吸附容量有限，因此对吸附剂要不断再生，操作麻烦。另外为保证吸附效率，烟气通过吸附装置的速度不宜过大。当处理气量大时，吸附装置体积必须很大才能满足要求，因而不适于大气量烟气的处理。

催化氧化法在催化剂的作用下可将二氧化硫氧化为三氧化硫后进行净化。干式催化氧化法可用来处理硫酸尾气，技术比较成熟，已成为制酸工艺的一部分。

（2）氮氧化物（NO_x）废气的治理。

对含氮氧化物的废气也可采用多种方法进行净化治理（主要是治理生产工艺尾气）。

1）吸收法。目前常用的吸收剂有碱液、稀硝酸溶液和浓硫酸等。常用的碱液有氢氧化钠、碳酸钠、氨水等。碱液吸收设备简单，操作容易，投资少，但吸收率较低，特别是对一氧化氮吸收效果差，只能消除 NO_2 所形成的黄烟，达不到去除所有氮氧化物的目的。

用漂白的稀硝酸吸收硝酸尾气中的氮氧化物，不仅可以净化排气，而且可以回收氮氧化物用于制硝酸，但此法只能应用于硝酸的生产过程中，应用范围有限。

2）吸附法。用吸附法吸附氮氧化物已有工业规模的生产装置，可以采用的吸附剂为活性炭与氟石分子筛。活性炭对低浓度氮氧化物具有很高的吸附能力，并且经解吸后可回收浓度高的氮氧化物，但由于温度高时活性炭有燃烧的可能，给吸附和再生造成困难，限制了该法的使用。

分子筛吸附法适于净化硝酸尾气，可将浓度为 1500～3000ppm 的氮氧化物降低到 50ppm 以下，而回收的氮氧化物可用于硝酸的生产，因此是一种很有前途的方法。该法的主要缺点是吸附剂吸附容量较小，需要频繁再生，限制了应用。

3）催化还原法。在催化剂的作用下，用还原剂将废气中的氮氧化物还原为无害的氮气和水的方法称为催化还原法。催化还原法适用于硝酸尾气与燃烧烟气的治理，并可处理大气量的废气，技术成熟、净化效率高，是治理氮氧化物废气的较好方法。由于反应中使用了催化剂，对气体中杂质含量要求严格，因此对进气需作预处理。用该法进行废气治理时，不能回收有用物质，但可回收热量。应用效果好的催化剂一般均含有铂、钯等贵金属组分，因此催化剂价格比较昂贵。

（3）汽车废气治理。汽车发动机排放的废气中含有一氧化碳、碳氢化合物、一氧化氮、醛、有机铅化合物、无机铅、苯并（a）芘等多种有害物。

我国已开始对汽车废气中含铅化合物进行控制。北京已全面禁用含铅汽油，改用无铅汽油，全国各大城市也将被推广。

控制汽车尾气中有害物排放浓度的方法有两种：一种方法是改进发动机的燃烧方式，使污染物的产生量减少，称为机内净化；另一种方法是利用装置在发动机外部的净化设备，对排出的废气进行净化治理，称为机外净化。机外净化采用的主要方法是催化净化法。从发展方向上说，机内净化是解决问题的根本途径，也是今后应重点研究的方向。

第七章 城市水资源及水污染控制

水是地球上一切生命赖以生存、人类生活和生产绝不可缺少的基本物质。长期以来，人们习惯于把水看作取之不尽、用之不竭的最廉价的自然资源。由于人口的膨胀和经济的发展，水资源短缺的现象在世界许多地方相继出现。城市缺水状况日渐加剧，世界性水荒是自然界对人类的警告。当前，对水资源最大的威胁不仅是淡水的短缺，更重要是来自水污染。水污染对水资源的破坏是严重的，并对人类的生命健康构成威胁。切实防治水污染，保护水资源是当今世界性的问题，更是我国城市亟待解决的问题。

第一节 对水的再认识

人类通常认为水是取之不尽、用之不竭的，视其为自然界的一种普通物质。其实人类对水知之甚少。为了避免更大的、不可挽回的灾难，为了增加对水的了解，有必要对水进行再认识。

一、一种奇异的物质

水是地球上最奇妙、最不平凡的物质。水的很多物理化学特性，都是自然界罕见的。水的一系列特点，决定于其分子结构和分子间存在的氢键。

1. 异常高的沸点和冰点

根据水的组分（氢和氧），水的沸点和冰点温度大约是在 $-200 \sim -250℃$。从分子结构上看，水分子由一个氧原子和两个氢原子组成，类似于也是由一个其他元素的原子和两个氢原子组成的物质。氢和氧在同一族的碲、硒、硫的化合物分别为 H_2Te、H_2Se、H_2S，它们的分子量依次是 129、80、34。这些物质的沸点相应是 $-4℃$、$-42℃$ 和 $-61℃$，而冰点依次是 $-51℃$、$-64℃$ 和 $-82℃$。如果按这个规律推论，因为水的分子量为 18，那么水的沸点应当在 $-70℃$，冰点应当在 $-90℃$，而不是 $100℃$ 和 $0℃$（在标准大气压下）。这就是说，如果水符合一般物质规律，则在地球上的气温条件下，水就只能以气态存在，世界将是另外一种样子。正是由于水的异常，自然界才有液态的水，才会存在生命。

2. 极高的热容和潜热

水是自然界热容量最大的物质。占据地球上极大空间的水体，实际上是地球的贮热器。它把白天太阳的辐射热吸收贮存起来，晚上慢慢释放出来。因此，在地球上，无论是夏天还是冬天，白天还是夜晚温差都不是很大。起自动调温作用的不仅是海洋和地面水体，还有大气层中的水蒸气。水蒸气能阻留星球上的长波热辐射，造成强大的温室效应。平常说到温室效应时常提到二氧化碳，但二氧化碳对于大气的温室效应所占份额仅为 18%，水蒸气才是温室效应的主因，占 60%。如果大气中水蒸气含量减少 1/2，则地面平均温度会下降 5℃ 以上（由 14.3℃ 降为 9℃）。

除了水的巨大热容和水蒸气的温室效应以外，对缓和地球气候，包括使过渡季节——春秋气温变化较为平缓有显著影响的，还有冰在融化和水在蒸发时的巨大潜热值。

月球上没有海洋和大气中的水蒸气，所以在它的表面上，温度变化十分剧烈，白天可达120℃，晚上则可降为－150℃。

3. 反常的密度

普通物质都遵循热胀冷缩的规律，其密度随温度的降低而变大。水在大部分温度范围也遵循这个规律，但在0～4℃间则表现反常。水温为4℃时，水的密度最大，低于4℃以后，因体积膨胀，其密度变小。这样造成固态的冰反而比液态的水密度小而浮在水面上。然而正因为这种反常，冬天水面结冰时，冰浮在水面，成了很好的保温层，使得大多数的生物仍可在冰下的水中生活，生命得以延续。

4. 极高的溶解力

水是一种很好的溶剂，事实上，没有一种物质是完全不溶于水的。因此，人和其他生物所需的养分都能溶解在水中，而细胞只能吸收溶解在水中的养料。水还是一种惰性溶剂，即在溶解物质的过程中不发生化学变化。

水是一种极好的溶剂，也成了各种污染物的天然载体，各种污染物很容易溶进水中，也就是说水很容易遭受污染。保护自然水体免遭污染，就是保护水资源。

二、水是唯一的

世界上没有一种和水相类似的物质，这就是我们所要强调的水的唯一性。我们可以列举水的许多唯一性，如：水是大量存在于地球表面的唯一天然液体；水是以固态、液态、气态形式同时存在于自然界的唯一物质等。水对于世界，对于人类都是唯一的。

三、水是无法替代的

人类对水资源的消耗是双重的。一方面用水量越来越大，人均耗水量和总耗水量都呈增长趋势。另一方面人们又把污染物排入到剩余的淡水中，使自然水体遭受污染而无法利用，给水资源造成了更大的威胁。

目前人们对水的认识存在着两个误区。一是认为水是取之不尽、用之不竭的，并没有把可利用的水资源盘点清楚，出现了水荒，也认为是暂时的、局部的、很快可以解决的，没有出现水荒的地方更认为水荒离自己还很遥远。二是把水看作是一种普通物质。人类从自己对自然的征服史上得出结论：由于世界和自然界的多样性，加之科学技术的不断发展，当人类发展受阻时，最后总能找到新的途径。

在人类发展史上，当一种资源缺乏时，人们总能找到另外的资源来代替，得以继续发展。但是，人类如果把水看作一般物质、一般资源，那么可能会犯无法挽回的错误。

对水的再认识，就是要认识到水的奇特性、唯一性和不可替代性。

人类不可能从自然界找到或人工制造出水的替代品。水是绝对唯一的，是绝对不可替代的。所以，人类要生存、要发展，只有唯一的一条路，就是要保护和珍爱现有的水资源。

第二节 城市水资源

一、天然水资源

地球表面的广大水体，在太阳辐射作用下，大量水分被蒸发，上升到空中，被气流带动输送到各地上空，遇冷凝结而以降水形式落到地面或水体，再从河道或地下流入海洋。水这样往复循环不断转移交替的现象称为水的自然循环。形成自然水循环的内因是水的物理特性，外因是太阳的辐射和地心引力。

水资源通常是指可供人们经常使用的水量，即大陆上由大气降水补给的各种地表、地下淡水水体的储存量和动态水量。地表水包括河流、湖泊、冰川等，其动态水量为河流径流量，故地表水资源是由地表水体的储存量和河流径流量组成。地下水的动态水量为降水渗入和地表水渗入补给的水量，则地下水资源是由地下水的储水量和地下水的补给量组成的。淡水资源的可利用量不到地球上总水量的 1%，仅是河流、湖泊等地表水和地下水的一部分。

我国的水资源基本上包括：地面水年径流量约 26100 亿 m^3，地下水储量约 8000 亿 m^3，冰山每年融水量约 500 亿 m^3，扣除三者重叠部分，我国总的水资源约有 2.8 亿 m^3，虽居世界第六位，但按人口平均计算，我国人均水资源仅有 $2000m^3$，只有世界人均占有量的 1/4。另外，我国水资源空间分布很不均匀。长江流域以北的淮河、黄河、海滦河、辽河、黑龙江五个流域的人均水资源占有量不到 $900m^3$。其中海滦河流域则更少，不足 $400m^3$。北京位于海滦河流域，人均水资源占有量仅是我国人均水资源占有量的 1/6，为全世界人均水资源占有量的 1/25，在世界 120 个国家的首都中居百位以下。

二、世界性水荒

当一个地区的需水量大于水资源的供水能力时，就会出现缺水现象，称为水荒。水荒已成为最严峻的环境问题。

《联合国水资源开发报告》每 3 年发布一次，全面评估了全球淡水资源状况。2009 年第三版的《变化世界中的水资源》指出，全球水资源需求量从未像今天那么大，并且，由于人口的增长和迁移、日益提高的生活标准、食物消费的变化，以及能源尤其是生物燃料产量的增加，这种需求仍将增加，但一些国家已经达到了其水资源利用的极限。气候变化的影响很可能使这种情形进一步恶化。无论是在国家之间、城市与乡村之间，或是在不同活动领域之间，水资源的竞争都在加剧。

发展中国家大约 80% 的疾病同水有关，每天大约有 5000 名儿童死于腹泻，相当于每秒死亡 17 人。

在过去 50 年里，全球淡水抽取量增加了 3 倍，这个现象与人口的增长密切相关。世界人口现约有 70 亿，每年增长大约 0.8 亿，这意味着每年增加大约 640 亿 m^3 的淡水需求。

报告预计，到 2030 年，47% 的世界人口将分布在用水高度紧张的地区。一些干旱和半干旱地区的水资源缺乏，将迫使生态移民的产生，人们会因为缺水而流离失所。

三、城市水资源

城市水资源是指在当前技术条件下可供城市工业、郊区农业和城市居民生活需要的水资源，通常理解为可供城市用水的地表水体和地下水体中每年得到补给恢复的淡水量，但近年来将处理后的工业和城市生活污水回用于工业、农业和城市其他用水，也作为城市水资源的组成部分。城市水资源对城市经济发展和居民生活具有重要影响，已成为我国城市发展的主要制约因素。城市水资源的特点不仅表现在淡水资源的有限性，还表现在自净能力的有限性。

我国是全球人均水资源最贫乏的国家之一，又是世界上用水量最多的国家。全国 600 多座城市中，已有 400 多个城市存在供水不足问题，其中比较严重的缺水城市达 110 个。我国的城市缺水是全国性的，但缺水的原因各地不同。

北方地区属于资源型缺水。从人口和水资源分布统计数据可以看出，我国水资源南北分配的差异非常明显。长江流域及其以南地区人口占总人口的 54%，水资源占 81%，而北方人口占 46%，水资源只有 19%。随着全球气候变化，北方资源型缺水将日益严重。

南方地区属于水质性缺水。上海，享有东方水都的美名，由于水污染和水环境恶化，也是一个典型的水质性缺水城市。据环境部门监测，上海符合饮用水水源国家标准的地表水仅剩1%，劣Ⅴ类水质却占到68.6%。这样的情况同样发生在江浙，这些地区看似水源丰富，但用水量已远超出水资源的承受能力，加上水资源保护不当，大量水体遭污染，可利用的水资源急剧减少，出现了江南水乡闹水荒的现象。

受大陆季风气候的影响，我国水资源在季节上分布极不均匀，总是连枯连涝。时间上不均匀的水资源的变化需要由水利设施来调节。但由于水源工程建设投资额大，投资回报率不高，难以吸引更多建设资金。这种由工程滞后原因造成的工程型缺水在中部和西部地区尤其明显。

当地表水不能满足需求时，人们就转而利用地下水。我国共查明地下水天然资源量多年平均值为9235亿 m³，其中可开采资源量多年平均值为3527亿 m³。目前全国地下水开采总量占总用水量的20%左右。据监测，目前全国多数城市地下水已受到一定程度的点状和面状污染，且有逐年加重的趋势。我国城市供水以地表水或地下水为主，或者两种水源混合使用，有些城市因地下水过度开采，造成地下水位下降，长期超量开采地下水将引发地面沉降。

现在世界各国纷纷转向非传统水资源的开发。非传统水资源包括雨水、再生的污废水、海水、空中水资源。目前我国工业用水重复利用率只有60%，城市废水利用几乎没有，而以色列的城市废水利用已达到90%。

我国各水资源一级区水资源量见表7-1，2004年各水资源一级区供水量见表7-2。

表7-1　　　　　　　　　　我国各水资源一级区水资源量　　　　　　　　　单位：亿 m³

水资源一级区	降水量	地表水资源量	地下水资源量	地下与地表水资源不重复量	水资源总量
全　国	56876.4	23126.4	7336.3	1003.2	24129.6
松花江	3854.0	1007.8	429.3	182.1	1189.9
辽　河	1638.4	335.7	183.2	83.3	419.0
海　河	1686.6	137.9	237.7	161.6	299.6
黄　河	3353.7	518.5	352.4	109.5	628.0
淮　河	2573.6	511.6	391.9	240.7	752.2
长　江	18546.8	8633.6	2259.5	100.9	8734.6
其中：太湖	387.4	109.4	39.8	15.6	125.0
东南诸河	2945.4	1313.3	388.3	10.4	1323.8
珠　江	7359.3	3500.9	860.9	12.0	3512.9
西南诸河	9404.8	5969.3	1547.3	0.0	5969.3
西北诸河	5513.8	1197.7	785.7	102.7	1300.4

各城市对水资源的利用情况也各有不同，大致可以分为工业用水和生活用水两类。不同的工业企业用水情况差别较大，如发电、造纸、人造纤维等工业的需水量最大，而水泥、机械制造等工业用水量相对较小。人们的生活用水量，由于生活习惯和生活水平及气候条件不同，需水量差异十分悬殊。随着生活水平的提高，特别是城市化进程的加快，城市居民用水量剧增。

我国北方许多城市，如北京、天津、青岛、大连、西安等采取了跨流域引水的方式来解决水资源严重不足的问题。正在规划和实施中的南水北调工程更是前所未有的、巨大的跨流域调水工程，它的实施将会大大缓解北方地区的水资源短缺问题。

表 7-2 　　　　　　　　2004 年各水资源一级区供用水量 　　　　　　单位：亿 m³

水资源一级区	供 水 量				用 水 量				
	地表水	地下水	其他	总供水量	生活	工业	农业	生态	总用水量
全　国	4504.2	1026.4	17.2	5547.8	651.2	1228.9	3585.7	82.0	5547.8
松花江	219.6	150.0	0.0	369.6	33.7	69.6	263.1	3.2	369.6
辽　河	78.6	109.7	0.7	189.0	28.8	23.4	135.4	1.3	189.0
海　河	120.1	247.2	2.8	370.0	52.5	56.6	256.6	4.3	370.0
黄　河	237.9	132.1	2.1	372.1	37.1	54.7	277.1	3.2	372.1
淮　河	394.4	161.0	1.0	556.4	72.7	97.9	381.7	4.1	556.4
长　江	1731.6	78.3	5.5	1815.4	223.2	613.6	948.6	30.0	1815.4
其中太湖	351.6	2.7	0.1	354.5	37.5	182.0	113.7	21.2	354.5
东南诸河	302.3	12.1	1.9	316.3	43.6	96.2	169.0	7.5	316.3
珠　江	817.6	42.2	2.5	862.3	134.1	197.5	522.5	8.0	862.3
西南诸河	94.1	2.5	0.2	96.9	8.9	4.6	83.1	0.2	96.9
西北诸河	507.9	91.3	0.5	599.7	16.4	14.7	548.4	20.1	599.7

第三节　水体污染及危害

一、水体污染

1. 水体

水体是河流、湖泊、沼泽、水库、地下水、冰川和海洋等贮水体的总称。在环境科学领域中，水体不仅包括水，也包括水中的悬浮物、底泥及水中生物等。从自然地理的角度看，水体是指地表被水覆盖的自然综合体。

水体可以按类型区分，也可以按区域区分。按类型区分时，地表贮水体可分为海洋水体和陆地水体；陆地水体又可分成地表水体和地下水体。按区域划分的水体，是指某一具体的被水覆盖的地段，如太湖、洞庭湖、鄱阳湖，是三个不同的水体。

在环境污染研究中，区分水和水体的概念十分重要。如重金属污染物易于从水中转移到底泥中（生成沉淀，或被吸附和螯合），水中重金属的含量一般都不高，仅从水着眼，似乎水未受到污染，但从整个水体来看，沉积在底泥中的重金属将成为该水体的一个长期次生污染源，很难治理，并将逐渐向下游移动，扩大污染面。

2. 水体污染

水体污染是指排入水体的污染物在数量上超过了该物质在水体中的本底含量和水体的环境容量，从而导致水体的物理特征、化学特征和生物特征发生不良变化，破坏了水中固有的生态系统，破坏了水体的功能及其在经济发展和人们生活中的作用。

造成水体污染的因素是多方面的，如向水体排放未经妥善处理的城市污水和工业废水（水体污染的主要因素）；施用的化肥、农药及城市地面的污染物，被雨水冲刷，随地面径流而进入水体；随大气扩散的有毒物质通过重力沉降或降水过程而进入水体等。

二、水污染指标

污水和受纳水体的物理、化学、生物等方面的特征是通过水污染指标来表示的。水污染指标又是控制和掌握污水处理设备的处理效果和运行状态的重要依据。

水污染指标的检测方法，国家已有明确的规定，检测时应按国家规定的方法或公认的通用方法进行。由于水污染指标数目繁多，在水污染控制工程的应用中，应根据具体情况选定。现就一些主要的水污染指标分别简述如下：

1. 生化需氧量（BOD）

生化需氧量（BOD）表示在有氧条件下，好氧微生物氧化分解单位体积水中有机物所消耗的游离氧的数量，常用单位为 mg/L。这是一种间接表示水被有机污染物污染程度的指标，通过微生物代谢作用所消耗的溶解氧量来表示。

一般有机物在微生物新陈代谢作用下，其降解过程可分为两个阶段：第一阶段是有机物转化为二氧化碳、氨气和水的过程；第二阶段则是氨气进一步在亚硝化菌和硝化菌的作用下，转化为亚硝酸盐和硝酸盐，即所谓硝化过程。污水的生化需氧量，一般只指有机物在第一阶段生化反应所需要的氧量。

在 20℃ 和在 BOD 的测定条件（氧充足、不搅动）下，一般有机物 20 天才能够基本完成第一阶段的氧化分解过程（完成全过程的 99%）。这就是说，测定第一阶段的全部生化需氧量，需要 20 天，这在实验工作中是难以做到的。为此又规定了一个标准时间，一般以 5 天作为测定 BOD 的标准时间，而称为 5 日生化需氧量，以 BOD_5 表示。BOD_5 约为 BOD_{20} 的 70% 左右。

2. 化学需氧量（COD）

用强氧化剂重铬酸钾，在酸性条件下能够将有机物氧化为二氧化碳和水，此时所测出的耗氧量称为化学需氧量。

COD 能够比较精确地表示有机物含量，而且测定需时较短，不受水质限制，因此多作为工业废水的污染指标。重铬酸钾能够比较完全地氧化水中的有机物。它对低碳直链化合物的氧化率为 80%～90%，其缺点是不能像 BOD 那样表示出微生物氧化的有机物量，直接从卫生方面说明问题。此外，它还能氧化一部分还原性物质，因此 COD 值也含有一定的误差。

用另一种氧化剂高锰酸钾也能够将有机物加以氧化，测出的耗氧量较 COD 低，称为耗氧量，以 OC 表示。

成分比较稳定的污水，其 BOD_5 值与 COD 值之间能够保持一定的相关关系。而 BOD_5/COD 比值可作为衡量污水是否适于采用生物处理法进行处理（即可生化性）的一项指标，其值越高，污水的可生化性越强。

一般来说对于同一水样，$COD > BOD_{20} > BOD_5 > OC$，而 COD 与 BOD_5 值之差可大致地表示不能为微生物降解的有机物量。

3. 总需氧量（TOD）

有机物主要是由碳（C）、氢（H）、氮（N）、硫（S）等元素所组成。当有机物完全被氧化时，C、H、N、S 分别被氧化为二氧化碳（CO_2）、水（H_2O）、一氧化氮（NO）和二氧化硫（SO_2），此时的需氧量称为总需氧量（TOD）。其测定原理是：水中有机物在燃烧时，消耗了载气中的一部分氧，用电极测定剩余的氧量后，计算出的耗量即为总需氧量，单位为 mg/L。

4. 总有机碳（TOC）

总有机碳（TOC）表示的是污水中有机污染物的总含碳量。其测定结果以碳含量表示，单位为 mg/L。总有机碳的测定原理是：水中有机碳在高温燃烧过程中，生成二氧化碳，经红外气体分析仪测定后，再折算出其中的碳含量。

水质比较稳定的同一污水，其 BOD_5 与 TOC 和 TOD 各值之间也可能存在着一定的相关关系。

5. 悬浮物

悬浮物是通过过滤法测定的，滤后滤膜或滤纸上截留下来的物质即为悬浮固体，包括部分的胶体物质，单位为 mg /L。

6. 有毒物质

有毒物质是指其达到一定浓度时，对人体健康、水生生物的生长造成危害的物质。由于这类物质的危害较大，因此有毒物质含量是污水排放、水体监测和污水处理中的重要水质指标。有毒物质种类繁多，其中，非重金属的氰化物和砷化物及重金属中的汞、镉、铬、铅等，是国际上公认的 6 大毒物（砷有时与重金属放在一起进行研究）。

7. pH 值

pH 值是反映水的酸碱性强弱的重要指标。它的测定和控制，对维护污水处理设施的正常运行，防止污水处理及输送设备的腐蚀，保护水生生物的生长和水体自净功能都有着重要的实际意义。

8. 大肠菌群数

大肠菌群数是指单位体积水中所含的大肠菌群的数目，单位为个/L，它是常用的细菌学指标。大肠菌群包括大肠菌等几种大量存在于大肠中的细菌，在一般情况下属非致病菌。如在水中检测出大肠菌群，表明水被粪便所污染。由于水中传染病的病菌和病毒检测困难，因此以大肠菌群作为间接指标。如地面水或饮用水中的大肠菌群数符合各自的规定，则可以认为是安全的。

三、水体中主要污染物及危害

水体中的污染物按其种类和性质一般可分为四大类，既无机无毒物、无机有毒物、有机无毒物和有机有毒物。除此以外，对水体造成污染的还有放射性物质、生物污染物质和热污染等。所谓有毒、无毒是根据对人体健康是否直接造成毒害作用而分的。严格来说，污水中的污染物质没有绝对无毒害作用的，所谓无毒害作用是相对且有条件的，如多数的污染物，在其低浓度时，对人体健康并没有毒害作用，而达到一定浓度后，即能够呈现出毒害作用。

1. 无机无毒物

污水中的无机无毒物质，大致可分为三种类型：一是颗粒状不溶物质；二是酸、碱、无机盐类；三是氮、磷等植物营养物质。

（1）颗粒状的污染物。

砂粒、土粒及矿渣一类的颗粒状的污染物质是无毒害作用的，一般与有机性颗粒状的污染物质混在一起统称悬浮物或悬浮固体。在污水中悬浮物可能处于三种状态：部分轻于水的悬浮物浮于水面，在水面形成浮渣；部分比重大于水的悬浮物沉于水底，这部分悬浮物又称为可沉固体；另一部分悬浮物，由于相对密度接近于水，在水中呈真正的悬浮状态。

悬浮物是水体的主要污染物之一。水体被悬浮物污染，可能造成以下危害：

1）大大地降低了光的穿透能力，减少了水中植物的光合作用，并妨碍水体的自净作用。

2）水中如存在有悬浮物，会对鱼类产生危害，可能堵塞鱼鳃，导致鱼的死亡，制浆造纸废水中，此类危害最为明显。

3）水中的悬浮物又可能是各种污染物的载体，它可能吸附一部分水中的其他污染物并随水流动迁移。

（2）酸、碱、无机盐类的污染物质。

除了工业部门排放酸性或碱性工业废水外，有些矿区排出的酸性污染物实为酸性盐的水解物，例如硫铁矿排出物在水中的总反应式为：

$$FeS_2 + 3\frac{3}{4}O_2 + 3\frac{1}{2}H_2O \longrightarrow 2H_2SO_4 + Fe(OH)_3\downarrow \qquad (7-1)$$

酸性废水与碱性废水相互中和产生各种盐类，它们与地表物质之间的反应，也可能生成无机盐类，因此酸和碱的污染必然伴随着无机盐类的污染。

酸、碱污染水体，使水体的 pH 值发生变化，破坏自然缓冲作用，消灭或抑制微生物生长，妨碍水体自净，危害渔业生产。如长期遭受酸碱污染，水质逐渐恶化，还会引起周围土壤酸碱化。

酸、碱污染物不仅能改变水体的 pH 值，而且可大大增加水中的一般无机盐类和水的硬度，因酸碱中和可产生某些盐类，酸、碱与水体中的矿物相互作用也可产生某些盐类，水中无机盐的存在能增加水的渗透压，对淡水生物生长不利。世界卫生组织国际饮用水标准中规定，水中无机盐总量最大值为 500mg/L，极限值为 1500mg/L。

酸、碱污染物造成水体的硬度增加对地下水的影响尤为显著。如我国北方的一些城市如北京、西安等地，因受城市和工业发展的影响，地下水的硬度在不断升高。虽然到目前为止还不能够确切地说明水质硬度的提高会对人类健康产生怎样的影响，但对工业用水的水处理费用的提高是显而易见的。如水的硬度增加，锅炉能源消耗就会增大，水垢传热系数是金属的 1/50，水垢厚度为 1～5mm，锅炉耗煤量将增加 2%～20%。

（3）氮、磷等植物营养物。

城市水体中过量的植物营养物质主要来自城市生活污水和某些工业废水。污水中的氮可分为有机氮和无机氮两类，前者是含氮有机化合物，如蛋白质、多肽、氨基酸和尿素等，后者则指氨氮、亚硝酸态氮、硝酸态氮等，它们中大部分直接来自污水，但也有一部分是有机氮经微生物分解转化而形成的。

1）含氮化合物在水体中的转化。含氮化合物在水体中的转化分两步进行，第一步是含氮化合物的蛋白质、多肽、氨基酸和尿素等有机氮转化为无机氮中的氨氮，第二步则是氨氮的亚硝化和硝化，使无机氮进一步转化。这两步转化反应都是在微生物作用下进行的。

2）含磷化合物在水体中的转化。水体中所有的无机磷几乎都是以磷酸盐形式存在的，包括正磷酸盐 $(PO_4)^{3-}$、$(HPO_4)^{2-}$、$(H_2PO_4)^-$ 和聚合磷酸盐 $(P_2O_7)^{4-}$、$(P_3O_{10})^{5-}$。而有机磷则多以葡萄糖-6-磷酸、2-磷酸-甘油酸等形式存在。水体中的可溶性磷很容易与 Ca^{2+}、Fe^{3+}、Al^{3+} 等离子生成难溶性沉淀物而沉积于水体底泥中。沉积物中的磷，通过湍流扩散作用再度释放到上层水体中去，或者当沉积物中的可溶性磷大大超过水中磷的浓度时，则可能再次释放到水层中去。

3）氮、磷污染危害及水体的富营养化。富营养化是湖泊分类和演化的一种概念，是湖泊水体老化的一种自然现象。在自然界物质的正常循环过程中，湖泊将由贫营养湖发展为富营养湖，进一步又发展为沼泽地和干地，但这一历程需要很长时间，在自然条件下需几万年甚至几十万年，但富营养化将大大促进这一进程。如果氮、磷等植物营养物质大量而连续地进入湖泊、水库及海湾等缓流水体，将促进各种水生生物的活性，刺激它们异常繁殖（主要是藻类），就会产生诸如赤潮等一系列的严重后果：

a. 藻类在水体中占据的空间越来越大，使鱼类活动的空间越来越小；衰死的藻类将沉积在水底。

b. 藻类种类逐渐减少，并由以硅藻和绿藻为主转为以蓝藻为主，而不少蓝藻种类具有胶质膜，不适于作鱼饵料，且其中有一些种属是有毒的。

c. 藻类过度生长繁殖，将造成水体中溶解氧的急剧变化，藻类的呼吸作用和死亡的分解作用消耗大量的氧，有可能在一定时间内使水体处于严重缺氧状态，严重影响鱼类生存。

在这里应当着重指出的是硝酸盐对人类健康的危害。硝酸盐本身是无毒的，在水中检出硝酸盐即说明有机物已经分解。但是，现在发现硝酸盐在人胃中可能被还原为亚硝酸盐，亚硝酸盐与仲胺作用可生成亚硝胺，而亚硝胺则是致癌、致变异和致畸胎的所谓三致物质。此外，饮用水中硝酸氮过高还会在婴儿体内产生变性血色蛋白症，因此，国家规定饮用水中硝酸氮含量不得超过 10mg／L。

2. 无机有毒物

(1) 氰化物 (CN)。

水体中氰化物主要来自工业废水。有机氰化物称为腈，有少数腈类化合物在水中能离解出氰离子 (CN^-) 和氰氢酸 (HCN)，因此，其毒性与无机氰化物同样强烈。

氰化物的污染危害：氰化物是剧毒物质，急性中毒抑制细胞呼吸，造成人体组织严重缺氧，人只要口服 0.3～0.5mg 就会致死，0.3mg／L 能杀死水体赖以自净的微生物。

(2) 砷 (As)。

砷是常见的污染物之一，对人体毒性作用也比较严重。工业生产排放含砷废水的有化工、有色冶金、炼焦、火电、造纸、皮革等，其中以冶金、化工排放砷量较高。

三价砷的毒性大大高于五价砷，亚砷酸盐的毒性作用比砷酸盐大 60 倍，因为亚砷酸盐能够和蛋白质中的硫基反应，而三甲基砷的毒性比亚砷酸盐更大。砷也是累积性中毒的毒物，当饮用水中砷含量大于 0.05mg／L 时，就会导致累积，砷还是致癌元素（主要是皮肤癌）。

(3) 重金属毒性物质。

重金属是构成地壳的物质，在自然界分布非常广泛。重金属在自然环境的各部分均存在着本底含量，在正常的天然水中重金属含量均很低，汞的含量介于 10^{-3}～10^{-2}mg／L 量级之间，铬含量小于 10^{-3}mg／L 量级，在河流和淡水湖中铜的含量平均为 0.02mg／L，钴为 0.0043mg／L，镍为 0.001mg／L。

重金属与一般耗氧的有机物不同，在水体中不能为微生物所降解，只能在各种形态之间相互转化以及分散和富集，这个过程称为重金属的迁移。重金属在水体中的迁移主要与沉淀、络合、螯合、吸附和氧化还原等作用有关。重金属在水中可以化合物的形态存在，也可以离子形态存在。在地表水体中，重金属化合物的溶解度很小，往往沉积于水底。

重金属离子由于带正电，在水中易被带负电的胶体颗粒所吸附。吸附重金属离子的胶体，可以随水流向下游迁移，但大多数会很快沉降下来。因此，重金属一般都富集在排放水中下游一定范围内的底泥中。沉积在底泥中的重金属是长期的次生污染源，很难治理，并逐渐向下游推移，扩大污染面。

从毒性和对生物体的危害方面来看，重金属污染的特点有如下几点：

1) 在天然水体中只要有微量浓度即可产生毒性效应，一般重金属产生毒性的浓度范围大致在 1～10mg／L 之间，毒性较强的重金属如汞、镉等，产生毒性的浓度范围在 0.001～0.01mg／L 之间。

2）微生物不能降解重金属，相反某些重金属有可能在微生物作用下转化为金属有机化合物，产生更大的毒性。如汞在厌氧微生物作用下，可转化为毒性更大的有机汞（甲基汞、二甲基汞），甲基汞进入人体内，累积在脑内，可侵入中枢神经系统，破坏神经系统功能。

3）重金属离子在水体中的转移、转化与水体的酸碱条件有关，如六价铬在碱性条件下的转化能力强于酸性条件，六价铬可以还原为三价铬，三价铬也可能转化为六价铬，主要取决于水体的氧化还原条件。镉是累积富集型毒物，主要累积在肾脏和骨骼中，引起肾功能失调。骨质中钙被镉所取代，使骨骼软化，可发生自然骨折。

4）地表水中的重金属可以通过生物的食物链成千上万倍地富集而达到相当高的浓度。如淡水鱼可富集汞 1000 倍、镉 3000 倍、砷 330 倍、铬 200 倍等。藻类对重金属的富集程度更为强烈，如富集汞可达 1000 倍、铬 4000 倍。这样重金属就能够通过多种途径（食物、饮水、呼吸）进入人体。遗传和母乳也是重金属侵入人体的途径。

5）重金属进入人体后能够和生理高分子物质如蛋白质和酶等发生强烈的相互作用使它们失去活性，也可能累积在人体的某些器官中，造成慢性累积性中毒，这种累积性危害有时需要一二十年才能够显示出来。

3. 有机无毒物（需氧有机物）

这一类物质多属于碳水化合物、蛋白质、脂肪等自然生成的有机物，它们易于生物降解，向稳定的无机物转化。在有氧条件下，由好氧微生物作用下进行转化，这一转化进程快，产物一般为二氧化碳、水等稳定物质。在无氧条件下，则在厌氧微生物的作用下进行转化，这一进程较慢，而且分两个阶段进行。首先在产酸菌的作用下，形成脂肪酸、醇等中间产物，继之在甲烷菌的作用下形成二氧化碳、水、甲烷等稳定物质，同时放出具有恶臭的气体。

在一般情况下，进行的都是好氧微生物起作用的好氧转化。由于好氧微生物的呼吸要消耗水中的溶解氧，因此这类物质在转化过程中都要消耗一定数量的氧，其污染特征是耗氧，故可称为耗氧物质或需氧污染物。

例如，在一般情况下，微分物分解 1mol 葡萄糖（162g）需要消耗 6mol（192g）氧，如下式所示：

$$C_5H_{10}O_5 + 6O_2 \longrightarrow 6CO_2 + 5H_2O \tag{7-2}$$

当水体中有机物浓度过高时，微生物消耗大量的氧，往往会使水体中溶解氧浓度急剧下降甚至耗尽，导致鱼类及其他水生生物死亡。当水中溶解氧消失时，水中厌氧菌大量繁殖，在厌氧菌的作用下有机物可能分解放出甲烷和硫化氢等有毒气体，更不适于鱼类生存。

有机污染物的组成非常复杂，此外，又因这种污染物的污染特征主要是消耗水中的溶解氧，所以在实际工作中一般都采用以氧当量表示水中耗氧有机物含量的指标，常用的有生物化学需氧量（BOD）、化学需氧量（COD）、总需氧量（TOD）和总有机碳（TOC）。

4. 有机有毒物

这一类物质多属于人工合成的有机物质，如农药（DDT、六六六等有机氯农药）、醛、酮、酚以及聚氯联苯、芳香族氨基化合物、高分子合成聚合物（塑料、合成橡胶、人造纤维）、染料等。这一类物质的主要污染特征如下：

（1）生化特性比较稳定，不易被微生物分解，所以又称难降解有机污染物。以有机氯农药为例，由于其具有很强的化学稳定性，在自然环境中的半衰期为十几年到几十年。

（2）它们都有害于人类健康，只是危害程度和作用方式不同。如聚氯联苯、联苯氨是较强的致癌物质，酚醛以及有机氯农药等达到一定程度后，也都有害于人体健康及生物的生长繁殖。

（3）这一类物质在某些条件下，好氧微生物也能够对其进行分解，因此，也能够消耗水体中的溶解氧，但速度较慢。

对于这一类污染物，人们所关切的主要是前两项污染特征。有机有毒物质种类繁多，其中危害最大的有两类：有机氯化合物和多环有机化合物。

有机氯化合物被人们使用的有几千种，其中污染广泛的是多氯联苯（PCB）和有机氯农药。多氯联苯是一种无色或淡黄色的黏稠液体，流入水体后，由于它只微溶于水（每升水中最多只溶 1mg 左右），所以大部分以浑浊状态存在，或吸附于微粒物质上；它具有脂溶性，能大量溶解于水面的油膜中；它的相对密度大于 1，故除少量溶解于油膜中外，大部分会逐渐沉积于水底。由于其化学性质稳定，不易氧化、水解并难于生化分解，所以多氯联苯可长期保存在水中。多氯联苯可通过水体中生物食物链的富集作用，在鱼和其他生物体内浓度累积到几万甚至几十万倍，从而污染供人食用的水产品。多氯联苯是一氯联苯、二氯联苯、三氯联苯等的混合物，它的毒性与它的成分有关：含氯原子愈多的组分，愈易在人体脂肪组织和器官中蓄积，愈不易排泄，毒性就愈大。其毒性主要表现为：影响皮肤、神经、肝脏，破坏钙的代谢，导致骨骼、牙齿的损害，并有亚急性、慢性致癌和致遗传变异等可能性。

有机氯农药的污染是世界性的，从水体中的浮游生物到鱼类，从家禽、家畜到野生动物体内，几乎都可以测出有机氯农药。

多环有机化合物（指含有多个苯环的有机化合物）一般具有很强的毒性，例如，多环芳烃可能有致遗传变异性。多环芳烃存在于石油和煤焦油中，能够通过废油、含油废水、煤气站废水、柏油路面排水以及淋洗了空气中煤烟的雨水而径流入水体中，造成污染。

酚排入水体后，会严重影响水质及水产品的产量及质量。低浓度的酚能使蛋白质变性，高浓度酚能使蛋白质沉淀，对各种细胞都有直接危害。人类长期饮用受酚污染的水，可能引起头昏、出疹、瘙痒、贫血和各种神经系统症状。

5. 石油类污染物

近年来，石油及其油类制品对水体的污染比较突出，在石油开采、储运、炼制和使用过程中，排出的废油和含油废水会使水体遭受污染。

石油进入海洋后，不仅影响海洋生物的生长，降低海滨环境的使用价值，破坏海岸设施，还可能影响局部地区的水文气象条件和降低海洋的自净能力。

据实测，每滴石油在水面上能够形成 $0.25\mathrm{m}^2$ 的油膜，每吨石油可能覆盖 $5\times10^5\ \mathrm{m}^2$ 的水面。油膜使大气与水面隔绝，破坏了正常的复氧条件，将减少进入海水的氧的数量，从而降低海洋的自净能力。

油膜覆盖海面阻碍海水的蒸发，影响大气和海洋的热交换，改变海面的反射率和减少进入海洋表层的日光辐射，对局部地区的水文气象条件可能产生一定的影响。

海洋石油污染的最大危害是对海洋生物的影响。

6. 放射性污染物

水中所含有的放射性物质构成了一种特殊的污染，总称放射性污染。核武器试验是全球放射性污染的主要来源。核试验后的沉降物质带有放射性颗粒，造成对大气、地面、水体及动植物和人体的污染。原子能工业特别是原子能电力工业的发展，如原子能反应堆、核电站和核动力舰等都可能排放或泄漏出含有多种放射性同位素的废物，致使水体的放射性物质含量日益增高。

污染水体最危险的放射物质有锶（90）、铯（132）等。这些物质半衰期长，化学性能与组成人体的主要元素钙和钾相似，经水和食物进入人体后，能在一定部位积累，严重时可引起遗传变异或癌症。

第四节　城市主要水污染源

一、工业污染源

工业生产几乎都离不开水，工业用水量占整个用水量的比重很大。大量工业用水，经过生产过程后，就会产生夹带各种有机或无机杂质的工业废水。工业废水的数量大、种类繁多、成分复杂，是城市水体污染的主要来源之一。表7-3列举了部分工矿废水的主要有害成分。

表7-3　　　　　　　　　　部分工矿废水的主要有害成分

工厂名称	废水中主要有害物	工厂名称	废水中主要有害物
焦化厂	酚、苯类、氰化物、焦油、砷、砒啶	化纤厂	二硫化碳、胺类、酮类、丙烯腈
化肥厂	酚、苯、氰化物、砷、碱、氨、氟	仪表厂	汞、铜
电镀厂	氰化物、铬、铜、镉、镍	造船厂	醛、氰化物、铅
石油化工厂	油、氰化物、砷、砒啶、碱、芳烃	发电厂	醛、硫、锗、铜、铍
化工厂	汞、铅、氰化物、砷、萘、苯、硫化物、酸、碱	玻璃厂	油、醛、苯、烷烃、镉、铜、硒
合成橡胶厂	苯类、氯丁二烯、醛	电池厂	汞、锌、醛、甲苯、氰化物、锰
造纸厂	碱、木质素、氰化物、硫化物、砷	油漆厂	醛、苯类、铅、锰、钴、铬
农药厂	农药、苯类、氯醛、砷、磷、氟、铅	有色冶金厂	氰化物、氟化物、铅、锰、镉、锗、铜
纺织厂	砷、硫化物、硝基物、纤维素	树脂厂	甲醛、汞、苯乙烯、氯乙烯、苯脂类
皮革厂	硫化物、砷、铬、洗涤剂、醛	磺药厂	硝基物、酸、炭黑
制药厂	汞、铬、硝基物、砷	煤矿	醛、硫化物
钢铁厂	醛、氰化物、锗、砒啶	铅锌厂	硫化物、镉、铅、锌、锗、放射性物质
磷矿	磷、氟、钍		

1. 钢铁工业的水污染

钢铁工业用水多，污染程度高，其中主要是焦化厂含有酚、氨、氰化物、氯化物和硫化物废水。此外，按水的用途可分为：冷却水，这种水称为净废水，不经处理可以排出，也可以循环使用；洗涤水，含有悬浮固体物、氧化物、酚、氨和铁屑以及酸洗的酸性废水和乳化油类，这种污水必须处理才能排放。

2. 化学工业的水污染

化学工业种类很多，产品很多，原料和生产方法也很多样化，废弃物种类极其繁多，而且有毒有害物质多，合理规划和布置化学工业，对保护和改善城市环境具有重要的意义。化工污染物大都是在生产过程中产生的，但其产生的原因和进入环境的途径是多种多样的，一般有下列几个方面：

（1）化学反应不完全所产生的废料。在生产过程中，随反应条件和原料纯度不同，有一个转化率的问题，原料不可能全部转化为成品或半成品。一般的反应转化率只能达到 70%～80%（最小的达 3%～4%）。未反应的原料和杂质会妨碍反应正常进行。这种余下的低浓度或成分不纯的物料，常作为废弃物排入环境。

（2）副反应所产生的废料。在生产过程中，在进行主反应的同时，经常还伴随着一些副反应。这些副产品，一般可以回收利用。但有时一些工厂因副产物数量不大，成分较复杂，回收利用经济上无利可图，就作为废料排弃。

（3）冷却水。化工生产除需要大量热能外，还需要大量的冷却用水。一般生产 1t 烧碱要用水 100 多吨，1t 石油化工产品，需水 200～2000t。化工产业一般用水较多，废水排放量也较多。直接冷却时，冷却水直接与反应物料接触，排出的废水中就含有较多的化学污染物质。间接冷却，虽不直接接触，由于水中往往加入稳定剂、杀藻剂等，排出后也会造成污染。

（4）设备和管道的泄漏。化工生产大都在气相或液相下进行，在生产和输送的各个环节中，由于设备和管道不严密、密封不良或操作不当等原因，往往造成物料漏损。

化工生产水污染的特点是有毒性和刺激性。化工废水中含有的污染物，许多是有毒或剧毒物质，这些物质在一定浓度下，大都对生物和微生物有毒性和剧毒性。有的物质不易分解，在生物内长期积累会造成中毒。它们许多是致癌物质，此外，还有一些刺激、腐蚀性的物质，如无机酸、碱类等。化工废水中生化需氧量（BOD）和化学需氧量（COD）都较高，pH 值一般不稳定，富营养物较多，化工反应常在高温下进行，排出的废水水温较高。

3. 石油化工水污染

石油化工的发展也造成了大量的严重的污染，已成为当今主要污染源之一。

石油化工厂废水的特点是水量大，水质变化多。一个生产装置比较完全的炼油厂，其用水量为加工原油量的 30～50 倍，加工 1t 原油约排出 0.9t 污水。废水中悬浮物质少，水溶性和挥发性物质多，含有以硫化氢为主的还原性物质及不饱和化合物。废水浓度一般较高，BOD 可大于几千，常含有对生物有毒的有机化合物。pH 值均偏高或偏低，大多数为水溶性油分的废水，其水温也较高，即使在冬天废水温度也在 20℃ 以上。

4. 造纸工业水污染

造纸工业是污染较严重的工业。制浆造纸过程会排出大量带色废水，生化需氧量高，还会排放恶臭和刺激性气体以及一定数量的固体废物，其中以废水的危害最大。

用碱法制浆的用碱量很大。每生产 1t 纸浆，需 200～400kg 烧碱，除去蒸煮工序中消耗大部分外，还有部分游离碱存于黑液中。同时还含有木材或草料中溶出的各种水溶性有机物，如果胶、多糖类、有机胶体物质等，大量排入水域，分解缓慢。它们在水中经微生物的分解，要大量消耗水中的溶解氧，造成水体缺氧现象，所有水生生物包括好氧微生物都将难以生存。此时厌氧微生物将取而代之，使水腐化、发臭。

5. 制革工业水污染

制革的准备和鞣制的许多工序，都是在水或水溶液中进行的，其过程中有大量废液排出。制革废水的特点是碱性大，色度浓，耗氧量高，悬浮物多。pH 值高达 9～12，并含有 100～1000mg/L 的硫化钠，15～40mg/L 的三价铬，1400～2500mg/L 的氯化物，还含有一些其他有害物质。硫化物对水质影响极大，使之具有臭鸡蛋味。如用含有大量硫化物制革废水灌溉农田，则会污染土壤，使植物根部腐烂，废水中还含有大量的氯化物，如不处理而直接用来灌溉，会使土壤碱化；如排入江河，又会危害鱼类，使鱼类和水生物大量窒息而死亡。

6. 纺织印染业水污染

纺织印染工业是城市重要污染源之一。印染加工是排放工业废水的重要部门之一，几乎每道印染加工工序都产生废水，用水量和排水量都很大。

印染废水可分为三类，即淀粉浆料废水（16％左右）、废碱液（19％左右）、其他染整加工废水（65％左右）。印染厂的废水中含有染料等有色污染物，色泽很深。一般认为，带色的印染废水会妨碍日光在水中的透射，不利于水生生物的光合作用。印染厂废水中的硫酸或硫酸盐，在土壤还原状态下，可转化为硫化物，产生大量的硫化氢，引起植物根部腐烂，还会对土壤微生物生长造成不良影响。

二、生活污染源

生活污染主要是家庭生活和社会服务行业造成的。由于城市人口增多，城市规模扩大，人口越来越密集，排放出来的污染物和生活污水越来越多，病菌的扩散和传播也更容易，从而造成对城市居民安全的严重威胁。未经处理的污水排入江河，常常会致使一些直接饮用河水的地区大规模疾病流行。

生活污水除含有碳水化合物、蛋白质和氨基酸动植物脂肪、尿素和氨、肥皂和合成洗涤剂等外，还含有细菌、病毒等使人致病的微生物。这种污水会消耗接受水体的溶解氧，也会产生泡沫妨碍空气中的氧气溶于水中，使水发臭变质。大量未经适当处理的污水排入河流、湖泊、水库，可致使这些水体极度污浊。

城市生活污水中含有丰富的氮、磷，其含量与人们的生活习惯有关，且因地区和季节而不同。美国的生活污水平均含磷每人每年 0.9kg，含氮 3kg；日本的生活污水平均含磷量每人每年 0.5kg，含氮 4.5kg。粪便是生活污水中氮的主要来源。表 7-4 所列举的是我国一些城市污水中氮磷等植物营养物质的含量。

表 7-4 我国一些城市污水中氮、磷等植物营养物含量 单位：mg/L

城市	总氮	氨氮	磷	钾
上海	93	—	—	19.5
北京	26.7～55.4	22～48	11～39	5.2～11.7
天津	50	29	3.2	10
南京	33	—	11	15
武汉	28.7～47.3	25.2～40.3	11.5～34.5	29.1
西安	36	3.7～4.8	4～21	13.4
成都	43.4	—	—	微量
哈尔滨	63～67	25～30	—	19.5

我国城市水环境质量从城市主要江河水系的监测结果看，一级支流污染普遍，二、三级支流污染较为严重。主要污染问题仍表现在江河沿岸大、中城市排污口附近，岸边污染带和城市附近的地表水普遍受到污染的问题没有得到缓解。城市地下水污染逐年加重。全国大城市湖库富营养化依然严重。

城市地表水污染主要表现在化学耗氧量、生化需氧量、挥发酚、氰化物、氨氮、总汞等主要污染指标总体上呈严重趋势。城市河流的污染程度是北方重于南方。城市饮用水水源地监测结果表明，一半以上的水源地受到了不同程度的污染，主要污染物是细菌、化学耗氧量、氨、氮等。

第五节　水体自净作用

一、水体自净

自然环境包括水环境对污染物质都具有一定的承受能力。水体能够在其环境容量的范围以内，经过水体的物理、化学和生物的作用，使排入的污染物质的浓度和毒性随着时间的推移在向下游流动的过程中自然降低，称之为水体的自净作用。简单地说，水体受到废水污染后，逐渐从不洁变清洁的过程称为水体自净。

1. 水体自净的过程

水体自净的过程很复杂，按其机理可分为：

（1）物理过程。其中包括稀释、混合、扩散、挥发、沉淀等过程。水体中的污染物质在这一系列的作用下，其浓度得以降低。稀释和混合作用是水环境中极普遍的现象，又是一个比较复杂的过程，它在水体自净中起着重要的作用。

（2）化学及物理化学过程。污染物质通过氧化、还原、吸附、凝聚、中和等反应使其浓度降低。

（3）生物化学过程。污染物质中的有机物，由于水体中微生物的代谢活动而被分解、氧化并转化为无害和稳定的无机物，从而使其浓度降低。

2. 自净作用的场所

以河流为例，形成自净作用的场所可分为以下几类。

（1）河水与大气间的自净作用，主要表现为河水的二氧化碳、硫化氢等气体的释放。

（2）河水中的自净作用，指污染物质在河水中的稀释、扩散、氧化、还原，或由于水中微生物作用而使污染物质发生生物化学分解，以及放射性污染物质的蜕变等。

（3）河水与底质间的自净作用，这种作用表现为河水中悬浮物质的沉淀，污染物质被河底淤泥吸附等。

（4）河流底质中的自净作用，由于底质中微生物的作用使底质中有机物质发生分解等。

由此看来，水体自净作用包含着十分广泛的内容，任何水体的自净作用又常是相互交织的，物理过程、化学和物化过程及生物化学三个过程是同时、同地产生，相互影响的，其中常以生物自净过程为主，生物体在水体自净作用中是最活跃、最积极的因素。

二、物理自净过程——水体的稀释

水体自净的过程十分复杂，受很多因素的影响，其中物理自净过程包括稀释、挥发、沉淀等。挥发是污染物以气体挥发形式脱离水体，沉淀是水体中悬浮物沉积在底部，这些都能通过去除水中污染物而降低水中污染物浓度。而稀释是把废水、污水排入天然水体作稀释，数十倍、数百倍的天然水稀释了污水，稀释作用的实质是污染物质在水体中因稀释和扩散而降低了浓度，但是，稀释并不能改变也不能去除污染物质。

水体的稀释作用与污染物和水体的流量以及两者混合的程度有着密切关系。污染物进入水体后，会有两种运动形式：一种是由于水流的推动而产生的沿水流方向的运动，称为推流或平流；另一种是由于污染物在水中浓度的差异而形成的污染物从高浓度处向低浓度处的迁移，这一运动称为扩散。

推流运动的强弱显然与水流速度有关，可以用式（7-3）表示：

$$Q_1 = v \cdot c \qquad\qquad (7-3)$$

式中　Q_1——污染物质推流量，$mg/（m^2 \cdot s）$；

　　　v——河流流速，m/s；

　　　c——污染物质浓度，mg/m^3。

由式（7-3）可知，河流流速越大，污染物质推流量越大，也就是单位时间内通过单位横断面面积输送的污染物质数量越多。

扩散运动的表示式为：

$$Q_2 = -k \frac{\mathrm{d}c}{\mathrm{d}x} \qquad\qquad (7-4)$$

式中　Q_2——污染物质扩散量，$mg/（m^2 \cdot s）$；

　　　$\frac{\mathrm{d}c}{\mathrm{d}x}$——单位长度上的浓度变化值，$mg/（m^3 \cdot m）$，$c$ 为污染物浓度，x 为扩散路程长度，因为 x 值增大时 c 值相应减少，故 $\frac{\mathrm{d}c}{\mathrm{d}x}$ 值为负值；

　　　k——扩散系数，m^2/s，与河流的弯曲程度、河床底部粗糙程度、流速、污染物排放情况有关。

由式（7-4）可知，污染物质的扩散量主要决定于水体中的污染物质的浓度差及水体的扩散系数。

推流和扩散是同时存在又相互影响的两种运动形式，其综合的结果是污染物浓度由排出口至水体下游逐渐降低，这就是稀释作用。当然，实际的稀释过程要复杂得多，污染物排入水体后并不能与全部河水完全混合。影响混合的因素很多，其中主要有：

（1）河流流量与污水流量的比值。比值越大，达到完全混合所需的时间就越长。也就是说，需要通过较长的距离，才能使污水与整个河流断面上的河水达到完全均匀的混合。

（2）废水排放口的形式。如污水在岸边集中一点排入河道，则达到完全混合所需的时间较长。如污水是分散排入水体，则达到完全混合的时间较短。

（3）河流的水文条件。河流的流速、流量等与其自净作用关系密切，特别是河水的紊流运动，使水中物质得到充分的混合，可使水断面上水流趋于均匀、水中溶解质分布较均匀、气体交换速度增大等。

显然，在没有达到完全混合的河道截面上，只有一部分水流参与了污水的稀释。参与混合的河水流量与河水总流量之比称为混合系数：

$$\alpha = \frac{Q_h}{Q} \quad (Q_h \leqslant Q) \qquad\qquad (7-5)$$

式中　α——混合系数；

　　　Q_h——参与混合的河水流量，m^3/s；

　　　Q——河水总流量，m^3/s。

在完全混合的河道截面上及其下游，混合系数 $\alpha = 1$，因为这时全部河水参与对污水的稀释。在从排放口到完全混合面的一段距离内，只有一部分河水与污水相混合，所以混合系数 $\alpha < 1$。

当河流较为平直，且没有局部急流险滩时，混合系数也可以近似地用式（7-6）表示：

$$\alpha = \frac{L_1}{L} \quad (L_1 \leqslant L) \qquad\qquad (7-6)$$

式中 α——混合系数；

L_1——污水排放口至计算断面的距离，m；

L——污水排放口至完全混合断面的距离，m。

污水被河水稀释的程度用稀释比 n 来表示，它是参与混合的河水流量 Q_h 与污水流量 q 的比值：

$$n = \frac{Q_h}{q} = \frac{\alpha Q}{q} \qquad (7-7)$$

式中 q——污水流量，m^3/s。

在实际工作中，究竟采用河水的全部流量还是部分流量进行计算，需对具体情况具体分析。在一般情况下宜考虑部分流量计算，即采用 $\alpha < 1$。根据经验，对于流速在 $0.2\sim0.3m/s$ 的河流，可取 $\alpha = 0.7\sim0.8$；河水流速较低时，α 可取为 $0.3\sim0.6$ 左右；河水流速较高时，则可取 α 为 0.9 左右；如果在排放口的设计中，采取分散式的排放口、将排放口伸入水体并设置多个排放口，或把污水送到水流湍急的地方时，都可以考虑采用河水全部流量（即 $\alpha = 1$）进行计算。

考虑了稀释作用后，计算断面上水中污染物质的浓度可用式（7-8）求出：

$$c = \frac{c_1 q + c_2 \alpha Q}{\alpha Q + q} \qquad (7-8)$$

式中 c——计算断面上水中污染物质的浓度，mg/L；

c_1——污水中污染物质的浓度，mg/L；

c_2——污水排放前河水中该污染物质的浓度，mg/L。

当污水排放前河水中该污染物质的浓度为零，而污水流量 q 和污水总流量 Q 相比很小时，式（7-8）可以简化为

$$c = \frac{c_1 q}{\alpha Q} = \frac{c_1}{n} \qquad (7-9)$$

三、化学自净过程

化学自净是指氧化、还原、中和、分解、凝聚等作用使水体中污染物浓度降低的过程，其中尤以氧化还原反应为主。例如，天然水体对排入的酸碱有较强的净化作用，因为酸、碱废水排入天然水体后能和水体中固相的各种矿物质相互作用。

酸排入水体后可与水体中的长石、黏土和石灰岩、白云石等作用，反应如下：

$$4H_2SO_4 + 2(Na \cdot K)AlSi_3O_3 \longrightarrow (Na \cdot K)_2SO_4 + Al_2(SO_4)_3 + 6SiO_2 + 4H_2O$$
$$(7-10)$$

或 $$H_2SO_4 + (CaMg) \longrightarrow (CaMg)SO_4 + H_2O + CO_2 \qquad (7-11)$$

而碱则与硅石和游离碳酸反应，如：

$$2(Na、K)OH + SiO_2 \longrightarrow (Na、K)_2SiO_3 + H_2O \qquad (7-12)$$

$$2(Na、K)OH + CO_2 \longrightarrow (Na、K)_2CO_3 + H_2O$$

水体中的这些反应对保护天然水体和缓冲天然水的 pH 值的变化有着重要意义。

氰化物排入水体后有较强的自净作用，一般有以下两个途径。

（1）氰化物的挥发逸散。氰化物与水体中的 CO_2 作用生成氰化氢气体逸入大气：

$$CN^- + CO_2 + H_2O \longrightarrow HCN \uparrow + HCO_3^- \qquad (7-13)$$

水体中的氰化物主要是通过这一途径而得到去除的，其比例可达 90% 以上。

（2）氰化物氧化分解。氰化物与水中的溶解氧作用生成铵离子和碳酸根：

$$CN^- + O_2 \xrightarrow{\text{细菌}} 2CNO^- \qquad (7-14)$$

$$CNO^- + 2H_2O \xrightarrow{\text{细菌}} NH_4^+ + CO_3^{2-} \qquad (7-15)$$

水体中氰化物的氧化作用是在微生物的促进作用下产生的，在一般天然水体条件下，由于微生物氧化作用所造成的氰自净量约占水体中氰总量的 10% 左右。在夏季温度较高，光照良好的最有利条件下，氰自净量可达 30% 左右，冬季这种净化作用显著减慢。

蛋白质是由多种氨基酸分子组成的复杂有机物，含有羧基和氨基，由肽键连接。蛋白质的降解首先是在细菌分泌的水解酶的催化作用下，进行水解，断开肽键，脱除羧基和氨基而形成 NH_3，这个过程称为氨化。

NH_3 进一步在细菌（亚硝化菌）的作用下，被氧化为亚硝酸：

$$2NH_3 + 3O_2 \xrightarrow{\text{亚硝化菌}} 2HNO_2 + 2H_2O + 619.6 \times 10^3 J \qquad (7-16)$$

继之亚硝酸在硝化菌的作用下，进一步氧化为硝酸：

$$2HNO_2 + 3O_2 \xrightarrow{\text{硝化菌}} 2HNO_3 + 200.97 \times 10^3 J \qquad (7-17)$$

在缺氧的水体中，硝化反应不能进行，相反的却可能在反硝化菌的作用下，产生反硝化作用，生成氮气。

四、生物自净作用

在水体自净过程中，生物体是最活跃、最积极的因素。实际上，在化学自净作用中，一般的有机物反应都有生物体参与。生物自净作用，主要是水体中有机污染物在生物作用下的降解。

有机物是不稳定的，随时都存在向稳定的无机物质转化的趋势。有机污染物进入水体，水中能量增加，如其他条件适宜，微生物必将得到增殖，有机物得到降解，从而消耗了水中的溶解氧。与此同时，水生植物在阳光的照射下进行光合作用放出氧气，并可以通过水面的复氧作用，水体从大气中得到氧的补充。如果排入水体的有机物在数量上没有超过水体的环境容量（即自净能力），水体中的溶解氧会始终保持在允许的范围内，有机物在水体中进行好氧分解。如果排入水体的有机物过多，大量地夺取了水中的溶解氧，水体补充的氧量不敷需要，则说明排入的有机污染物在数量上已超过了水体的自净能力，水体将出现由于缺氧而产生的一些现象。若完全缺氧，有机物即将转入厌氧分解。

有机物是水体的重要污染物质。BOD、COD 是重要的水质指标。溶解氧（DO）含量是使水体中生态系统保持自然平衡的主要因素之一。溶解氧完全消失或其含量低于某一限值时，就会影响到这一生态系统的平衡，甚至能使其遭到完全破坏。所以水体中溶解氧含量是分析水体环境容量的主要指标。

图 7-1 所示是接纳大量生活污水的河流，水体中 BOD 和溶解氧（DO）的变化模式图。将污水排入河流处定为基点 0，向上游去的距离取负值，向下游去的距离取正值。污水源为四万人口的小城市的下水道。再假定河流的流速为 0.5m/s，流入河中的污水立即与河水混合。在排放前河水中的溶解氧含量为 8mg/L，BOD_5 处于正常状态（即低于 4mg/L），河水温度为 25℃。在自净过程中，各指标值变化情况如下。

1. BOD 变化曲线

污水排放后，在 0 点处河水中 BOD 值急剧上升，高达 20mg/L，随着河水向下流，有机污染物被分解，BOD 值逐渐降低；经过 7.5 天后，又恢复到原来状态。

2. 溶解氧（DO）变化曲线

污水排入水体后，河水中的溶解氧消耗于有机物的降解，开始下降，并从污水流入的第一天开始，含量低于地表水最低允许含量值 4mg/L。在流入 2.5 天处，降至最低点，以后逐渐回升，但在流入第 4 天前，溶解氧含量都低于地面水的最低允许含量（涂黑部分），此后逐渐回升，在流入的第 7.5 天后，恢复到原来状态。

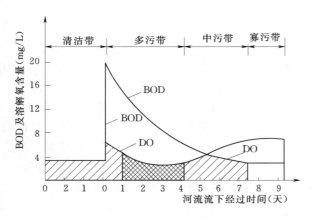

图 7-1　溶解氧与 BOD 变化曲线图

可将接纳了含有大量有机物污水的河流，从污水排放后，按 BOD 及溶解氧曲线，划分为三个相连接的河段（带）：严重污染的多污带，污染较轻的中污带（又可分为强、弱二带）和污染不严重的寡污带。每一带除有各自的物理化学特点外，还有其他的生物学特点，见表 7-5。

表 7-5　　　　　　　　　　　　　　各种污染带的特征

项目	多污带	强中污带	弱中污带	寡污带
有机物	含有大量有机物，多是未分解的蛋白质和碳水化合物	由于蛋白质等的分解，形成了氨酸和氨	因氨的进一步分解，出现亚硝酸和硝酸，有机物量很少	沉淀的污泥也进行分解，形成硝酸盐，水中有机物极少
溶解氧	极少或全无（厌氧）	少量（兼性）	多（好氧）	很多（好氧）
BOD$_5$	很高	高	低	很低
硫化氢	多量	较多	少量	无
生物种属	很少	少	多	很多
个别优劣种	很强	强	弱	弱
细菌数（个/mL）	数十万至数百万	数十万	数万	数百至数十
水生维管植物	无	很少	少	多
主要生物群	细菌、纤毛虫	细菌、真菌、绿藻、蓝藻、纤毛虫、轮虫	蓝藻、硅藻、绿藻、软体动物、甲壳动物、鱼类	硅藻、绿藻、软体动物、甲壳动物、鱼类、水昆虫

水体中细菌的衰亡也是一种重要的自净作用。当水体受到有机物的污染时，水中细菌数量会大量增加。如果污染没有超过水体的自净能力，随着自净的过程，细菌数量会逐渐减少。促使水中细菌数量逐渐减少的主要原因是：生物自净作用使水中有机物量日渐减少，细菌将因缺少食物而逐渐衰亡；水体中原生动物、浮游动物不断吞食细菌；其他原因，如日光的杀菌作用及对细菌生长不利的温度、pH 值等。

五、水体自净的标志之一——氧垂曲线

在水体自净过程中，复氧和耗氧同时进行，溶解氧的变化状况反映了水体中有机污染物净化的过程，因而可把溶解氧作为水体自净的标志。溶解氧的变化可用氧垂曲线表示，如图7-2所示。氧垂曲线图反映了耗氧和复氧的协同作用。图中a为有机物分解的耗氧曲线，b为水体复氧曲线，c为氧垂曲线，最低点C_p为最大缺氧点。若C_p点的溶解氧量大于允许值时，从溶解氧的角度看，说明污水的排放未超过水体的自净能力。若排入有机污染物过多，超过水体的自净能力，则C_p点低于规定的最低溶解氧含量，甚至在排放点下的某一段会出现无氧状态，此时氧垂曲线会

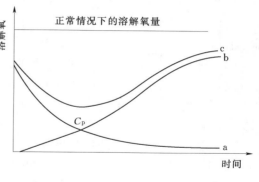

图7-2　氧垂曲线

出现中断。在无氧情况下，水中有机物因厌氧微生物作用进行厌氧分解，产生硫化氢、甲烷等，水质变坏，腐化发臭。

六、水环境容量

水体的自净能力就是水环境接纳和降解污染物的能力。水环境容量是表示水环境可以容纳污染物的数量，即水环境对污染物的最大负荷量。不同的水环境对各种污染物的容纳量是各不相同的，一般来说，它取决于三个因素，即：

（1）该水环境单元的各种环境条件。

（2）该污染物的地球化学特性。

（3）人及生物机体对该污染物的忍受能力。

水体对某种污染物质的水环境容量通常用下式表示：

$$W_i = V(c_s - c_B) + C \tag{7-18}$$

式中　W_i——某地面水体对i污染物的水环境容量，kg；

　　　V——该地面水体的体积，m^3；

　　　c_s——i污染物的环境标准（水质目标），mg/L；

　　　c_B——水体中i污染物的环境背景值，mg/L；

　　　C——水体对i污染物的自净能力，kg。

污染物的环境标准是按保障人体健康和生态要求制定的，水体中该污染物的环境背景值是客观存在的，所以水环境容量实质上取决于水体对该污染物的自净能力。

第六节　水污染综合防治

一、水污染综合防治的目标和任务

1. 水污染综合防治的目标

（1）确保地面水和地下水饮用水源地的水质，以便向居民提供安全可靠的饮用水。

（2）恢复各类水体的使用功能，如自然保护区、珍稀濒危水生动植物保护区、水产养殖区、公共浴泳区、工业用水取水区等，为生活和经济建设提供水资源。

（3）清洁地面水体的水质，恢复其美好的景观。

2. 水污染综合防治的任务

（1）进行区域、流域或城镇的水污染综合防治规划，在调查分析现有水环境质量、水资

源利用及需要的基础上，明确水污染综合防治的具体任务，制订相应的防治措施。

（2）加强对污染源的控制，包括工业污染源、生活污染源等，采取有效措施减少污染源排放的污染物量。

（3）对各类废水进行妥善的收集和处理，建立完善的排水系统及污（废）水处理厂，使污（废）水排入水体前达到排放标准。

（4）加强对水环境水资源的保护，通过法律、行政、技术等一系列措施，使水环境水资源免遭污染。

二、水污染综合防治的基本原则

1. 提高水资源利用率与水污染治理相结合

人类生态系统中水循环有两个方面：一是自然水循环；二是人类用水循环（工农业生产用水和生活用水）。在水循环过程中要保证安全用水界限，并尽可能不降低水的质量，就需要对用水循环过程进行调节和控制，包括转变经济增长方式、调整经济结构，特别是要调整工业结构和改善工业布局，以及推行清洁生产等。但是，当前调控手段和方法还很难做到完全不产生污染、不排放污染物，所以还需要进行水污染治理，提高水资源利用率，减少污水排放与水污染治理相结合。

2. 合理利用环境的自净能力与人为治理措施相结合

充分、科学利用水环境自净能力是合理的，但要认识到环境自净能力是有限的、变化的，不断受到人类干扰的自然环境的自净能力是十分脆弱的。加强人为治理措施，有利于保护和更有效地利用环境的自净能力，有利于环境的自净能力的可持续。

3. 污染源分散治理与区域污染集中控制相结合

污水综合排放标准规定的第一类污染物必须由污染源分散治理达标排放，对于小型工业企业可以采用污染治理社会化的方法去解决，对于区域污染的污染物应以集中控制为主。为提高污染治理效益，应将污染源分散治理与区域污染集中控制相结合。

4. 技术措施与管理措施相结合

在规划、评价的基础上选定技术方案，技术方案实施后只有加强管理，才能使技术措施正常运行，获得良好的效益。

三、水污染防治的对策与措施

1. 合理利用水环境容量

水体遭受污染的原因有两个：一是水体纳污负荷分配不合理；二是负荷超过水体的自净能力（环境容量）。

科学利用水环境容量就是根据污染物在水体中的迁移、转化规律，综合计算和评价水体的自净能力，在保证水体目标功能的前提下，利用水环境容量消除水污染。水污染自净除了水体本身的稀释净化作用外，还可以利用水生植物的净化作用、土壤对污染物的净化作用等。

2. 节约用水，循环利用

综合防治水污染的最有效、最合理的方法是节约用水和循环利用。全面节流、适当开源、合理调度，从各个方面采取节约用水措施，不仅关系到经济的持续、稳定发展，而且直接关系到水污染的根治。

经过处理的城市污水，首先可用于农田灌溉、养鱼、养殖等。其次可用作工业用水，如在电力工业、石油开采和加工工业、采矿业和金属加工工业，把处理后的废水用作冷却水、生产过程用水、油井注水、矿石加工用水、洗涤水和消防用水等。当水质不能满足某些工艺的要求时，可在厂内进行附加处理。此外，还可作为城市低质给水水源，用作不与人体直接接触的市政用水，如冲厕、浇洒、浇灌花草、水景、消防等。

对工业废水，首先要采取节流措施，提高废水的循环利用率。如回用造纸厂的白水，以减少洗涤用水量。煤气发生站排出的含酚废水，应通过处理封闭循环使用。各种设备的冷却水都应循环使用。在一些情况下，废水可以按顺序使用，即将某一设备的排水供另一设备使用。

酸和碱是工业上的重要物质，需求量大。碱性和酸性废水常被重复使用或转供其他工厂使用。食品工业废水和生活污水性质类似，经妥善处理后可以肥田。

发展中水系统，输送经处理后符合相应水质标准的处理水作为低质给水，是解决城市供水紧张的重要途径之一。我国城市尤其是缺水和严重缺水的城市，有计划地建立中水系统，是充分利用废水资源，解决供水紧张的战略性措施。

3. 水环境功能分区及水环境质量标准

根据水环境的现行功能和经济、社会发展的需要，依据地面水环境质量标准进行水环境功能区划，是水源保护和水污染控制的依据。地面水环境质量标准将水域按功能分为以下 5 类。

（1）Ⅰ类：主要适用于源头水、国家级自然保护区。

（2）Ⅱ类：主要适用于集中式生活饮用水地表水源地一级保护区、珍稀水生生物栖息地、鱼虾类产卵场、仔稚幼鱼的索饵场等。

（3）Ⅲ类：主要适用于集中式生活饮用水地表水源地二级保护区、鱼虾类越冬场、洄游通道、水产养殖区等渔业水域及游泳区。

（4）Ⅳ类：主要适用于一般工业用水区及人体非直接接触的娱乐用水区。

（5）Ⅴ类：主要适用于农业用水区及一般景观要求水域。

以上分区引自我国现行国家标准《地面水环境质量标准》（GB 3838—2002）。在该标准中，地表水环境质量标准基本项目标准限值见表 7-6。

表 7-6　　　　　　　　　　地表水环境质量标准基本项目标准限值　　　　　　　单位：mg/L

序号	项目 ＼ 分类	Ⅰ类	Ⅱ类	Ⅲ类	Ⅳ类	Ⅴ类
1	水温（℃）	人为造成的环境水温变化应限制在：周平均最大温升≤1　周平均最大温降≤2				
2	pH 值（无量纲）	6～9				
3	溶解氧　≥	饱和率90%（或 7.5）	6	5	3	2
4	高锰酸盐指数　≤	2	4	6	10	15
5	化学需氧量（COD）　≤	15	15	20	30	40
6	五日生化需氧（BOD_5）　≤	3	3	4	6	10
7	氨氮　≤	0.15	0.5	1.0	1.5	2.0
8	总磷（以计）　≤	0.02（湖、库 0.01）	0.1（湖、库 0.025）	0.2（湖、库 0.05）	0.3（湖、库 0.1）	0.4（湖、库 0.2）
9	总氮（湖、库，以 N 计）　≤	0.2	0.5	1.0	1.5	2.0
10	铜　≤	0.01	1.0	1.0	1.0	1.0

续表

序号	项目　　　　　　分类		I 类	II 类	III 类	IV 类	V 类
11	锌	≤	0.05	1.0	1.0	2.0	2.0
12	氟化物（以 F^- 计）	≤	1.0	1.0	1.0	1.5	1.5
13	硒	≤	0.01	0.01	0.01	0.02	0.02
14	砷	≤	0.05	0.05	0.05	0.1	0.1
15	汞	≤	0.00005	0.00005	0.0001	0.001	0.001
16	镉	≤	0.001	0.005	0.005	0.005	0.01
17	铬（六价）	≤	0.01	0.05	0.05	0.05	0.1
18	铅	≤	0.01	0.05	0.05	0.05	0.1
19	氰化物	≤	0.005	0.05	0.2	0.2	0.2
20	挥发酚	≤	0.002	0.002	0.005	0.01	0.1
21	石油类	≤	0.05	0.05	0.05	0.5	1.0
22	阴离子表面活性剂	≤	0.2	0.2	0.2	0.3	0.3
23	硫化物	≤	0.05	0.1	0.05	0.5	1.0
24	粪大肠菌群（个/L）	≤	200	2000	10000	20000	40000

同一水域兼有多类功能的，依最高功能划分类别。有季节性功能的，可按季节划分类别。

4. 制定水污染综合防治规划

(1) 在水环境调查评价的基础上，分析确定水环境的主要问题。

(2) 水污染控制单元的划分。根据水环境问题分析结论，考虑行政区划、水域特征、污染源分布特点，将源所在区域与受纳水域划分为一个个水污染控制单元。

(3) 提出水环境控制目标，进行可行性论证。

(4) 确定主要污染物削减量，以及削减比例分配方案。

(5) 制定水污染综合防治规划及实施方案。

(6) 实施规划的支持和保证。包括资金来源分析、年度计划的制定、实施排污申报登记及排污许可证制度的建议方案，以及必要的技术支持等。

5. 加强污水排放管理

(1) 遵守污水排放标准。

(2) 实行排污许可证制度。

(3) 对主要污染源逐步由浓度控制向总量控制过渡。

6. 污水排放标准

(1)《污水综合排放标准》（GB 8978）。

《污水综合排放标准》（GB 8978—1996）中有关污水最高容许排放浓度的规定见表 7-7、表 7-8。标准中将污染物按性质分为两类。第一类污染物，指能在环境或动植物体内蓄积，对人体健康产生长远不良影响者，含有此类污染物质的污水，不分行业和污水排放方式，也不分受纳水体的功能类别，一律在车间或车间处理设施排出口取样，其最高允许排放浓度必须符合表 7-7 的规定，不得用稀释方法代替必要的处理。第二类污染物，指长远影响小于第一类污染物质，在排放单位排出口取样，1998 年 1 月 1 日之后建设的单位其最高允许排放浓度必须符合表 7-8 的规定。

表 7-7　　　　第一类污染物最高允许排放浓度　　　　单位：mg/L

污染物	最高允许排放浓度	污染物	最高允许排放浓度
总汞	0.05	总镍	1.0
烷基汞	不得检出	苯并（a）芘	0.00003
总镉	0.1	总铍	0.005
总铬	1.5	总银	0.5
六价铬	0.5	总 α 放射性	1Bq/L
总砷	0.5	总 β 放射性	10Bq/L
总铅	1.0		

表 7-8　　第二类污染物最高允许排放浓度（1998 年 1 月 1 日后建设的单位）　　单位：mg/L

序号	污染物	适用范围	一级标准	二级标准	三级标准
1	pH 值	一切排污单位	6～9	6～9	6～9
2	色度（稀释倍数）	一切排污单位	50	80	—
3	悬浮物（SS）	采矿、选矿、选煤工业	70	300	—
		脉金选矿	70	400	—
		边远地区砂金矿	70	800	—
		城镇二级法水处理厂	20	30	—
		其他排污单位	70	150	400
4	五日生化需氧量（BOD$_5$）	甘蔗制糖、苎麻脱胶、湿法纤维板、染料、洗毛工业	20	60	600
		甜菜制糖、酒精、皮革、化纤浆粕工业	20	100	600
		城镇二级污水处理厂	20	30	—
		其他排污单位	20	30	300
5	化学需氧量（COD）	甜菜制糖、合成脂肪酸、湿法纤维板、染料、洗毛、有机磷农药工业	100	200	1000
		味精、酒精、医药原料药、生物制药、苎麻脱胶、皮革、化纤浆粕工业	100	300	1000
		石油化工工业（包括石油炼制）	60	120	500
		城镇二级污水处理厂	60	120	—
		其他排污单位	100	150	500
6	石油类	一切排污单位	5	10	20
7	动植物油	一切排污单位	10	15	100
8	挥发酚	一切排污单位	0.5	0.5	2.0
9	总氰化合物	一切排污单位	0.5	0.5	1.0
10	硫化物	一切排污单位	1.0	1.0	1.0
11	氨氮	医药原料药、染料、石油化工工业	15	50	
		其他排污单位	15	25	—

续表

序号	污染物	适用范围	一级标准	二级标准	三级标准
12	氟化物	黄磷工业	10	15	20
		低氟地区（水体含氟量＜0.5mg/L）	10	20	30
		其他排污单位	10	10	20
13	磷酸盐（以 P 计）	一切排污单位	0.5	1.0	—
14	甲醛	一切排污单位	1.0	2.0	5.0
15	苯胺类	一切排污单位	1.0	2.0	5.0
16	硝基苯类	一切排污单位	2.0	3.0	5.0
17	阴离子表面活性剂（LAS）	一切排污单位	5.0	10	20
18	总铜	一切排污单位	0.5	1.0	2.0
19	总锌	一切排污单位	2.0	5.0	5.0
20	总锰	合成脂肪酸工业	2.0	5.0	5.0
		其他排污单位	2.0	2.0	5.0
21	彩色显影剂	电影洗片	1.0	2.0	3.0
22	显影剂及氧化物总量	电影洗片	3.0	3.0	6.0
23	元素磷	一切排污单位	0.1	0.1	0.3
24	有机磷农药（以 P 计）	一切排污单位	不得检出	0.5	0.5
25	乐果	一切排污单位	不得检出	1.0	2.0
26	对硫磷	一切排污单位	不得检出	1.0	2.0
27	甲基对硫磷	一切排污单位	不得检出	1.0	2.0
28	马拉硫磷	一切排污单位	不得检出	5.0	10
29	五氯酚及五氯酚钠（以五氯酚计）	一切排污单位	5.0	8.0	10
30	可吸附有机卤化物	一切排污单位	1.0	5.0	8.0
31	三氯甲烷	一切排污单位	0.3	0.6	1.0
32	四氯化碳	一切排污单位	0.03	0.06	0.5
33	三氯乙烯	一切排污单位	0.3	0.6	1.0
34	四氯乙烯	一切排污单位	0.1	0.2	0.5
35	苯	一切排污单位	0.1	0.2	0.5
36	甲苯	一切排污单位	0.1	0.2	0.5
37	乙苯	一切排污单位	0.4	0.6	1.0
38	邻-二甲苯	一切排污单位	0.4	0.6	1.0
39	对-二甲苯	一切排污单位	0.4	0.6	1.0
40	间-二甲苯	一切排污单位	0.4	0.6	1.0
41	氯苯	一切排污单位	0.2	0.4	1.0

续表

序号	污染物	适用范围	一级标准	二级标准	三级标准
42	邻-二氯苯	一切排污单位	0.4	0.6	1.0
43	对-二氯苯	一切排污单位	0.4	0.6	1.0
44	对-硝基氯苯	一切排污单位	0.5	1.0	5.0
45	2，4-二硝基氯苯	一切排污单位	0.5	1.0	5.0
46	苯酚	一切排污单位	0.3	0.4	1.0
47	间-甲酚	一切排污单位	0.1	0.2	0.5
48	2，4-二氯酚	一切排污单位	0.6	0.8	1.0
49	2，4，6-三氯酚	一切排污单位	0.6	0.8	1.0
50	邻苯二甲酸二丁脂	一切排污单位	0.2	0.4	2.0
51	邻苯二甲酸二辛脂	一切排污单位	0.3	0.4	2.0
52	丙烯腈	一切排污单位	2.0	5.0	5.0
53	总硒	一切排污单位	0.1	0.2	0.5
54	粪大肠菌群数	医院*、兽医院及医疗机构含病原体污水	500 个/L	1000 个/L	5000 个/L
		传染病、结核病医院污水	100 个/L	500 个/L	1000 个/L
55	总余氯（采用氯化消毒的医院污水）	医院*、兽医院及医疗机构含病原体污水	<0.5**	>3（接触时间≥1h）	>2（接触时间≥1h）
		传染病、结核病医院污水	<0.5**	>6.5（接触时间≥1.5h）	>5（接触时间≥1.5h）
56	总有机碳（TOC）	合成脂肪酸工业	20	40	—
		苎麻脱胶工业	20	60	—
		其他排污单位	20	30	—

注 其他排污单位指除在该控制项目中所列行业以外的一切排污单位。

* 指50个床位以上的医院。

** 加氯消毒后须进行脱氯处理，达到本标准。

污水水质符合排放标准后才可引入城市下水道，或者直接排入河、湖水体。但不得采用慢流排流，不得排入渗坑、渗井及已被污染或自净能力很弱的水体。散发有毒臭气的废水不得采用明渠，渠道不得渗漏。排入城市下水道的标准，原则上应不妨碍城市污水处理厂生化处理的顺利进行和处理后的水质能符合排入水体的要求。排入城镇污水处理厂的工业废水和医院污水，应达到《污水综合排放标准》（GB 8978）。

（2）《城镇污水处理厂污染物排放标准》（GB 18918）。

《城镇污水处理厂污染物排放标准》（GB 18918—2002）是为促进城镇污水处理厂的建设和管理，加强城镇污水处理厂污染物的排放控制和污水资源化利用，保障人体健康，维护良好的生态环境而制定的。根据污染物的来源及性质，将污染物控制项目分为基本控制项目和选择控制项目两类。基本控制项目主要包括影响水环境和城镇污水处理厂一般处理工艺可以去除的常规污染物，以及部分一类污染物，共19项，见表7-9、表7-10。选择控制项目包括对环境有较长期影响或毒性较大的污染物，共43项，见表7-11。基本控制项目必须执行。选择控制项目，由地方环境保护行政主管部门根据污水处理厂接纳的工业污染物的类别和水环境质量要求选择控制。

　　根据城镇污水处理厂排入地表水域环境功能和保护目标，以及污水处理厂的处理工艺，将基本控制项目的常规污染物标准值分为一级标准、二级标准和三级标准。一级标准分为 A 标准和 B 标准。一类重金属污染物和选择控制项目不分级。一级标准的 A 标准是城镇污水处理厂出水作为回用水的基本要求。当出水引入稀释能力较小的河湖作为城镇景观用水和一般回用水等用途时，执行一级标准的 A 标准。当城镇污水处理厂出水排入《地表水环境质量标准》（GB 3838—2002）中规定的地表水 III 类功能水域（划定的饮用水水源保护区和游泳区除外）、《海水水质标准》（GB 3097—1997）中的海水二类功能水域和湖、库等封闭或半封闭水域时，执行一级标准的 B 标准。城镇污水处理厂出水排入《地表水环境质量标准》（GB 3838—2002）中规定的地表水 IV、V 类功能水域，或《海水水质标准》（GB 3097—1997）中的海水三、四类功能海域，执行二级标准。非重点控制流域和非水源保护区的建制镇的污水处理厂，根据当地经济条件和水污染控制要求，采用一级强化处理工艺时，执行三级标准，但必须预留二级处理设施的位置，分期达到二级标准。

表 7 - 9　　　　　　　　　　基本控制项目最高允许排放浓度（日均值）　　　　　　　单位：mg/L

序号	基本控制项目		一级标准		二级标准	三级标准
			A 标准	B 标准		
1	化学需氧量（COD）		50	60	100	120[①]
2	生化需氧量（BOD₅）		10	20	30	60[①]
3	悬浮物（SS）		10	20	30	50
4	动植物油		1	3	5	20
5	石油类		1	3	5	15
6	阴离子表面活性剂		0.5	1	. 2	5
7	总氮（以 N 计）		15	20	—	
8	氨氮（以 N 计）[②]		5（8）	8（15）	25（30）	—
9	总磷（以 P 计）	2005 年 12 月 31 日前建设的	1	1.5	3	5
		2006 年 1 月 1 日起建设的	0.5	1	3	5
10	色度（稀释倍数）30 30 40 50		30	30	40	50
11	pH 值		6～9			
12	粪大肠菌群数（个/L）		10³	10⁴	10⁴	—

①　下列情况下按去除率指标执行：当进水 COD 大于 350mg/L 时，去除率应大于 60%；BOD 大于 160mg/L 时，去除率应大于 50%。

②　括号外数值为水温＞12℃时的控制指标，括号内数值为水温≤12℃时的控制指标。

表 7 - 10　　　　　　　部分一类污染物最高允许排放浓度（日均值）　　　　　　　单位：mg/L

序　号	项　目	标准值	序　号	项　目	标准值
1	总汞	0.001	5	六价铬	0.05
2	烷基汞	不得检出	6	总砷	0.1
3	总镉	0.01	7	总铅	0.1
4	总铬	0.1			

　　7. 加强水污染治理

　　尽管采取以上一系列措施，但是污水的产生仍是难以避免的。所以，加强对水污染的治理是水污染综合防治的重要环节，在城市中，主要是城市污水和工业废水的处理。

表 7 - 11　　　　选择控制项目最高允许排放浓度（日均值）　　　单位：mg/L

序号	项　　目	标准值	序号	项　　目	标准值
1	总镍	0.05	23	三氯乙烯	0.3
2	总铍	0.002	24	四氯乙烯	0.1
3	总银	0.1	25	苯	0.1
4	总铜	0.5	26	甲苯	0.1
5	总锌	1.0	27	邻-二甲苯	0.4
6	总锰	2.0	28	对-二甲苯	0.4
7	总硒	0.1	29	间-二甲苯	0.4
8	苯并（a）芘	0.00003	30	乙苯	0.4
9	挥发酚	0.5	31	氯苯	0.3
10	总氰化物	0.5	32	1，4-二氯苯	0.4
11	硫化物	1.0	33	1，2-二氯苯 1.0	1.0
12	甲醛	1.0	34	对硝基氯苯	0.5
13	苯胺类	0.5	35	2，4-二硝基氯苯	0.5
14	总硝基化合物	2.0	36	苯酚	0.3
15	有机磷农药（以 P 计）	0.5	37	间-甲酚	0.1
16	马拉硫磷	1.0	38	2，4-二氯酚	0.6
17	乐果	0.5	39	2，4，6 - 三氯酚	0.6
18	对硫磷	0.05	40	邻苯二甲酸二丁酯	0.1
19	甲基对硫磷	0.2	41	邻苯二甲酸二辛酯	0.1
20	五氯酚	0.5	42	丙烯腈	2.0
21	三氯甲烷	0.3	43	可吸附有机卤化物（AOX以CL计）	1.0
22	四氯化碳	0.03			

四、污水处理概述

1. 污水处理技术分类

现代的污水处理技术，按其作用原理可分为物理法、化学法、物理化学法和生物处理法4大类。

（1）物理法。

通过物理作用，以分离、回收污水中不溶解的呈悬浮状的污染物质（包括油膜和油珠），在处理过程中不改变其化学性质。物理法操作简单、经济，常采用的有重力分离法、过滤法、离心分离法、蒸发及结晶法等。

1）重力分离（即沉淀）法。利用污水中呈悬浮状的污染物和水比重不同的原理，借重力沉降（或上浮）作用，使水中悬浮物分离出来。沉淀（或上浮）处理设备有沉砂池、沉淀池和隔油池等。

在污水处理与利用方法中，沉淀与上浮法常常作为其他处理方法前的预处理。如用生物处理法处理污水时，一般需事先经过预沉池去除大部分悬浮物质减少生化处理的负荷，而经生物处理后的出水仍要经过二次沉淀池的处理，进行泥水分离保证出水水质。

2）过滤法。利用过滤介质截流污水中的悬浮物。过滤介质有钢条、筛网、砂布、塑料、微孔管等，常用的过滤设备有：格栅、栅网、微滤机、砂滤机、真空滤机、压滤机等（后两种滤机多用于污泥脱水）。

3）气浮（浮选）。将空气通入水中，并以微小气泡形式从水中析出成为载体，污水中相对密度接近于水的微小颗粒状的污染物质（如乳化油）黏附在气泡上，并随气泡上升至水面，形成泡沫——气、水、悬浮颗粒（油）三相混合体，从而使污水中的污染物质得以从污水中分离出来。

4）离心分离法。含有悬浮污染物质的污水在高速旋转时，由于悬浮颗粒（如乳化油）和污水的质量不同，因此旋转时受到的离心力大小不同，质量大的被甩到外围，质量小的则留在内圈，通过不同的出口分别引导出来，从而回收污水中的有用物质（如乳化油），并净化污水。

5）反渗透。利用一种特殊的半渗透膜，在一定的压力下，将水分子挤压过去，而溶解于水中的污染物质则被膜所截留，污水被浓缩，而被压过膜的水就是处理过的水。目前该处理方法已用于海水淡化、含重金属的废水处理及污水的深度处理等方面。应用反渗透法淡化海水一般需要 $100kg/cm^2$ 的压力，处理一般污水，反渗透的操作压力为 $30\sim50kg/cm^2$。

（2）化学法。

向污水中投加某种化学物质，利用化学反应来分离、回收污水中的某些污染物质，或使其转化为无害的物质。常用的方法有化学沉淀法、混凝法、中和法、氧化还原（包括电解）法等。

1）化学沉淀法。化学沉淀法是向污水中投加某种化学物质，使其与污水中的溶解性物质发生化学反应，生成难溶于水的沉淀物，以降低污水中溶解物质的方法。这种处理法常用于含重金属、氰化物等工业生产污水的处理。

进行化学沉淀的必要条件是能生成难溶盐。加入污水中促使产生沉淀的化学物质称为沉淀剂。按使用沉淀剂的不同，化学沉淀法可分为石灰法（又称氢氧化物沉淀法）、硫化物法和钡盐法。例如处理含锌污水时，一般投加石灰沉淀剂，pH 值控制在 9～11 范围内，使其生成氢氧化锌沉淀；处理含汞污水可采用硫化钠沉淀剂进行共沉处理；含铬污水，可采用碳酸钡、氯化钡、硝酸钡、氢氧化钡等为沉淀剂，生成难溶的铬酸沉淀，使污水中减少铬离子。

2）混凝法。水中呈胶体状态的污染物质，通常都带有负电荷，胶体颗粒之间互相排斥形成稳定的混合液，若向水中投加带有相反电荷的电解质（即混凝剂），可使污水中的胶体颗粒改变为呈电中性，失去稳定性，并在分子引力作用下，凝聚成大颗粒而下沉。通过混凝法可去除污水中细小分散的固体颗粒、乳状油及胶体物质等，所以该法可用于降低污水的浊度和色度，去除多种高分子物质、有机物、某些重金属毒物（汞、镉、铅）和放射性物质等，也可以去除能够导致富营养化物质如磷等可溶性无机物，此外还能够改善污泥的脱水性能。混凝法在工业污水处理中使用得非常广泛，即可作为独立处理工艺，又可与其他处理法配合使用，作为预处理、中间处理或最终处理。目前常采用的混凝剂有硫酸铝、碱式氯化铝、铁盐（主要指硫酸亚铁、三氯化铁及硫酸铁）等。

3）中和法。用于处理酸性废水和碱性废水。向酸性废水中投加碱性物质如石灰、氢氧化钠、石灰石等，使废水变为中性。对碱性废水可吹入含 CO_2 的烟道气进行中和，也可用其他的酸性物质进行中和。

4）氧化还原法。废水中呈溶解状态的有机或无机污染物，在投加氧化剂或还原剂后，由于电子的迁移，而发生氧化或还原作用，使其转化为无害的物质。根据有毒物质在氧化还原反应中被氧化或还原的不同，污水的氧化还原法可分为氧化法和还原法两大类。

（3）物理化学法。

在工业污水的回收利用中，经常遇到物质的相互转移过程，例如用汽提法回收含酚污水时，酚由液相（水）转移到气相中，其他如萃取、吸附、离子交换、吹脱等物理化学方法都是传质过程。利用这些操作过程处理或回收利用工业废水的方法可称为物理化学法。工业废水在应用物理化学法进行处理或回收利用之前，一般均需先经过预处理，尽量去除废水中的悬浮物、油类、有害气体等杂质，或调整废水的 pH 值，以便提高回收效率及减少损耗。常采用的物理化学法有以下几种：

1）萃取（液—液）法。将不溶于水的溶液投入污水之中，使污水中的溶质溶于溶剂中，然后利用溶剂与水的比重差，将溶剂分离出来，再利用溶剂与溶质的沸点差，将溶质蒸馏回收，再生后的溶剂可循环使用。如含酚废水处理，常采用的萃取剂有醋酸丁酯、苯等，经过萃取酚的回收率可达 90％以上。常采用的萃取设备有脉冲筛板塔、离心萃取机等。

2）吸附法。利用多孔性的固体物质，使污水中的一种或多种物质被吸附在固体表面而去除的方法。常用的吸附剂有活性炭。此法可用于吸附污水中的酚、汞、铬、氰等有毒物质，还有除色、脱臭等作用。吸附法目前多用于污水的深度处理。吸附操作可分为静态和动态两种：静态吸附是在污水不流动的条件下进行的操作；动态吸附是在污水流动条件下进行的吸附操作。常用的吸附设备有固定床、移动床和流动床三种。

3）离子交换法。离子交换法是利用离子交换剂的离子交换作用来置换污水中的离子化物质。随着离子交换树脂的生产和使用技术的发展，近年来在回收和处理工业污水的有毒物质方面，其因效果良好和操作方便而得到了广泛应用。

在污水处理中使用的离子交换剂有无机离子交换剂和有机离子交换剂两大类。采用离子交换处理污水时必须考虑树脂的选择性。树脂对各种离子的交换能力是不同的。交换能力的大小主要取决于各种离子对该种树脂亲和力（又称选择性）的大小。目前离子交换法广泛用于去除或回收污水中的某些物质，例如去除（回收）污水中的铜、镍、镉、锌、汞、金、银、铂、磷酸、硝酸、氨、有机物和放射性物质等。

4）电渗析法。电渗析法是在离子交换技术基础上发展起来的一项新技术。它省去了用再生剂再生树脂的过程，具有设备简单、操作方便等优点。电渗析的基本原理是在外加直流电场作用下，利用阴、阳离子交换膜对水中离子的选择透过性，使一部分溶液中的离子迁移到另一部分溶液中去，以达到浓缩、纯化、合成、分离的目的。在电渗析过程中，离子减少的隔室称为淡室，其出水为淡水，即为净化了的水；离子增多的隔室为浓室，其出水为浓水。

（4）生物法。

污水的生物处理法就是利用微生物新陈代谢功能，使污水中呈溶解和胶体状态的有机污染物被降解并转化为无害的物质，使污水得以净化。属于生物处理法的工艺可以根据参与作用的微生物种类和供氧情况，分为好氧生物处理及厌氧生物处理两大类。

1）好氧生物处理法。此法是在有氧的条件下，借助于好氧微生物（主要是好氧菌）的作用来进行的。依据好氧微生物在处理系统中所呈状态不同又可分为活性污泥法和生物膜法两大类。

a. 活性污泥法。这是当前使用最广泛的一种生物处理法。该法是将空气连续鼓入曝气池的污水中，经过一段时间，水中即形成繁殖有巨量好氧性微生物的絮凝体——活性污泥，它能够吸附水中的有机物，生活在活性污泥上的微生物以污水中有机物为食料，获得能量并不断生长繁殖。从曝气池流出并含有大量活性污泥的污水，进入沉淀池经沉淀分离后，澄清的水被净化排放，沉淀分离出的污泥作为种泥，部分回流进入曝气池，剩余的（增殖）部分从沉淀池排放。

b. 生物膜法。使污水连续流经固体填料（碎石、煤渣或塑料填料），在填料上大量繁殖生长微生物形成污泥状的生物膜。生物膜上的微生物能够起到与活性污泥同样的净化作用，吸附和降解水中的有机污染物，从填料上脱落下来的衰老生物膜随处理后的污水流入沉淀池，经沉淀泥水分离，污水得以净化而排放。

生物膜法多采用的处理构筑物有生物滤池、生物转盘、生物接触氧化池及生物流化床等。除此之外，土地处理系统（污水灌溉）和氧化塘皆属于生物处理法中的自然生物处理范畴。

2）厌氧生物处理法。厌氧生物处理是在无氧的条件下，利用厌氧微生物的作用来进行的。它已有百年历史，但由于与好氧法相比存在着处理时间长、对低浓度有机污水处理效率低等缺点，其发展缓慢。过去厌氧法常用于处理污泥及高浓度有机废水。近 30 多年来，世界性能源紧张，促使污水处理向节能和实现能源化方向发展，从而促进了厌氧生物处理的发展，一大批高效新型厌氧生物反应器相继出现，包括厌氧生物滤池、升流式厌氧污泥床、厌氧流化床等。它们的共同特点是反应器中生物固体浓度很高，污泥龄很长，因此处理能力大大提高，从而使厌氧生物处理法所具有的能耗小并可回收能源、剩余污泥量少、生成的污泥稳定且易处理及对高浓度有机污水处理效率高等优点，得到充分的体现。厌氧生物处理法经过多年的发展，现已成为污水处理的主要方法之一。目前，厌氧生物处理法不但可用于处理高浓度和中等浓度的有机污水，还可以用于低浓度有机污水的处理。

2. 污水处理流程

污水中的污染物质是多种多样的，不能预期只用一种方法就能够把污水中所有的污染物质去除，一种污水往往需要通过几种方法组成的处理系统，才能达到处理要求的程度。

按污水的处理程度划分，污水处理可分为一级、二级和三级（深度）处理。一级处理主要是去除污水中呈悬浮状的固体污染物质，物理处理法中的大部分用作一级处理。经一级处理后的污水，BOD 只能去除 30%左右，仍不宜排放，还必须进行二级处理，因此对于二级处理来说，一级处理又属于预处理。二级处理的主要任务是大幅度地去除污水中呈胶体和溶解状态的有机性污染物质（即 BOD 物质），常采用生物法，去除率（BOD）可达 90%以上，处理后水中的 BOD_5 含量可降至 $20\sim30mg/L$，一般污水均能达到排放标准。但经二级处理后的污水中仍残存着微生物不能降解的有机污染物和氮、磷等无机盐类。深度处理往往是以污水回收、再次复用为目的，在二级处理工艺后增设的处理工艺或系统，其目的是进一步去除废水中的悬浮物质、无机盐类及其他污染物质。污水复用的范围很广，从工业上的复用直到作为饮用水，对复用水水质的要求有很大的差异，一般根据水的复用用途而组合三级处理工艺，常用的方法有生物脱氮法、混凝沉淀法、活性炭过滤、离子交换及反渗透和电渗析等。

污水处理流程的组合，一般应遵循先易后难，先简后繁的规律，首先去除大块垃圾及漂浮物质，然后再依次去除悬浮固体、胶体物质及溶解性物质，即首先使用物理法，然后再使用化学法和生物法。

图 7-3 是城市污水处理的典型流程。以去除污水中的 BOD 物质为主要对象的处理流程，一般其系统的核心是生物处理设备（包括二次沉淀池）。污水先经格栅、沉砂池，除去较大的悬浮物质及砂粒杂质，然后进入初次沉淀池，去除呈悬浮状的污染物后进入生物处理构筑物（或采用活性污泥曝气池或、生物膜构筑物）处理，使污水中的有机污染物在好氧微生物的作用下氧化分解，生物处理构造物的出水进入二次沉淀进行泥水分离，澄清的水排出二次沉淀池后再经消毒直接排放；二次沉淀池排放出的剩余污泥再经浓缩、污泥消化、脱水后进行污泥综合利用；污泥消化过程产生的沼气可回收利用，用作燃料能源或沼气发电。

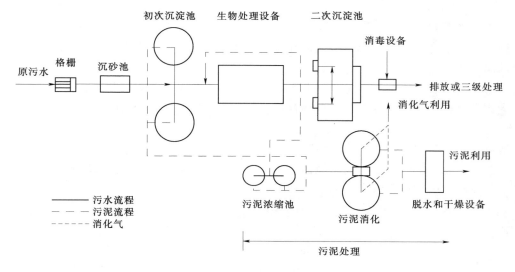

图 7-3 城市污水处理典型流程

第八章　城市固体废物污染与控制

第一节　固　体　废　物　污　染

一、固体废物

固体废物是指人类在生产、加工、流通、消费以及生活等过程中，提取目的组分后，而丢弃的固态或泥浆状的物质。

人们在利用自然资源从事生产和生活活动时，由于客观条件的限制，总会把其中一部分作为废物丢弃掉。另外，各种产品本身有其使用寿命，超过了寿命期限，也会成为废物。但"废物"只是相对于目的组分或产品而言，随时空条件的变化，往往可以成为另一过程的原料，所以废物也有"放错地方的资源"之称。

一个不容忽视的现实是，我国固体废物的产生量，随经济的发展而急剧增加。表 8-1 为我国工业固体废物排出量发展趋势与利用情况。

表 8-1　　　　　　　　　　我国工业固体废物产生量与利用情况　　　　　　　单位：亿 t

年份	生产量	年增长率（%）	综合利用量	利用率（%）
1996	6.59	7.3	2.83	43.0
1997	10.6	60.8	4.791	45.2
1998	8.0	−24.5	3.75	47
1999	7.8	−2.5	3.56	45.6
2000	8.2	5.1	4.25	51.8
2001	8.9	8.5	4.73	52
2002	9.5	7.9	5.0	52.0
2003	10.0	5.3	5.6	55.8
2004	12.0	20	6.8	55.7
2005	13.4	12	7.7	56.1
2006	15.2	13.1	9.26	61
2007	17.6	15.7	11.0	62.1
2008	19.0	8.3	12.3	64.9
2009	20.4	7.3	13.8	67.6

近些年我国城市垃圾的产出量增长也非常迅猛，尤其是城市居民的生活垃圾和大规模建设产生的建筑垃圾的增长。城市清运的生活垃圾在 1987 年为 5397.7 万 t，1989 年增至 6291.4 万 t，1990 年达到 7000 多万 t，2001 年 1.3 亿 t，2003 年 1.49 亿 t，2008 年 1.55 亿 t，如果加上县级以上城镇，全国城镇垃圾产出量为 2.2 亿 t。目前，全国城市垃圾的年增长率平均为 10%。

联合国大会《21世纪议程》指出，固体废物污染关系到维持地球环境的质量和可持续发展的问题："废物的无害环境的管理绝不能只是安全处理或回收废物，而是应当争取从根本上解决问题，改变不能持续的生产和消费方式。这就需要采用综合生命周期管理的概念。这一概念为我们提供了使发展与环境保护相结合的独特机会。"也就是说，当我们在选用一种材料时就要考虑其全周期对环境的影响。

二、固体废物的来源与分类

固体废物来源于人类的生产与消费活动中，其来源、种类以及分类方法都是比较复杂的。表8-2列出了各类发生源产生的主要固体废物。

表8-2　　　　　　　　　　固体废物的分类、来源和主要组成物

分类	来源	主要组成物
矿业废物	矿山、选矿	废矿石、尾矿、金属、废木、砖瓦灰石等
工业废物	冶金、交通、机械、金属结构	金属、矿渣、砂石、陶瓷、边角料、涂料、绝热和绝缘材料、废木、塑料、橡胶、烟尘等
	煤炭	矿石、金属、木料
	食品加工业	肉类、谷物、果类、菜蔬、烟草
	橡胶、皮革、塑料业	橡胶、皮革、塑料、布、纤维、染料、金属等
	造纸、木材、印刷业	刨花、锯末、碎木、塑料、金属、化学药剂、木质素
	石油化工	化学药剂、金属、塑料、橡胶、沥青、陶瓷、石棉、涂料
	电器、仪器仪表	金属、玻璃、木材、塑料、橡胶、化学药剂、绝缘材料、陶瓷
	纺织服装业	布头、纤维、塑料、橡胶、金属
	建筑材料	金属、水泥、黏土、砂石、陶瓷、石膏、纸、纤维
	电力工业	炉渣、粉煤灰、烟尘等
城市垃圾	居民生活	食物垃圾、纸屑、布料、木料、金属、塑料、玻璃、陶瓷、燃料灰渣、碎砖瓦、废器具、粪便、杂品
	机关、商业	管道、建筑垃圾、废汽车、废电器、废器具以及类似居民生活栏的各种废物
	市政部门	碎砖瓦、树叶、死禽畜、金属、锅炉灰渣、污泥、脏土
农业固体废物	农林	秸秆、落叶、蔬菜、水果、塑料、人畜禽粪便、农药
	水产	腥臭死禽畜、腐烂鱼虾、贝壳、污泥
放射性固体废物	核工业、核电站、医疗科研单位	金属、含放射性废渣、粉尘、污泥、器具、劳保用品、建筑材料

国家标准中对垃圾的定义为：人类在生存和发展过程中产生的固体废弃物。垃圾包括城市生活垃圾、工业垃圾和农业垃圾，但在日常生活中，往往把城市生活固体废物（城市生活垃圾）简称为垃圾。

欧美等许多国家将固体废物按来源分为工业固体废物、矿业固体废物、城市固体废物、农业固体废物和放射性固体废物等五类。我国的固体废物分为：工业固体废物、城市生活垃圾和危险废物三类。但是这里有三个问题：一是我们所谓城市是有行政建制的城市，而县城及镇则不在其列；二是近年来迅速增长的建筑垃圾不在其列；三是农村的废弃物不在其列。

固体废物还可按其化学性质分为有机废物和无机废物；按其危害状况可分为危险废物和一般废物，危险废物是一类对环境影响极为有害的废弃物。应区别有毒废物和危险废物：有毒废物一般是指狭义的具体物质，能对人和动物造成死亡或严重伤害的废物；危险废物的含义较为广泛，包括所有有毒的废物和对人体健康有直接或长远的影响，或对环境造成危险的废物。

三、固体废物的特点及对环境的危害

1. 固体废物的特点

　　（1）固体废物是各种污染物的最终形态，特别是从污染控制设施排出的固体废物，浓集了许多成分。呆滞性和不可稀释性是固体废物的重要特点之一。

　　（2）最具综合性的环境问题。在自然条件影响下，固体废物中的一些有害成分会转入大气、水体和土壤中，参与生态系统的物质循环，因而具有长期潜在的危害性。

　　（3）固体废物的特点决定了从其生产到运输、贮存、消费及处理的每一个环节都要妥善控制，使其不危害生态环境，即具有全生命周期过程控制的特点。

　　（4）最易被忽视的环境污染。工业废物一般远离人们的生活，就是生活垃圾和建筑垃圾，城市管理者也往往把它们运到人们看不到的地方。

　　（5）是占地最多的污染，对于土地比较紧张的地区影响尤为严重。

2. 固体废物对环境的危害

　　（1）侵占土地。

　　固体废物需要占地堆放。据估算，每堆积1万t废物，占地约需1亩。目前我国工业固体废物历年累计堆存量就达65亿t，城市生活垃圾累积堆存量已达70亿t，占地约80多万亩。随着我国经济的发展和消费的增长，城市垃圾受纳场地日益不足，垃圾占地的矛盾日渐突出，许多城市利用大片城郊边缘的农田来堆放，从卫星照片上都可以明显看到那些围绕着城市的白色的垃圾环。

　　（2）污染土壤。

　　土壤是细菌、真菌等微生物聚居的场所。这些微生物在土壤功能的体现中起着重要的作用，与土壤本身构成了一个平衡的生态系统。未经处理的有害固体废物或没有适当的防渗措施的垃圾填埋，其中的有害组分很容易经过风化、雨雪淋溶及地表径流的侵蚀，产生高温和有毒液体渗入土壤，从而杀害土壤中的微生物，破坏土壤的生态系统平衡，导致草木不生，也对人类的健康构成威胁。有些尾矿堆积如山，使坝下游的大片土地被污染，居民被迫搬迁。

　　（3）污染水体。

　　固体废物的有害成分随天然降水和地表径流进入河流湖泊，或随风飘迁落入水体使地面水污染，造成江河湖泊海洋污染；随沥渗水进入土壤则使地下水污染，已发现我国很多城市的垃圾填埋场周围地下水的浓度、色度、总细菌数、重金属含量等污染指标严重超标。更有一些地区把固体废物直接倾入河流、湖泊或海洋。固体废物进入水体造成水体污染，减少了水体面积，并妨害了水生生物的生存和水资源的利用。

　　（4）污染大气。

　　固体废物一般通过如下途径污染大气：以细粒状存在的废渣和垃圾，在大风吹动下会随风飘逸，扩散到很远的地方；运输过程中产生的有害气体和粉尘；一些有机固体废物在适宜的温度和湿度下被微生物分解，能释放出有害气体；固体废物本身或在处理（如焚烧）时散

发的毒气和臭味等，如煤矸石的自燃，散发出大量的 SO_2、CO_2、NH_3 等气体，农村烧秸秆等都会造成严重的大气污染。

（5）危险废物的危害。

危险废物是一类特殊的废物，不但污染空气、水源和土壤，而且直接危害人体健康。危险废物的特殊性质（如易燃性、腐蚀性、毒性）表现在其短期和长期危险性上：就短期而言，是通过摄入、吸入、皮肤吸收、眼接触等，引起毒害、燃烧或爆炸等危险事件；长期危害包括重复接触而导致的长期中毒、致癌、致畸形、致变异等。

固体废物对环境的危害很大，其污染往往是多方面、多环境要素的。其主要污染途径有下列几个方面，如图 8-1 所示。

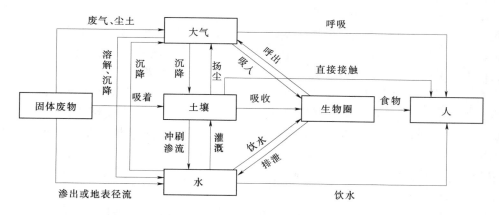

图 8-1　固体废物的主要污染途径

第二节　固体废物的控制与处理

一、固体废物的减量化及无废工艺的发展

1. 固体废物的减量化

固体废物的减量化指的是减少固体废物的产生量。减少污染源的废物产生量是解决工业固体废物问题的最佳方案。减少废物的产生在理论上已被认为是解决固体废物问题的最好方法，且已被广泛接受。对于固体废物的控制与处理，首先应该减少废物的产生，这是应尽可能采取的第一选择；其次是废物的重复利用；最后的选择才是处理。

2. 无废少废工艺的发展

无废工艺是一种生产产品的方法，其目的在于解决自然资源的合理利用和环境保护问题。借助这种方法，所有的原料和能量在原料资源—生产—消费—二次原料资源的循环中得到最合理和综合的利用，同时对环境的任何作用都不致破坏其正常功能。无废工艺生产模式如图 8-2 所示。

少废工艺是现阶段作为传统工业向无废生产转化的一种过渡形式，其定义是：少废工艺是一种生产方法，这种生产的实际活动对环境所造成的影响不超过允许的环境卫生标准（最高容许浓度）；同时由于技术、经济、组织或其他方面的原因，少量原材料可能转化成长期存放或掩埋的废料。

实现无废生产的主要途径是：

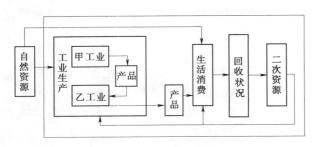

图 8-2　无废工艺生产模式

（1）原料的综合利用。

（2）改革原有的工艺或开发全新流程。

（3）实现物料的闭路循环。

（4）工业废料转化为二次资源。

（5）改进产品的设计，加强废品的回收利用。

二、资源化

固体废物的资源化即废物的再循环利用，以回收能源和资源。随着工业发展速度的增长，固体废物的数量以惊人的速度不断上升。在这种情况下，如果能大规模地建立资源回收系统，必将减少原材料的用量，减少废物的排放量、运输量和处理量。这样可以保护和延长原生资源寿命，降低成本，降低环境污染，保持生态平衡，具有显著的社会效益、生态效益和经济效益。世界各国的废物资源化的实践表明，从固体废物中回收有用物资和能源的潜力相当大。德国包装法要求，自 1995 年 7 月 1 日起，玻璃、马口铁、铝、纸板和塑料等包装材料的回收率要全部达到 80%。在德国的影响下，欧盟国家相继制定了旨在鼓励二手副产品回收、绿色包装等法律，同时规定了包装废弃物的回收、复用或再生的具体目标。法国法令提出 2003 年应有 85% 的包装废弃物得到循环再利用。废弃物混合是垃圾，分类就是资源。

1. 提取回收金属

金属矿一般都含有多种金属，通常冶炼只提取一种主要的目标金属，其他金属随矿渣排出。这不仅是资源浪费，也会造成污染。所以对这种工业废渣利用的主要途径就是提取其他各种金属。如在重金属熔渣中，可以提取金、银、锑、硒、碲、铊、钯、铂、钛等，有的金属含量达到工业矿床品位，甚至超过很多倍，有些矿渣回收的稀有金属的价值超过了原目标金属的价值。硫铁矿渣除含大量铁外还有许多稀有贵重金属。某些化工废渣中也含有多种金属。钙镁磷肥生产废渣中含有高品位镍、钴和铜。在部分煤炭、煤矸石中，也可以提取钼、钪、锗、矾、铀等金属。

2. 生产建筑材料

燃料渣、高炉渣等可用以生产各种建筑材料，如生产砖和建筑砌块。我国的粉煤灰利用中 84% 是用来生产砖。另外工业废渣还可生产矿渣棉和泡沫型轻质骨料，生产碎石，用作混凝土骨料，生产水泥。冶金炉渣均属碱性渣，CaO 含量为 30%～50%，经水淬处理后，可以生产各种水泥。

3. 提取燃料或原料

废塑料加热加压成型，可得再生塑料。废塑料经粉碎、微波溶解、加热分解，可提取石油燃料。石油化工渣也可提取石油制品。废纸可回收制作纸浆。

4. 用以农业改良土壤和作肥料

某些无毒无害的工业废渣可以直接用于农用改良土壤。废渣中的一些微量元素还是农业上不可缺少的肥料。

三、固体废物的一般处理技术

固体废弃物的处理通常是指通过物理、化学、生物、物化及生化方法把固体废物转化为适于运输、贮存、利用或处置的过程，固体废弃物处理的目标是无害化、减量化、资源化。

1．预处理技术

固体废物预处理是指采用物理、化学或生物方法，将固体废物转变成便于运输、贮存、回收利用和处置的状态。预处理常涉及固体废物中某些组分的分离与浓集，因此往往又是一种回收材料的过程。预处理技术主要有压实、破碎、分选和固化等。

（1）压实技术。

压实是一种通过对废物实行减容化、降低运输成本、延长填埋寿命的预处理技术。压实是一种普遍采用的固体废弃物的预处理方法，如汽车、易拉罐、塑料瓶等通常首先采用压实处理。

（2）破碎技术。

为了使进入焚烧炉、填埋场、堆肥系统等废弃物的外形减小，必须预先对固体废弃物进行破碎处理，经过破碎处理的废物，由于消除了大的空隙，不仅尺寸大小均匀，而且质地也均匀。

（3）分选技术。

固体废物分选是实现固体废物资源化、减量化的重要手段，通过分选将有用的充分选出来加以利用，将有害的充分分离出来；另一种是将不同粒度级别的废弃物加以分离，分选的基本原理是利用物料的某些性质方面的差异，将其分离开。例如，利用废弃物中的磁性和非磁性差别进行分离；利用粒径尺寸差别进行分离；利用比重差别进行分离等。根据不同性质，可设计制造各种机械对固体废弃物进行分选，分选包括手工捡选、筛选、重力分选、磁力分选、涡电流分选、光学分选等。

（4）固化处理技术。

固化技术是通过向废弃物中添加固化基材，使有害固体废物固定或包容在惰性固化基材中的一种无害化处理过程，经过处理的固化产物应具有良好的抗渗透性、机械性以及抗浸出性、抗干湿、抗冻融特性。固化处理根据固化基材的不同可分为水泥固化、沥青固化、玻璃固化及胶质固化等。

2．焚烧热回收技术

焚烧是固体废物高温分解和深度氧化的过程，目的在于使可燃的固体废物氧化分解，借以减容、无害化并回收能量及副产品。固体废物经过焚烧，体积一般可减少 80%～90%，一些有害固体废物通过焚烧，可以破坏其组成结构或杀灭病原菌，达到解毒、除害的目的。采用焚烧方法处理固体的废弃物，利用其热能已成为一种发展趋势，焚烧炉多设有回收蒸汽装置，有的固体废物每千克热值可达 5000～5800kJ。焚烧法需要严格控制焚烧过程，尤其是燃烧温度，以减少焚烧所产生的二次污染。这种方法在发达国家中发展比较迅速，占地少处理量大，土地比较紧张的国家如日本、瑞士等国家，多采用此方法，成为除土地填埋之外的一个重要手段。

3．热解技术

固体废物热解是利用有机物的热不稳定性，在无氧或缺氧条件下受热（500～1000℃）分解的过程。热解法与焚烧法是完全不同的两个过程。焚烧是放热的，热解是吸热的；焚烧的产物主要是二氧化碳和水，热解的产物主要是可燃的低分子化合物：气态的氢、甲烷、一氧化碳，液态的甲醇、丙酮、醋酸等有机物及焦油、溶剂油等，固态的主要是焦炭或炭黑。因为热解法在密闭条件下进行，很少产生污染问题，处理能力强，燃料可以由本身解决，还可回收油类等产品，其费用约为焚烧费用的 27%，基建投资也少。对于工业含碳固体废物的处理，采用热解法比焚烧法更为有利。与焚烧法相比，热解法是更有前途的处理方法。

4. 生物处理技术

生物处理技术是利用微生物对有机固体废物的分解作用使其无害化，从而使有机固体废物转化为能源、饲料和肥料，还可以用来从废品和废渣中提取金属，是固化废物资源化的有效的技术方法，目前应用比较广泛的有：堆肥化、沼气化、废纤维素糖化、废纤维饲料化、生物浸出等。堆肥是指依靠自然界广泛分布的细菌、放线菌和真菌等微生物，人为地促进可生物降解的有机物向稳定的腐殖质生化转化的微生物学过程，其产品称为堆肥。其主要作用是能够改善土壤的物理、化学和生物性质，使土壤环境适于农作物生长，而且又有增进化肥肥效的作用。

从发展趋势来看，土地填埋的场所越来越少，一般难以保证，焚烧处理的成本太高，而且二次污染严重。因此，堆肥得到了广泛的重视。我国的具体情况是垃圾量大，农业又要求提供大量的有机肥料作为土壤改良剂，民间还有堆肥的悠久传统和丰富经验，因此堆肥是一条可行的、适合我国国情的垃圾处理途径。

四、固体废物的无害化处置

1. 固体废物处置的目的

固体废物是多种污染物质的终态，将长期停留在环境中，为了控制其对环境的污染，使它最大限度地与生物圈隔离，必须进行最终处置。固体废物的无害化处置实际上是解决最终归宿问题，也是对固体废物管理的最后一个环节。

2. 最终处置方法的选择

固体废物的无害化最终处置不外乎上天、入地、入海三个途径。上天现在无论是经济还是技术都是不现实的，目前在国际上除了极个别情况外，废物已不再允许倾入海洋，因此，陆地处置实际上已成为唯一的选择。

3. 固体废物的土地填埋

土地填埋是使用最为广泛的土地处置技术，其实质是将固体废物铺成有一定厚度的薄层后加以压实，并覆盖土壤的方法。今天的土地填埋已不是单纯的堆、填和埋，而是按工程理论和土工标准，对固体废物进行有效控制管理的科学工程方法。

按照处置对象及技术要求的差异，土地填埋主要分为卫生填埋和安全填埋两类。卫生填埋采取防渗、压实、覆盖和气体、渗沥水治理等环境保护措施的固体废物填埋方法，适用于生活垃圾的处置，目前已为世界上许多国家所采用。安全填埋则用于处置工业固体废物，特别是有害废物。它实际上是卫生填埋的进一步改进，对场地的建造技术、浸出液的收集处理技术等要求更加严格。

五、危险固体废物的处理与处置

对于少量的高危险性废物，如高放射性废物等，国际上已进行了大量的实际研究和可行性探讨，并积累了大量的经验。例如，将放射性废物固化后进行孤岛处置、极地处置或深地层处置等。但对量大面广的危险固体废物，就必须寻求其他的方法。

1. 填埋法

土地填埋是最终处置危险固体废物的一种方法，此方法包括场地选择、填埋场设计、施工填埋操作、环境保护及监测、场地利用等几个方面。

2. 焚烧法

焚烧法是高温分解和深度氧化的综合过程。通过焚烧可以使可燃性固体废物氧化分解，达到减少容积、去除毒性、回收能量及副产品的目的。一般地说，差不多所有的有机性危险固体废物都可用焚烧法处理。对于无机和有机混合性固体废物，若有机物是有毒、有害物质，一般也最好用焚烧法处理，这样处理后还可以回收其中的无机物。而某些特殊的有机性固体废物只适合于用焚烧法处理，例如医院的带菌性固体废物，石化工业生产中某些含毒性中间副产物等。

3. 固化法

固化法是将水泥、塑料、玻璃、沥青等凝结剂同危险固体废物加以混合进行固化，使得有害物质封闭在固化体内不被浸出，从而达到稳定化、无害化、减量化的目的。固化法能降低废物的渗透性，并且能将其制成具有高应变能力的最终产品，从而使有害废物变成无害废物。固化法在日本、欧洲及美国已应用多年，我国主要用此法处理放射性废物。

4. 化学法

化学法是利用危险废物的化学性质，通过酸碱中和、氧化还原以及沉淀等方式，将有害物质转化为无害的最终产物。

5. 生物法

许多危险废物是可以通过生物降解来解除毒性的，只要生物未因毒性组分的影响而出现抑制作用，就能取得非常好的效果，解除毒性后的废物可以被土壤和水体所接受。目前，生物法有活性污泥法、气化池法、氧化塘法等。

第三节　城市垃圾的处理

一、城市垃圾的产生及组成

城市垃圾是指城市居民在日常生活中抛弃的固态和液态废弃物。城市垃圾的分类方法较多，具体有源地分类法、可燃性分类法、元素分类法、重量分类法等。在这些分类方法中，源地分类法较为常用，它主要根据各类城市废物产生的场所进行分类，将其分成家庭垃圾、零散垃圾、医院垃圾、市场垃圾、建筑垃圾、街道扫集物和城市粪便等。

按垃圾的成分，城镇垃圾大体可分为无机和有机两类。无机类主要包括灰渣、砖瓦、金属、玻璃等；有机类主要有厨余、塑料、纸、织物、草木等。垃圾中各组分的含量与居民的阶层、生活水平和习惯等因素有关，表 8-3 为世界部分国家城市垃圾成分组成。表 8-4 为北京不同功能区的垃圾组成。

表 8-3 　　　　　　　　　　部分国家城市垃圾成分组成 　　　　　　　　%

国家 \ 成分	纸类	有机物	塑料	玻璃	金属	纺织品	其他无机物
美国	34.0	25.0	12.0	5.0	8.0	—	34.0
瑞典	68.0	—	2.0	11.0	2.0		17.0
新加坡	24.3	21.4	14.9	1.4	20.0	2.0	16.0
意大利	28.7	29.0	5.0	13.0	2.0		22.0
加拿大	47.0	24.0	3.0	6.0	13.0	—	8.0
墨西哥	15.0	51.0	6.0	6.0	3.0		18.0
印度	2.8	35.0	1.6	0.9	0.3	1.0	58.0

成分 国家	纸类	有机物	塑料	玻璃	金属	纺织品	其他无机物
印尼	20.6	55.4	13.3	1.9	1.1	0.6	4.7
巴西	12.6	59.9	15.5	3.4	1.7	1.5	5.4
北京	4.2	50.6	0.6	0.9	0.8	1.2	41.7
上海	0.4	42.0	0.5	0.4	—	0.5	55.5
哈尔滨	3.6	16.6	1.5	2.2	0.8	0.4	74.8
湛江	0.9	37.1	1.5	—	0.7	0.4	59.4
福州	0.6	31.8	0.4	1.1	0.5	—	62.2

注　除加拿大、印度和巴西为2004年数据，墨西哥为2006年数据，其他均为2005年数据。

表8-4　　　　　　　　　　　　　北京不同功能区的垃圾成分　　　　　　　　　　　　　%

取样点	金属	玻璃	塑料	纸类	织物	草木	厨余	灰渣	砖瓦	含水率
普通住宅区	1.96	12.8	14.6	15.1	2.86	11.20	32.6	1.92	6.74	53.9
高级住宅区	8.75	18.4	15.6	35.1	4.16	1.48	16.3	—	0.22	33.2
学院区	7.18	25.2	12.7	17.6	4.64	13.60	11.7	10.07	0.79	36.2
商业区	6.69	11.5	18.5	38.5	6.24	12.5	2.65	—	0.31	34.6
大饭店	4.79	25.1	18.2	44.4	2.43	0.20	4.7	—	0.30	10.3
医院	1.25	26.1	14.1	38.9	3.55	1.04	13.3	1.71	—	39.4
公园	6.56	9.52	12.4	12.2	1.63	14.80	5.5	22.60	12.80	26.0

　　城镇垃圾的性质取决于其组成成分。对垃圾处理、处置和利用技术影响大的主要是垃圾的含水率、容重及热值。含水率不仅取决于垃圾种类，还随季节而有所变化。垃圾的热值对选择焚烧技术极为重要，垃圾必须含有一定的热值才有焚烧价值。垃圾的热值越高，经济效益越好。

　　城镇垃圾的组成极为复杂，由于组成成分不同，其物化性质也有很大差异，因而也应相应采用不同的处理、处置和利用技术。我国城镇垃圾的产量大、无害化处置率低，为防止城镇垃圾污染，保护环境和人体健康，处理、处置和利用城镇垃圾，具有重要意义。

二、城市垃圾的处理方法

1. 城市垃圾的压缩处理

　　对于一些密度小、占体积大的城市垃圾，经过加压压缩处理后可以减小体积，便于运输和填埋。有些垃圾经过压缩处理后，可成为高密度的惰性材料和建筑材料。

　　日本在20世纪60年代末期设计出了垃圾压缩处理法。垃圾被压缩至原体积的1/4，然后在压缩块体周围围上金属网，再涂上一层沥青。处理后的垃圾块在东京湾暴露3年后，经检验未发现任何降解现象。这种惰性垃圾块，可用作填海造地的材料。

2. 城市垃圾填埋

　　城市垃圾填埋是废物的一种最终处理方式，它可以利用各地所能提供的基础条件，采用不同的填埋方式，满足作业和消纳的要求。垃圾填埋既可以处理城市的混合垃圾，也可以消纳其他废物处理工艺的剩料和不能再回收利用的废物，例如堆肥剩料、焚烧残渣、净化污泥和无法纳入废物资源化循环的各类物质。

目前，城市垃圾多采用卫生填埋方法。在回填场地上先铺一层厚约 60cm 的垃圾，经压实后再铺一层松土、砂或粉煤灰的覆盖层，以免鼠、蝇滋生，并可使产生的气体逸出。然后依次将垃圾分隔在夹层结构中，卫生填埋应有完善的防渗、渗沥水治理和沼气回收措施，已回填完毕的场地，可以留作公园、绿化地、游乐场。卫生填埋法的工艺特点是：投资较低，处理能力强，沼气可回收利用，运行费用较低。

3. 城市垃圾焚烧

在大城市附近，若缺乏垃圾填埋场时，可用焚烧法处理，达到无害化和减量化的目的。目前，全世界现代化的垃圾焚烧工厂已经非常普及。大部分欧洲国家城市垃圾体积的 30% 以上进行了焚烧处理，美国为 10% 左右，日本高达 70% 以上。大型焚烧工厂的处理能力达到 2500t/d。焚烧后，垃圾的体积几乎减少 85%，便于填埋。

垃圾焚烧后产生的热能，可用来生产蒸汽或电能，也可用于供暖或生产的需要。根据计算，每 5t 的垃圾，可节省 1t 标准燃料。在目前能源日渐紧缺的情况下，利用焚烧垃圾产生的热能作为热源有着现实意义。

垃圾焚烧的主要问题是二次污染。垃圾焚烧后虽然可以把炉渣和灰分中的有害物质降低到最低程度，但却向大气排放了有害物质并在城市散布灰尘。因此，垃圾焚烧工厂必须配备消烟除尘装置以降低向大气排放的污染物质，并控制好燃烧温度以减少有害物质的产生。一座大型垃圾焚烧系统主要由以下部分组成：

（1）前处理系统。包括破碎、磁选、筛选、风选、分级精筛选、工人分选等工序，将不燃烧物及不适燃物与可燃物分开。

（2）焚烧系统。焚烧系统为主体工艺部分，由不同类型的焚烧炉组成。

（3）废气处理系统。焚烧尾气中含有多种有害成分，造成二次空气污染。主要成分有：

1）不完全燃烧产物：一氧化碳、炭黑、烃、烯、酮、醇、有机酸及聚合物等。

2）粉尘：如惰性金属盐、金属氧化物、不完全燃烧物质颗粒物等。

3）酸性气体：包括氯化氢、氯气、硫氧化物（SO_x）、氮氧化物（NO_x）等。

4）重金属：包括铅、汞、镉、铬、砷的元素态、氧化物及氯化物。

5）二噁英。

废气处理系统包括：洗涤器、静电吸尘器、布袋防尘器、湿式洗气塔、干式洗气塔等。

（4）热回收及发电系统。热回收用于生产低压和高压蒸汽，可进行发电。

（5）灰渣处理系统。垃圾焚烧灰渣通过收集输送系统，可进一步制作工业建材原料或填埋处理。

4. 垃圾堆肥

堆肥处理是利用微生物分解垃圾有机成分的生物化学过程。在此过程中，有机物、氧气和细菌相互作用，析出二氧化碳、水和热，同时生成腐殖质。

垃圾堆肥处理的基本目的是，通过自行升温到 60~70℃，消灭病原体而使其无害化，同时使其转化为有机肥料（生堆肥）。生堆肥经处理变为熟堆肥。

堆肥的方法有露天式和机械化式两种。露天堆肥法经济，但易受气候条件影响，臭味难以控制，历时长，用地多，适合中小城市。

（1）仓式堆肥工艺。经前处理后的物料经传送带由布料机在初级发酵仓内均匀布料。底部设备供风管道强制通风，以保证好氧发酵进行。初级发酵周期为 10~20d，由初级发酵的物料经中间处理后进入次级发酵周期为 20d，次级发酵后的物料，经筛分和密度分选后作为产品销售或继续深加工后制成复合肥。

（2）机械化好氧堆肥工艺。机械化堆肥利用容器使堆肥在罐内进行氧化，并且有分离装置将塑料、玻璃、金属等惰性粗粒成分分离出去，有通风搅拌装置加快有机物的分解速度。废弃物经过前处理后进入滚筒式发酵反应器内，在发酵过程中物料随着转筒的转动而不断翻滚、搅和和混合，并逐渐向筒的下方移动，直到最后排出。新鲜空气由鼓风机从生物反应器的尾部鼓入，与反应器内物料逆向流动。垃圾在反应器内停留 1～3d 经过预发酵，自尾部出料至滚筒筛筛分。筛下物料进入次级发酵车间，再进一步降解发酵，成为精制有机肥。

5. 综合处理

综合处理方式是根据不同垃圾选择其合适的处理方式并回收利用可再利用的垃圾，充分实现了垃圾的"减量化、无害化、资源化"处理、处置目标，使垃圾变废为宝。垃圾综合处理的主工艺为：垃圾通过适当的分选和分类，可腐垃圾进行堆肥处理，可燃烧垃圾进行焚烧处理，无机物进行填埋处理。

各城市应根据当地的经济、环境、技术等条件选择适合的处理方法。表 8-5 为世界主要国家城市垃圾处理、利用方法所占的比例。

表 8-5　　　　　　　　　　　　世界主要国家垃圾处理方式比例　　　　　　　　　　　　　%

国家	总量（万 t）	填埋法	堆肥法	焚烧法	利用
美国	32746	62	0	10	26
日本	5077	12	8.7	72.8	6.5
德国	3380	61	3	36	0
英国	2000	83	0	13	4
法国	2000	45	10	42	3
加拿大	2509	73	0	4	23
意大利	2000	74	7	16	3
西班牙	1330	64	17	6	13
荷兰	770	45	5	35	15
比利时	358	49	0	39	16
瑞士	370	11	13	76	0
丹麦	180	16	4	71	9
奥地利	290	48	8	24	20
瑞典	320	30	0	60	10
挪威	220	67	5	22	6
芬兰	130	65	15	4	16
葡萄牙	205	0	10	90	0
爱尔兰	910	97	0	0	3
卢森堡	180	22	1	75	2
新加坡	292	35	0	65	0
中国		83	4	13	

注　中国的填埋大部分不是卫生填埋，而是简单堆放。

从各国国情来看，国土面积大的美国、加拿大等主要采用填埋法，因为填埋法较焚烧法简单、成本低；日本、瑞士、丹麦、瑞典、卢森堡等国的技术经济实力较强，而可供填埋垃圾的场地又较少，所以，他们采用焚烧法处置垃圾的比重较大。总之，应选择适合国情和当地实际情况的处理方式。

三、城市垃圾的回收利用

1. 经济效益

在城市化进程中，垃圾作为城市代谢的产物曾经是城市发展的负担，而如今，垃圾被认为是最具开发潜力的、永不枯竭的"城市矿藏"，是丰富的再生资源的源泉。80％以上的垃圾实际上是潜在的原料资源，可以重新在经济循环中发挥作用。因此，为了解决城市垃圾问题，必须创造和采用高效率处理方法，回收有用成分作为再生原料加以利用。利用垃圾有用成分作为再生原料有着一系列优点。其收集、分选和富集费用要比初始原料开采和富集的费用低，经济上是合算的。例如，120～130t 罐头盒可回收 1t 锡，相当于开采冶炼 400t 矿石，这还不包括经营费用。处理垃圾所含废黑色金属，可节省铁矿石炼钢所需电能的 75％，节省水 40％，而且显著减少了对大气的污染，降低了矿山和冶炼厂周围堆积废石的数量。

垃圾产业是围绕着固体废物的产生、运输、循环利用、最终处置而进行的各种产业行为。近年来，垃圾产业的概念在环保界已越来越深入人心，成为了重要的新兴产业。以现在垃圾处理费用 120 美元/t 来计算，这个市场的潜在价值高达 6000 亿美元以上。

我国垃圾处理产业初具规模，垃圾处理市场容量有了显著增加，市场渗透率迅速提高，进入环卫行业的企业数量也在迅猛增加。现在我国的垃圾处理市场已经从导入期进入到成长期，并正向成熟期迈进。2009 年 1～11 月我国废弃资源和废旧材料回收加工行业实现累计产品销售收入 1216.2 亿元，实现累计利润总额 25.2 亿元，行业整体收入增长速度较快。

随着环境问题逐渐被重视，节能、环保成为了各国的发展主题，并已开始为垃圾处理提供产业发展的机会。全世界垃圾年均增长速度为 8.42％，而我国垃圾增长率达到 10％以上。有理由相信，垃圾处理产业会成为未来国内的明星产业。

2. 社会效益

再生资源成为了资源循环的新起点，是循环经济的重要组成部分。在废弃资源和废旧材料回收利用加工过程中，解决了资源短缺问题的同时又降低了垃圾排放，正可谓一举两得。在充分利用资源和循环利用资源方面，德国、以色列、日本等国做得非常出色，循环经济十分发达。循环经济为德国经济注入了新的活力，由此节约了大量的原材料和能源，又创造了大量的社会就业机会。我国也不断出台政策以支持垃圾处理行业的发展，可以预测，我国循环经济的前景十分广阔。

3. 生态效益

再生资源的回收利用不仅节约了资源，而且由于生产流程的减少，使生产过程的能耗和污染排放大大降低，从而节省了自然资源，减少了对宝贵的自然资源的开发和破坏，减少或避免了对环境的污染，达到节能和环保双赢的目的。例如，垃圾所含废纸是造纸的再生原料，处理利用 100 万 t 废纸，则可避免砍伐 600km² 的森林。

人们正在寻找一种对生态环境干扰最小，能和自然和谐友好的生产和生活方式，做好垃圾处理，发展循环经济就是重要的一环。

第九章　城市噪声及其他物理污染与控制

第一节　城市噪声污染及危害

一、噪声及分类

1. 噪声

声音是一种物理现象，在人们的生活中起着非常重要的作用，很难想象一个没有声音的世界会是什么样子。然而，人们并不是任何时候都需声音，一切声音，当个体心理对其反感时，即成为噪声，它不仅包括杂乱无章不协调的声音，还包括影响旁人工作、休息、睡眠、谈话和思考的乐声等。

物理学上将节奏有调，听起来和谐的声音称为乐声；将杂乱无章，听起来不和谐的声音称为噪声。而这里所说的噪声与个体所处的环境和主观感觉反应有关，也就是说，判断一个声音是否属于噪声，主观上的因素往往起着决定性的作用。同一个人对同一种声音，在不同的时间、地点和条件下，往往产生不同的主观判断。比如，在心情舒畅或休息时，人们喜欢收听音乐；而当心绪烦躁或集中精力思考问题时，即使是和谐的乐声也会使人反感。此外，不论是乐声还是噪声，人们对不同频率的声音都有一个忍受强度，超过一定强度就会对人身造成危害，因此可以认为，噪声即是对人身有害和人们不需要的声音。

2. 噪声的来源及分类

产生噪声的声源称为噪声源。

（1）按噪声产生的机理来分类。

从产生机理可将噪声分为机械噪声、空气动力噪声和电磁性噪声三大类。

（2）从噪声随时间变化的情况来分类。

从噪声随时间变化的情况可将噪声分为稳态噪声和非稳态噪声两大类。

1）稳态噪声：稳态噪声的强度不随时间而变化，如电机、风机、织机等产生的噪声。

2）非稳态噪声：非稳态噪声的强度随时间而变化，可分为瞬时的、周期性起伏的、脉冲的和无规则的噪声。

（3）从噪声的来源来分类。

城市噪声的来源大致可以分为工业噪声、交通噪声、施工噪声和社会噪声。

1）工业噪声即来自工厂矿山产生的噪声。我国工业企业噪声调查结果表明，一般电子工业和轻工业的噪声在 90dB 以下，纺织厂噪声约为 90～106dB，机械工业噪声为 80～120dB，发电厂高压锅炉、大型鼓风机、空压机放空排气时，排气口附近的噪声级可高达 110～150dB，所以，工厂噪声是造成职业性耳聋的主要原因之一。工业噪声主要是影响工厂矿山区域内人员的身心健康和工作质量。一些地处居民区而没有声学防护措施或防护设施不好的工厂的噪声，传到居民区有时会超过 90dB，对居民的日常生活干扰十分严重。随着城市规划分区，工厂一般都远离居民区，噪声对城市环境的影响在改善，但对工人健康的影响应引起重视。

2）交通噪声主要来自交通运输。载重汽车、公共汽车、拖拉机等重型车辆的行进噪声约为 89～92dB，电喇叭大约为 90～100dB，汽喇叭大约为 105～110dB（距行驶车辆 5m 处）。一般大型喷气客机起飞时，距跑道两侧 1km 内语言通讯受干扰，4km 内不能睡眠和休息。超音速客机在 1500m 高空飞行时，其压力波可达 30～50km 范围的地面，使很多人受到影响。目前对城市声环境影响最大的主要是汽车噪声。

3）施工噪声。随着我国城市房地产业的发展，城市建筑施工噪声越来越严重。尽管这种噪声具有暂时性，但是建筑施工面广且工期长，因此施工噪声污染也相当严重。据有关部门统计，距离建筑施工机械设备 10m 处，打桩机为 88dB，推土机、刮土机为 91dB 等，这些噪声不但给操作工人带来危害，而且严重地影响了居民的生活和休息。

4）社会噪声主要是指社会人群活动出现的噪声，例如人们的喧闹声、沿街的吆喝声，以及家用洗衣机、电视机、空调机发出的声音等。干扰较为严重的还有沿街安装的高音宣传喇叭声及秧歌锣鼓声等，迪吧舞厅、KTV 等成为新的社会噪声源。这些噪声干扰了人们正常的工作、学习和休息。

二、噪声的特性

1. 噪声的公害特性

与其他由有害物质引起的公害不同，噪声属于感觉公害。首先，它没有污染物，即噪声在空中传播时并未给周围环境留下毒害性的物质；其次，噪声对环境的影响不积累、不持久，传播的距离也有限；另外噪声声源分散，而且一旦声源停止发声，噪声也就消失。因此，噪声不能集中处理，需要特殊的方法进行控制。

2. 噪声的声学特性

噪声本身也是声音，具有声音的一切物理特性。物理学上，用频率、声压、声强、声功率、声压级、声强级、声功率级等物理量来定量描述一个声音，这些物理量不以人们的意志而改变。然而，噪声与人的感觉密不可分，必须用反映人主观感觉的物理量加以描述，通常可以用噪声级描述噪声，它是人主体对噪声的感觉物理量。

（1）频率、声压与声压级。

人耳可以听到的声音，频率从 20～20000Hz，有 1000 倍的变化范围。低于 20Hz 称为次声，高于 20000Hz 称为超声。

声压是用来度量声音强弱的物理量。声压的单位为 N/m²，通常用帕（斯卡）Pa 来表示。

$$1Pa = 1N/m^2$$

而帕（斯卡）Pa 与巴 bar 的关系是：

$$1bar = 10^5 Pa$$

正常人耳刚能听到的声音的声压称为闻阈声压。人耳对于不同频率声音的闻阈声压不同，这是因为人耳对高频声敏感而对低频声迟钝。对于频率为 1000Hz 的声音，闻阈声压为 2×10^{-5} Pa。使正常人耳引起痛感感觉的声音的声压称为痛阈声压，痛阈声压为 20Pa。人在室内高声谈话时声压约为 1 微巴（μbar）。靠近飞机发动机几米处的声压可达几百微巴。

在环境声学中，一般用声压级来代替声压作为声音物理量度的指标。因为用声压表示声音大小时，从听阈到痛阈的变化范围达 1 百万倍，而用声压级表示时，其变化范围仅为 0～120dB，计算大为简化。声压级用符号 L_p 表示，常用单位为分贝（dB），其定义是，声压与基准声压之比值的常用对数乘以 20，即：

$$L_p = 20L_p \frac{P}{P_0} = 10\lg \frac{P^2}{P_0^2}(dB)$$ (9-1)

其中 $P_0 = 2 \times 10^{-4} \mu bar$。

表 9-1 表示不同声源和环境中声压与声压级之间的关系。

表 9-1   不同声源和环境中声压与声压级值

声压或环境	声压 (μbar)	声压级 (dB)	声压或环境	声压 (μbar)	声压级 (dB)
播音室或录音室	0.0064	30	金属加工车间	6.4	90
安静的住宅	0.02	40	织布车间	20	100
普通办公室	0.064	50	鼓风机房	200	120
一般讲话声	0.2	60	喷气发动机	2000	140
收音机声	2	80	火箭发射声	20000	160

（2）声强与声强级。

声场中，单位时间内通过与声音前进方向垂直的、单位面积上的声能称为声强，其单位为 W/m^2，用符号 I 表示。声强以能量的方式说明声音的强弱。声强越大，表示单位时间内耳朵接受到的声能越多，声音越强。

声强与声压有着密切的关系。当声音在自由声场中传播时，在传播方向上，声强与声压有如下关系：

$$I = \frac{P^2}{\rho_0 c_0}$$ (9-2)

式中 P——声压，Pa；

      ρ_0——常温下空气的密度，kg/m^3；

      c_0——声音速度，m/s。

在噪声测量中，声强的测量比较困难，通常根据声压的测量结果间接求出声强。相对于声强 I 的声强级 L_I 定义为：

$$L_I = 10\lg \frac{I}{I_0}(dB)$$ (9-3)

式中 I——声强，W/m^2；

      I_0——频率为 1000Hz 的基准声强值，为 $10^{-12} W/m^2$。

由式（9-1）～式（9-3），可得 $L_I = L_p$，即声强级与声压级在数值上是相等的。

（3）声级。

1）响度级。试验证明，人对噪声强弱的感觉不仅与噪声的物理量有关，还与人的生理和心理状态有密切关系。

为了使噪声的客观物理量与人耳的主观感觉统一起来，以人的主观感觉为标准来评价噪声的强弱，人们对人耳的听觉、声压级及频率三者之间的关系进行了大量的试验研究。试验中将不同频率纯音的强度由小增大，根据人耳的感觉绘制出等响度曲线，见图 9-1。

在等响曲线中，每一条曲线上的各点代表不同频率和声压级的纯音，但是人耳的主观响度感觉是一样的，即响度级是一样的，所以称为等响曲线。在等响曲线图中，最下面的一条曲线是人耳刚能感觉到的不同频率纯音的等响曲线，称为闻阈曲线，相当于 $120L_N$ 的响度曲线称为痛阈曲线。

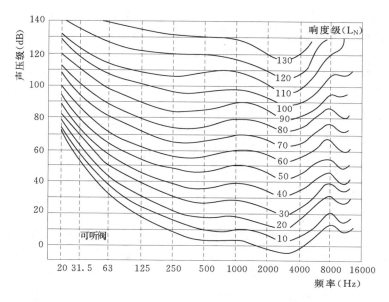

图 9-1 等响曲线

从等响曲线可以看出，人耳对低频率的声音较为迟钝，频率越低的声音，人耳能感觉出时，它的声压级就越高。反之，人耳对高频声较为敏感，特别是对 3000～4000Hz 的声音尤为敏感。因此，在噪声控制中，应首先降低中、高频率的噪声。

2）A 声级。声级中设有 A、B、C 三种特性网络。A 网络是为模拟等响曲线中 $40L_N$ 的曲线而设计的。由 A 网络测出的噪声级称为 A 计权声级，简称 A 声级，单位为 dB（A）。由于用 A 声级测出的量是对噪声所有成分的综合反映，并且与人耳主观感觉接近，因此现在在噪声测量中，大都采用 A 声级来衡量噪声强弱。

3）等效连续 A 声级。由于许多地方的噪声是时有时无、时强时弱的，例如道路两旁的噪声，为了准确地评价这类噪声的强弱，1971 年国际标准化组织公布了等效连续 A 声级，它的定义是：

$$L_{ed} = 10\lg \frac{1}{T_2 - T_1} \int_{T_1}^{T_2} 10^{0.1L_p} \, dt \tag{9-4}$$

即把随时间变化的声级变为等声能稳定的声级。式中 T_1 为噪声测量的起始时刻，T_2 为终止时刻，不过式中的 L_p 是时间的函数，应用不方便，而一般进行噪声测量时，都是以一定的时间间隔来读数的，因此采用下式计算等效连续 A 声级较为方便：

$$L_{ed} = 10\lg \frac{1}{n} \sum_{i=1}^{n} 10^{L_i/10} \tag{9-5}$$

式中　L_i——等间隔时间 t 读的值；

　　　n——读得的噪声级 L_i 的总个数。

反映夜间噪声对人的干扰大于白天的是昼夜等效 A 声级（用 L_{dn} 表示），其计算公式如下：

$$L_{dn} = 10\lg \left\{ \frac{1}{24} \left[15 \times 10^{0.1L_d} + 9 \times 10^{0.1(L_n + 10)} \right] \right\} \tag{9-6}$$

式中　L_d——白天（6：00～22：00）的等效 A 声级；

L_n——夜间（22：00～次日 6：00）的等效 A 声级。

4）统计噪声级。是指某点噪声级有较大波动时，用以描述该点噪声随时间变化状况的统计物理量。一般用峰值 L_{10}、中值 L_{50} 和本底值 L_{90} 表示。

L_{10} 表示在取样时间内 10％的时间超过的噪声级，相当于噪声平均峰值；

L_{50} 表示在取样时间内 50％的时间超过的噪声级，相当于噪声平均中值；

L_{90} 表示在取样时间内 90％的时间超过的噪声级，相当于噪声平均低值。

其计算方法是：将 100 个或 200 个数据按大小顺序排列，第 10 个数据或总数 200 个的第 20 个数据即为 L_{10}；第 50 个或总数为 200 个的第 100 个数据即为 L_{50}；同理，第 90 个数据或第 180 个数据即为 L_{90}。

三、噪声污染及危害

1. 噪声污染

噪声污染已成为当代世界性的问题，它与大气污染、水污染、固体废弃物污染一样危害着人类环境。在我国环境污染投诉中，占第一位的竟是噪声污染，可见其危害影响之大。

与大气污染、水污染相比，噪声污染又有其自身的特点，即具有时间和空间上的局限性和分散性。所谓局限性和分散性是指环境噪声影响范围的局限性和环境噪声源分布的分散性。首先，噪声污染是一种物理污染，一般情况下不致命，它直接作用于人的感官，当噪声源发出噪声时，一定范围内的人们立即会感到噪声污染，而当噪声源停止发声时，噪声立即消失，声的能量最后转换为空气的热能。其次，噪声污染源无处不在且往往不是单一的，具有随发分散性。目前城市环境噪声污染相当严重，特殊住宅区噪声等效声级几乎全部超标，各类功能区夜间达标率只有 66.4％。

2. 噪声影响与危害

（1）听力损伤。

在强噪声下暴露一段时间后，听觉引起暂时性听阈上移，听力变迟钝，称为听觉疲劳。它是暂时性的生理现象，内耳听觉器官并未损害，经休息后可以恢复。如长期在强噪声下工作，听觉疲劳就不能恢复，内耳听觉器官发生病变，暂时性阈移变成永久性阈移或耳聋，称噪声性耳聋，也叫职业性听力损失。长期在噪声环境下工作，耳聋发病率的统计结果见表 9-2。从表中可以看到，噪声级在 80dB 以下时，能保证长期工作不致耳聋；在 85dB 的条件下，有 10％左右的人可能产生职业性耳聋；在 90dB 的条件下，约有 20％的人可能产生职业性耳聋。

表 9-2　工作 40 年后噪声性耳聋发病率

噪声级（dB）	国际统计（％）	美国统计（％）
80	0	0
85	10	8
90	21	18
95	29	28
100	41	40

如果人们突然暴露在 140～160dB 的高强度噪声下，就会使听觉器官发生急性外伤，引起鼓膜破裂流血，螺旋体从基底急性剥离，双耳将完全失听。

（2）对睡眠的干扰。

睡眠对人极为重要，它能够调节新陈代谢，使大脑得到休息，从而使人恢复体力和消除疲劳。保证正常的睡眠是人体健康的重要因素，而噪声会影响人的睡眠质量和数量。连续的噪声可以加快从熟睡到轻睡的回转，使人熟睡时间缩短；突发噪声可以使人惊醒。一般 40dB 的连续噪声可使 10％的人受影响，70dB 的连续噪声可以使 50％的人受影响；突发噪声达 40dB 时使 10％的人惊醒，60dB 时，使

70%的人惊醒。长时间处于噪声环境中，就会失眠、耳鸣多梦、疲劳无力、记忆力衰退，在医学上称为神经衰弱症候群。在高噪声环境下，这种病的发病率可达50%以上。

（3）对人体的生理影响。

实验表明，噪声会引起人体的紧张反应，刺激肾上腺素的分泌，因而引起心率改变和血压升高。在现代生活中，噪声是心脏病恶化和发病率增加的一个重要原因。

噪声会使人的唾液、胃液分泌减少，从而易患消化道溃疡症。一些研究指出，吵闹环境里，溃疡症的发病率比安静环境高5倍。噪声对人的内分泌机能也会产生影响。近年来还有研究指出，噪声刺激是癌症的病因之一。人的细胞是产生热量的器官，当人受到噪声刺激时，血液中的肾上腺素显著增加，促使细胞产生的热能增加，而癌细胞则由于热能增高而有明显的增殖倾向。

（4）对交谈的干扰。

实验研究表明噪声干扰交谈，其结果如表9-3所示。

表9-3 噪声对交谈的影响

噪声(dB)	主观反映	保证正常讲话距离(m)	通信质量	噪声(dB)	主观反映	保证正常讲话距离(m)	通信质量
45	安静	10	很好	75	很吵	0.3	困难
55	稍吵	3.5	好	85	太吵	0.1	不可能
65	吵	1.2	较困难				

（5）对思考和工作的影响。

噪声会直接影响人的思考。吵闹的噪声使人讨厌、烦恼、精神不宜集中，影响工作效率。在强噪声下，还容易掩盖语言和危险警报信号，分散人的注意力，发生工伤事故。据世界卫生组织估计，美国每年由于噪声影响而带来的工伤事故及低效率所造成的损失达40亿美元。

（6）对人心理和儿童的影响。

噪声对心理的影响，主要表现在令人烦恼，易激动，易怒，甚至失去理智，因噪声干扰而引起的民间纠纷等事件是常见的。

噪声还会对儿童的智力发育产生影响。吵闹环境中儿童智力发育比安静环境中低20%。另外噪声对胎儿的生长也会造成危害，研究表明，噪声会使母体产生紧张反应，引起子宫血管收缩，以致影响供给胎儿发育所必需的养料和氧气。日本曾对1000多个初生婴儿进行研究，发现吵闹区域的婴儿体重轻的比例较高，平均值相当于世界卫生组织规定的早产儿体重。

此外，高强度的噪声还能破坏机械设备及建筑物。研究证明，150dB以上的强噪声，由于声波振动，会使金属疲劳，由于声疲劳可造成飞机及导弹失事。

第二节 城市噪声污染控制

一、噪声控制技术

噪声在传播过程中有三个要素，即声源、传播途径和接受者。只有当声源、声的传播途径和接受者三个因素同时存在时，噪声才能对人造成干扰和危害。因此，对噪声的控制实质上是对这三个因素的控制。

1. 声源控制技术

控制噪声的根本途径是对声源进行控制，有效办法是降低辐射声源声功率。由于声源产生噪声机理各不相同，所以采用的声源控制技术也不相同。

（1）机械噪声控制。

机械噪声是由于机械部件在外力激发下产生振动或相互撞击而产生的。控制机械噪声的主要方法有：避免运动部件冲击和碰撞、降低撞击力和速度；提高旋转部件平衡精度；提高运动部件加工精度，减少摩擦力；在固定部件间，增加弹性材料，减少固体传声；改变振动部件的质量和刚度，防止共振。

（2）气流噪声控制。

气流噪声是由气流流动过程中的相互作用或气流和固体介质之间的作用产生的，控制气流噪声的主要方法是：选择合适的设计参数，减小气流脉动；降低气流速度，减少气流压力突变，以降低湍流噪声；安装合适的消声器。

（3）电磁噪声控制。

电磁噪声主要是由交替变化的电磁场激发金属零部件和空气间隙周期性振动而产生的。对于电动机来说，由于电源不稳定也可以激发定子振动而产生噪声。降低电动机噪声的主要措施为：合理选择沟槽数和级数；在转子沟槽中充填环氧树脂、降低振动；增加定子刚性；提高电源稳定度。降低变压器电磁噪声的主要措施有：减小磁力线密度；选择低磁性硅钢材料；合理选择铁芯结构，间隙充填树脂性材料。

（4）声源隔振技术。

振动和噪声是两种不同的概念，但它们有着密切的联系。许多噪声是由振动诱发产生的，因此在对声源进行控制时，必须同时考虑隔振。

振动是环境物理污染因素之一，它在介质中的传播比噪声更复杂，可以同时以横波、纵波、表面波、剪切波的形式向周围传播。它不仅能激发噪声，还能通过固体直接作用危害人体。人体是一个弹性体，骨骼和肌肉构成许多空腔和心、肝、肺、胃、肠等弹性系统。这些空腔和弹性系统都有各自的固有振动频率，一旦与外来的振动频率相吻合或接近时，就会产生共振，这时人体器官会受到极大的损害。工业上振动常常与噪声联合作用于人体，振动控制是噪声控制中的常用方法。

控制振动的方法有：加强机器的平衡性能，减小或消除振动源的激励；防止共振；采取隔振措施，隔离振动的传递，常用的隔振装置有金属弹簧、橡胶隔振器等。

2. 控制噪声的传播途径

（1）吸声降噪。

当声波入射到物体表面时，部分入射声能被物体表面吸收而转化成其他能量，这种现象称为吸声。物体的吸声作用是普遍存在的，吸声的效果不仅与吸声材料有关，还与所选的吸声结构有关。

吸声材料之所以具有吸声降噪的能力是与它们的结构密切相关的。吸声材料的表面具有丰富的细孔，其内部松软多孔，孔和孔之间互相连通，并深入到材料的深层。当声波透过吸声材料的表面进入内部孔隙后，能引起孔隙中的空气和材料的细小纤维发生振动，由于空气分子之间的黏滞阻力作用和空气与吸声材料的筋络纤维之间的摩擦作用，使振动的动能变为热能而使声能衰减。

多孔吸声材料对高频声有较好的吸声效果，但对低频声的吸声能力较差。为了解决这一矛盾，人们利用共振吸声的原理设计了各种共振吸声结构，取得了较好的结果，从而弥补了多孔材料低频声性能的不足。常用的共振吸声结构有共振吸声器（单个空腔共振结构）、穿孔板（槽孔板）、微穿孔板、膜状和板状共振吸声结构及空间吸声体等。

（2）消声器。

消声器是一种既能使气流通过又能有效地降低噪声的设备。通常可用消声器降低各种空气动力设备的进出口或沿管道传递的噪声。例如在内燃机、通风机、鼓风机、压缩机、燃气轮机以及各种高压、高速气流排放的噪声控制中广泛使用消声器。

（3）隔声技术。

按照噪声的传播方式，一般可将其分为空气传声和固体传声两种。空气传声是指声源直接激发空气振动并借助于空气介质而直接传入人耳，例如汽车的喇叭声和机器表面向空间辐射的声音。固体传声是指声源直接激发固体构件振动后所产生的声音。如人走路撞击楼板时，固体构件的振动以弹性波的形式在墙壁及楼板等构件中传播，在传播中向周围空气辐射出声波。声音的传播往往是这两种声音传播方式的组合。在一般情况下，无论是哪种传声，都需要经过一段空气介质的传播过程，才能最后到达人耳，两种传播形式既有区别又有联系。

对于空气传声的场合，可以在噪声传播途径中，利用墙体、各种板材及其构件将声源与接受者分隔开来，使噪声在空气中传播受阻而不能顺利地通过，以减少噪声对环境的影响，这种措施通称为隔声。对于固体传声，可以采用弹簧、隔振器及隔振阻尼材料进行隔振处理，这种措施通称为隔振。

隔声是噪声控制工程中常用的一种技术措施。常用的隔声构件有各类隔声墙、隔声罩、隔声控制室及隔声屏障等。

3. 个人防护

当在声源和传播途径上控制噪声难以达到标准时，往往需要采取个人防护措施。在很多场合下，采取个人防护还是最有效、最经济的方法。目前最常用的方法是佩戴护耳器。一般的护耳器可使耳内噪声降低 10～40dB。护耳器的种类很多，按构造差异分为耳塞、耳罩和头盔等。

二、城市噪声综合防治

1. 噪声源及其调查

为了有效地制定噪声控制方案，首先应查明噪声源的物理特性并对其进行适当评价。噪声源按其辐射特性及其传播距离，可分为点源、线源和面源。

（1）点源：对小型设备，其自身的几何尺寸比噪声影响预测距离小得多或研究的距离远大于噪声源本身的尺度，在噪声评价中常把这种噪声辐射源视为点噪声源。

（2）线源：如成线排列的水泵、矿山和选煤场的输送系统，繁忙的交通线等，其噪声是以近线状形式向外传播的，这类噪声源在近距离范围内视为线噪声源。

（3）面源：对于体积较大的设备或集团，噪声往往是从一个面或几个面均匀地向外辐射，对近距离范围内的评价对象而言，将这类的噪声辐射源视为面噪声源。

工业生产性噪声虽然比交通噪声的传播影响范围小，但它的发生源位置基本是固定的，且持续时间长，对其周围环境产生的干扰往往比较严重。由于历史原因，长期以来我国城市规划不合理，许多城市工业企业与居民区混杂，由噪声引起的矛盾时有发生，但这种状况随城市规划分区的实施，工业噪声对城市声环境的影响在改善。

交通噪声已经成为城市噪声的主要来源。机动车辆噪声主要与车速有关，车速增加 1 倍，噪声级大约增加 9dB（A）。此外噪声级的高低还与车型、车流量、路面条件、路旁设施等诸多因素有关。测量表明，城市机动车噪声大多集中在 70～75dB（A）的范围内。

2. 噪声影响预测

（1）原理。

一个声源发出的声音，声波以球面波的形式向四面八方传播，随着离开声源的距离增大，球面积以与半径平方成正比增大。因此，通过单位面积的声能成相应比例减少，即声强随距离的平方成反比例衰减。声音随距离的增大而衰减的程度，主要取决于距离因素，此外，还与声源的形状、地表吸收、风速、气温和障碍物等因素有关。应用适当的模式，可以计算出离声源不同距离处的声音强度。

（2）模式。

1）声压级随距离衰减公式。

$$r_1 \leqslant a/\pi \text{ 时} \qquad\qquad L_{p2} = L_{p1} \qquad\qquad\qquad (9-7)$$

$$r_2 \leqslant b/\pi \text{ 且 } r_1 \geqslant a/\pi \text{ 时} \qquad L_{p2} = L_{p1} - 10\lg(r_2/r_1) \qquad (9-8)$$

$$r_1 \leqslant b/\pi \text{ 时} \qquad\qquad L_{p2} = L_{p1} - 20\lg(r_2/r_1) \qquad (9-9)$$

或 $$L_{p2} = L_{p1} - 10\lg[r_2/(a \times b)] - 10 \qquad (9-10)$$

式中　r_1，r_2——预测点离声源的距离，且 $r_1 < r_2$；

　　　　a，b——声源的短边和长边；

L_{p1}，L_{p2}——r_1，r_2 距离处的声压级。

2）声压级合成公式。

若有几个声源，其声压级分别为 L_{p1}，L_{p2}，…，L_{pi}，…，L_{pn}，则几个噪声源合成的声压级为

$$L_p = 10 \times \lg\left[\sum_{i=1}^{n} 10^{L_i/10}\right] \qquad (9-11)$$

【例】　若两台机器的声压级相等，均为 50dB（A），试求出其合成声压级。

【解】　由式（9-11）可得：

$$L_p = L_1 + 10\lg n$$

所以 $$L_p = 50 + 10\lg 2 \approx 53\text{dB（A）}$$

3. 综合防治对策

发达国家从 20 世纪 60 年代起开始重视噪声控制。进入 80 年代，随着环保事业的发展，我国基本上建立了一套完整的环境噪声污染防治法规、标准体系。

目前，国内外综合防治噪声污染主要从两个方面进行：一是从噪声传播分布的区域性控制角度出发，强化城市建设规划中的环境管理，贯彻土地使用的合理布局，特别是工业区和居民区分离的原则，即在噪声污染的传播影响上间接采取防治措施；二是从噪声总能量控制出发，对各类噪声源机电设备的制造、销售和使用，即对污染源本身直接采取限制措施。

第三节　电磁辐射污染及控制

一、电磁辐射污染

　　电气与电子设备在工业生产、科学研究与医疗卫生等各个领域中都得到了广泛的应用，随着经济、技术水平的提高，其应用范围还将不断扩大与深化。除此之外，各种视听设备、微波加热设备，尤其是电子通讯系统等也广泛地进入人们的生活之中，应用范围不断扩大，设备效率不断提高。所有这些都导致了地面上的电磁辐射大幅度增加，已直接威胁到人的身体健康。因此对电磁辐射所造成的环境污染必须予以重视并加强防护技术的研究与应用。我国制定了有关高频电磁辐射安全卫生标准及微波辐射卫生标准，在防护技术水平上也有了很大提高。

　　1. 电磁污染的危害

　　电磁污染包括了各种天然的和人为的电磁波干扰和有害的电磁辐射。电磁辐射主要是指射频电磁辐射，当射频电磁场达到足够强度时，会造成危害。其危害主要有以下几方面。

　　（1）引燃引爆。高频电磁的振荡可使金属器件之间相互碰撞而打火，引起可燃油类或可燃气体燃烧爆炸。

　　（2）干扰信号。电磁辐射可直接影响电子设备仪器的正常工作，使控制失灵。如火车、飞机、导弹或人造卫星的失控；干扰医院的脑电图、心电图信号，使之无法工作。

　　（3）危害人体健康。辐射对人体机能产生一定的破坏作用。生物机体在射频电磁场的作用下，可吸收一定的辐射能量，并因此产生生物效应。这种效应主要表现为热效应。因为，在生物机体中一般均含有极性分子与非极性分子，在电磁场作用下，极性分子重新排列，非极性分子可被磁化。由于射频电磁场方向变化极快，使这种分子重新排列的方向与极化的方向变化速度也很快。变化方向的分子与其周围分子发生剧烈碰撞而产生大量的热能。当射频电磁场的辐射强度被控制在一定范围时，可对人体产生良好的作用，如用理疗机治病；但当它超过一定范围时，则会破坏人体的热平衡，对人体产生危害。电磁辐射对人体危害的程度与电磁波波长有关，按对人体危害程度由大到小排列，依次为微波、超短波、短波、中波、长波，即波长越短危害越大。若人体长期受到较强的电磁辐射，将造成中枢神经系统及植物神经系统机能障碍与失控。常见的有头晕、头痛、睡眠障碍、记忆力减退等为主的神经衰弱症候群，还能引起食欲不振、心血管系统疾病等。微波还可能造成眼睛损伤（如晶体浑浊、白内障等）。微波对人体作用最强的原因：一是其频率高，致使机体内分子振荡激烈，摩擦作用强，热效应大；二是微波对机体的危害具有积累性。

　　2. 电磁污染源

　　电磁污染源有天然与人为两种。太阳的黑子活动与耀斑活动、新星爆发和宇宙射线等都属前者，主要会造成大范围电磁干扰，尤其是对短波通讯干扰最烈。我们所讲电磁污染主要指人为污染源，指人工制造的各种系统、设备产生可以危害环境的电磁辐射。

　　电磁污染源包括某些类型的放电、工频场源与射频场源。工频场源主要指大功率输电线路产生的电磁污染，如大功率电机、变压器、输电线路等产生的电磁场，它不是以电磁波形式向外辐射，而主要是对近场区产生电磁干扰。

　　射频辐射场的来源，一是人们为传递信息而发射的；二是在工业、医疗、生活中利用辐射能加热时所泄漏，前者的电磁辐射对发射和接受设备而言均为有用信号，而对其他电子设备及人员而言则为干扰源和污染源。为了提高接受效果或增加传送距离，常需加大发射功率导致发射体附近和邻近区域产生很强的地磁辐射，如无线电台、电视台和各种射频设备在工作过程中都会造成射频辐射污染。这种辐射源频率范围宽，影响区域大，对近场工作人员危害也较大，因此已成为环境中电磁辐射污染的主要因素。人为电磁辐射污染源的分类见表9－4。

表 9－4　　　　　　　　　　　　　　人为电磁污染源分类

分类		设备名称	污染来源与部件
放电污染源	电晕放电	电力线（送配电线）	高电压、大电流而引起静电感应及电磁感应
	辉光放电	放电管	日光灯、高压水银灯及其他放电管
	弧光放电	开关、电气铁道、放电管	点火系统、发电机、整流装置
	火花放电	电气设备、发动机、冷藏库、汽车	整流器、发电机、放电管、点火系统
工频交变电磁场源		大功率输电线、电气设备、电气铁道	污染来自高电压、大电流的电力线场电气设备
射频辐射场源		无线电发射机、雷达	广播、电视与通讯设备的振荡与发射系统
		高频加热设备、热合机、微波干燥机	工业用射频利用设备的工作电路与振荡系统
		理疗机、治疗机	医学用射频利用设备的工作电路与振荡系统
建筑物反射		高层楼群以及大的金属构件	墙壁、钢筋、吊车

二、电磁辐射污染的防护

控制电磁污染同控制其他污染一样，必须采取综合防治的办法，才能取得更好的效果：要合理设计使用各种电气、电子设备，减少设备的电磁漏场及电磁漏能；从根本上减少电磁污染的排量。通过合理的工业布局，使电磁污染源远离居民稠密区以加强防护；应制定设备的辐射标准并进行严格控制；对已经进入到环境中的电磁辐射，要采取一定的技术防护手段，以减少对人及环境的危害。下面介绍常用的防护电磁场辐射方法。

1. 区域控制及绿化

对工业集中城市，特别是电子工业集中的城市或电气、电子设备密集使用地区，可以将电磁辐射源相对集中在某一区域，使其远离一般工作区或居民区，并对这样的区域设置安全隔离带，从而在较大的区域范围内控制电磁辐射的危害。区域控制大体分为4类：

（1）自然干净区：在这样的区域内要求基本上不设置任何电磁设备。

（2）轻度污染区：只允许某些小功率设备存在。

（3）广播辐射区：指电台、电视台、通讯发射台附近区域，因其辐射较强，一般应远离居民区设置。

（4）工业干扰区：属于不严格控制辐射强度的区域，对这样的区域要设置安全隔离带并实施绿化。

由于绿色植物对电磁辐射能具有较好的吸收作用，因此加强绿化是防治电磁污染的有效措施之一。依据上述区域的划分标准，合理进行城市、工业的布局，可以减少电磁辐射对环境的污染。

2. 屏蔽防护

使用某种能抑制电磁辐射扩散的材料，将电磁场源与其环境隔离开来，使辐射能被限制在某一范围内，达到防止电磁污染的目的，这种技术手段称为屏蔽防护。从防护技术角度来说，屏蔽防护是目前应用最多的一种手段。具体方法是在电磁场传递的路径中，安设用屏蔽材料制成的屏蔽装置。屏蔽防护主要是利用屏蔽材料对电磁能进行反射与吸收。

（1）屏蔽的分类。

根据场源与屏蔽体的相对位置，屏蔽方式分为两类：

1）主动场屏蔽（有源场屏蔽）。将电磁场的作用限定在某一范围内，使其不对此范围以外的生物机体或仪器设备产生影响的方法称为主动场屏蔽。具体做法是用屏蔽壳体将电磁污染源包围起来，并对壳体进行良好接地。

2）被动场屏蔽（无源场屏蔽）。将场源放置于屏蔽体之外，使场源对限定范围内的生物机体及仪器设备不产生影响，称为被动场屏蔽。具体做法是用屏蔽壳体将需保护的区域包围起来。

（2）屏蔽材料与结构。

屏蔽材料可用钢、铁、铝等金属，或用涂有导电涂料或金属镀层的绝缘材料。一般讲，电场屏蔽选用铜材为好，磁场屏蔽则选用铁材。

屏蔽体的结构形式有板结构与网结构两种，可根据具体情况将屏蔽壳体做六面封闭体或五面半封闭体，对于要求高者，还可做成双层屏蔽结构。

（3）屏蔽装置形式。

根据不同的屏蔽对象与要求，应采用不同的屏蔽装置与形式。

1）屏蔽罩：适用于小型仪器或设备的屏蔽。

2）屏蔽室：适用于大型机组或控制室。

3）屏蔽衣：屏蔽头盔、屏蔽眼罩，适用于个人的屏蔽防护。

3.吸收防护

采用对某种辐射能量具有强烈吸收作用的材料，敷设于场源外围，以防止大范围污染。吸收防护是减少微波辐射危害的一项积极有效的措施，可在场源附近将辐射能大幅度降低，多用于近场区的防护上。

4.个人防护

个人防护的对象一般是个体的微波作业人员，当因工作需要操作人员必须进入微波辐射源的近场区作业时，或因某些原因不能对辐射源采取有效的屏蔽、吸收等措施时，必须采取个人防护措施，以保护作业人员安全。个人防护措施主要有穿防护服、戴防护头盔和防护眼镜等。这些个人防护装备同样也是应用了屏蔽、吸收等原理，用相应材料制成的。

第四节 放射性污染及其控制

一、放射性污染

1.放射性污染的特点与危害

放射性污染与一般的化学污染物有着明显的不同，主要表现在每一种放射性核素均具有一定的半衰期，在其放射性自然衰变的这段时间里，它都会放射出具有一定能量的射线，持续地产生危害作用；除了进行核反应之外，目前，采用任何化学、物理或生物的方法，都无法有效地破坏这些核素，改变其放射的特性；放射性污染物所造成的危害，在有些情况下并不立即显示出来，而是经过一段潜伏期后才显现出来。因此，对放射性污染物的治理也就不同于其他的污染物的治理。

放射性污染物主要是通过射线的照射危害人体和其他生物体。造成危害的射线主要有 α 射线、β 射线和 γ 射线。

α 粒子流形成的射线称为 α 射线。α 粒子穿透力较小，在空气中易被吸收，外照射对人的伤害不大，但其电离能力强，进入人体后会因内照射造成较大的伤害。β 射线是带负电的电子流，穿透能力较强。γ 射线是波长很短的电磁波，穿透能力极强，对人的危害最大。

2. 天然辐射源

天然辐射源是自然界中天然存在的辐射源，人类从诞生起一直就生活在这种天然的辐射之中，并已适应了这种辐射。天然辐射源所产生的总辐射水平称为天然放射性本底，它是判断环境是否受到放射性污染的基本基准。天然辐射源主要来自于：

（1）地球上的天然放射源，其中最主要的铀（^{235}U）、钍（^{232}Th）、核素以及钾（^{40}K）、碳（^{14}C）和氚（^{3}H）等。

（2）宇宙间高能粒子构成的宇宙线，以及在这些粒子进入大气层后与大气中的氧、氮原子核碰撞产生的次级宇宙线。

3. 人工辐射源

20 世纪 40 年代核军事工业逐渐建立和发展起来，50 年代后核能逐渐被利用到动力工业中。近几十年来随着科学技术的发展，放射性物质被更广泛地应用于各行各业和人们的日常生活中，这些都可能构成放射污染的人工污染源。

（1）核爆炸沉降物。

在大气层进行核试验时，放射性沉降物会随风扩散到广泛的地区，造成对地表、海洋、人及动植物的污染。细小放射性颗粒可以到达平流层并随大气环流流动，造成全球性污染。即使是地下核试验，由于"冒顶"或其他事故，仍可造成如上的污染。核试验时产生的危害较大的物质有锶（^{90}Sr）、铯（^{137}Cs）、碘（^{131}I）和碳（^{14}C）。

核试验造成的全球性污染比其他原因造成的污染严重得多，因此是地球上放射性污染的主要来源。

（2）核工业过程排放物。

核能应用于动力工业，构成了核工业的主体。核工业的废水、废气、废渣的排放是造成环境放射性污染的一个重要原因。核燃料的生产、使用及回收形成了核燃料的循环，在这个循环过程中的每一个环节都会排放种类、数量不同的放射性污染物，对环境造成程度不同的污染。

对整个核工业来说，在放射性废物的处理设施不断完善的情况下，处理设施正常运行时，对环境不会造成严重污染。严重的污染往往都是由事故造成的。如 1986 年前苏联的切尔诺贝利核电站的爆炸漏泄事故和 2011 年 3 月 11 日日本福岛核电站核泄漏事故。因此减少事故排放对减少环境的放射性污染将是十分重要的。

（3）医疗照射的射线。

随着现代医学的发展，辐射作为诊断、治疗的手段得到了越来越广泛的应用，因而医用辐照设备增多，诊治范围扩大。辐照方式除外照射方式外，还发展了内照射方式，如诊治肺癌等疾病，就采用内照射方式，使射线集中照射病灶，但同时也增加了操作人员和病人受到辐射的几率，因此医用射线已成为环境中的重要人工污染源。

（4）其他方面的污染源。

某些用于控制、分析、测试的设备使用了放射性物质，对职业操作人员会产生辐射危害。某些建筑材料如含铀、镭量高的花岗岩和钢渣砖等，它们的使用也会增加室内辐射强度。

二、放射性污染的防治

在放射性污染的人工源中，医用射线及放射性同位素产生的射线主要是通过外照射危害人体，对此应加以防护。而核工业生产过程中排出的放射性废物，也会通过不同途径危害人体，对这些放射性废物必须加以处理与处置。

1. 辐射防护

（1）放射性辐射的防护标准。

目前我国一般采用最大容许剂量当量来限制从事放射性工作人员的照射剂量，其含义是：当放射性工作人员接受这样的剂量照射时，机体受到损伤被认为是可以容许的，即在他的一生中及其后代身上，都不会发生明显的危害，即或有某些效应，其发生率极其微小，只能用统计学方法才能察觉。对邻近居民的限制剂量当量为职业照射的 1/10。

（2）辐射防护方法。

辐射防护的目的主要是减少射线对人体的照射，人体接受的照射量除与源强有关外，还与受照射的时间及与距射源的距离有关。源强越强，受照时间越长，距辐射源越近，则受照量越大。为了尽量减少射线对人体的照射，常用屏蔽的办法，即在放射源与人之间放置一种合适的屏蔽材料，利用屏蔽材料对射线的吸收降低外照射剂量。

1）α 射线的防护：α 射线射程短，穿透力弱，因此用几张纸或薄的铝膜，即可将其吸收。

2）β 射线的防护：β 射线穿透物质的能力强于 α 射线，因此对屏蔽 β 射线的材料可采用有机玻璃、烯基塑料、普通玻璃及铝板等。

3）γ 射线的防护：γ 射线穿透能力很强，危害也最大，常用具有足够厚度的铅、铁、钢、混凝土等屏蔽材料屏蔽 γ 射线。

2. 放射性废物的治理

对放射性废物中的放射性物质，现在还没有有效的办法将其破坏，以使其放射性消失。因此，目前只是利用放射性自然衰减的特性，采用在较长的时间内将其封闭，使放射强度逐渐减弱的方法，达到消除放射污染的目的。

（1）放射性废液的处理。

对不同浓度的放射性废水可采用不同的方法处理。

1）稀释排放：对符合我国《放射防护规定》（1974 年国家计委，国家建委，国防科委，卫生部颁发）中规定浓度的废水，可以采用稀释排放的方法直接排放，否则应经专门净化处理。

2）浓缩贮存：对半衰期较短的放射性废液可直接在专门容器中封装贮存，经一段时间，待其放射强度降低后，可稀释排放。对半衰期长或放射强度高的废液，可使用浓缩后贮存的方法。对这些浓缩废液，可用专门容器贮存或经固化处理后埋藏。

3）回收利用：在放射性废液中常含有许多有用物质，因此应尽可能回收利用。这样做既不浪费资源，又可减少污染物的排放。可以通过循环使用废水，回收废液中某些放射性物质，并在工业、医疗、科研等领域进行回收利用。

（2）放射性固体废物的处理。

放射性固体废物主要是指铀矿石提取铀后的废矿渣、被放射性物质沾污而不能再用的各种器物以及前述浓缩废液经固化处理后所形成的固体废弃物。

经压缩、焚烧减容后的放射性固体废物可封装在专门的容器中，或固化在沥青、水泥、玻璃中，然后将其埋藏于地下或贮存于设于地下的混凝土结构的安全贮存库中。

（3）放射性废气的处理。

对于低放射性废气，特别是含有半衰期短的放射物质的低放射性废气，一般可以通过高烟囱直接稀释排放。

对于含有粉尘或含有半衰期长的放射性物质的废气，则需经过一定的处理，如用高效过滤的方法除去粉尘，碱液吸收去除放射性碘等。经处理后的气体，仍需通过高烟囱稀释排放。

第五节　热污染与光污染

由于热污染和光污染还没有对环境造成广泛的明显危害，因此尚未引起人们的普遍关注。然而，它们对环境的影响是存在的，并在日益增大，特别是热污染，已经对大气和水体造成了危害，应予以充分重视。

一、热污染及其防治

1. 热污染

一般把由于人类活动影响和危害热环境的现象称为热污染。热污染包含如下内容：

（1）燃料燃烧和工业生产过程所产生的废热向环境的直接排放。

（2）温室气体的排放，通过大气温室效应的增强，引起大气增温。

（3）由于某些能消耗臭氧层的物质的排放，破坏了大气臭氧层，导致太阳辐射的增强。

（4）地表状态的改变，使反射率发生变化，影响了地表和大气间的换热等。

温室效应的增强、臭氧层的破坏，现在都已作为全球大气污染的问题，专门进行了系统的研究。因此作为热污染问题，在此主要讨论的是废热排放的影响和防治。

热污染主要来自能源消费。在发电、冶金、化工和其他的工业生产中，燃料燃烧和化学反应等过程产生的热量，一部分转化为产品形式，一部分以废热形式直接排入环境。转化为产品形式的热量，最终也要通过不同的途径，释放到环境中。以火力发电为例，在燃料燃烧的能量中，40％转化为电能，12％随烟气排放，48％随冷却水进入到水体中。在核电站，能耗的33％转化为电能，其余的67％均变为废热全部转入大气和水中。

由以上数据可以看出，各种生产过程排放的废热，大部分转入到水中，使水升温成温热水排出。这些温度较高的水排进水体，形成对水体的热污染。电力工业是排放温热水最多的行业，据统计，排进水体的热量，有80％来自发电厂。

2. 热污染的危害

各种热力装置排放的废热气体和温热水，对大气和水体造成了热污染。

废热气体由于在废热排放总量中所占比例较小，排入大气后，对大气环境的影响表现不明显，因而不能构成直接的危害。

温热水的排放量大，排入水体后会在局部范围内引起水温的升高，使水质恶化，对水生物圈和人的生产、生活活动造成危害。

（1）热污染对水质的影响。

水温的变化会引起水的物理性质的改变，例如，当水温上升时，水的黏度降低、密度减小，从而可使水中悬浮物的空间位置和数量发生变化。水温升高还会引起氧溶解度的下降

（见表9-5），而水温升高又会使水中有机物的消化降解过程加快而加速耗氧，出现氧亏。此时，水中生物可能因缺氧而难以存活。

在接受有机污水的河流、河水中溶解氧量随污水排出口的运移距离延伸而迅速下降，这种氧垂曲线的变化与水温有直接关系（见图9-2）。水温升高，在一定距离内的耗氧速度加快，亏氧与复氧速率差增大，影响到河流的自净期。

表 9-5　　　　　　　　　　　　　　　　　　水体物理性质的温度影响

温度 （℃）	黏度 （10^{-3}Pa·s）	密度 （g/mL）	表面张力 （N/m）	氧溶解度 （mg/L）	氮溶解度 （mg/L）
0	1.787	0.99984	0.0756	14.6	23.1
5	1.519	0.99997	0.0749	12.8	20.4
10	1.307	0.99970	0.0742	11.3	18.1
15	1.139	0.99910	0.0735	10.2	16.3
20	1.002	0.99820	0.0728	9.2	14.9
25	0.890	0.99704	0.0720	8.4	13.7
30	0.798	0.99565	0.0710	7.6	12.7
35	0.719	0.99406	0.0704	7.1	11.6
40	0.653	0.99224	0.0696	6.8	10.8

（2）对水生生物生长的影响。

水温升高，将不同程度地影响水中生物的数量和种群。在同样条件下，不同种类的微生物或高级生物耐受水温变化的能力有明显的差异，有些细菌在水温升高时可能有更佳的生长条件。在有机物污染的河流中，水温上升时，一般可使细菌的数量增加。由图9-2中所示的氧垂曲线的垂弛点（曲线下垂的最低点）随温度的升高而降低，这时，水中有机物因降解作用而导致的缺氧历程较之发生于低温时的河流要短。

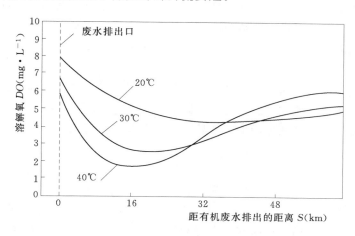

图 9-2　水温对氧垂曲线的影响

水温的升高，还会引起藻类及湖草的大量繁殖。藻类与湖草的大量繁殖，消耗了水中溶解氧，另外在水温较高时产生的一些藻类，如蓝藻，可引起水味道异常，影响水体感观，并可使人畜中毒。

（3）对鱼类的影响。

水温的变化对鱼类和其他冷血水生动物的生长有直接影响。水生动物的生殖期、消化率、呼吸率及其过程，在一定程度上与温度有关。如在高温条件下鱼的发育受阻，严重时可致死。降低了水生动物的抵抗力，破坏了水生动物的正常生存。

3. 水体热污染的控制标准

为了防治热污染对水体产生的不利影响，通常采用控制温度升高范围的办法。具体措施一是限制水体受热排后水温的升高额度；另一种是限制热排污染带的规模。

国际上一些国家基于保护渔业生产的目的，对水体温升进行了限制。我国尚无专门的冷却水排放标准，但在一些水环境质量标准中对水体的温升有明确的规定。例如，在《地面水环境质量标准》（GB 3838—2002）中，在水温项明文规定："人为造成的环境水温变化应限制在：周平均最大温升≤1℃；周平均最大温降≤2℃。"

4. 水体热污染防治

（1）改进热能利用技术，提高热能利用率。

通过提高热能利用率，既节约了能源，又可以减少废热的排放。如美国的火力发电厂，20世纪60年代时平均热效率为33％，现已提高到40％，使废热排放量降低很多。

（2）利用温排水冷却技术减少温排水。

电力等工业系统的温排水，主要来自工艺系统中的冷却水，对排放后可能造成热污染的这种冷却水，可通过冷却的方法使其降温，降温后的冷水可以回到工业冷却系统中重新使用。目前，电力及冶金企业已有将冷却设备改水冷为气冷方式。这样，既可以减少水的消耗，又可以减少水体热污染，是一种有效的防治热污染的方法。

（3）废热的综合利用。

对于工业装置排放的高温废气，可通过如下途径加以利用：①利用排放的高温废气预热冷原料气；②利用废热锅炉将冷水或冷空气加热成热水和热气，用于取暖、淋浴、空调加热等。

对于温热的冷却水，可通过如下途径加以利用：①利用电站温热水进行水产养殖，如国内外均已试验成功用电站温排水养殖非洲鲫鱼；②冬季用温热水灌溉农田，可延长适于作物的种植时间；③利用温热水调节港口水域水温，防止港口冻结等。

二、光污染

人类活动造成的过量光辐射对人类生活和生产环境形成不良影响的现象称为光污染。目前对光污染的成因及条件研究得还不充分，因此还不能形成系统的分类及相应的防治措施。一般认为，光污染应包括可见光污染、红外光污染和紫外光污染。

1. 可见光污染

（1）眩光污染。

人们接触较多的，如电焊时产生的强烈眩光，在无防护情况下会对人的眼睛造成伤害；夜间迎面驶来的汽车头灯的灯光，会使人视物极度不清，造成事故；长期工作在强光条件下，视觉受损；车站、机场、控制室过多闪动的信号灯以及在电视中为渲染舞厅气氛，快速地切换画面，也可属于眩光污染，使人视觉不舒服。

（2）灯光污染。

城市夜间灯光不加控制，使夜空亮度增加，影响天文观测；路灯控制不当或建筑工地安装的聚光灯，照进住宅，影响居民休息，都属于灯光污染。

（3）视觉污染。

城市中杂乱的视觉环境，如杂乱的垃圾堆物，乱摆的货摊，五颜六色的广告、招贴等。这是一种特殊形式的光污染。

（4）其他可见光污染。

如现代城市的商店、写字楼、大厦等，外墙全部用玻璃或反光玻璃装饰。在阳光或强烈灯光照射下，所发生的反光，会扰乱驾驶员或行人的视觉，成为交通事故的隐患。

2. 红外光污染

近年来，红外线在军事、科研、工业、卫生等方面应用日益广泛，由此可产生红外线污染。红外线通过高温灼伤人的皮肤，还可透过眼睛角膜对视网膜造成伤害，波长较长的红外线还能伤害人眼的角膜，长期的红外照射可以引起白内障。

3. 紫外光污染

波长为 $250\sim320nm$ 的紫外光，对人具有伤害作用，表现为角膜损伤和皮肤的灼伤。

光对环境的污染是实际存在的，但由于缺少相应的污染标准与立法，因而没有较完整的环境质量要求与防范措施，这方面有待进一步探索。

第十章 城 市 气 候

第一节 概 述

一、城市气候的概念

人类活动对气候的影响在日益增大，在城市中尤为突出。城市气候就是在区域气候的背景下，在城市特殊下垫面和城市人类活动的影响下，形成的一种局地气候。

城市气候的一个显著特点是空气混浊、多烟尘。多雾是城市气候的另一特征。英国伦敦是世界闻名的雾都。我国也早有"蜀犬吠日，吠所怪也"形容重庆冬季多浓雾蔽日，偶逢日现犬都会因奇怪而吠叫。从19世纪初，人们才开始较系统地研究城市气候，涉及气温、雾、降水、风等，逐渐形成了城市气候学这样一门学科。

二、城市气候的研究方法

1. 历史对比法

为了研究城市化对气候的影响，对一些发展比较快的城市，可以对比其多年气象资料，分析在城市化前后和发展过程中气候的变化，予以论证。

2. 周末与工作日对比法

由于大城市中企业机关、学校及多数工厂皆在周末（星期六及星期日）休假，人类活动对城市气候的影响在周末与工作日（星期一到星期五）相比有所差别。研究者常利用同一气象站某些气象要素：周末平均值（M_n）与工作日平均值（M_w）进行比较，求出二者的差值 ΔM：

$$\Delta M = M_n - M_w \tag{10-1}$$

从中可以看出城区人类活动强度不同时对城市气候影响的差异。

3. 城郊对比法

应用同期的城市与郊区的气候资料进行对比，两者的差值可以作为城市对气候影响的重要标志。

4. 城市内部不同性质下垫面的对比法

在不同类型的下垫面上设置观测点，观测其地表和城市覆盖层内不同高度的气候要素的分布和变化，分析其时空分布的规律及其形成机制，这对弄清城市覆盖层的气候特征和形成原因是十分必要的。

5. 模拟实验法

为了了解城市化对气候的影响，还可采用模拟实验法，最常用的是将城市实况按比例做一模型，进行风洞实验。

6. 应用数学物理方法建立模式

应用数学物理方法建立城市气候研究模式是当前国内外学者经常使用的方法。

三、城市气候环境

城市化的地区有其显著的特点，例如人口高密度聚集、有高强度的经济活动、城市地区具有特殊的下垫面。所以，城市除了受当地纬度、太阳辐射、大气环流、海陆位置和地形地貌等区域性气候因素的作用外，还在人类活动无意识的影响下，通过下垫面和近地层大气的辐射、热力、水分、空气质量和空气动力学性质的改变，形成有别于附近郊区的局地气候。

　　这种局地气候所涉及的范围如图 10-1 所示。城市建筑屋顶以下至地面这一层称为城市覆盖层（urban canopy layer），其气候变化受人类活动的影响最大。它与城市的规划布局、建筑物密度、高度、几何形状、建筑材料、街道宽度及走向、地面铺砌材料、绿化覆盖率、水环境、空气污染物浓度以及人为热和人为水汽排放量等因素密切相关，属于"小尺度"的气候。由建筑物屋顶向上至积云中部高度为城市边界层（urban boundary layer），这一层气

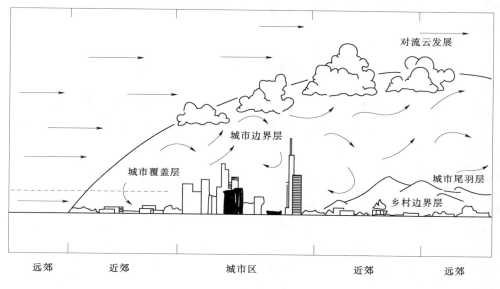

图 10-1　城市大气分层示意图

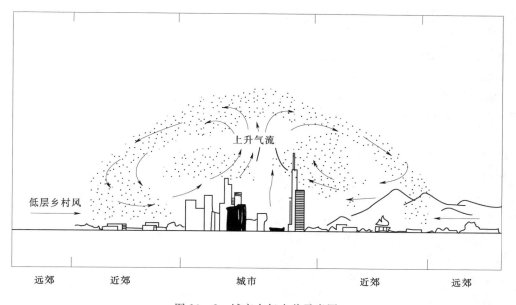

图 10-2　城市大气尘盖示意图

候受城市大气质量（污染物性质及其浓度）和不同高度的屋顶的热力、动力影响，湍流混合作用显著，与城市覆盖层进行能流和物流交换，并受周围区域气候因子的影响，属于"中尺度"的气候。在城市的下风方向还有一个城市尾羽层也称市尾烟气层（urban plume），这一层中的气流、污染物、云、雾、降水和气温等都受到城市的影响。在城市尾羽层之下为乡村边界层（rural boundary layer）。城市对下风方向的影响可至 30km，最大时可达 100km 以上。当在区域静风条件下，城市又有显著热岛环流时，城区出现穹隆形尘盖（urban dome），城市尾羽层就不存在，见图 10-2。

城市边界层的上限高度因天气条件而异，白昼与夜晚不同。在中纬度大城市，晴天常见的情况是：白天可达 1000～1500m，而夜晚只有约 200～250m，夜晚城市尘盖顶高有时只有 100～200m。

第二节　城市气候的特点

气候是重要的环境要素，了解和研究城市气候的特点，弄清城市的温度、湿度、风、降水、雾、太阳辐射等气候要素的时空分布规律，对于合理进行城市规划布局、减轻和避免大气污染、改善城市生态环境是十分重要的。

一个城市的气候，首先取决于大气气候条件，受到城市的地理纬度、大气环流、地表、植被、水体等自然因素的影响。例如，我国南北地跨温带、亚热带、热带三个气候带，哈尔滨与广州两城市的气候条件就明显不同。

但城市气候又明显地受到人为活动的影响。在城市中由于人口密集，道路和建筑物各式各样，形成特殊的下垫面；交通运输频繁、经济活动高度发展，城市成为大气污染物的主要发源地，在一定的程度上改变了大气的组成成分；再加上城市居民的生产和生活活动大量消耗能源，产生越来越多的人为热、温室气体和人为水汽进入大气，因此，人类活动对气候的影响在城市中表现得最为突出。有人说，城市是人类活动与气候关系的实验室，在区域气候条件基础上，城市化和人为活动的结果将影响城市局部气候。

城市人为环境对城市气候的影响表现在以下几个方面。

一、大气污染对城市气候的影响

城市大气污染与整个城市的边界层天气气候是相互影响、相互制约的。城市气候条件与天气形势影响和制约着城市大气污染的浓度和时空分布，而城市大气污染又反过来影响城市气候，是导致城市气候有别于乡村地区气候特征的一个重要因素，最显著的影响有以下几种。

1. 减弱太阳入射辐射和日照时数

城市大气中的污染物质对太阳入射辐射有不同程度的吸收、散射和反射作用，从而减少了大气透明度，削弱了到达地表的太阳直接辐射和总辐射，并减少了日照时数。这是城市气候的一个重要特征。

2. 增加城市烟雾频率，减小能见度

城市大气污染物中有很多是吸湿性很强的凝结核，在气候条件适宜时就会形成雾。城市中的雾，往往和烟尘混合在一起形成浓度很大的烟雾，其频率也随着污染的浓度而增大，使得空气混浊，能见度降低。这些吸湿性的污染物对云和降水亦可能产生一定程度的影响。

3. 改变城市大气的热力性质

城市大气污染物不仅能减少太阳入射辐射，也会改变大气本身的长波辐射性能，影响地面有效辐射和地面与空气之间的湍流热交换。在雾的生消过程中，有潜热的出入，会影响城市大气的热量平衡。烟尘对太阳辐射的削弱作用，可对城市气温产生较大的影响。这些因素作用的结果，导致城市大气的热力性质有别于农村。

二、特殊下垫面对城市气候的影响

城市具有特殊的下垫面，它与森林、草原、海洋不同，也与郊区农村土壤及植被的情况不同。在城市，是由不同几何形状的建筑物、构筑物、道路、广场等组成凹凸不平的粗糙的下垫面。这种建筑密集、纵横交错的下垫面使地面风速减小，使城区的空气湍流增加，并会影响风的方向。

城市下垫面的建筑材料一般是混凝土、石子、砖瓦、沥青、金属等，使得下垫面坚硬密实不透水，吸水性能很差。在降水时，径流过程加速，降水过后城区的下垫面很快变干，市区的蒸发量减少，空气湿度减小，这是形成所谓"干岛"的因素之一。

城市下垫面的反射率要比郊区小，影响市区净辐射得热量。

城市下垫面建筑材料的导热率和热容量均比郊区的土壤高，加之城市建筑物密集，在太阳辐射下，吸热面和贮热体多，导致城区的热贮存量比郊区大。

下垫面是影响气候变化的重要因素，它与空气存在着复杂的物质交换、热量交换和水分交换，对空气温度、湿度、风向、风速都有很大影响。城市特殊的下垫面，是形成特殊的城市气候的一个重要原因。

三、人为热对城市气候的影响

人为热包括由人类生活和生产活动以及生物新陈代谢所产生的热量。在城市中由于人口密度大，工业生产、家庭生活、交通工具等排放的热量远比郊区要大，这是城市气候中一项额外得热量。

人为热的大小和在城市热量平衡中所占比重，与城市所在的纬度、城市的规模、城市的性质、人口密度、人均耗热量以及区域气候条件等有关。

第三节 城 市 气 温

一、城市热平衡

我们可以把城市覆盖层看做一个热系统，如图 10-3 所示，其热量平衡方程为：

$$Q_s = Q_n + Q_F \pm Q_H \pm Q_E \tag{10-2}$$

式中 Q_s——下垫面层贮热量；

Q_n——覆盖层内净辐射得热量；

Q_F——覆盖层内人为热释放量；

Q_H——覆盖层大气显热交换量；

Q_E——覆盖层内潜热交换量。

1. 城市覆盖层净辐射得热量

（1）城市总辐射量比郊区弱。

城市大气中污染物浓度比郊区大，大气透明度远比郊区小，使得城市的直接辐射量减

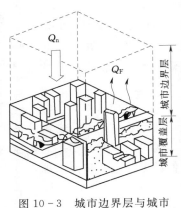

图 10-3　城市边界层与城市
覆盖层热系统

小，而散射辐射量比郊区大。但散射辐射量的增量不能补偿直接辐射的损失，所以城市中的太阳总辐射比郊区少。这是城市区域太阳辐射的一般情况，在大风天或雨过天晴的一段时间，城市中总辐射与郊区相差不大。

（2）城市下垫面对太阳辐射的反射率小于郊区。

在这里，影响反射率的因素主要有两方面：一是下垫面性质不同，因而造成反射系数差异，这种差异因郊区植被类型和生长季节而有显著的变化，尤其在冬季有雪天气，城市积雪时间短且易受到污染，这时城市下垫面的反射率比郊区小得多；二是城市建筑密度大、立体化，墙壁、屋面、道路组成极为复杂的反射面，太阳辐射在这些反射面上多次反射，每一次反射，在受射面上都会有能量的吸收，被反射的

能量因此减少，其结果是城市的反射率比郊区小。

（3）城市覆盖层长波辐射热量交换损失小于郊区。

地面和空气之间的长波辐射主要有两个方向：一是地面辐射，它的方向向上；二是大气逆辐射，其方向指向地面。

地面向上的长波辐射，由于城市区域平均温度稍高，所以单位面积的长波辐射平均强度要大于郊区，但城市上空的污染物和温室气体浓度比郊区大，当长波辐射穿过城市覆盖层和边界层大气时，有相当部分被吸收，热量被留下来。特别是城市空气中二氧化碳含量高，它对地面长波辐射中的波长在 $13\sim17\mu m$ 的波谱区有强烈的吸收作用。综合的结果是城市区域由于长波辐射而散失的热量小于郊区。

城市上空的气温高，向下的大气逆辐射必然大于郊区。

综合上述各因素的作用结果，受城市区域立体化下垫面及受污染的大气的影响，城市区域的净辐射得热量要大于郊区。

2. 覆盖层内人为热释放量

人为热释放量是人类社会生产活动和生活活动过程中，向环境释放的热量。随着人类社会的发展，在城市热平衡中，这部分热量是不可忽视的。表 10-1 是部分城市有关人为热排放的情况。从表中可以看出，人为热在能量平衡中所占的比重各城市是很不一致的，其影响因素主要有以下 3 方面。

（1）与纬度有关，如低纬度的新加坡和香港的人为热与净辐射相比是微不足道的，而高纬度的莫斯科、蒙特利尔等城市年平均人为热要大于净辐射得热量。

（2）与城市所在区域的气候条件、人口密度、工业和交通运输量的大小等因素有关。如加拿大温哥华市的纬度比蒙特利尔高 3°43′，但因具有海洋性气候，冬季气温和年平均气温皆较蒙特利尔高，因而冬季采暖耗热量和年均人为热较蒙特利尔低。再以纽约的曼哈顿和芝加哥两地相比，二者纬度、区域气候条件相差不大，但因曼哈顿的人口密度、工业和交通运输耗能量都比芝加哥大，因此，两地年平均人为热的排放量大不相同，曼哈顿的年平均人为热相当于芝加哥的 5 倍多。

（3）同一个城市人为热的排放量有明显的季节变化和日变化。冬季正午太阳高度角小，白昼时间又短，净辐射量小，往往小于人为热。夏季情况相反，净辐射量大，一般大于人为热。环境气温在一天中有明显变化，因而空调和采暖所释放的人为热也会有日变化。另外城

市交通运输在一天中也有高峰，如上下班时间。一个城市人为热的排放量的季节变化和日变化规律因各城市的具体情况而异。

综上所述，人为热的大小和在城市热量平衡中所占比重，受各城市的诸多因素的影响而有很大不同，但都比该城市的郊区大得多，人为热可以说是城市热环境中一项额外得热量。

表 10 - 1　　　　　　　　　　　　　　　　　部分城市人为热的排放量

城市	纬度（°）	人口密度（人/km²）	人均用热量（MJ×10³）	时期	人为热（Q_F W/m²）	净辐射热（Q_n W/m）	Q_F/Q_n
费尔班艾斯	64	810	740	年平均	19	18	1.05
莫斯科	56	7300	530	年平均	127	42	3.02
谢菲尔德	53	10420	58	年平均	19	56	0.34
西柏林	52	9830	67	年平均	21	57	0.37
温哥华	49	5360	112	年平均	19	57	0.33
				夏季	15	107	0.14
				冬季	23	6	3.83
布达佩斯	47	11500	118	年平均	43	46	0.93
				夏季	32	100	0.32
				冬季	51	-8	
蒙特利尔	45	14102	221	年平均	99	52	1.09
				夏季	57	92	0.62
				冬季	153	13	11.77
曼哈顿	40	28810	128	年平均	117	93	1.26
洛杉矶	34	2000	331	年平均	21	108	0.19
大阪	35	14600	55	年平均	26	—	
香港	22	3730	34	年平均	4	—	0.04
新加坡	1	3700	25	年平均	3	—	0.03

3. 覆盖层内潜热交换量

城市下垫面吸收了净辐射 Q_n 和人为热 Q_F，一部分贮存在下垫面内，其余的部分则和空气进行热交换。以空气湍流形式进行的是显热 Q_H 的交换，以蒸散（包括从有水地面蒸发和从地表植被蒸腾）下垫面的水分与空气进行的是潜热 Q_E 交换。

（1）城市潜热交换主要包括两个物理过程：一是水分的蒸发与凝结；二是冰面的升华与凝华。

1）蒸发（或凝结）潜热交换量可按下式计算：

$$Q_E = L \cdot E = (2400 - 2.4t)E \qquad\qquad (10-3)$$

式中　Q_E——蒸发（或凝结）潜热交换量，J；

　　　L——单位重量水分蒸发（或凝结）潜热量，J/g；

　　　t——空气的温度，K；

　　　E——蒸发（或凝结）量，g。

在常温范围内，L 的变化很小，一般取 $L=2400$J/g。当地面水分蒸发时，每蒸发 1g 水分转变为汽，下垫面要失去 2400J 的潜热。当空气中的水在地面凝结成露，每凝结 1g 的露，空气要释放 2400J 的热量，这就是凝结潜热。在相同的温度下凝结潜热与汽化潜热相等。

2）升华与凝华的计算。

在一定的温度下，冰面也对应一定的饱和水蒸气分压力 P_s，当实际水汽压 P 小于 P_s 时，就有从冰变为水汽的现象发生，这个由冰直接变为水汽的过程称为升华。在升华的过程中也要消耗热量，这热量除了包含由水变为水汽所消耗的蒸发潜热外，还包含由冰融化为水时所消耗的融化潜热（316J/g），因此升华潜热 $L_1 = 2400 + 316 = 2716$ J/g。与升华过程相反，水汽直接转变为冰的过程称为凝华。在同温度下，凝华潜热与升华潜热相等。当地面的冰雪升华时要失去升华潜热，而当空气中的水汽直接在地面上凝华为霜时，地面将从空气得到凝华潜热。

（2）根据以上分析，城市中潜热交换量的大小主要取决于水分相变量的大小，而城市的水分相变量要大大小于郊区，故潜热交换量也大大小于郊区，其原因是：

1）城市中不透水面积大。由于城市的建筑物和道路密集，大面积地面都已硬化，从自然状态变为混凝土或沥青等，成为不透水地面。世界上大多数城市的不透水面积都在 50% 以上。我国上海市区部分不透水面积更高达 80% 以上，西安等城市为减少尘土，就要求全市硬化地面。在这样的城市，每次降雨后，雨水很快从下水道和其他排水系统流走，因此雨水滞留地面的时间很短，地面水分蒸发量少。而郊区土壤能够使水分渗入并留在土壤间，这实际上是延长了水在地面的滞留时间，也就增加了水分蒸发量。

2）城市雪面升华作用小。冬季降雪后，城市中为了交通安全，一般要铲除积雪。另外城市的积雪也比郊区容易融化，停留时间短，其原因一是城市温度比郊区高，二是城市污染大，一些污染物降落在雪面上会改变雪面的吸热性能。郊区温度较低，污染小，又不需要铲除积雪，在农田、森林和草地上的雪融化慢，积雪时间比邻近的城镇长得多。这样城市的雪面的升华作用小，升华潜热交换量比郊区要小。

3）植物对汽化潜热的影响作用。郊区有大片的自然植被和人工种植的农作物。在降水的时候，这些植物和它们的落叶都会截留一部分降水，不能很快形成径流流失，延长了水的停留时间，这样就增加了地面水的渗透和蒸发。另一方面，植物的蒸腾作用也是一种强烈的水汽转换过程。

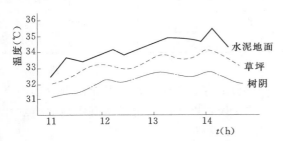

图 10-4　天安门广场三种下垫面的气温变化

大量观测资料表明，人工不透水下垫面和有植物生长下垫面上空的气温有明显差异。北京大学张景哲教授对天安门广场水泥地面、无树阴草坪和有树阴草坪三种不同下垫面在夏季白天所形成的微小气候进行了观测，结果如图 10-4 所示。而城市的绿地面积和植物量远远小于郊区，上述作用也小于郊区。

4. 覆盖层大气显热交换量

城市下垫面吸收了净辐射热和人为热，一部分贮存在下垫面内部，其余部分则通过显热交换和潜热交换输送给空气。显热交换有三种形式。覆盖层与地面热传导交换量，城市与郊区可以认为基本相同。辐射热交换量在净辐射得热量中已经讨论过，所以这里仅考虑对流换热量。

城市覆盖层与大气对流热交换从机理上可分两类：热力紊流引起的热量传递和机械紊流

引起的热量传递。城市中的大气垂直稳定度一般比郊区小，容易发生热力紊流，在无风或小风速条件下，对于较大城市，热力紊流是城市热损失的主要形式。由于城市下垫面的粗糙度比郊区大，又有利于机械紊流的发展，因此一般情况下，城市地气之间的对流换热量应比郊区大。

5. 城市下垫面层的净得热量 Q_s

从以上各项分析可知，城市覆盖层内净辐射得热量 Q_n 大于郊区、覆盖层内人为热释放量 Q_F 远大于郊区，而城市中的相变潜热失热量 Q_E 又远远小于郊区，其综合效应的结果是城市下垫面层的净得热量 Q_s 大于郊区。即城市的得热量大于郊区，而失热量小于郊区，所以城市的气温高于郊区。由热平衡方程式（10-2），这部分热量要以显热方式散失到郊区及边界层大气中。

二、城市气温的水平分布——城市热岛效应

1. 城市热岛效应

城市热岛效应是城市气候最明显的特征之一。城市热岛是随着城市化而出现的一种特殊的局部气温分布现象。1918 年霍华德在《伦敦的气候》一书中，把伦敦市区的气温比周围农村高这一特殊的局部气温分布现象称为城市热岛。城市热岛温度分布的特点见图 10-5。

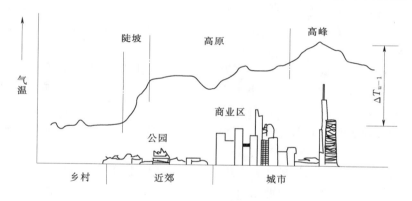

图 10-5 城市热岛温度剖面示意图

在图 10-5 中，纵坐标表示温度，横坐标表示农村、郊区、城市的剖面，可以画出温度变化的曲线图。从图中可清楚地看到，由农村至城市边缘的近郊时，气温陡然升高，形成"陡崖"，到了城市，温度梯度比较平缓，形成"高原"，到市中心，由于人口和建筑密度增加，温度更高，形成"高峰"。这幅气温剖面图，形象地显示出城市气温明显高于四周农村的现象，"城市热岛"矗立在周围农村较凉的"海洋"之上。

一般大城市年平均气温比郊区高 0.5～1.0℃，冬季平均最低气温约高 1～2℃。据徐兆生等的观测与分析，北京市城区的年平均温度比郊区高 0.7～1.0℃。夏季一般市区平均温度比北京气象台高 0.5～0.8℃，最高温度高 0.8～2.0℃，最低温度更高出 1.4～2.5℃，北京市的气温中心在城区南部。沿东西长安街呈东西长、南北短的椭圆形闭合中心。在石景山钢铁厂也有一个高温区，这是钢厂高炉释放的热量特别大所引起的。北京市 20 世纪 70 年代平均温度比 50 年代高出 0.9℃，可见城市环境、人口、建筑、工业密集度的发展能够引起城市热岛效应的进一步增强。

华东师范大学周淑贞等对上海地区的观测分析结果，热岛效应同样非常明显。

天津市热岛强度全年平均为 1.0℃，夏季平均 0.9℃，春季平均 0.4℃，最强的热岛效

应出现在冬季，可达 5.3℃。研究结果表明，中国城市热岛强度的年变化，大都是秋冬季偏大，夏季最小。

在同一个季节、同样天气条件下，城市热岛强度还因地区而异。它与城市规模、人口密度、建筑密度、城市布局、附近的自然景观以及城市内局部下垫面性质有关：在城市人口密度大、建筑密度大、人为热释放量多的市区，形成高温中心；在园林绿地形成低温中心或低温带。城市绿地在冬季和夜晚起保温作用，在夏季和白天起减温作用。

2. 城市热岛的成因

城市热岛的形成是城市热平衡的结果。在城市热平衡过程中，诸多因素综合作用的结果是城市下垫面层净得热量大于郊区，使得城市气温高于郊区，形成城市热岛。

城市热岛在宏观气象中是一种中小尺度的气象现象，还要受到大尺度大气形势的影响。当天气形势在稳定的高压控制下，气压梯度小，微风或无风，天气晴朗无云少云，有下沉逆温时，有利于热岛的形成。大风时，城市热岛效应不明显。

三、城市气温的垂直分布与逆温

在大气圈的对流层内，大气主要依靠吸收地面的长波辐射而增温，地面是大气主要的和直接的热源，所以，气温垂直变化的总趋势是随海拔高度的增加而气温逐渐降低。气温随海拔高度的变化，通常以气温的垂直递减率（γ），即垂直方向每升高 100m 气温的变化值来表示。在整个对流层中，气温垂直递减率平均为 0.65℃/100m，其中在对流层上层气温垂直递减率比中下层要大。

实际上，在近地面的低层大气中，气温的垂直变化比上述情况要复杂得多。垂直递减率可能大于零，可能等于零，也可能小于零。γ 大于零时，我们认为是正常的温度分布；γ 等于零时，气温不随高度而变化，这种气温分布气层称为等温气层；γ 小于零时，表示气温随海拔高度增加而增加，这种情况称作温度逆增，简称逆温，这样的温度分布气层称逆温层。

逆温的形成有多种原因，前文已有论述。逆温从成因上分主要有以下几种。在晴朗无风的夜晚，强烈的长波辐射使地面和近地面大气降温较快，而上层空气降温较慢，因而出现上暖下冷的逆温现象，这种逆温称为辐射逆温。在盆地和谷地，由于山坡散热快，冷空气沿斜坡下滑，在盆地和谷地内聚积，将较暖空气抬高至上层，形成逆温，这种由于地形特征形成的逆温称地形逆温。当高空有大规模下沉气流时，在下沉运动终止高度上可形成下沉逆温。在两气流相遇时，若暖气流在上而冷气流在下，会形成锋面逆温。

逆温这种上暖下冷的气温分布不利于湍流的形成，因而不利于大气污染物的扩散和稀释，所以逆温与大气污染程度的恶化有十分密切的关系。兰州市是我国大气污染比较严重的城市，它的污染程度就和逆温天气有密切关系。兰州市一年中有 310 天是逆温，占全年日数的 86%。

第四节 城 市 的 风

一、城市风的特点

城市化所引起的局部大气边界层的改变，会对低层气流和湍流特征产生显著的影响。在一定的条件下，城市热岛效应会引起局地环流，而特殊的城市下垫面，具有较大的粗糙度，可以形成更强烈的热力湍流和机械湍流。因而，城市覆盖层和城市边界层内的风场结构是极为复杂的，与郊区风场有很大差异。城市风场特征是城市规划、工业布局、城市建筑和环境保护的重要依据。

二、城市热岛环流

一般认为，在晴朗无云，大范围内气压梯度较小的形势下，由于城市热岛的存在，可以在城市中形成一个低压中心，在一定高度范围内，城市低空比郊区同高度空气温度要高，这样就产生了指向城市的气压梯度力，在低层造成向内的辐合流场和上升气流。在几百米高度上，空气又以相反的方向从城市向郊外流出并下沉，形成一缓慢的热岛环流（图 10-6）。

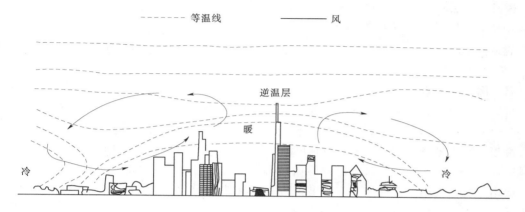

图 10-6　在晴朗夜间城市热岛环流模式

然而，实际情况要复杂得多。至少在某种条件下，热岛环流并非完全是在对城市热岛和气压梯度的响应过程中形成的，稳定度因子亦起着相当重要的作用。环流的上升运动有时不在热力扰动中心之上，而是偏向于热力中心的下风方向。可见，热岛环流是一种比较复杂的中小尺度系统。

对于热岛环流在水平风场上的观测，国内外都有实例。我国北京、上海等城市都有过此类观测研究。在实测中，热岛环流往往与其他作用，例如地形作用密切相关。如北京冬季的热岛环流有时受到其西部和北部山地的影响。当大范围气压度比较平缓，天气晴朗时，北京常出现山谷风，风速一般为 2～4m/s，厚度为 300m 左右，这种山谷风常与热岛环流相叠加。而上海地区，海陆温差则对于城市热岛环流的形成起促进作用，并对其造成影响。

三、由地形地貌引起的局地气流

地形和地貌的差异，造成地表热力性质的不均匀性，往往会形成局地气流，其水平范围一般在几公里至几十公里。最常见的局地气流有海陆风（水陆风）、山谷风等，对此前文已有论述。

地形、山脉的阻滞作用，对风速也有很大影响，尤其是封闭的山谷盆地，因四周群山的屏障，往往造成静风或小风。我国是一个多山之国，许多城市位于山间河谷盆地上，静风频率高达 30％以上，例如西宁为 35％、昆明为 36％、成都为 40％、兰州为 62％等。这些城市因静风、小风时间多，不利于大气污染物的扩散。

四、市区风环境

1. 平均风速小于郊区

城市鳞次栉比的建筑物，纵横交错的街道，使城市下垫面摩擦系数增大。当盛行风穿过市区时，空气动能损失比郊区多，在大部分区域的风速要小于盛行风速。所以，从城市整体而言，其平均风速比同高度的开旷郊区要小，且在不同季节、不同时刻、不同的风向风速下，城市与郊区风速的差值不同。

2. 市区内风的局地性差异很大

市区内风速差异很大，其原因是：一方面由于街道的走向、宽度、两侧建筑物的高度、型式和朝向不同，各处所获得的太阳辐射能就有明显的差异，这种差异在微风或无风时导致局地热力环流，使城市内产生不同方向的气流；另一方面，由于建筑物的阻障作用而产生的升降气流、涡流和绕流等，使得风的局地变化更为复杂。

据测试，若街道中心的风速为 100%，向风墙侧有 90%，背风墙侧为 45%。在街道绿化较好的干道上，当风速为 1.0～1.5m/s 时，可降低风速一半以上；当风速为 3～4m/s 时，可降低风速 15%～55%。在平行于主导风向的行列式建筑区内，由于狭管效应，其风速可增加 15%～30%，而在周边式建筑区内，其风速可减少 40%～60%。

五、风与城市规划

过去在城市规划布局中，有工业区应布局在主导风向的下风方向，居住区布局在其上风方向的原则，我国自 20 世纪 50 年代以来一直采用这个原则。但是这个原则在季风气候地区并不恰当，因为冬季风和夏季风一般是风频相当，风向相反，冬季风的上风向在夏季就成了下风向。对全年有两个主导风向以及静风频率在 50% 以上的或各风向频率相当的地区，也都不适用。我国气象工作者经研究指出我国城市规划设计时应考虑不同地区的风向特点，并提出了我国的风向分区。

1. 季风变化区

我国东半壁盛行季风，从大兴安岭经过内蒙古穿过河套地区，绕四川东部到云贵高原一线以东，盛行风向随季节变化而转变。冬夏季风向基本相反，一般冬季或夏季盛行风向频率在 20%～40%，很难确定哪个是全年的主导风向。在季节变化型地区，城市规划不能仅用年风向频率玫瑰图，而要将 1 月、7 月风向玫瑰图与年风向玫瑰图一并考虑，在规划中应尽量避开冬、夏对吹的风向，选择最小风频的方向，把那些向大气排放污染的工业企业，按最小风频的风向，布置在居住区的上风向，以便尽可能减少对居住区的污染。

2. 主导风向区

主导风向区包括三个地区：①新疆、内蒙古、黑龙江北部，这一带常年在西风带控制下，风向偏西；②云贵高原西部，常年吹西南风；③青藏高原，盛行偏西风。主导风向区可将排放有害物质的工业企业布置在常年主导风向的下风侧，居住区布置在主导风向的上风侧。

3. 无主导风向区

无主导风向区主要分布在宁夏、甘肃的河西走廊、陇东以及内蒙古的阿拉善左旗等地。影响我国的四条冷空气路径，不同程度地影响着这些地区。该区没有主导风向，风向多变，各风向频率相差不大，一般在 10% 以下。这里布局工业，常用污染系数（又称烟污强度系数）来表示：

$$污染系数 = \frac{风向频率}{平均风速} \tag{10-4}$$

大气污染的浓度与风速成反比，因此城市规划中应将向大气排放有害物质的工业企业布置在污染系数最小方位或最大风速的下风方向，居住区则在污染系数最大方位或最大风速的上风方向。

4. 准静止风型区

准静止风分布在两个地区：一个是以四川为中心，包括陇南、陕南、鄂西、湘西、贵北等地；另一个是云南西双版纳地区。这个地区年平均风速为 0.9m/s，小于 1.5m/s 的风频全年平均在 30%～60% 以上。在规划布局上，必须将向大气排放有害物质的工业企业布局在居住区的卫生防护距离之外，这就要计算出工厂排出的污染物质的地面最大浓度及其落点距离，给出安全边界，生活居住区布局在卫生防护距离之外。

在静风区应尽量少建污染大气的工厂，卫星城镇也以设在远郊为宜。

第五节 湿 度 与 降 水

一、城市水分平衡

1. 城市区域地表水分平衡式

城市区域地表水分平衡式为：

$$m + I + F = E + R + S \tag{10-5}$$

式中 m —— 降水量；

I —— 城市供水量；

F —— 燃烧产水量；

E —— 蒸发散失水量；

R —— 城市排水量；

S —— 城市贮水量。

上述各量在城市和郊区都有明显的差别，其中城市的 m、I、F 值均比郊区大，E 和 S 均比郊区小，而 R 又比郊区大很多。上式各量在城市和郊区的差异，除了影响城市的湿度分布外，还影响城市的热平衡，造成城区与郊区气象因子不同。

2. 城市得水量大于郊区

由式（10-5）可知城市中水分收入项有降水 m，由燃烧产生的水分 F 和由管道等输入城内的供水 I 等三项。根据大量的观测事实和研究证明，城市中的降水量 m 一般比郊区多 5%～15%。当燃烧化石燃料（天然气、汽油、煤等）时，会向空中释放一定量的水汽 F。城市中的燃料消耗比郊区多得多，所以由于燃料燃烧而释放的水分的燃烧产水量 F，城市要远大于郊区。

城市中由于居民生活、工业和其他方面需要大量用水，供水量 I 通过管道输入城市，又是城市一项额外水量收入（如果不考虑郊区灌溉用水）。

在城市中由于 m、I、F 均比郊区大，在水分平衡中其水量收入显然比郊区多，所以城市得水量应大于郊区。

3. 城市下垫面蒸散量小于郊区

如前所述城市下垫面的蒸发量和植物蒸腾量都比郊区小，减小的程度与实际不透水面积占下垫面的百分比、建筑物材料的透水性能和市内植物覆盖率等相关。城市不透水面积所占的百分比一般可用下式表示：

$$I = aD^b \tag{10-6}$$

式中 I —— 不透水面积占城市下垫面面积的百分比；

D —— 城市人口密度；

a，b——决定于城市土地利用的两个常数。

人口密度 D 可以通过直接调查计算得到。a、b 两个常数则是根据城市居民住宅面积，工商业建筑物面积，停车场、街道、公路及市内树木、草地、水体等所占面积用多元回归计算出来的。

4. 城市下垫面水分贮存量比郊区小

城市下垫面的结构组成决定了其易于贮存热量，却不易于贮存水分。城市中由于建筑物密集、不透水面积大、植物覆盖率小，又有较完善的人工排水系统，降水后水分渗透并贮存于下垫面的量极少，而郊区土壤疏松，降水后渗透至下垫面的量大，又有大量植被截留降水，因此郊区在水分平衡中，下垫面水分贮存量要比市区大得多。

5. 城市排水量大于郊区

在城市水分平衡中，城市得水量大于郊区，而在失水量中，城市下垫面蒸散量和贮存量都小于郊区，那么，城市排水量必然要大于郊区。城市得水量的大部分要靠人工化的排水系统排出，一个现代化的城市必须具有十分完善、安全的排水系统，才能保障城市水平衡。

二、城市覆盖层内空气湿度

城市化的结果，使得城市区域空气湿度与郊区也有差异。

1. 城市空气绝对湿度

城市的下垫面相对于自然环境已发生了巨大变化，建筑物和路面多数为不透水层，降雨后很快形成径流，由排水系统排出，雨停后路面很快干燥，加之城市植物覆盖面积小，所以城市蒸散量比较小，故日均绝对湿度比郊区小，形成所谓干岛。这在植物生长茂盛的夏季和白昼比较显著，而在夜晚这种情况会发生变化。在夜晚，郊区下垫面温度和近地面气温的下降速度比城区快。在风速小、空气层结稳定的情况下，可能会有露凝结，使空气绝对湿度降低。而城区由于热岛效应，气温比郊区高，结露的可能和凝露量都会小于郊区，加之城市有人为水汽量的补充，因此这时城市近地面空气绝对湿度反而比郊区大，形成"城市湿岛"。

2. 城市空气相对湿度

城市空气日均绝对湿度比郊区小，气温又比郊区高，这就使得城市与郊区相对湿度的差异，比二者的绝对湿度的差异更大。城市相对湿度在一天 24h 中，基本上都比郊区低，尤其在城市热岛强度大的时间，其城市干岛效应更为突出，尽管市区有时绝对湿度比郊区高。在绝对湿度不变，即空气中所含水蒸气量不变的情况下，空气温度越高，相对湿度越低，反之，气温越低，相对湿度越高。

三、城市与降水

1. 城市对降水的影响

城市对局地降水量的影响，在城市气候学界存在着争论。为了解决争论，1968 年在布鲁塞尔举行的城市气候和建筑气候学讨论会，决定在 1971—1975 年于美国中部平原圣路易斯进行大城市气象观测试验计划，设立了稠密的气象观测网。经过大量观测、试验和研究，证实了城市对降水量分布是有影响的，在城区及其下风方向有使降水增多的效应。我国上海华东师大与上海市气象局科学研究所协作，在上海进行了观测研究，得到了与圣路易斯市试验大致相似的结论。

2. 城市影响降水的可能机制

根据目前的研究，造成城市降水多于郊区的可能机制可归纳为以下三个方面。

（1）城市热岛效应。由于城市热岛效应，使空气层结不稳定，这样就有利于产生热力对流。从能量角度看，热岛是一个高能区，当城市中水汽充足，凝结核丰富，并且在有利于对流性天气发生发展的天气系统的制约下，容易形成对流云和对流性降水，或者对暴雨产生诱导增幅作用。如有其他系统叠加在城市热岛上空，亦可能产生大暴雨。如果缺乏有利的流场和天气形势的叠加配合，单纯的城市热岛直接触发降水的可能性是较小的。

（2）城市阻障效应。城市因有各类建筑物，其粗糙度比附近郊区大得多。它不仅能引起机械湍流，而且对移动滞缓的降水系统有阻障作用，使其移动速度减慢，在城区的滞留时间加长，因而导致城区降水的时间延长，降水强度增大。

（3）城市凝结核效应。城市凝结核比郊区多，而这些凝结核对降水的形成所起的作用却是一个有争议的问题。目前多数学者认为凝结核有促进城市降水增多的效应。从冷云降水机制来说，云中有大量过冷水滴，如果缺乏凝结核，就不易形成降水。城市上空及下风区有大量的凝结核会使小水滴转移到凝结核上，并逐渐变大，形成降水。

3. 城市降水径流特点

在城市中，由于降水而引起的径流变化量有其明显特点。在降水期间，城市由于具有不透水面积大、材料吸水性能差、植被少的人工下垫面，径流会急剧增高，很快会出现径流峰值，甚至在有的区域可能会因超过排水系统的排水能力而出现地面积水，而雨停后，径流又会迅速减小。而郊区由于下垫面层吸水能力强，径流及峰值出现的时间要推迟很多，并且峰值小而缓，但径流维持时间却要长很多，如图 10-7 所示。如果说郊区降水径流曲线近于林地的话，那么，城市降水径流特点恰似荒山秃岭。

四、城市的雾及能见度

1. 城市的雾

城区比郊区雾多。湿雾是城市中最常见的雾类。当城市近地面空气相对湿度接近或达到饱和时，水汽在凝结核上凝结而形成小水滴，半径在 $1\sim60\mu m$，一般为 $7\sim15\mu m$。这些小水滴与城市的烟尘悬浮在城市低空形成雾障。一般在城市有雾时，能见度仅在 $1km$ 左右。

伦敦是典型的雾都，这种雾称伦敦型雾。我国重庆也是多雾的城市。城市多雾的原因，首先是人为造成的大气污染，颗粒物质为雾的形成提供了丰富的凝结核。城市中心的建筑群增加了下垫面的粗糙度，减少了风速，为雾的

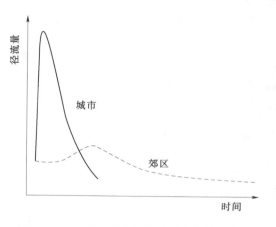

图 10-7 降雨后城市和郊区径流曲线示意图

形成提供了合适的风速条件。又由于城市热岛环流，从郊区农村带来的水汽，使低空辐合上升凝结成雾的几率增大。

城市的大雾会阻碍交通，使航班停开，增加城市交通事故。大雾阻滞了空气中污染物的稀释与扩散，加重了大气污染。城市雾还减弱了太阳辐射，不利于人类与其他生物的生活。

2. 城市中的水平能见度

水平能见度是指视力正常的人在当时的天气条件能够从天空背影中看到和辨认出目标物（黑色、大小适度）的最大水平距离；夜间则是能看到和确定出一定强度灯光的最大水平距离。目前对水平能见度的观测，既有目测也有仪器测试。

城市能见度降低，主要是大气中的污染气体和颗粒物（包括固态和液态）对能见光的吸

收和散射所产生的消光作用所致。

　　能见度与空气中污染物质的含量有关，可用下列经验公式计算：

$$r = \frac{1207.5}{C} \qquad\qquad (10-7)$$

式中　r——能见度，km；

　　　C——微粒浓度，$\mu g/m^3$。

　　大量观测事实证明，城市中的水平能见度比同期郊区为低。这是由于城市空气污染，空气中颗粒状污染物和气态污染物都比郊区多的缘故。当城市出现降水、浮尘和雾等天气现象时，能见度会显著降低。尤其是大雪天气、沙尘暴和浓雾天气造成的能见度下降会直接影响城市空中和地面交通。

第十一章　城市灾害及预防

第一节　城市灾害概述

一、城市灾害与致灾因子

凡危害动植物的各类事件通称为灾害。致灾因子为可能危害动植物的各种自然与人为因素。而灾害则是致灾因子所造成的人员伤亡、财产损失等情况。灾害是人类开发自然的结果，是区域发展中的必然现象。

城市灾害是发生在城市范围内的自然的和人为的各种灾害。城市是人口和社会财富高度集中的地方，也是人类智慧和文化遗产的集中体现。预防城市灾害，使灾害减小到最小程度，是城市建设者和全社会的共同责任。

二、城市灾害分类

城市灾害按发生部位和发生机理可划分为地质灾害、气象灾害、资源枯竭灾害、环境污染灾害、火灾、交通灾害、流行病和各种传染病等。城市灾害从其发生原因可以分为自然灾害和人为灾害两类。

1. 自然灾害

（1）概念。

自然灾害是指由于自然异常变化造成的人员伤亡、财产损失、社会失稳、资源破坏等现象或一系列事件。它的形成必须具备两个条件：一是要有自然异变作为诱因；二是要有受到损害的人、财产、资源作为承受灾害的客体。自然灾害是人与自然矛盾的一种表现形式，具有自然和社会两重属性，是人类过去、现在、将来所面对的最严峻的挑战之一。对于自然灾害，有些灾害人类目前还难以完全避免，但是可以通过对其发生机理和规律的研究，加以预防，减少损失。

（2）特点。

自然灾害的特点主要表现在几个方面：

1）广泛性和区域性。一方面自然灾害的分布范围很广，只要有人类活动，自然灾害就有可能发生。另一方面，自然地理环境的区域性又决定了自然灾害的区域性。

2）频繁性和不确定性。全世界每年发生的自然灾害非常多。近几十年来，发生次数还呈现出增加的趋势，而自然灾害的发生时间、地点和规模等的不确定性，又在很大程度上增加了人们抵御的难度。

3）周期性和不重复性。主要自然灾害的发生都呈现出一定的周期性。人们常说的某种自然灾害"十年一遇、百年一遇"实际上就是对自然灾害周期性的一种通俗描述。自然灾害的不重复性主要是指灾害过程、损害结果的不可重复性。

4）危害的严重性。全球每年发生可记录的地震约 500 万次，其中有感地震约 5 万次，造成破坏的近千次，而里氏 7 级以上足以造成惨重损失的强烈地震，每年约发生 15 次。干旱、洪涝两种灾害造成的全球经济损失每年可达数百亿美元。

　　5）不可避免性和可减轻性。只要地球在运动、物质在变化，只要有人类存在，自然灾害就不可避免。但是，人们可以通过防灾减灾，最大限度地减轻灾害损失。

　　自然灾害发展的过程有长有短。有些自然灾害，当致灾因子的变化超过一定强度时，会在很短的时间内形成灾害，像火山爆发、地震、洪水、飓风、风暴潮、暴雨、冰雹等，这类灾害称为突发性自然灾害。旱灾、农作物病虫害等，虽然一般要在几个月的时间内成灾，但灾害的形成和结束仍然比较快速、明显，所以也应列入突发性自然灾害。另外还有一些自然灾害是在致灾因子长期作用下，逐渐显现成灾的，如土地沙漠化、水土流失、环境污染等，这类灾害通常要经过几年或更长时间的发展，则称之为缓发性自然灾害。许多自然灾害，特别是强度大的自然灾害发生以后，常常诱发出一连串的其他灾害接连发生，这种现象叫灾害链。灾害链中最早发生的起作用的灾害称为原生灾害，而由原生灾害所诱导出来的灾害则称为次生灾害。自然灾害发生之后，由此还可以导生出一系列其他灾害，这些灾害泛称为衍生灾害。

　　表11-1为根据联合国相关数据库，1900—2008年世界范围内自然灾害数据，包括各国过去100年以来的地震、海啸、水灾、台风、冰雹、旱灾、雪灾、森林草原火灾等主要自然灾害次数。

表 11 - 1　　　　　　　　　　　世界各国 100 年来重要自然灾害次数

灾害类型	灾害事件次数	灾害类型	灾害事件次数
干旱	620	干体运动（崩塌、滑坡等）	54
地震	1167	湿体运动（泥石流等）	558
流行病	1191	火山	212
极端温度灾害	398	风灾（台风、龙卷风、风暴潮等）	3359
洪水	3674		
昆虫灾害	84	野火	352

　　城市的自然灾害有火山、地震、地面沉降、泥石流、滑坡、龙卷风、台风、洪水、雷电等。

　　2. 人为灾害

　　人为灾害指主要由人为因素引发的灾害。主要包括自然资源衰竭灾害、环境污染灾害、火灾、交通灾害、爆炸、传染病、战争及核灾害等。有些内容前面章节已有论述。城市还有一些人为因素诱发的现代灾害，如建筑物腐蚀破坏，建筑渗漏、下沉与塌陷，钢结构脆性断裂，室内公害污染等。人为灾害可以通过加强科学技术管理来减少和消除。

　　三、中国主要致灾因子

　　表11-2为按照不同的分类方法，中国主要自然致灾因子。

　　四、城市减灾

　　灾害造成的损失是巨大的，灾害是不容忽视的现象，特别是在城市区域内。城市灾害直接威胁城市居民的生命财产的安全，是城市居民与城市生态环境的重要关系之一。研究城市灾害与城市居民的相互关系越来越得到城市环境生态学家的重视。

　　1989年，联合国经济及社会理事会将每年10月的第二个星期三确定为"国际减灾日"，旨在唤起国际社会对防灾减灾工作的重视，敦促各国政府把减轻自然灾害列入经济社会发展规划。

表 11 - 2　　　　　　　　　　　　中国主要自然致灾因子

分类	自然致灾因子（灾种）
自然致灾因子类别	干旱、洪涝、台风、地震、冰雹、冰冻、暴风雪、天然林火、病虫害、崩塌、滑坡、泥石流、风沙暴、海浪、海冰、赤潮
大气圈致灾因子	干旱、台风、暴雨、冰雹、低温、霜冻、冰雪、沙暴、干热风
水圈致灾因子	洪水、内涝、风暴潮、海浪、海冰
生物圈致灾因子	作物病害、作物虫害、森林病害、森林虫害、鼠害、毒草
岩石圈致灾因子	地震、滑坡、泥石流、风沙流、沉陷、地裂缝
地震灾害	地震
气象灾害	旱、涝、台风、飓风、龙卷风、冷害
海洋灾害	海潮、风暴潮、巨浪、海冰、赤潮
洪水灾害	洪水
地质灾害	崩塌、滑坡、泥石流、地裂缝
农作物生物灾害	病害、虫害、草害
森林灾害	病害、虫害、鼠害、火灾

　　我国是世界上自然灾害最为严重的国家之一，灾害种类多、分布地域广、发生频率高、造成损失重。在全球气候变化和我国经济社会快速发展的背景下，我国面临的自然灾害形势严峻复杂、灾害风险进一步加剧、灾害损失日趋严重。2008 年 5 月 12 日，四川汶川发生里氏 8.0 级特大地震，造成了巨大的人员伤亡和经济损失。经国务院批准，自 2009 年起，每年 5 月 12 日为全国"防灾减灾日"。

　　对灾害的防范首先要建立在对灾害规律的认识上。无论是自然灾害还是人为灾害，其发生原因、发生频率都有一定的规律可循，认真研究这些规律，防患于未然，是避免和减少灾害发生的关键。

　　城市规划对防灾有极为重要的意义。首先在城市选址上，要避开火山、地震、滑坡、泥石流等自然灾害的多发地区；在城市规划布局中要充分考虑到防火、防风的特殊要求，充分考虑到交通和人流的合理疏散。在城市详规中对建筑物的安全距离与保证道路交通的畅通无阻有严格的规范要求，也是城市防灾的重要措施。除了城市减灾规划设计外，还应加强城市减灾综合管理和城市减灾立法体系建设，使城市减灾与城市可持续发展相结合。

第二节　地　震　灾　害

一、基本概念

　　（1）震源：地球内部发生地震的部位（理论上是一个点，实际上是一个区）。

　　（2）震中：震源在地面上的投影点。地面上受破坏最严重的地区称极震区，理论上震中与极震区基本是相同的。

　　（3）震源深度：震源到地面的垂直距离，亦即震源到震中的距离。

　　（4）地震烈度：按一定的宏观标准，表示地震对地面的影响与破坏程度的一种量度。烈度常用字母 I 表示。按烈度大小为序排列的表，称烈度表，我国使用十二度烈度表。表 11 - 3 为地震烈度表。

表 11 - 3　　　　　　　　　　　地 震 烈 度 表

烈度	房 屋	地 表 现 象	其 他 现 象
一	无损坏	无	无感觉，仅仪器才能记录到
二	无损坏	无	个别非常敏感的且完全在静止中的人能感觉到
三	无损坏	无	室内少数在完全静止中的人感到震动，如同载重车辆很快地从旁驰过，细心的观察者，注意到悬挂物轻微摇动
四	门窗和纸糊的顶棚有时轻微作响	无	室内大多数人感觉，室外少数人感觉，少数人从梦中惊醒，悬挂物摇动，器皿中的液体轻微振荡，紧靠在一起的、不稳定的器皿作响
五	门、窗、地板、天花板和屋架木榫轻微作响，开着的门摇动，尘土落下，粉饰的灰散落，抹灰层上可能有细小裂缝	不流通的水池里，起不大的波浪	室内差不多所有人和室外大多数人感觉，大多数人从梦中惊醒，家畜不宁，悬挂物明显地摇摆，少量液体从装满的器皿中溢出，架上放置不稳的器物翻倒或落下
六	"Ⅰ"类房屋许多损坏，少数破坏，非常坏的房、棚可能倾倒；"Ⅱ"类房屋少数损坏	特殊情况下，潮湿、疏松的土里有细小裂缝。个别情况下，山区中偶有不大的滑坡，土石散落或陷穴	很多人从室内跑出，行动不稳，家畜从厩中跑出；器皿中的液体剧烈地动荡，有时溅出，架上的书籍和器皿等有时翻倒或坠落，轻的家具可能移动
七	"Ⅰ"类房屋大多数损坏，许多破坏，少数倾倒；"Ⅱ"类房屋大多数损坏；少数破坏；"Ⅲ"类房屋大多数轻微损坏（可能有破坏的）	干土中有时产生细小裂缝，潮湿或疏松的土中裂缝较多、较大，少数情况下冒出夹泥沙的水。个别情况下，陡坡滑坡，山区中有不大的滑坡和土石散落，土质松散的地区可能发生崩滑。山泉的流量和地下水位可能发生变化	人从室内仓皇逃出，驾驶汽车的人也能感觉；悬挂物强烈摇摆，有时损坏或坠落；轻的家具移动，书籍、器皿和用具坠落
八	"Ⅰ"类房屋大多数破坏，少数倾倒；"Ⅱ"类房屋许多破坏，少数倾倒；"Ⅲ"类房屋大多数损坏（可能有倾倒的）	地上裂缝宽达几厘米，土质松散的山坡和潮湿的河滩上，裂缝宽达 10cm 以上，地下水位较高的地区，常有夹泥沙的水从裂缝里冒出，在岩石土质松散的地区里，常发生相当大的土石散落、滑坡和山崩，有时河流受阻，形成新的水塘，有时井泉干涸或产生新泉	人很难站得住；由于房屋破坏，人畜有伤亡，家具移动，并有一部分翻倒
九	"Ⅰ"类房屋大多数倾倒；"Ⅱ"类房屋许多倾倒；"Ⅲ"类房屋许多破坏，少数倾倒	地上裂缝很多，宽达 10cm，斜坡上或河岸边疏松的堆积层中，有时裂缝纵横，宽达几十厘米，绵延很长。很多滑坡和山石散落，山崩。常有井泉干涸或新泉产生	家具翻倒并损坏

烈度	房 屋	地表现象	其他现象
十	"Ⅲ"类房屋许多倾倒	地上裂缝几十厘米，个别情况下达 1m 以上，堆积层中的裂缝有时组成宽大的裂缝带，断续绵延可达几千米以上，个别情况下，岩石中有裂缝，山区和岸边的悬崖崩塌，疏松的土大量崩滑，形成相当规模的新湖泊，河、池中发生击岸的大浪	家具和室内用品大量损坏
十一	房屋普遍毁坏	地面形成许多宽大裂缝，有时从缝里冒出大量疏松的浸透水的沉积物。大规模的滑坡、崩滑和山崩，地表产生相当大的垂直和水平断裂。地表水情况和地下水位剧烈变化	由于房屋倒塌，压死大量人畜，埋没许多财物
十二	广大地区内房屋普遍毁坏	广大地区内，地形有剧烈的变化，广大地区内地表水和地下水情况剧烈变化	由于浪潮及山区崩塌和土石散落的影响，动植物遭到毁灭

注 表中房屋类型，Ⅰ类指简陋的棚舍、土坯或施工粗糙的房屋；Ⅱ类指老式的有木柱的房屋，或夯土墙，低级灰浆砌筑的墙，无正规木架的房屋；Ⅲ类指新式砖石房屋或有木架的宫殿、庙宇、鼓楼及较好的民居等。

（5）震级：按一定的微观标准，表示地震能量大小的一种量度，通常用里氏（C. F. Richer）标准划分，用字母 M 表示。震级与震中烈度有下述近似的关系，见表 11-4。

表 11-4   震中烈度与震级的关系

震中烈度	1	2	3	4	5	6	7	8	9	10	11	12
震级（级）	1.9	2.5	3.1	3.7	4.3	4.9	5.5	6.3	6.7	7.3	7.9	8.5

或用经验公式：

$$M \approx 1 + \frac{2}{3}I \qquad\qquad (11-1)$$

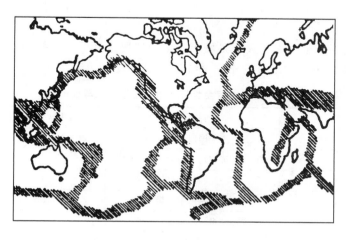

图 11-1 世界地震带分布示意图

二、地震的地理分布

环太平洋地震带：主要位于太平洋边缘地区，即海洋构造和大陆构造的过渡地区。全球 80% 的浅震（震源深度小于 60km 的天然地震），许多中源地震（震源深度在 60～300km 之间的地震）和几乎全部的深源地震（震源深度 300～700km 的地震）发生在本地区。

欧亚地震带（地中海—喜马拉雅地震带）：一部分从堪察加开始，越过中亚，另一部分从印尼开始，越过南亚，在帕米尔汇合，然后伸入伊朗、土耳其和地中海，再出亚速海，也常发生破坏性地震和少数深源地震。

海岭地震带：几乎包括全部海岭构造地区，从西伯利亚北部海岸越过北极，伸入大西洋，沿大西洋伸入印度洋，然后分支，一支沿东非裂谷系，另一支通过太平洋直达北美落基山。图11-1为世界地震带分布示意图。

我国处于环太平洋地震带与地中海—喜马拉雅地震带之间，是地震灾害较频繁的国家之一。我国地震活动范围分布很广，基本烈度7度和7度以上地区面积达312万 km²，占国土面积的32.5%，50万以上人口的城市有58%、100万以上人口的城市有70%位于7度和7度以上地区。图11-2为我国地震活动带分布图，我国地震带大致范围如下：

（1）天山地震带：主要指沿天山、阿尔泰山一带山区。

（2）青藏高原地震带：包括藏南、四川、云南、甘肃祁连山一带，宁夏贺兰山及青海一带。

（3）华北地震带：主要指阴山、燕山一带，及营口—郯城断裂带。

（4）华南地震带：主要指东南沿海及海南岛北部地区。

（5）台湾地震带。

三、地震灾害

地震灾害是地壳任何一部分快速运动的一种形式，是地球内部经常发生的一种自然现象，它是人们的感觉或通过仪器能够觉察到的地面运动。

地震是一种灾害性的自然现象，具有突发性、区域性、多重复杂性及连锁性等特点。毁灭性的大地震可以在顷刻之间造成极其严重的破坏，使一座城市变成一片瓦砾，造成大量人员伤亡，还可伴随着山崩地陷，诱发火山爆发、海啸、泥石流以及导致火灾、水灾、爆炸、疾病等二次灾害，进而是工厂停产等三次灾害。一次大的地震瞬时所造成的损失往往给一个国家以致命的打击。严重地震给灾区居民造成的心理创伤以及带来的一系列社会问题也是不可低估的。

地震是城市面临的第一大天灾，是城市环境使居民遭受最致命打击的城市灾害。1906—2010年全世界7级以上重要地震的不完全统计数据见表11-5。

表11-5　　　　　　　　　　1906—2010年全世界7级以上重要地震统计

日期（年-月-日）	地　点	震级（里氏）	死亡人数（人）
1906-04-18—1906-04-19	美国旧金山	8.3	452
1906-08-16	智利瓦尔帕莱索	8.6	20000
1908-12-28	意大利西西里	7.5	83000
1915-01-13	意大利阿韦扎诺	7.5	29980
1920-12-16	中国甘肃（今宁夏）海原	8.6	234117
1923-09-01	日本关东	8.3	142000
1927-05-22	中国甘肃古浪	8.3	200000
1932-12-26	中国甘肃昌马	7.6	70000
1933-03-02	日本仙台	8.9	2990
1934-01-15	尼泊尔、印度	8.4	10700

续表

日期（年-月-日）	地 点	震级（里氏）	死亡人数（人）
1935-05-31	印度基达（今属巴基斯坦）	7.5	50000
1939-01-24	智利奇里安	8.3	28000
1939-12-26	土耳其埃尔津詹	8.0	35000～40000
1946-12-21	日本西部	8.4	2000
1950-08-15	印度阿萨姆邦	8.7	20000～30000
1960-05-21—1960-06-22	智利	8.9	6000
1962-09-01	伊朗西北部	7.1	12230
1968-08-31	伊朗东北部	7.4	12000
1970-01-05	中国云南通海	7.7	15621
1970-05-31	秘鲁钦博特市	7.7	66794
1976-02-04	危地马拉	7.5	22778
1976-07-28	中国唐山	7.8～8.2	242769
1976-08-17	菲律宾棉兰老岛	7.8	8000
1976-11-24	土耳其东部	7.9	4000
1978-09-16	伊朗塔巴斯	7.7	25000
1980-10-10	阿尔及利亚阿斯南	7.3	4500
1980-11-23	意大利 那不勒斯	7.2	4800
1985-09-19	墨西哥 墨西哥城	8.1	9500
1988-12-07	原苏联亚美尼亚	7.0	55000
1995-01-17	日本阪神	7.2	5500
1999-08-17	土耳其伊兹米特	7.4	18000
2001-01-26	印度西部古吉拉特邦	7.9	20000
2004-12-26	印度尼西亚苏门答腊岛	8.9	300000
2005-03-28	印度尼西亚苏门答腊岛	8.7	近2000
2005-10-08	巴基斯坦克什米尔	7.6	86000
2008-05-12	中国四川汶川	8.0	87000
2010-01-12	海地首都太子港	7.3	222500
2010-02-27	智利康塞普西翁	8.8	802
2010-04-14	中国青海玉树	7.1	2698

我国是地震多发地区，根据1990年颁布的地震烈度区划图，Ⅶ度以上的地震区面积达312万 km²，约占全国国土面积的1/3，有45％的城市位于Ⅵ度和Ⅶ度以上的地震区内。北京、天津、西安、兰州、太原、包头、海口、呼和浩特等城市均在Ⅷ度的高危区域范围内。

由于地震有很大的隐蔽性和突发性的特点，故能在极短的时间内造成极大损失。1976年7月28日凌晨3时42分，一场历史上罕见的地震灾害袭击了唐山，震中位于唐山市区，极震区烈度11度，震源深度12km，地震波能量3.2×10^{16}J。据统计，这次地震造成了24.2万人死亡，16.4万人受伤。全市供水、供电、通信、交通、医疗等工程全部破坏，经济损失巨大。2008年5月12日14时28分我国四川汶川发生大地震，此次地震的震级达8.0级，地震烈度可能达到11度，造成了巨大人员伤亡，直接经济损失达8451亿元，是近年来影响最大的一次地震。和世界其他国家相比，我国城市地震死亡总人数和一次最高死亡人数均居世界各国之首。我国地震灾害虽然发生频率不高，但是地震一旦发生，造成的人员伤亡和损失极大。要恢复一座被地震所毁的城市，需要几十年的努力，而一些文物古迹的损失是无法计算的。成千上万的家庭被毁，更是人们心灵上的创伤。

四、城市防震减灾对策

城市防震减灾对策一般包括监测预报、震前防御、临震或震后应急及恢复重建等内容。

1. 震害预测方法研究

研究、改进、完善已有的震害预测方法，使之更可靠。例如高层建筑，内框架、底框架建筑，多层砖房，单层厂房等震害预测；供水、供气、供电、交通、通信系统震害预测；易燃、易爆、泄毒等次生灾害及人员伤亡及经济损失的估计。

2. 预防次生灾害的发生

由地震作为触发因素引起的灾害，如火灾、水灾、海啸、泄毒等称为次生灾害。在人口高度集中的城市地区，易燃、易爆、剧毒物品、腐蚀性物品、放射性物质、致病细菌和病毒等，是诱发大规模次生灾害的潜在因素，如果防治处理不当，可能造成更大的损失和人员伤亡。

3. 城市的易损性分析

城市因其自然地理条件不同，社会经济结构与城市规划布局不同，各城市的易损性也不相同。易损性即在地震的作用下，结构物可能出现的破坏程度。易损性分析有以下几个方面。

（1）现有建筑物的类型、分类与抗震设防标准，是城市估计易损性最主要的因素。地震造成的人员伤亡，最主要是人工建造的大量建筑物的倒塌所致，因而不同地震危险性地区的建筑物，应按不同的抗震设防标准和抗震建筑规范设计。

（2）室外危险品和化学易燃品、毒品的贮存与堆放是否合适，对是否会引起地震二次灾害十分重要，因此要严格按照城市规划布局和危险品的特殊要求放置。

（3）建筑物的密度和邻接方式直接影响到地震灾害的损失程度。在地震危险地区的建筑间距，不仅要从建筑日照方面考虑，还要从抗震疏散、避难方面考虑，要留有足够的室外空间备用。

（4）桥梁、立交桥、车站、机场等，供水、供电、煤气、通信等生命线工程，医院、消防站等重要设施部门对抗震救灾至关重要，需要重点保护。

（5）水库、核电站、石油化工厂等重大工程需重点设防。

4. 抗震的责任体制

减轻地震灾害，主要从三方面入手：第一是预测预防；第二是抗震设防；第三是救灾。我国地震工作的责任体制如表11-6所示。

表 11 - 6   **我国地震工作责任制**

项 目 内 容	责 任 部 门
领导与协调	国务院
地震预报	国家地震局
地震危害性判断	国家地震局
国家重点项目工程抗震	国家地震局
建筑抗震标准与规范	住房和城乡建设部等有关部委
城市规划与土地利用指导	住房和城乡建设部、国家地震局
现有建筑物加固与加固经费的分配	住房和城乡建设部
地震科研	国家地震局
抗震科研	住房和城乡建设部、国家地震局
防震准备与应急行动	政府、国家地震局
防震救灾	军队、政府、民政部、国家地震局
震后恢复重建	政府、住房和城乡建设部、民政部、国家地震局
普及宣传教育	国家地震局、住房和城乡建设部、新闻机构

第三节　其他地质灾害

一、崩塌、滑坡、泥石流灾害

　　崩塌、滑坡、泥石流灾害是世界上城市危害比较严重的地质灾害，其危害惨重、分布广泛，仅次于地震灾害。这几种灾害具有相同的形成条件与分布规律，常常在同一区域或地区相伴而生，因此常被归为一类，属于外动力地震灾害或外动力作用下形成的岩石圈灾害。崩塌、滑坡、泥石流灾害对人类具有多种危害，主要包括人员伤亡，对城市建筑、铁路、公路、航道、水库和市政设施等的破坏，以及对土地资源和生态环境的破坏。

　　我国中西部地区尤其是位于地形第二阶地的地区，包括黄土高原、秦岭、四川盆地、云贵高原等，由于重力梯度大，是崩塌、滑坡、泥石流灾害的高发区。近几十年来，由于中西部城市各项工程建设的迅速发展以及其他人工因素的影响，使得崩塌、滑坡、泥石流灾害发生的范围、频率和强度均达到了历史最高阶段。据初步调查，我国有灾害性泥石流沟 1.2 万条、滑坡数万处、崩塌数千处。

　　1949—1996 年共发生崩塌、滑坡、泥石流灾害 4600 次，其中造成严重损失的达 1001 次。如 1955 年陕西宝鸡市区的卧龙寺车站发生规模巨大的滑坡，滑坡体积 $3350m^3$，将铁路路基和铁轨向南推出 110m。1970 年 1 月云南发生地震，极震区内曲江右岸发生连片崩滑，崩塌体积达 100 万 m^3。2010 年 8 月 7 日 22 时许，甘南藏族自治州舟曲县突降强降雨，县城北面的罗家峪、三眼峪泥石流下泄，沿河房屋被冲毁，泥石流阻断白龙江，形成堰塞湖，1434 人遇难。

　　崩塌、滑坡发育地区，为泥石流形成提供了固体物质来源，进而形成了泥石流灾害。应该指出的是，人为对植被的破坏造成的水土流失为泥石流的形成提供了介质条件。因此，在崩塌、滑坡、泥石流发育地区应尽量减少可能引起地质灾害的人类活动。

二、地面变形灾害

地面变形灾害广泛分布于城市、矿区、铁路沿线等地区，包括地面沉降、地面塌陷和地面裂缝。

国内外许多城市都发生了地面沉降的现象。日本 1920 年就注意到了东京、大阪等城市的地面沉降问题，东京最大沉降速率为 270mm/a，最大沉降点的沉降量为 4.6m。美国、墨西哥、澳大利亚、英国、匈牙利、新西兰等许多国家也都发生了地面沉降现象。我国目前发生地面沉降活动的城市达 70 余个，明显成灾的有 30 余个，最大沉降量已达 2.6m。北京地区沉降面积达 600km²，形成南北 2 个沉降漏斗。这些沉降城市有的是孤立地区，有的密集成群或相互连接，形成广阔地面沉降区或沉降带。目前沉降带有 6 条，即：沈阳—营口；天津—沧州—德州—滨州—东营—潍坊；徐州—商丘—开封—郑州—上海；上海—无锡—常州—镇江；太原—侯马—运城—西安；宜兰—台北—台中—云林—嘉义—屏东。地面沉降造成房屋开裂和毁坏，道路桥梁破坏，地下管线变形、位移，降低河流排洪能力，造成雨后积水，影响市容卫生与城市建设。

城市地面沉降与地壳运动、地下水的过量开采、建筑物荷载等原因有关，地下水的过量开采是主要原因之一。由于过度抽取地下水，引起许多城市出现了地面沉降，例如，无锡市 1964—1982 年就下沉了 900mm，苏州市 1965—1983 年间下沉 760mm。有人对我国 27 个主要城市进行统计，其中有 24 个城市出现沉降漏斗。上海地面沉降的历史最长，沉降幅度最大，累计达 2.63m。上海的地面沉降导致黄浦江、苏州河防汛墙降低，码头、仓库被毁，桥下净空减少，建筑物出现裂缝，城市基础设施功能下降。另外地面沉降的结果使这些城市在地形上成为漏斗状洼地，不利于降水排泄。国内外对城市地面沉降问题都很重视，采取控制地下水的开采量、调整开采层次、进行人工回灌等方法，已经取得了明显的效果。

地裂缝也是一种地面变形灾害，其活动主要受隐藏性断裂、构造地貌、承压水头下降及地面沉降等因素影响。地裂缝经过之处地面开裂，地下管道屡屡错断，建筑物严重破坏。

地面塌陷的原因主要有两方面：开采地下矿产资源引起塌陷；表面岩溶活动引起塌陷。由于人类过度开发地下矿产资源，从而构成了地球内部的多空区和多空洞现象。在星际引力场、重力场以及地球自转离心力的共同作用下，它改变了地球内部的原始地质平衡应力变化。我国煤矿开采以平硐斜井、竖井等井下作业为主，由于采空区顶板失去支撑，造成顶板岩石断裂、沉陷、坍塌。全国因采煤地表发生沉陷、坍塌面积达 38 万 hm²。也有其他原因的塌陷，如 1988 年 5 月 10 日，武昌水陆街突然发生地陷，8 间房屋全部塌陷。

三、水土流失灾害

水土流失灾害是土壤在外力（风、水等）的作用下，被剥蚀、搬运和沉积而引起的灾害。其特点是作用发生缓慢，不引人注意，但等到观察到时，往往已经造成巨大的损失。引起水土流失的原因很多，人类不合理利用土壤、破坏植被是水土流失的主要因素。

土壤被侵蚀之后，会导致交通受阻、矿山倒塌、淤塞河道、降低土壤肥力、影响植物生长及引起其他自然灾害的发生，产生一系列社会经济问题。我国许多大中城市在快速城市化开发建设中，忽视城市水土保持工作，大量城市土地开发或基础建设造成过度的地表扰动，在毫无约束的条件下，随意破坏地貌、植被，从而引起严重的建设开发性水土流失，造成河道淤积、下水道淤塞，从而增加了城市防洪压力，破坏了城市基础设施。

四、风沙尘暴灾害

风沙尘暴也是威胁城市安全的灾害性自然现象。沙尘在历史上记载为"雨土"，近 3000

年来我国有史记载的重大沙尘风暴有多次，不少北方城市因风沙肆虐而被迫丢弃。

现在的风沙尘暴灾害是与人类的活动密切相关的。我国的北部尤其是西北地区，是风沙尘暴灾害的多发区。继 1993—1995 年西北地区连续 3 年出现沙尘暴之后，1996 年 5 月 29—30 日，又遭受了一场强沙尘暴和大风袭击，甘肃省敦煌市沙尘飞扬，能见度下降到 5m 以内，树木被刮倒，房顶被刮掉，造成多人死亡，棉花和果林受灾，损坏输电线路 10.2km，风沙掩埋渠道 330km，造成了巨大的经济损失。

植被是风沙尘暴灾害的克星，在受风沙尘暴危害严重的城市和地区，加强植被的恢复工作，提高植被的覆盖率，是减少灾害的最佳途径。

五、海平面上升灾害

全球气候变暖的一个后果就是海平面上升。过去的 100 年来，全球平均气温升高了 0.3～0.6℃，相应全球海平面上升了 10～20cm。1980～2011 年，我国沿海海平面平均上升速率为 2.7mm/年，高于全球平均水平。自 20 世纪 90 年代以来，我国沿海海平面上升明显。

我国沿海海平面变化具有明显的区域特征。1980—2011 年，沿海海平面总体上升了约 85mm，其中，渤海西南部、黄海南部和海南岛东部沿海上升较快，均超过 100mm；辽东湾西部、东海南部和北部湾沿海上升较缓，低于 80mm。海平面上升给沿海城市带来了一系列灾害：

1. 阻碍城市防洪

沿海平原城市高程一般比较低，我国沿海平原城市高程大部分仅 2～3m，其相当部分地面处于当地平均高潮位之下，完全依赖城市防洪设施保护城区的安全，如遇到风暴洪水袭击，极易造成危害。海平面上升将导致如天津、上海、广州等城市的防洪能力明显下降。

2. 影响城市供水

海平面上升对城市供水影响主要表现在海平面上升加剧盐水入侵和阻碍城市污水排泄而引起水源污染。我国沿海地区主要供水水源以河流地表水为主，而且许多重要城市位于河流入海口区，海平面上升引起河口盐水入侵加剧。由于海平面上升，潮流顶托作用加剧，城市排放污水下泄受阻，造成污水在河网中长期回荡，甚至倒灌，加重城市水体污染。如上海市排入黄浦江的污水因长江口潮流顶托，下泄困难，造成干流 75％ 的河段水质低于国家地面水三级标准。

3. 对旅游业造成威胁

滨海旅游业在沿海城市中占有极为重要的地位，我国沿海城市现在已经开发了大量的滨海公园、浴场、疗养度假区等旅游景点，旅游海岸线长达数百千米。海平面上升会给滨海旅游业带来很大危害，受害最严重的是沙滩资源。据推算，海平面如上升 50cm，大连、秦皇岛、青岛、北海和三亚滨海旅游区将淹没后退 31～366m，沙滩损失 24％，北戴河风景区沙滩损失更达 60％。

六、城市地质灾害防治对策

城市是地区经济、政治、文化的中心，同时也是地质灾害高发区，在相同的情况下，城市的灾害损失明显高于非城市地区。另外城市地质灾害往往会引起次生灾害，造成更大的损失。防治城市地质灾害，是一项十分重要又迫在眉睫的工作。

1. 加强城市地质灾害研究

应加强对城市地质灾害的机理、灾害区划、灾害链、灾害评估及灾害预警系统的综合研究。建立城市地质灾害信息系统，为国家、地区和部门减灾提供综合灾害信息。利用最新的技术，科学地制订减灾方案，最大限度地减少灾害损失。

2. 加强法制建设

虽然我国目前已经颁布了一些有关减少和制止人们不当行为作用于自然环境的法律和法规，但许多人对灾害的危害性还没有足够的重视。应加强对城市全体居民的法制教育和宣传，以提高以法制灾、以法保城的意识，加快有关城市地质灾害防治法律法规的制订工作。

3. 加大城市地质灾害防治的投入

加强防灾工程建设，开展包括城市绿化、水土流失治理、防滑坡、防泥石流和入海口防潮工程，水库、危坝的加固工程，防洪、防震的城市防灾工程，以及小流域治理，不断提高城市防灾保护能力。

4. 发展城市地质灾害学科建设

城市地质灾害学科不仅包括土地资源学、城市环境工程学、结构学、生态学、林学、土壤学、大气学、海洋学、系统工程学等，还应包括政策法令、国土开发、城市规划、社会治安、公民素质、救灾队伍结构等社会科学。应充分发挥各学科的优势，在统一规划原则下，制订防灾综合规划，构成一个有效而科学的防灾综合体系。

5. 制订科学的减灾措施

研究分析城市地质灾害的种类、成因、发生规律、危害程度、成灾区位。采用长期预报与短期预报相结合，减灾措施与环境治理相结合，兴利与避害相结合，把一切可能避免的灾害消灭在萌芽状态。要尽量做好预报工作，对不易预见的灾害，则要宣传防护知识，加强预期综合研究，防患于未然。

第四节 气 象 灾 害

气象灾害是大气对人类的生命财产等造成的直接或间接的损害，是自然灾害中的原生灾害之一。气象灾害一般包括天气、气候灾害和气象次生、衍生灾害，是自然灾害中最为频繁而又严重的灾害。

一、气象灾害的种类和特点

1. 气象灾害的种类

气象灾害主要有暴雨洪涝、干旱、高温与低温灾害、各类风灾、冰雹、浓雾等。

2. 气象灾害的特点

（1）范围广。几乎在地球上任何一个区域，一年四季都可出现气象灾害。

（2）频率高。我国地域广阔，地形复杂，每年都会有旱、涝和台风等多种灾害，平均每年出现旱灾 7.5 次，涝灾 5.8 次，登陆我国的热带气旋 6.9 个。

（3）持续时间长。同一种灾害常常连季、连年出现。例如，1951—1980 年华北地区出现春夏连旱或伏秋连旱的年份有 14 年。

（4）连锁反应显著。气象灾害往往会产生次生、衍生灾害，产生连锁反应。

（5）灾情重。联合国公布的 1947—1980 年全球因自然灾害造成的死亡人数达 121.3 万，其中 61% 是由气象灾害造成的。

二、主要气象灾害

1. 城市高温灾害

城市高温灾害，一般是由于在区域性高温的背景下，叠加上城市热岛效应的结果。城市高温引起的灾害和经济损失是多方面的。例如城市高温会促进光化学雾的形成，造成烟雾事故；高温会导致人中暑，尤其是对老人儿童、体弱者和高强度劳动者更易造成伤害；高温会影响人的思维活动和体能，降低工作效率；高温会增加能源消耗，过去主要是电扇耗能，现在随着空调和电冰箱的普及，由于酷热高温而引起电能消耗的增加是十分可观的。

城市高温的出现常伴随着干旱、城市供水量不足，而这时用水反而急剧增加会造成城市缺水。城市高温期间容易产生火灾。例如 1988 年 7 月上海持续高温，在半个月内共发生火灾 24 起，火警 98 起，这是上海历年盛夏所少有的。

减少城市高温灾害的对策有以下几点。

（1）减少人为热和温室气体的排放。

盛夏季节是利用太阳能最有利的时间，宜尽量利用太阳能，减少燃料的用量。这样不仅节约能源，还减少了人为热和温室气体的排放，可有效地减轻城市高温灾害。

（2）增大城市下垫面的反射率。

用浅色涂料粉刷建筑物外表面，以提高其反射率，从而可减低围护结构外表面温度，减少室外热量进入室内。

（3）增加城市水域面积和洒水、喷水设施。

这样可以使城市下垫面蒸发量增加，以汽化热形式消耗掉下垫面层空气中一定量的热量，从而降低局地气温。

（4）扩大城市绿化覆盖率。

城市绿化首先有遮阳蔽阴效应。其次，绿地的蒸发蒸腾作用可以耗去大量潜热。据统计，一棵成年阔叶树一天要蒸发 100 加仑水，相当于耗去 963 000kJ/d 的热量。另外，植物的光合作用，吸收大量二氧化碳，会使得近地空气温室效应减弱。

2．干旱

干旱是在足够长的时期内，降水量严重不足，致使土壤因蒸发而水分缺失，河流流量减少甚至断流，影响了正常的农作物生长和人类需求的灾害性天气现象。其结果造成农作物减产，人畜饮水困难，工业用水缺乏。在气象灾害中，干旱是我国影响面最大、最为严重的灾害。旱灾的特点是范围广、时间长、影响远。因此，旱灾也是我国气象灾害中损失最为严重的一类灾害，历史上的大饥荒绝大部分是由于干旱造成的。现在对农业威胁最大的仍然是干旱。目前，全国四百多个城市存在缺水问题，对居民的生活和经济的发展都造成了很大影响。

3．大风灾害

风力达到足以危害人们的生产活动和日常生活的风，称为大风。危害性大风主要指台风、寒潮大风、雷暴大风、龙卷风。这些灾害性大风会对城市设施、室外广告甚至城市建筑造成损害，威胁居民的安全和健康。

热带气旋是一种发生在热带或副热带海洋上的气旋性涡旋。强烈的热带气旋伴有狂风、暴雨、巨浪、风暴潮，活动范围很广，具有很强的破坏力，是一种重要的灾害性天气系统。我国是世界上少数几个受热带气旋严重影响的国家之一。

4．其他气象灾害

（1）冰雹灾害。

冰雹是指在对流性天气控制下，从发展强盛的积雨云中降落到地面的冰块或冰球。冰雹据大小及其破坏程度，可分为轻雹害、中雹害和重雹害三级。我国是世界上雹灾较多的国家之一。冰雹常常砸毁大片农作物、果园，损坏建筑物，威胁人类安全，是一种严重的自然灾害，通常发生在夏秋季节里，发生的地域也很广。

（2）低温冷冻与雪灾。

低温冷冻灾害主要是冷空气及寒潮侵入造成的连续多日气温下降，致使人畜和农作物损伤及减产的气象灾害。严重冻害年如 1968 年、1975 年、1982 年因冻害死苗毁种面积达 20％以上。

雪灾是长时间大量降雪造成大范围积雪成灾的自然现象，严重影响甚至破坏交通、通信、输电线路等生命线工程，对居民生活和生产建设影响巨大。2008 年我国南方地区发生了罕见大雪灾，造成了巨大的经济损失。我国对气象灾害防御能力还是很薄弱的，现有气象灾害综合监测探测范围、精度、时空分辨率等方面尚不能满足气象防灾减灾的要求，对灾害性天气的持续性和强度估计不足，对交通、电力等行业造成影响程度的预评估不够。

（3）雷暴灾害。

伴有雷声和闪电现象的天气，气象上称为雷暴。雷暴天气时，当云层与地面之间的电位差达到一定强度时，就会发生放电现象，闪电击到地面或击中某些物体就造成雷击。据研究，雷击的电流强度通常可达几万安培，温度可达摄氏两万度，如此强大的电流和高温，其危害程度可想而知。

（4）浓雾灾害。

在近低层空气中悬浮大量小水滴或冰晶微粒，使人的视线模糊不清，当事人的水平能见距离下降到 1000m 以下时，就称为雾。雾有等级之分，能见距离小于 1000m 大于 500m 时称为轻雾；能见距离不足 500m 时称为大雾；能见距离不足 200m 时称为浓雾。浓雾除了对人体健康有害外，对城市交通影响很大，高速公路和机场航班都可能因此而封闭。

第五节　洪涝灾害与城市防洪

一、洪涝灾害

暴雨是短时内或连续的一次强降水过程，在地势低洼、地形闭塞的地区，雨水不能迅速排泄，从而造成积水和土壤水分过度饱和带来的灾害。暴雨甚至会引起山洪暴发、江河泛滥、堤坝决口，给人民和国家造成重大经济损失。我国气象部门规定，24h 降水量为 50mm 或以上的雨称为暴雨。长江流域是暴雨、洪涝灾害的多发地区，其中两湖盆地和长江三角洲地区受灾尤为频繁。

雨涝是指大范围的暴雨或特大暴雨所造成的山洪暴发，江河水位陡涨，洪水泛滥，致使城市设施、建筑、道路桥梁涵洞、人畜等遭到侵害或淹没的洪涝灾害。

洪水灾害是指水流脱离水道或人工的限制并危及居民生命财产安全的现象。

二、城市洪涝灾害的特点

1. 城市洪涝灾害的经济损失大

城市是全国或区域的政治、经济、文化的中心，人口集中，建筑密集，居民的个人财产和社会的经济财富及文化财富相对集中，一旦发生洪涝灾害，直接损失是巨大的。另外洪涝灾害使城市和外界的交通受阻，将影响城市生态系统能流、物流及人口的流动。洪涝灾害可使市内交通受阻，会影响市民的正常工作、学习和生活。

2. 城市化对洪水特征的影响

城市化的进程，伴随着人口向城市集中，城市范围扩大，必然改变了当地的自然地理环境，如砍伐森林、清除植被、建造大量的建筑和道路、修建人工化的城市排水系统，这些都能对城市地区的雨洪产生直接的影响，例如，导致蒸发、截留和下渗减少，径流和汇流速度加快，峰现时间提前等，从而扩大了洪水的灾害性。城市化对雨洪汇流过程的影响有以下几个方面：

（1）不透水地面的扩大。天然流域有自然土壤地面、植被和自然地形，降水被植物截留，在地表洼蓄和渗入，形成地表和地下径流。城市化使自然地面和植被被建筑物、道路、停车场等所替代，不透水面积的比例大为增加，导致地下水回归量和地上滞留量减少，而地表径流总量增加，使得洪峰流量增大。下垫面的上述反应随不透水面积比例的增加而增大。

（2）人工化的地面排水系统。人工化的城市排水系统实现了管网化，提高了城市的排水能力，使暴雨径流尽快就近排入受水体，同时对城市地区原有的汇水河道整治或新建输水渠道，使河道趋于平直、断面规则并有衬砌。城市化改变了原有天然河道的径流流态、洪水过程线和洪峰流量。河道变得平直和规则，减小了河道对洪水的调蓄能力；河道粗糙度减小，使得输水能力加强，导致洪水汇流速度增加，峰现时间提前；涨洪历时和汇流时间缩短，洪水量更加集中，洪水历时压缩，如图 11-2 所示。

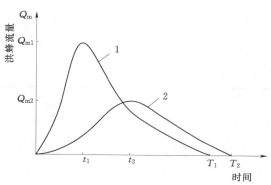

图 11-2　城市化前后洪水过程线比较图
1—城市化后过程线；2—城市化前过程线
Q_{m1}、Q_{m2}—洪峰流量，t_1、t_2—峰现历时（滞时）；
T_1、T_2—洪水过程线底宽（洪水历时）

3. 土地利用对河道的调洪能力的影响

城市的发展常常侵占一些天然河道的洪水滩地和滞洪洼地，致使城市地区河道调洪能力减弱。爆发性洪水一旦发生，容易发生漫溢，造成洪水灾害，这种现象在沿海低洼城市尤其出现。

综上所述，城市化对洪水特征的影响，主要体现在洪峰流量统计参数和洪水过程线的变化上。据埃斯佩（Espey）、温斯洛（Winslow）和摩根（Morgan）的研究，城市化后单位过程线的洪峰流量约等于城市化前的 3 倍，涨峰历时缩短 1/3。安德森（Anderson）认为排水系统的改善，滞时可减少到天然河道的 1/8，由于滞时缩短和不透水面积增加，洪峰流量为原来的 2～8 倍。可见，城市化增加了产生峰高、量大、迅猛洪水的可能性。

三、我国城市布局特点与洪水灾害

我国城市的地理分布不均，东部沿海地带城市总数占全国城市总数的 34.9%，城市化水平高于全国平均水平。中部地带城市总数占全国城市总数的 41%，城市化水平近于全国平均水平。西部地区城市总数占全国城市总数的 24.1%，城市化水平低于全国平均水平。可见我国 76% 的城市在东部和中部地区，主要是沿海、沿江分布，珠江、长江、淮河、黄河、辽河、松花江等江河流域集中了我国 90% 以上的城市人口，集中了工业总产值和固定资产 90% 的资源，集中了我国政治、经济、文化的精华。

我国有 30% 的城市分布在仅占国土面积 10% 的丁字形经济发达的狭长地带，即东北平原、华北平原、长江中下游、珠江三角洲和东部沿海低洼地带，处于河流尾闾及海滨地区，海拔高度一般都在 50m 以下，极易遭受洪涝灾害（表 11 - 7）。

表 11 - 7　　　　　　　　　　　　　　　　我国主要平原位置、高程简表

名　称	位　置	一般海拔（m）	地 表 特 征
东北平原	松辽河中下游、东北中南部	200 以下	波状起伏
华北平原	黄淮海河流域	50 以下	平坦
长江中下游平原	长江中下游沿岸	50 以下	湖泊众多、港汊纵横、地势低平
珠江三角洲	珠江下游	50 以下	河网纵横、孤丘散布
河套平原	内蒙古、宁夏黄河沿岸	1000 左右	渠道纵横
渭河平原	陕西中部	500 左右	又称关中平原，河岸有三级黄土阶地
成都平原	四川盆地西北部	600 左右	自西北向东南倾降，河渠成网
台湾平原	台湾西南部	100 以下	由若干三角洲组成，海滨有沙丘

　　据历史资料记载，在 1949 年以前的 2155 年间，我国发生较大的洪水灾害 1029 次，平均每 2 年一次，台风、风暴潮平均每年发生 7 次。上海市在 1931 年、武汉市在 1931 年、天津市在 1939 年都曾被洪水淹没。1904—1939 年，北京市被淹 6 次，天津市被淹 8 次。2012 年 7 月 21 日北京发生罕见的洪涝灾害，造成了重大人员伤亡和财产损失。

　　近年来我国的洪涝灾害主要发生在长江和松花江等流域，例如 1996 年和 1998 年长江中下游两次发生特大洪水灾害。洪水灾害具有随机性、突发性的特点，能造成巨大的破坏与损失，所以必须重视城市防洪。

四、我国城市防洪现状

　　新中国成立以来，我国城市防洪和大规模的水利建设，结束了历史上洪灾频繁的状况。据 1985 年的资料，当时 324 个城市中，已修建堤防的城市有 230 个，防洪堤总长（含涵洞）5998km，其中北京 647km，天津 434km，武汉 284km。

　　我国目前城市防洪水平仍然较低，据 80 个城市的统计资料，仅有 12 个城市接近、达到或超过百年一遇的防洪水平，占已有统计资料城市总数的 15%。

　　因此，我国城市对一般性的洪水灾害，基本上可以得到控制，在一般情况下，可以保证城市不受洪水侵袭。对于全流域性较大的洪水，在采取了分洪措施之后，也可以保护这些城市不致遭到毁灭性的洪水灾害。但是，如果遇到历史上罕见的，像长江 1870 年的特大洪水，目前尚无可靠对策，可能会造成严重的社会经济损失。

五、我国城市防洪建设目标

　　防洪标准有两种表达方式，即频率法与水文气象法，前者采用较广。日本对特别重要城市要求防 200 年一遇的洪水，重要城市防 100 年一遇，一般城市防 50 年一遇的洪水。澳大利亚防 150 年一遇，波兰（大城市）防 1000 年一遇，瑞士防 100～500 年一遇，美国采用历史最大洪水设防，相当于频率法的 100～500 年一遇。

　　有关专家提出我国近期防洪工程应达到的目标是：

　　（1）根据各大江河流域的统筹安排，我国各类城市防洪能力要分别提高到 200 年一遇、50 年一遇和 20 年一遇的水平。必须确保全国性与国际性的中心城市北京、上海、香港，其他中心城市广州、武汉、重庆、天津、沈阳、大连、西安、兰州可防 150～200 年一遇；百

万人口以上的大城市可防 100～150 年一遇；50 万人以上的城市可防 100 年一遇；20 万～50 万人口的中等城市可防 20～50 年一遇；20 万以下小城市可防 20 年一遇。

（2）受洪涝灾害威胁严重的长江中下游的武汉、上海等城市的防洪设施需要得到根本改善，要结合流域规划和非工程设施，完成分洪蓄洪工程的规划和建设，解决长江中下游城市防御超额洪水问题。

（3）城市防洪工程体量庞大，往往占据城市中心位置，因此在堤防建设中，在保证防洪功能的同时，要注意环境艺术，研究景观效果，并结合绿化在非防汛季节开辟休息游览场所。

六、城市防洪措施

城市防洪应该注意工程措施和非工程措施相结合，防洪工程是基础，而非工程措施又是工程措施的一个必不可少的补充。只有在实施了合理而可行的规划、预报、管理和法规等手段后，才能充分发挥工程的作用。

1. 防洪工程措施

防洪工程措施是城市防洪的基础，包括水库、防洪坝（堤、墙）、溢洪道、挡潮闸、节制闸等工程的建设，以及河道截弯取直、下水系统改造等工程。

2. 非工程措施

（1）加强防洪战略研究，制定城市防洪规划和具体工程项目设计。结合城市规划，根据洪灾风险划分区域，分别制定房屋、道路、桥梁等建筑标准及土地利用法规，以指导城市的经济建设和发展，同时应重视洪灾的救助和灾后修复的研究。

（2）建立洪水预报和警报系统。利用现代先进的技术和设备（有线、无线通信、遥感、卫星等），建立一套为洪水预报和警报所需的洪水水情数据收集、处理和传送的自动化系统，制作中长期预报模型和从降雨开始后的短期实时校正的洪水预报和警报的模型，及时发布长、中、短期洪水的预报，以及制定与之相应的防洪调度方案。

（3）开辟滞洪区。结合城市的具体情况，滞洪区可以分散在公园、水塘、湖泊、枯井等处，为适应防洪的需要，公园的高程要低于周围地面。应尽量采用易于下渗的多孔或砾石建筑材料铺砌道路、停车场和排水沟等，以增加下渗，减少雨洪。山城可沿等高线铺设绿地，以延长洪水滞留时间，迟滞径流。

（4）加强防洪管理。应明确防洪责任制，由有关管理部门承担防洪责任，统一协调。汛前对各类防洪设施进行检查，拆除碍洪建筑，加固和维修防洪工程，按照预先确定的防洪方案结合短期实时预报，调度和操作防洪程序，启闭滞洪区域，撤出居民、设备和财物，巡视和保护防洪工程，随时警惕洪水进犯，并可进行防洪演习。

对洪水灾害的研究，不是孤立的、分散的、单方面的研究，而是涉及到水文、气象、天文、地质、地貌、城市建设、环境污染及工程技术等多种学科领域，应进行多学科的综合分析。近年来发展起来的雨水管理模型、蓄水、净化处理、径流模型等大型综合性模型已得到研究者的重视。这些模型把暴雨径流量、水质和管理程序结合起来，取得了良好的效果。

第六节　火灾与城市消防

一、火灾

火灾是一种发生频率最高而又无法预见的、和人们的日常生活关系最为密切的城市灾害，它还常常孕育于强风、地震、战争等其他重大灾害之中，对城市居民生命财产及城市建设的破坏十分严重。火灾除了燃烧造成的直接破坏外，还可能造成房屋倒塌、交通中断等，甚至可能会使城市通信、供电、供气等工程系统遭受破坏，危及更大范围居民的正常生活和生产。火灾的形成既有自然因素的作用，也有人为因素的作用。在现代社会，火灾越来越多，损失越来越大，其成因的人为性也越来越强。

二、城市火灾的危害

城市消防是城市防灾的重要方面。据公安部的规定，我国火灾统计计算的起始标准是：大火为经济损失1万元以上，死5人以上或伤10人以上；小火为集体经济损失100元以上，居民个人损失50元以上。

由于城市人口密集，有很多公共场所，如影剧院、体育场、歌舞厅、大型集会场所，一旦发生火灾，会造成更多的人员伤亡。又由于城市建筑密集、工厂林立、易燃易爆物品多，火灾容易扩大蔓延，形成大面积火场。还由于城市是物质财富、文化遗产高度集中的场所，如果发生火灾，会造成巨大的甚至是不可估量的经济损失和文化损失，也会造成不良的政治影响，因此，城市的消防工作至关重要。随着工业化和城市化程度的增高，致灾因素增多，人口密集化程度增大，火灾造成的损失也在增大。

三、城市火灾的原因

城市发生火灾的原因是多方面的，除少数自然灾害（如地震的二次灾害、雷击等）以外，绝大多数是人们思想上麻痹大意造成的，常常是在用火、用油、用气、用电的过程中不按规则或不注意而引起的，小孩玩火也是一个不容忽视的原因，还有石油化工等易燃易爆工厂生产或实验不按操作规范而引起的燃烧爆炸，故意放火是极个别现象。

四、火灾的预防措施

1. 城市规划与消防

城市规划与消防有十分密切的关系，合理的规划布局可以减少火灾的发生，发生后也便于扑救。例如在城市功能分区上，要严格将工矿企业与居民区分开，对石油化工、贮存易燃易爆的仓库和装运易燃易爆物品的车站码头，应布局在远离居民区、市区的地段。对建筑物的层高、不同建筑物之间的防火间距、街区内的道路、消防车道、安全出口、防火墙、防火带、天桥、栈桥，以及消防站的配备、消防用水等，城市规划的有关规范都有严格的要求，在城规和详规中要严格遵守。

2. 建筑与消防

建筑设计对防火的严格要求是必须遵守的。建筑物按建筑材料最低耐火极限分为5级，其中一级与二级耐火建筑物，主体建筑须用非燃烧性建筑材料，如影剧院的放映室，有气体或粉尘爆炸危险的车间等建筑要求一级耐火等级。

安全出口可以保证在发生火灾时尽快疏散，减少伤亡，一级、二级建筑物要求在6min之内疏散完毕。生产、工业辅助及公共建筑或房间安全出口数目不应少于2个，影剧院的观众厅至少应有2个独立的安全出口，11层及12层以上的高层住宅各户应有通向2个楼梯间的2个出口。建筑设计规范还规定了其他疏散用的安全设施。

高层建筑由于拔风效应，起火蔓延很快，一幢30层的高层建筑，在无阻挡的情况下，半分钟左右烟气就可以从底层扩散到顶层，且高层建筑住的人员多，疏散距离长，如果发生火灾，楼梯电源切断，疏散更为困难，地面消防车供水也有难度。因此，高层建筑的防火尤为重要。对高层建筑的消防，一是要保证安全出口的数量，并且要有疏散标志，设置消防专用电梯；二是要立足于自救，配齐室内消防栓、消防水池与消防泵，设置自动报警装置，并要有排烟、防烟措施，保证预备电源的供给等。

3. 消防用水

虽然有泡沫、干粉、卤代烷等多种灭火剂，但大面积火灾仍然靠水来扑救。在城市给水规划中要充分考虑到城市消防用水，输水干管不少于2条，当其中1条发生事故时，另1条通达的水量不少于70%，管道最小直径不小于100mm，管道压力在灭火时不少于10m水柱。室外消防栓沿街设置并靠近十字路口，间距不应超过120m。超过800个座位的影剧院，超过1200个座位的礼堂，体积超过5000m³的公共建筑，超过6层的单元住宅以及一般厂房都应设置室内消防给水，并保证在火灾发生5min内投入使用。

4. 灭火设施

消防站的配备，要保证在接到报警5min之内达到责任区最远端，一般每个消防站的责任面积为4~7km²。消防交通要求通畅、快速，在居住区要求车行道宽度不小于4m，厂房两侧的通路不小于6m，以保证消防车在5min之内到达现场。消防车是消防站主要的灭火器材，一级消防站应配6~7辆消防车，二级消防站配备4~5辆消防车，三级消防站应配备3辆消防车。

我国各城市的消防火警电话通用号码是"119"专用线。

5. 森林火灾

根据火烧部位、火的蔓延速度及树木受害程度的不同，林火分为地表火、树冠火及地下火三类，其中地表火分布最广。森林火灾的火源有天然火源和人为火源两种。植物体内的含水量是决定林火能否发生及发生后蔓延速度的重要因素，而植物体内含水量又与气候类型、湿度、温度、风等气象条件密切相关。较大的森林火灾一般发生在北回归线以北直达北极圈附近区域，特别是植物生长季节和非生长季节分明的地带。

第七节　其他城市灾害

其他城市灾害还有很多，其中环境污染、噪声、放射性危害等在有关章节已有叙述。下面主要简述城市交通事故、传染病灾害方面的内容。

一、城市交通灾害

1. 汽车交通事故

城市交通事故是城市的人为灾害。在最近几十年，因汽车数量的猛增，汽车交通事故直线上升，全世界每年因车祸造成的死亡人数都在30万以上。因交通事故而负伤致残的人则更多。公路交通事故灾害造成的人员伤亡是最严重的。就交通死亡率而言，发达国家远低于不发达国家。

我国是世界上交通事故死亡人数最多的国家。2009年，我国汽车保有量约占世界汽车保有量的3%，但交通事故死亡人数却占世界的16%。我国交通事故的致死率也是世界最高的，为27.3%，而美国为1.3%，日本为0.9%。我国多年的交通事故统计资料显示，交通事故的主要加害者是机动车驾驶员，而行人、乘车人和骑自行车的人是交通事故中的三大受害群体，占死亡人数中的3/4，而在国外，交通事故死亡的人主要是司机。

2. 铁路交通事故

铁路交通事故引起的人员伤亡也很大，但铁路的事故和城市交通事故不一样，主要不是受交通状况的影响，而是铁路本身的设施、管理的原因造成的。

3. 城市交通灾害原因分析

引发事故的主要原因有无证违章驾车、疲劳驾车、酒后驾车、无牌无证行驶、超载、超速行驶等。据统计交通事故原因，1/2 是因车速过快造成的，1/3 是超载引起的，1/4 是因车辆性能、机械故障引起的。而在群死群伤的特大交通事故中，50％是由于车辆超限超载引起的。

城市交通以小汽车为主体。城市是人口密集的聚居地，空间有限，发展一种人均耗能最高、污染最大、占地最多的交通工具显然是错误的选择，汽车交通灾害巨量的死亡率只是其危害的一个方面。交通工具的发展，主要是为了更快、更安全。如果这种交通工具造成了大量的交通事故和死亡率，如果其在拥堵的道路上行进的速度不如自行车，甚至不如步行，肯定是存在问题的。

4. 城市交通安全对策

从环境生态学的角度看城市规划，不应是一张越摊越大的大饼，而是城市结团之间的有机组合，结团之间的交通以铁路、地铁、轻轨和公交车为主，结团内部的交通主要是公交车、自行车和步行。多样性的城市交通系统将城市各部分有机联系在一起，联系的范围和程度对城市的发展有很大影响。交通工具的选择应该是以利于城市的长远发展，以利于居民的安全和健康为根本出发点。

对于城市交通的发展，世界各国比较认同的看法是优先发展公共交通，即公交优先，除了加强公共汽车网络外，近年来一些城市在发展快速轨道交通。它是城市中利用铁轨导向、电力驱动的各种类型的轻轨交通、独轨电车、经过现代化改造的有轨电车，以及市郊铁路等。其重要特点之一是有自己专用的通行道，基本上不受市内道路交通的干扰，可以大大减少交通事故和交通堵塞。如今，北京地铁已成为北京公共交通的骨干。这些都是城市交通减灾规划建设的一部分。

二、传染病灾害

1. 传染病灾害的概况

传染病灾害是城市的人为灾害，由于经济、文化和医疗卫生条件的差异，传染病灾害在发展中国家尤为严重。如 1993 年在发达国家因传染病死亡的人数仅有 14.5 万，传染病的死亡率仅占总死亡人数的 1％，而在发展中国家传染病死亡人数达 1630 万，是总死亡人数的 41.5％。1993 年世界上最主要的传染病和导致死亡的人数见表 11 - 8。

2. 影响传染病灾害的因素

（1）城市环境的变化。

1）人口变化的影响。城市化使得大量移民进入城市，会在人口中产生新的感染，如果居住区十分拥挤，疾病就容易生根，而且很难根除。

2）温度变化的影响。由于全球气温升高和城市热岛效应，对传染病的发生和发展模式有很大的影响，特别是对传播传染病的蚊虫、苍蝇、田螺和啮齿动物的生长繁殖产生巨大的影响。全球气候变化模式和统计资料显示，气候变暖会导致疟疾病人数的增加，另外潮湿和持续的大雨也是疟疾突然快速蔓延的重要原因。地表水环境的变化对传染病的蔓延也有很大影响。

（2）人类活动。城市人口的过度拥挤和安全卫生用水供应不足，极易导致传染病的发生和蔓延。

表 11 – 8	1993 年由传染病和寄生虫病引起的死亡人数		单位：千人
疾病名称/条件	死亡人数	疾病名称/条件	死亡人数
3 岁以下儿童，慢性呼吸道感染	4 100	蛔虫病	60
5 岁以下儿童腹泻，包括痢疾	3 010	非洲锥体虫病（睡眠病）	55
结核病	2 709	美洲锥体虫病（查格斯氏病）	45
疟疾	2 000	河盲症	35
麻疹	1 160	脑膜炎	35
乙型肝炎	933	狂犬病	35
艾滋病	700	黄热病	30
百日咳	360	登革热	23
细菌性脑膜炎	210	日本脑炎	11
血吸虫病	200	食物传染吸虫病	10
力士曼原虫病	197	霍乱	6.8
先天性梅毒	190	脊髓灰质炎	5.5
破伤风	149	白喉	3.9
钩虫病	90	麻风病	2.4
变形虫病	70	鼠疫	0.5
		总计	16 445

注 仅包括官方报告的数字（引自世界资源研究所，1996）。

（3）自然灾害。自然灾害破坏了人与其生活环境间的生态平衡，形成了传染病易于流行的条件，因而，控制传染病便成为抗灾工作的一个重要组成部分。

第十二章　城　市　植　被

第一节　概　述

一、城市植被的概念

城市植被是指城市里覆盖着的生活植物，是包括城市里的公园、校园、广场、道路、苗圃、寺庙、医院、企事业单位、农田，以及空闲地等场所所拥有的森林、灌木丛、绿篱、花坛、草地、树木、农作物等所有植物的总称。

城市生态系统的植被显然不同于自然生态系统的植被，尽管城市里可能或多或少地残留或保护着自然植被的植物，但是城市植被不可避免地受到人类的影响，即使残留或保护着的自然植被也在不同程度上受到人为干扰。另外，人类在城市建设的过程中，一方面破坏和摒弃了许多原有的自然植被和土生植物，另一方面又引进了许多外来的植物和建造了许多新的植被类群。这些改变和干扰，不管是有意识还是无意识、是直接还是间接，最终的结果都改变了城市植被的组成、结构、类群、生态状况等自然特性，使城市植被具有不同于自然植被的性质和特征。因此，总的来说，城市植被应属于以人工为主的一个特殊的植被类群。

城市植被是城市生态系统的重要组成部分，但是城市植被作为植物的生产者的作用属于次要的地位，而其美化和净化环境的作用则是主要的功能。从某种意义上讲，城市中的植物更加珍贵，其作用更加重要，绿色空间的大小及其生态效能都是城市环境质量的重要参数，是城市规划的重要内容。

二、城市植被的特征

城市植被具有不同于自然植被的人工化的特征，它不仅表现在植被所在的生境特化了，而且植被的组成、结构、动态过程等也改变了。

1. 植被生境的特化

城市环境的特点就是人工化。城市化的进程改变了城市环境，也改变了城市植被的生境。例如，建筑、道路和其他硬化地面，改变了其下的土壤结构和理化性质以及土壤微生物的生存条件；人工化的水系和水污染大大改变了自然水环境；污染了的大气在直接影响到植物正常生理活动的同时，还改变了光、热、湿和风等气候条件。所以，城市植被处于完全不同于自然植被的特化生境中。

2. 植被区系成分的特化

一般来说，城市植被的区系成分与原生植被具有较大的相似性，尤其是残存或受保护的原生植被片断部分，但是，城市植被种类组成远较原生植被为少，尤其是灌木、草本和藤本植物。另一方面人类引进的或伴人植物的比例明显增多，外来种类对原生植被区系成分的比率，即归化率的比重越来越大。因此在城市绿化的过程中，应注意对树种的选择。从环境生态学的角度讲，一个地方的原生植被绝不是偶然的，而是植物在千百万年来对当地生境的适应，又可以说是大自然的选择。所以，应该最大限度地保留和选择反映地方特色的地方植物种类，在区系成分上尽量减少外来成分所占的比例，这样，不仅符合生态学原理，也可以通过城市绿化来反映地方的景观特色，同时这也是城市生态建设的标志之一。

3. 植被格局的园林化

城市植被在人类的规划、设计、布局和管理下，大多数是园林化格局。如城市森林、树丛、绿篱、草坪或草地、花坛等是按照人的意愿配置和布局的，所谓与周边环境的协调也是以人的审美观为依据的。乔木、灌木、草本和藤本等各类植物种类也是按照人的意愿选择配置的。城市植被基本上是在人类的培育和管理下形成的园林化格局，因此，城市园林的研究是城市植被研究的主要内容之一。

我国园林有两千多年的历史，对世界各国园林的发展有着广泛的影响，素有世界园林之母之誉。在现代社会，城市园林是城市生态系统的重要组成部分，有其不可替代的生态功能和社会功能，要为全社会提供良好的城市生存环境，是显示城市环境优美和社会繁荣进步的重要内容。因此，城市园林建设实际上就是城市生态建设的一个重要组成部分。

4. 生物多样性及结构趋于简化

在城市植被中，人们是按照人的需求选择植物种类的，如按照城市道路的要求来选择行道树种，按照公园、庭院等的要求来选择树种和花卉，按照城市草坪的要求来选择草的品种，而不是遵照植物群落的生态规律来选择。这样会有大量的原生植物被摒弃掉，生物多样性趋于简化，植被结构分化明显，并趋于单一化。例如，除了残存的自然森林或受保护的森林外，城市森林一般都缺乏灌木层和草木层，藤本植物更为罕见。行道树和草坪的植物种类常常是单一的。

城市植被的动态变化，无论是形成、更新和演替都是在人为干预下进行的。城市植被的动态变化过程实际上是按照人的绿化政策和规划的实施过程。

三、城市植被的类型

城市植被的分类系统，从不同的研究角度可以有不同的分类方法。从人类干预程度来分，城市植被可以分为自然植被、半自然植被和人工植被三大类型。

自然植被一般是在城市化过程中残留下来或被保护起来的自然植被，包括森林、灌木丛、草地等，很少受到人类的破坏，植物群落还保存着自我调节的能力。多数是人类有意识保留下来的城市森林、城市周边自然防护林以及在特殊生境中残留下来的特殊自然植被。

半自然植被为侵入人类所创造的城市生境中的伴人野生植物群落和在城市化进程中保留下来的但是在植物群落中各自然要素之间的基本联系已经遭到一定程度的破坏、植物群落的整体自我调节功能受到很大破坏的植物群落，包括森林、灌木丛、草地等。

人工植被为按人的愿意和周边环境条件的要求，在城市化过程中人工创建起来的植物群落，包括农田作物、人工林、人工灌木丛、人工草地、行道树林、公园、庭院、街头绿地植物等园林植被。

农田作物指的是在城市化的过程中，人类在城市市区范围内，仍保留的农田里种植的农作物，包括大田作物和果园等。

人工林指建造和经营在城市范围内，以乔木为主体的人工建造的城市植物群落，即包含在城市范围内以乔木为主体的人工绿化实体。人工灌木丛指以灌木为主体的人工建造的城市植物群落，即包含在城市范围内以灌木为主体的人工绿化实体。人工草地指以草本植物为主体的人工建造的城市植物群落，即包含在城市范围内以草本植物为主体的人工绿化实体，但不包括农田作物。

第二节　城市植被的生态功能

绿色植物在城市中主要集中在园林绿地。和自然生态系统中以绿色植物为中心的情况截然不同，在城市生态系统中，植物处于弱势，作为生产者的功能已十分微弱，处于次要地位，也就是说，在城市生态系统中，绿色植物的主要功能已不在于初级生产。人们从科学和实践中逐渐认识到绿色植物在城市中有着特殊的、极其重要的作用与功能。

一、吸收二氧化碳、放出氧气

在城市生态系统中，人们关注绿色植物的光合作用，主要不是有机物的生产量，而是在其光合作用过程中吸收了二氧化碳，放出了氧气。植物也有呼吸作用，但光合作用吸收的二氧化碳比呼吸作用排出的二氧化碳多 20 倍，因此，总量上是吸收二氧化碳，放出氧气。在这一点上，植物生长与人类活动有着相互依存的关系，是同一循环中的两个相反过程。

植物可以说是天然的绿色氧气工厂，大气中氧气的大部分来自陆地上的植物。据统计，每年地球上全部植物所吸收的二氧化碳为 93.6×10^9 t，通常 $1hm^2$ 阔叶林每天可以吸收 1t 二氧化碳，放出 0.73t 氧，只要 $10m^2$ 的森林，就可以把一个人一昼夜呼出的二氧化碳吸收掉。生长茂盛的草坪，在光合作用过程中，每平方米一小时可吸收 1.5g 二氧化碳，按每人每小时呼出的二氧化碳约 38g 计算，只要有 $50m^2$ 的草坪就可以把一个人一昼夜呼出的二氧化碳吸收掉。可见，一般城市如果每人平均拥有 $10m^2$ 树林或 $50m^2$ 草坪，就可以保持空气中二氧化碳和氧气的平衡，使空气新鲜。

在空气中，二氧化碳的含量通常是稳定在 0.03％左右。在城市中，由于工厂集中、人口密集，产生的二氧化碳比较多，其含量有时可达 0.05％～0.07％，局部地区甚至高达 0.2％。当二氧化碳含量达到 0.05％时，人们就会感觉呼吸不适；到 0.2％时，就头昏耳鸣、心悸、血压升高；到 1％以上，则可能危及生命。令人忧虑的是整个大气圈的二氧化碳含量有不断增加的趋势。同样空气中氧气含量的降低也会危及人的健康和生命。只有绿色植物可以吸收二氧化碳，放出氧气，保持大气中二氧化碳和氧气的平衡。

二、净化作用

1. 吸收有害气体

城市空气中的污染物有二氧化硫（SO_2）、一氧化碳（CO）、氟化物（FX）、臭氧（O_3）、氯（Cl_2）等，而几乎所有植物对这些有害气体都具有不同程度的吸收或指示作用。植物通过吸收有毒气体，降低大气中有毒气体的浓度，从而达到净化大气的目的。

植物净化有毒气体的能力，除与植物对有毒物质积累量有相互关系外，还与植物对毒物的同化、转移能力密切相关，与叶片年龄、生长季节、大气中有毒气体的浓度、接触污染的时间以及其他环境因素，如温度、湿度等也有关。一般老叶、成熟叶的吸收能力高于嫩叶，在夏季生长季节，植物的吸毒能力较强。

（1）二氧化硫。自然界有许多物质，在空气中露出的自然表面都具有吸收二氧化硫的能力。吸收量的多少与物体表面的粗糙度成正比，吸收的速度与物体的相对湿度成正比，即物体越粗糙、相对湿度越大，其吸收能力越强。

据测算，松林每天可以从 $1m^3$ 的空气中吸收 20mg 二氧化硫，$1hm^2$ 柳杉林，每年可吸收 720kg 二氧化硫。

对空气湿度与植物抗性作用的研究表明，空气相对湿度越低，植物对二氧化硫抗性越大，反之，空气相对湿度越高，植物抗性越小。同一植物在空气相对湿度为 0％时，比 100％时抗性要大 10 倍。对二氧化硫抗性强的植物一般吸收二氧化硫量也多。

据测定，臭椿吸取二氧化硫的能力特别强，超过一般树木的 20 倍。另外夹竹桃、罗汉松、龙柏、银杏、广玉兰等都有很强的吸收能力。国槐、银杏、臭椿对硫的同化转移能力较强。

（2）氟化氢（HF）是一种无色、有臭味、剧毒气体，是电解铝、玻璃、陶瓷、钢铁、磷肥等生产过程中的产物，氟化氢对人体的危害比二氧化硫大 20 倍。

对氟化氢具有抗性的植物，在低浓度时，能吸收一部分氟化氢，在含氟化氢 $5.5\mu g/m^3$ 的空气中，西红柿叶子可吸收 $3000\mu g/kg$ 的氟化氢，扁豆可以吸收 $12000\mu g/kg$ 的氟化氢，橘子叶、女贞、洋槐等树木也能吸收氟化氢。

（3）氯气的污染性较大，并能吸收阳光中的紫外线。植物可以从大气中吸氯，据研究，生长在离污染源 $400\sim500m$ 处的树林，如洋槐、银桦和蓝桉，每年可吸几十千克氯气。从叶片吸收和积累的能力来看，阔叶树大于针叶树，有时可相差十几倍之多。

（4）臭氧。光化学烟雾的主要成分为臭氧、醛类、过氧乙酰硝酸盐、烷基硝酸盐、酮等氧化剂，其中臭氧占 90％左右，也是其中的主要有毒气体。实验证明，树木对臭氧有吸收和净化作用。对光化学烟雾及臭氧反应灵敏的植物有甜菜、莴苣、烟草、菠菜、矮牵牛、西红柿、兰花、秋海棠、蔷薇、丁香等。吸收光化学烟雾抗性强的植物有：白菜、黄瓜、洋白菜、花椰菜、橡树、洋槐等。

栓槭、桂香柳、加拿大杨等树木，能吸收醛、酮、醇、醚以及致癌物质安息香吡啉等。另外，有的树木还可以吸收空气、水体与土壤中的有毒金属粒子，如铅、汞、镉、砷等。

2. 吸尘作用

城市空气中含有大量粉尘、烟尘等微粒。这些微粒颗粒虽很小，但在大气中总重量却很惊人。许多工业城市每年每平方千米降尘量平均为 500t 左右，有的城市甚至高达 1000t 以上，更有许多飘尘悬浮在空气中。这些粉尘对城市环境造成危害，对城市气候和工业生产十分不利，更会直接影响人们的身体健康。

植物特别是树木，对烟尘和粉尘有明显的阻挡、过滤和吸附作用。植物是天然的空气过滤器和吸尘器，其作用机理，一方面由于枝冠茂密，具有强大的减低风速的作用，使得一部分大颗粒尘粒沉降下来；另一方面是叶面吸附的结果。如有的叶片表面粗糙（如桧树、木槿），有的叶面皱纹交错（如大叶榆）；有的叶面绒毛密布（如沙枣），更有的还能分泌油脂（如松树等）。这些特征，都有阻挡、吸附和粘着粉尘的作用。

由于绿色植物的叶面积远远大于它的树冠的占地面积，如森林叶面积的总和是其占地面积的 70～80 倍，生长茂盛的草皮也有 20～30 倍，因此，其吸滞尘的能力是很强的。蒙尘的植物经雨水冲洗后，又能恢复其吸滞尘的能力。

一般阔叶树比针叶树吸尘能力强，例如每公顷山毛榉林阻尘量为 68t，云杉林仅 32t。另外，森林比单株吸尘能力强，林带高宽而密度大比短小的稀疏林效果好，如法桐林减尘率达 35％，刺槐林减尘率为 29.7％。

所有的植物都有吸尘作用，根据环境特点，正确选择和确定树种、种植方式、绿化面积以及布置方式等，就能充分发挥绿化的滞尘作用。

3. 对放射性物质的作用

放射性污染物的扩散与地形、地物有很大关系。森林作为一种地物，不但可以阻隔放射性物质及其辐射的传播，而且可以起到过滤和吸收的作用。据研究，阔叶林对于放射性散落物的净化能力比常绿叶林高得多，3个月后，阔叶林的树冠内部和上部，γ射线的剂量比针叶树低两倍。常绿针叶林净化放射性污染物质的速度也比阔叶林慢。

4.减少空气中的含菌量

空气中的各种有毒细菌多随灰尘传播，植物的吸尘作用可大量减少其传播，另一方面植物本身还能分泌出具有杀菌能力的挥发性物质——杀菌素。洋葱、大蒜汁能杀死葡萄球菌、链球菌及其他细菌。柠檬桉叶放出的杀菌素可杀死肺炎球菌、痢疾杆菌及多种致炎球菌和流感病毒。桧柏和松树可杀死白喉、肺结核、伤寒、痢疾等病菌。某些香料林木也有消灭结核菌的作用。空气中的含菌量，在森林外为3万～4万个/m³，而森林内则仅300～400个，1hm² 圆柏林一昼夜能分泌30kg杀菌素，可以消除一个小城市的细菌。国内也有类似的研究，据报道某市在绿化区的病房庭院内每立方米空气中的细菌为7624个，远离绿化区的病院内则为12372个，而火车站附近的闹市街道则达54880个。

表12-1为南京市各类地区空气中含菌量比较，表12-2为南京市各类林地、草地上空含菌量比较。可以看出，城市不同类别地区，空气中含菌量有明显差异。空气中含菌数和植物量密切相关，人越少、植物越茂密，空气中含菌数越少。不同植物的减菌机理、减菌作用也有差异。

表12-1　　　　　　　　　　南京市各类地区空气中含菌量比较　　　　　　　　　单位：个

类别	地点	人流、车辆、绿化状况	每立方米空气中含菌数
公共场所	火车站	人多、车多、绿化差	49700
街道	南伞巷	人多、车多、无绿化	44050
街道	新街口	人多、车多、绿化好	24480
公园	玄武湖	人多、绿化好	6980
机关	市防疫站	人少、绿化好	3460
植物园	植物研究所	人少、树木茂盛	1046

表12-2　　　　　　　　　　南京市各类林地、草地上空含菌量比较　　　　　　　　单位：个

类型	每立方米空气中含菌数	类型	每立方米空气中含菌数
松树林	589	樟树林	1218
草地（细叶结缕草）	688	喜树林	1297
柏树林	747	杂木林	1965

从表12-2可知，松树林、柏树林及樟树林的减菌能力较强，是与它们的叶子能散发某些挥发性物质有关。草地上空的含菌量很低，显然是因为草坪上空尘埃少的缘故。

5.净化水体

树木可以吸收水中的溶解质，许多水生植物和沼生植物对净化城市污水有明显作用。如芦苇能吸收酚及其他二十几种化合物，每平方米土地上生长的芦苇一年内可积聚6kg污染物质，所以有些国家把芦苇用于污水处理的最后阶段。又如水葫芦能从污水中吸取银、金、汞、铅等金属物质，还具有降解镉、酚、铬等化合物的能力。

树木还可减少水中的细菌数量。如在通过30m宽的林带后，由于树木根系和土壤的作用，1L水中所含细菌数量比不经林带的减少了1/2，而后随着流经林地距离的增大，污水

中的细菌数量最多可减少 90％以上。芦苇的根系还可以消除水中的大肠杆菌。

6. 净化土壤

植物的地下根系能吸收大量有害物质而且有净化土壤的能力，有的植物根系分泌物能使进入土壤的大肠杆菌死亡。有植物根系分布的土壤，好气性细菌比没有根系分布的土壤多几百倍至几千倍，故能促使土壤中的有机物迅速无机化，既净化了土壤，又增加了肥力。

城市中一切裸露的土地加以绿化后，不仅可以改善地上环境，也可以改善地下土壤环境。

7. 指示和监测环境污染

城市植被在指示和监测环境污染方面有重要的作用。许多植物对大气污染的反应，比人类要敏感得多。例如，在二氧化硫浓度达到 1～5ppm 时，人才能闻到气味，10～20ppm 时才会受到刺激而引起咳嗽、流泪反应，而某些敏感植物在 0.3ppm 浓度下几个小时，就会出现受害症状。有些有毒气体毒性很大（如有机氟），但无色无味，人们不易发觉，而某些植物却能及时作出反应。利用某些对有毒气体特别敏感的植物（称为指示植物或监测植物）来监测有毒气体的浓度，指示环境污染程度，是一种既可靠又经济的方法。例如可以利用紫花苜蓿、菠菜、胡萝卜、地衣监测二氧化硫，矮牵牛、烟草、美洲五针松监测光化学烟雾，烟草、牡丹、番茄监测臭氧等，都是行之有效的好方法。

植物叶片对有毒气体反应特别敏感，因此可以利用叶片伤斑的面积来指示大气中有毒物质的浓度。大气中有毒物质的浓度越大，受害叶面积也越大，两者呈正相关。植物叶片的有毒物质含量和大气中有毒物浓度又呈正相关，因此，可以根据植物叶片的含毒量来估测大气中毒物浓度。

综上所述，植物对大气、水体、土壤环境的净化都起着重要作用，如果能根据不同地区的特点，科学地配置绿化，则更能经济有效地提高其净化作用。

三、改善局地气候

植物有遮阳蔽阴作用，浓密的树冠在夏季能吸收和散射、反射掉一部分太阳辐射能，减少地面增温。冬季叶子虽大都凋零，但密集的枝干仍能削减吹过地面的风速，使空气流量减少，起到保温保湿作用。叶面的蒸腾作用也能降低气温，调节湿度，对改善城市局地气候有着十分重要的作用。大面积的森林、宽阔的林带、浓密的行道树及其他公园绿地，对城市各地段的温度、湿度和通风都有良好的调节作用。

1. 调节气温

测试资料表明，当夏季城市气温为 27.5℃时，草坪表面温度为 22～24.5℃，比裸露地面低 6～7℃，比柏油路表面温度低 8～20.5℃。有垂直绿化的墙面表面温度为 18～27℃，比清水砖墙表面温度低 5.5～14℃。在炎夏季节，林地树阴下的气温较无绿地处低 3～5℃，较建筑物处甚至可低 10℃左右。

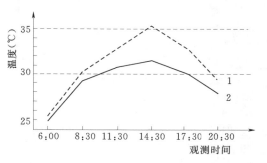

图 12-1　南京夏季两条马路上气温（℃）的差别

1—瑞金路，无行道树；2—中山东路，行道树完全郁闭

夏季时，人在树阴下和直射阳光下的感觉会有很大差异。这种温度感觉的差异不仅仅是 3～5℃气温差，而主要是太阳辐射热的差异。茂盛的树冠能挡住 50％～90％的阳光辐射热。据测，夏季树阴下与阳光直射的辐射温度可

相差 30～40℃ 之多。图 12-1 为对两条不同绿化条件下的道路气温的测定结果。

对绿阴下的建筑物来讲，由于窗口树阴的影响阻挡太阳直接辐射进入室内，又因建筑物的屋顶、墙面和四周地面在绿阴之下，其表面所受到的太阳辐射热是一般没有绿化之处的 1/15～1/4，使传入室内的热量大大减少。绿阴下的建筑物夏季室内温度要明显低于一般建筑物。大面积绿地覆盖对区域气温的调节作用则更加明显，表 12-3 是北京地区的测试结果。

表 12-3　　　　　　　　不同类型绿地降温作用比较（北京地区）

绿地类型	面　积（hm²）	平均气温（℃）（8月1日）	绿地类型	面　积（hm²）	平均气温（℃）（8月1日）
大型公园	32.4	25.6	小型公园	4.9	26.2
中型公园	19.5	25.9	城市空旷地	—	27.2

大片绿地和水面对改善城市气温有明显作用，如杭州西湖、南京玄武湖、武汉东湖等，其夏季气温比市区要低 2～4℃。因此，在城市地区及其周围大面积绿化，特别是炎热地区，对于改善城市的气温是有积极作用的。应提高绿化覆盖率，将全部裸土用绿色植物覆盖起来，还应尽可能考虑建筑的屋顶绿化和墙面垂直绿化，充分利用植物的遮阳调温作用。

2. 调节湿度

绿色植物因其叶面蒸发面积大，一般从根部吸入水分的 99.8% 通过叶面蒸腾掉。据北京园林局测算，1hm² 的阔叶林，一天能蒸腾 2500t 水，比同面积裸露土壤蒸发量高 20 倍，相当于同面积水库蒸发量。从实验得知，树木在生长过程中，每形成 1kg 干物质，大约需要蒸腾 300～400kg 的水。

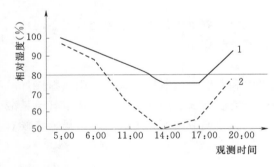

图 12-2　南京两条马路上相对湿度（%）的差别
1—北京西路，行道树完全郁闭；2—北京东路，新栽行道树尚未能遮阴

由于绿化植物具有如此强大的蒸腾水分的能力，不断地向空气中输送水蒸气，故可以提高空气湿度。一般森林的湿度比城市高 36%，公园的湿度比城市其他地区高 27%。即使在冬季，由于绿地里风速较小，土壤和树木蒸发水分不易扩散，绿地的相对湿度也比非绿地区高 10%～20%。另外行道树也能提高相对湿度 10%～20%（图 12-2）。

而湿度的变化都伴随着温度的变化，由此可知，绿地中舒适、凉爽的气候环境与绿色植物调节湿度的作用是分不开的。

3. 防风沙、调节气流的作用

风沙常常给人们的生产、生活带来一些困难，大的风沙还会给人类带来灾难。绿色的林带植物则不仅能防止风沙，而且对水土保持、调节气流有积极作用，通常成为保证农业增产的重要措施，也是城市防止风沙、调节气流的主要手段。

由于森林树干、枝叶的阻挡和摩擦消耗，进入林区风速会明显减弱。位于城市冬季盛行风上风向的林带，可以有效地降低风速，一般由森林边缘深入林内 30～50m 处，风速可减低 30%～40%，深入到 120～200m 处，则平静无风。在夏季，则又会产生林源风，无风时，由于绿地气温较低，冷空气向空旷地流动而产生微风，可以调节气流。植物的防风沙效果还与绿地结构有关。同样条件下，8 行林带与 2 行林带的减风效果不同，前者可减低风速 50%～60%，后者为 10%～15%。但也并非林带越密越好，多行疏林较成片密林的防风效果要好。在多风沙的城市通过营造防护林带，可使整个城市免遭风沙的侵袭。在向风的建筑物前种植防风林，特别是在台地的边缘建立这种防风林带最为有效。建立楔形绿化系统，伸入城区，这样，山地凉风可循楔形绿化带吹入城区。这种林带布置对改善该地局地气候条件起了重要的作用。

四、降低城市噪声

1. 植物降噪的机理

植物的粗糙树干和茂密的枝叶是天然的吸声器。树木降低噪声的机理有以下几个方面。

（1）从树木的树叶、枝条和树干本身的结构组成来看，具有多孔材料的特性，其具有吸收声能的作用，特别是能吸收那些高频噪声。

（2）因为树木枝密叶稠，它的柔枝嫩叶具有轻、柔、软的特点，声能投射到树叶上，造成树叶微微颤动，一部分声能转化为机械能，故而降噪。

（3）树木的枝叶纵横交错、方向不一，声波进入树林后，会产生多次无规则反射，每一次反射在叶面都会有声能被吸收，从而消耗了声能，反射的次数越多，对声能的消耗就越多。

（4）在树林里，风吹树叶沙沙作响和树林里悦耳的鸟鸣所发出的声音，可以对噪声起掩蔽作用，以减少噪声的危害。

2. 防声林带的降噪作用

据测定，在公路旁一条宽30m高15m左右的林带，能够使噪声减少6～10dB，相当于减少了大部分的声能量。快车道的汽车噪声，穿过12m宽的悬铃木树冠，到达树冠后面的三层楼窗户时，与同距离空地相比，其削减量是3～5dB。由二行桧柏及一行雪松构成不同宽度的林带，噪声通过18m宽的林带后，降低了16dB，而通过36m宽度的林带后，降低了30dB，通常比空地上同距离的自然衰减量多10～15dB。可见有林带比无林带效果好，而林带宽比林带窄为好，但林带过宽则又占地过多。为了提高消声防噪作用，必须科学地组织城市绿化，一般应注意以下几点。

（1）防声林带宽度。在城市中最好是6～15m，在郊区可以宽一些，最好是16～30m。如有条件建立多条窄林带，其隔声效果将比只有一条宽林带为好。

（2）防声林带高度。一般越高越好，林带中心树行高度最好在10m以上。

（3）防声林带长度。防护林带的长度应不小于声源至受声区距离的2倍。如防声林与公路平行，则应与公路等长，以防公路车辆噪声。

（4）防声林带的位置。防声林带的位置应尽量靠近声源，而不是靠近受声区，这样防声效果好。一般林带边缘至声源的距离为6～15m。

（5）防声林带的配置。应以乔木、灌木和草地相结合，形成一个连续、密集的障碍带。树种应选高大的、树叶密集的、叶片垂直分布均匀的乔木。要尽量采用针叶树种或一年中大部分时间能保留叶子的落叶树种，以保证全年防声。在热带、亚热带地区，最好种植树叶密集、树皮粗糙、叶型较小且表面较为粗糙的树种。在城市居住区多采用前排种植茂密的灌木，其后种一排高大的乔木来阻隔道路上的汽车噪声，占地不多，效果很好。但要注意与通风、采光同时考虑，不能顾此失彼。

五、保护生物多样性

由于世界工业化和城市化进程的加快，人类对自然资源的利用和需求远远大于自然生态系统的平衡能力。森林大面积减少、湿地干涸、草场退化、珊瑚礁被毁，生态环境急剧恶化，这些都导致生物多样性的迅速丧失，大量的物种甚至在科学查明之前就已经灭绝了。目前，生物多样性的保护，是国际上资源与环境保护的重点内容之一。如何利用城市环境进行生物多样性的移地保护，是当今生物多样性的保护的热点课题之一。城市植被的保护和建设，特别是植物园的建设是生物多样性保护的重要内容。

我国虽然有着悠久的开发利用植物资源及发展农林、园艺、医药事业的历史，但是，现代植物园建设出现却比较晚。我国以现代科学技术为基础建立起来的第一个植物园——庐山植物园，始建于 20 世纪初。近年来，我国的植物园事业迅速发展，据不完全统计，目前全国共有植物园 110 余个，分布在 28 个省（直辖市、自治区）。

由于历史原因和主要目标及任务的不同，我国的现有植物园分属科学院、城市建设、林业、农业、海洋、教育、卫生、高等院校等多个管理机构。其中林业系统下属 27 个植物园，科学院系统下属 15 个，城市建设系统下属 16 个。各植物园对植物的保护、科研、教学及植物品种、园容布置等方面的要求和侧重有所不同。

林业系统内的植物园以树木园居多，另外还有一些竹类植物园、沙地植物园、沙漠植物园等专类植物园。其主要以广泛搜集地方特色乡土树种，引种驯化适合于本地区造林绿化的树种资源，为大面积造林提供树种资源，为林业科学研究提供试验场地作为建园方针，并不特意追求树种和濒危树种的数量，而着重于在适应性上下工夫。

科学院植物园在建设和管理上都着重于科学性和实验性。因此，从品种数量、植物分区、珍稀植物品种上都力求多而精。其建园方针以科研、植物保护、适应植物自然生态环境为主。在这部分植物园中，搜集非本地植物品种的温室设备较多，科研设备和科研条件也都较好，园内的布局分区也以植物分类为主要依据。如北京植物园（南园）以引种驯化实施区和苗圃为主，有热带植物温室 1820m²，濒危品种 100 余种，以科研和搜集植物品种为主要目的，共有各类植物近 5000 种，以北方植物种质资源保存集中地及北方地区专门从事植物栽培的科研基地为建园目标。

园林植物园即城市建设系统的植物园，是集游览、科研、科普教育为一体的综合性植物园。园林植物园以搜集、栽培、引种驯化有特色的园林绿化植物品种，为城市园林绿化建设提供优良的种质资源为主要任务。同时，在建园方针上着重用植物造景，通过园林艺术创造和园林技术手段，把丰富的植物园内涵融入园林景观之中，形成公园式植物园。另外，通过完善的科普教育设施向市民进行保护植物资源、保护生物多样性的教育宣传也是园林植物园区别其他植物园的一个重要特点。

作为城市植被组成部分的植物园，一般地处城郊和城市之间，承担着植物多样性的保护和通过遗传研究及引种驯化实验，开发野外观赏植物资源，驯化和培养城市特殊生态条件下城市植被建设的植物品种的任务等。因此可以说城市植被的生物多样性保护功能意义重大。

总之，绿色植物在自然生态系统中的功能在城市生态系统中也都具备，尽管绿色植物在城市生态系统中处于弱势。另外，在城市生态系统这种特殊的、强烈人工化的生态系统中，绿色植物具有许多更为可贵的、不可替代的生态功能。

第三节　城市植被的使用和美化功能

城市植被还有比较具体的使用功能和难以替代的美化功能，主要表现在园林绿地。园林绿地是城市植被的重要组成部分，其使用功能与城市的经济发展、文化背景、历史传统、民族习惯以及地理环境等因素密切相关。

一、安全防护

城市的园林绿地具有防震防火、蓄水保土和备战防空的作用。

1. 防震防火

绿地的防震防火功能，过去并未被人们所认识，直到 1923 年 1 月，日本关东发生大地震，同时引起大火灾，城市公园意外地成为避难所，自此以后，公园绿地被认为是保护城市居民生命财产的有效的公共设施。1976 年 7 月北京受唐山地震波及，15 处公园绿地疏散居民 20 余万人，并在绿地上搭建了临时避震棚，在抗震救灾中发挥了重大作用。

城市中一旦发生了火灾，绿化地带因树木含有大量水分，且有减弱风速的效应，可以防止火势蔓延，隔离火花飞散，在一定程度上有减弱火势的作用。园林绿地中的水面，更是天然的消防水池。

在城市规划中，应该把绿地作为火灾蔓延的隔断和居民的避难所来考虑。把城市公园、体育场、广场、停车场、水体、绿地等统一规划、合理布局，组成一个避灾的绿地空间系统。

2. 蓄水保土

蓄水保土对保护自然景观、涵养水源、防止滑坡以及泥石流都有极大的意义。园林绿地对水土保持有显著的功能。树叶防止暴雨冲刷土壤，草地覆盖地表阻挡了流水冲刷，植物的根系能紧固土壤，所以可以固定沙土石砾，防止水土流失。当降雨时将有 15%～40%的水量被树木树冠截留或蒸发，有 5%～10%的水量被地表蒸发。地表的径流量仅占 0～1%。大多数的水，即占 50%～80%的水量被林地上一层厚而松的枯枝落叶所吸收，然后逐步渗入到土壤中，变成地下径流。这对防止暴雨后城区积水成涝有显著的作用。

3. 备战防空

绿色植物可减缓冲击波、阻挡弹片飞散，并对重要建筑、军事设备、保密设施等起隐蔽作用，尤其是密林更为有效。例如第二次世界大战时，欧洲许多城市遭到轰炸，凡绿化树木较茂盛的地段所受损失要轻得多，所以绿地也是备战防空不可少的技术措施。

二、游憩娱乐

在城市中，园林绿地是市民日常游憩活动的场所。游憩娱乐可分为动、静两类，对于体力劳动者可消除疲劳，恢复体力；对于脑力劳动者，可调剂生活，振奋精神，提高工作效率；对于儿童，可培养勇敢、活泼、伶俐的素质，并有益于健康成长；对于老年人，则可享受阳光空气，增进生机，延年益寿。

在国外，许多国家的国家公园立法，都是依据这种使用上的功能来制定公园绿地的定额和各项设施的指标。

三、文化活动

城市园林绿地是进行文化活动，开展科普教育的场所。如在综合性公园、名胜古迹风景点，设置展览馆、陈列室、纪念馆、宣传廊等，可以进行多种形式的文化活动，进行各种科普宣传教育。

四、旅游业

我国幅员辽阔，风景资源丰富，历史悠久。文物古迹众多，园林艺术负有盛誉，这些都是发展旅游事业的优越条件。我国现在已成为旅游资源大国，旅游业在我国国民经济中的地位越来越重要。

城市园林绿地、自然风景区是国内外旅游者向往之地，如桂林山水、黄山奇峰、泰山日出、森林公园张家界、人间仙境九寨沟等。随着我国人民物质文化水平的提高，双休日制度和节假日的增加，国内旅游业正在迅猛发展。

五、休疗养基地

由于风景区常具景色优美、气候宜人的自然条件，所以可为人们提供休疗养的良好环境。许多国家从区域规划角度安排休疗养基地，充分利用某些地理特有的自然条件，如海滨、高山气候、矿泉等作为较长期的休疗之用。我国有许多在自然景区中开发的休疗养地，如河北的北戴河、广东的从化、江西的庐山、河南的鸡公山、重庆的温泉、青岛的崂山等。

从城市规划来看，主要是利用城市郊区的森林、水域附近、风景优美的园林绿地来安排为居民服务的休疗养地，有时也与体育娱乐活动结合在一起。世界上有许多大城市在规划时考虑到城市居民的休疗养要求。图 12-3 为维也纳市附近设置短期休假地。著名的奥地利维也纳森林邻接城市西界，它被划分为：近郊散步区，（离市中心约 10km），近郊远足区（离市中心约 15km），近郊旅游区（离市中心约 20km）。

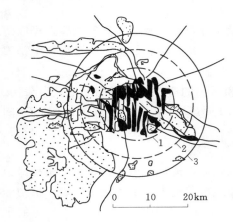

图 12-3 维也纳市郊的休假区
1—近郊散步区；2—近郊远足区；
3—近郊旅游区

六、美化城市

园林绿地可美化市容，增加城市建筑艺术效果，为以人工为主的城市景观锦上添花。许多风景优美的城市，如杭州、青岛、桂林、南京、大连等，均具有园林绿地与城市建筑群体有机结合的特点。鸟瞰全城，郁郁葱葱，建筑处于绿色包围之中，山水绿地把城市与大自然紧密结合在一起。世界上许多著名的城市或建筑群也都是与园林绿化分不开的。园林绿化的美化作用表现在以下几个方面。

（1）丰富城市建筑群体轮廓线。这与城市园林绿地系统的整体布局有关，尤其是城市的滨海、沿江一带，是人们水上游赏的必经之地，充分发挥园林绿地的美化作用就显得更为重要。如青岛海滨，红瓦黄墙的建筑群，高低错落地散布在山丘上，掩隐在绿树丛中，创造了青岛城市的特有景色。再如上海外滩，新中国成立后开拓了滨江绿带，使高耸的建筑群有了绿化的装饰，丰富了景色，增添了生气。国外的著名城市，如日内瓦湖的景色成为日内瓦景观的代表；澳大利亚首都堪培拉，更是处于绿树花草包围之中，成为名副其实的花园城市。

（2）美化市容。城市中的道路、广场绿化对于市容面貌影响很大。街道绿化得好，人们虽置身在闹市之中，却犹如生活在绿色走廊里。街道旁边的绿化广场，既可以供行人短暂休息，观赏街景，满足闹中取静的需要，又可以达到变化空间，美化环境的效果。

（3）衬托建筑，增加艺术效果。如北京的天坛依靠密植的古柏而衬托了祈年殿；苏州古典园林常用粉墙花影、芭蕉、南天竹、兰花来表现它的幽雅清静等。

（4）体现特色景观。一个城市的特色景观，例如南国热带风情、北国冰雪风光、西北黄土高原和江南绿色水乡，往往都是由城市特殊的植被来体现的。

园林绿化还可以遮挡有碍观瞻的景象，使城市面貌更加整洁、生动、活泼，并可以利用绿化植物的不同形态、色彩和风格来达到城市环境的统一性和多样性，增强艺术效果。

第四节 城市园林绿地系统规划

一、城市园林绿地的分类

1. 按功能分类

（1）文化休息绿地：指供居民进行文化娱乐休息的绿地，如风景游览区、公园、游园等。

（2）美化装饰绿地：指以建筑艺术上的装饰作用为主的绿地。

（3）卫生防护绿地：指主要在卫生、防护、安全上起作用的绿地。

（4）经济生产绿地：指以经济生产为主要目的的绿地。

2. 按城市规划需要分类

（1）公共绿地：包括市区级综合公园、儿童公园、动物园、植物园、纪念性园林、名胜古迹园林、游憩林荫带。

（2）居住绿地：包括居住区游园、居住区绿地、居住区道路绿地、宅旁绿地。

（3）附属绿地：包括工业、仓库绿地、公共事业绿地、公共建筑绿地。

（4）交通绿地：包括道路绿地，公路、铁路等防护绿地。

（5）风景区绿地：包括风景游览区、休养疗养区。

（6）生产防护绿地：包括苗圃、花圃、果园、林场、卫生防护林、风沙防护林、水源涵养林、水土保持林等。

二、城市园林绿地指标的计算

反映城市园林绿地水平的指标，可以有多种表示方法，目的是为了能反映绿化的质量与数量，并要便于统计，其中采用较多的指标有以下几种：

$$城市园林绿地总面积（hm^2）= 公共绿地 + 居住绿地 + 附属绿地 + 交通绿地$$
$$+ 风景区绿地 + 生产防护绿地 \qquad (12-1)$$

$$每人公共绿地占有量（m^2 / 人）= \frac{市区公共绿地面积}{市区人口} \qquad (12-2)$$

$$城市绿化覆盖率（\%）= \frac{市区各类绿地覆盖面积总和}{市区面积} \times 100\% \qquad (12-3)$$

绿化覆盖面积是指乔灌木和多年生草本植物的覆盖面积，乔木按植物的垂直投影测算，但乔木树冠下重叠的灌木和草本植物不再重复计算。决定绿化覆盖率的因素，除绿地面积外，还有树种选择、植物配置形式、树龄等。因此绿化覆盖面积只能是概略性的推算，如：

$$居住绿地及附属绿地绿化覆盖面积 =（一般庭园树平均单株树冠投影面积$$
$$\times 单位用地面积平均植树数$$
$$\times 用地面积）+ 草地面积 \qquad (12-4)$$

道路交通绿化覆盖面积＝（一般行道树平均单株树冠投影面积×单位长度平均植树数

×已绿化道路总长度）＋草地面积　　　　　　　　　　　　　　　（12－5）

三、城市园林绿地系统规划原则

我国不少城市在进行总体规划的同时，进行了城市园林绿地系统的单项规划，对城市建设起了重要的指导作用。但是，也由于以往的认识不足及政策方面原因，我国城市的绿地明显偏少，而且还不断被侵占。绿地系统的规划思想也很混乱，有的只迁就眼前利益而牺牲长远利益，有的忽视绿地对环境保护、城市面貌、生产发展、居住生活改善等方面的间接效益，给城市建筑留下了严重的后遗症。城市园林绿地系统规划应遵循以下原则。

1．应与城市其他规划相结合

园林绿地规划要与工业区布局、居住区详细规划、公共建筑分布、道路系统规划密切配合，不能孤立地进行。例如在工业区和居住区布局时，就要考虑卫生防护需要的隔离林带布置。在河湖水系规划时，就可考虑水源涵养林带及城市通风绿带的设置，在接近居住区的地段，开辟滨水公共绿地。在居住区规划中，就要考虑居住区、小区级游园的均匀分布，以及宅旁庭园绿化布置的可能性。

2．应因地制宜，有地方特色

我国各城市的自然条件差异很大。同时，城市的现状条件、绿化基础、性质特点、规模范围也各不相同，即使在同一城市中，各区的条件也不同。所以，各类绿地的选择、布置方式、面积大小、定额指标的高低，要从实际的需要和可能出发来编制规划。树种的选择应适合当地的自然条件，要有地方特色。

有的城市名胜古迹多，自然山水条件好，公共绿地面积就会大些（如北京、杭州）；有的北方城市风沙大，就必须设立防护林（如天津、沈阳、北京）；有的旧城市，建筑密集，空地少，市内绿地面积不足，绿化条件差，需要充分利用建筑区的边角地、道路两旁的空地，设置街头小游园、绿带、绿岛等，这样既创造了居民日常游憩的场地，也美化了旧城面貌（如上海、天津）；有较大工业污染的城市，就需要强调工业隔离林带的作用，做到因害设防。

3．应分布合理

我国多数城市的市级公园绿地，除特大和大城市外，一般都只有两个左右，当然很难做到均匀分布。但区级公园及居住区游园，就有均匀分布的要求。同时，原则上还应根据各区的人口密度来配置相应数量的公共绿地。但往往人口密度大、建筑密集的地区，可供绿化的用地很少，在规划中就需要注意逐步多开辟公共绿地。

对大型公园绿地，居民的使用频率较低，而中小型绿地的布置就必须按照服务半径，使附近居民在较短时间内就可步行到达。联合国有关城市绿地规划的报告中，把绿地分为五级，每级规定有：面积、每人定额及服务半径等。这些都是为了城市公共绿地均匀分布的目的而提出的。

4．近期安排应与远景目标相结合

规划中要充分研究城市远期发展的规模，人民生活水平逐步提高的要求，制定出远景的发展目标，不能只顾眼前利益，而造成将来改造的困难。同时还要照顾到由近及远的过渡措施。例如，对于建筑密集、质量低劣、卫生条件差、居住水平低、人口密度高的地区，应结合旧城改造、新居住区规划留出适当的绿化保留用地，到时机成熟时，即可迁出居民、拆迁建筑，开辟为公共绿地。在远期划为公园的地段内，近期可作为苗圃，既能为将来改造成公园创造条件，又可以防止被其他用地侵占，起到控制用地的作用。如哈尔滨动物园、上海植物园，就是原苗圃改造而成的，又例如西安市，名胜古迹很多，但在建国初期不可能花很多力量来全面修复整理供开放游览，规划中就在古迹周围划出相当的用地作为苗圃，以后逐步地建设成开放游览的风景点。

树木的生长需要相当长的时间，因此，一方面要尽量争取有较多的绿地面积；另一方面，要"先绿后好"，先大量种树，搞好城市的普遍绿化，尽快增加绿化覆盖率，然后再重点提高。另外，我国森林面积少，在城市边缘，更缺乏真正的森林公园（昆明的西山可称为森林公园）。重视森林公园和国家公园的开辟，已成为不少国家园林绿地建设的发展趋向。如巴黎市区边缘的凡桑和波龙涅两大森林，距市中心只有 5km 左右。莫斯科有 11 个森林公园，日本也很重视发展近郊森林。

第五节 卫生防护林带规划设置

防护林带是具有多种不同防护功能的带状绿地，其设计与布局，应根据不同功能要求进行。城市中设置较多的是卫生防护林带。

一、卫生防护林带的设置原则

1. 根据烟尘扩散规律确定卫生防护距离

根据烟尘扩散规律，在其他条件不变时，地面最大着点以外有害物质的浓度与距离成反比。设立卫生防护带，使污染源与生活区之间相隔一定距离，对减轻生活区的污染有一定作用。防护距离的大小，应根据企业对有害物质的治理状况，有害物质的危害程度，当地自然、气象、地形条件及环境质量要求等，通过烟尘扩散计算或风洞实验来确定。在无上述条件时，亦可按照我国有关部门制定的工业卫生防护距离标准确定（图 12-4）。

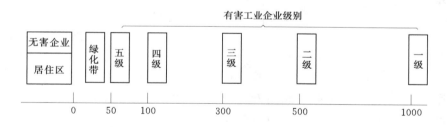

图 12-4 工业与居住区卫生防护距离示意图（单位：m）

2. 根据不同地形、气象条件确定卫生防护范围

在丘陵地区自然条件变化不一，不似平原地区可按上述标准机械地划定防护范围，一般应考虑下列三种情况：

（1）居住区靠山面厂平行于盛行风向布置时，为了减少烟尘在居住区的沉降量，应加大卫生防护距离（图 12-5），但用地不够经济。

（2）居住区靠山背厂时，如由居住区吹向工厂的风，大于由工厂吹向居住区的风时，因涡流持续时间短，可设较小的防护距离，但交通联系不便。反之，则应加大防护距离，避开涡流区，但用地不经济，交通联系也不便（图12-6）。

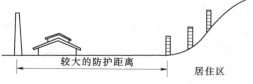

图 12-5 居住区靠山面厂平行于
盛行风向布置

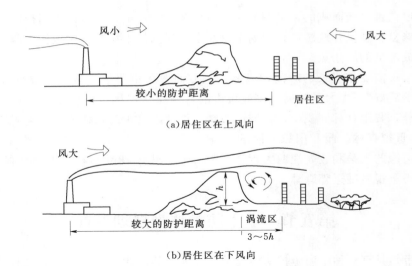

（a）居住区在上风向

（b）居住区在下风向

图 12-6　居住区靠山背厂时防护距离的设置

（3）防护范围不似平原地区那样，可简单地按同心圆划定。在丘陵山地地形和气流的影响下，烟污往往不规则扩散，许多地方实践证明，如果沟谷走向是垂直或接近于垂直主导风向时，烟尘将会在迎风的一侧密集，这与理论上的主导风向防护距离相矛盾，烟污实际扩散范围与预计往往不一致（图 12-7）。

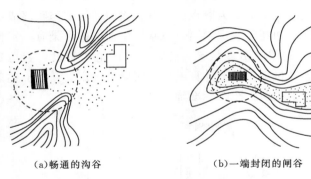

（a）畅通的沟谷　　　　　　（b）一端封闭的闸谷

图 12-7　不同地形条件下烟气扩散情况

所以，在确定卫生防护范围和方向时，对于地形条件及地方风必须深入调查研究，因地制宜。否则，反而会把原来卫生条件好的地段，错划为隔离带，而真正需要防护的地区，却得不到防护改善，使居民受害，同时也不能合理地使用土地。

二、卫生防护带的形式

1. 专职防护林带

在防护距离内种植宽度不等的林带，通过树木的吸附和过滤作用，可有效降低烟尘及有害气体的浓度，防护效果好，多用于严重污染性工业，但林带占地面积大，对于用地不足的城市不一定适用。

（1）防护林带的类型。一般分为紧密结构、疏透结构和通风结构三种，不同的结构类型对防护效果有不同的影响。现分析如下：

1）林带疏透度对防护效果的影响，见表 12-4。

2）林带横断面对防风距离的影响，见表 12-5。

（2）专职林带的位置。要注意以下几点：

1）工业区（厂区）与居住区之间的卫生防护距离内应设林带，除必要的交通口以外，应尽量使林带贯通。

表 12 – 4　　　　　　　　　　林带疏透度对防护效果的影响

示　意　图			
类型	紧密结构	疏透结构	通风结构
最佳疏透度	<0.1	0.3～0.4	0.3～0.4
组成	一般由乔木灌木搭配组成	一般由较多行数的乔木两侧各配一二行灌木组成	由几行至十行乔木组成，一般不配灌木
宽度（m）	20～30	10～15	10～15
防风效果	背风面林缘形成静风区，距林带7倍树高处离地2m高的风速（下同）为旷野风速的50%，14倍处为70%，20倍处为80%，防风距离最小。在林缘静风区引起淤砂积雪，适用于固沙林带和防雪林带	背风面林缘的风速为旷野的40%，5倍处为24%，19倍处为70%，25倍处为80%，适于风沙危害严重地区	林带内风速大于旷野风速，背风面林缘的风速为80%，7倍树高处为28%，23倍处为70%，28倍处为80%，防风距离最大，适于一般风害地区

表 12 – 5　　　　　　　　　　林带横断面对防风距离的影响

横断面			
形式	长方形	屋脊形	凹槽形
防风距离	最大	次之	最小
形成条件	树种单一或生长速度相近而形成	树种生长速度不一的多种树形成	树种生长速度不一的多种树形成

2）卫生防护林的设置，应根据工业有害物质的性质和排放情况以及当地自然特点等因素，结合农田防护林和水土保持林综合确定。接近厂区的林带应栽植对有害物抗性强的树种，靠近居住区可植抗性弱的树种。

3）林带的走向宜与从厂区吹向居住区的非采暖季节主导风向垂直，若受条件限制，其偏角亦不宜超过30°。在丘陵或地形起伏地区，林带宜沿分水岭或高地而置，但林带垂直直线与风向的交角不应大于30°。

4）林带结构，从居住区到厂区依次为紧密结构、疏透结构和透风结构，使林带疏透度向厂区逐渐增大。林带间距一般为成林树高的15～25倍，从居住区到厂区间距依次增大，使接近厂区的林带间距为最大。

2. 自然隔离带

利用河流、湖泊、山丘、沟谷等自然地形地貌，将工业区与居住区隔开，并配置一定的林木，具有一定的防护效果，但交通联系不便（图12-8）。

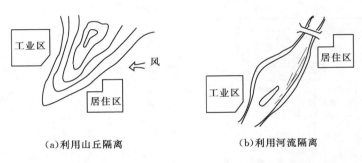

|(a)利用山丘隔离|(b)利用河流隔离|

图 12-8　利用自然地形作隔离带

3. 混合隔离带

在防护地带内保留部分农业用地或布置无污染、少污染的工业辅助项目，可达到充分利用土地和节省投资的效果，但农作物可能受污染，防护效果也不理想，重污染性工业区不宜采用。

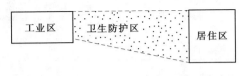

图 12-9　卫生防护区面积图

在卫生防护区内布置无害生产的小车间、仓库、办公室、门诊部、消防队、浴室、洗衣室、警卫室、食堂等，必须注意以下三点。

（1）防护区内的建筑系数一般不得超过 10％，计算建筑系数时，卫生防护区的面积如图 12-9 的阴影部分所示。

（2）不影响卫生防护林带的位置。

（3）不宜将建筑物沿通向居住区的道路两侧紧邻布置成"一条街"，形成有害气体侵入居住区的通道。

第六节　城市绿化和树种规划

树种规划是城市园林绿地规划的一个重要组成部分，因为绿化的主要材料是树木，需要经过多年的培育生长，才能达到预期的效果。树种选择恰当，树木生长健壮，符合绿化功能要求，就能早日形成绿化面貌。如果选择不当，树木生长不良，就需要多次变更树种，造成时间和经济损失。树种规划，应由规划、园林、科研部门协同制定。

一、树种选择

1. 以乡土树种为主

乡土树种对土壤、气候适应性强，苗源多、易栽活，有群众基础，有地方特点，应作为城市绿化的主要树种。对已有多年栽培历史，已适应当地土壤、气候条件的外来树种也可选用。为了丰富植物种类，也可以有计划地引种一些本地缺少，而又可能适应当地环境的经济价值高的树种，但必须经过引种驯化试验，才能推广使用。远地树种，由于自然条件相差太大，直接引用，效果往往不好。

2. 选择抗性强的树种

抗性强的树种是指对酸、碱、旱、涝、砂性及坚硬土壤有较强的适应性，对病虫害、烟尘及有毒气体的抗性较强的树种。

3. 既有观赏价值，又有经济价值

园林绿化结合生产的树种，要求符合绿化功能要求，栽培管理容易，又有经济价值。

4. 速生树与慢长树相结合，近期以速生树为主

速生树早期绿化效果好，但有的寿命较短，如杨、桦等，往往 30 年后就衰老，需要及时更新、补充，否则要影响城市绿化的效果。慢长树如樟、柏、银杏等，要三四十年时间见效，但寿命长（100 年以上）。因此，为了早日发挥绿化效果（特别是新建城市和新建区），应该以速生树为主，搭配一部分慢长树尽快进行普遍绿化。同时要远近结合，有计划、分期分批地使慢长树替换衰老树。

5. 行道树种的选择

街道的环境条件比较差：日照时间短、人为破坏大、建筑垃圾多、土壤坚硬、空气中灰尘多、汽车排出的有害气体多、天上地下管线复杂，所以树种选择要求比其他绿地严格。能适合作行道树的树种，当然也适合其他绿地。选择行道树的要求是：

（1）树木对土壤的适应性强，抗污染、抗病虫害能力强。

（2）耐修剪，又不易萌发根蘖。

（3）不会落下有臭味或影响街道卫生的种毛、浆果等。

（4）易大量繁殖。

行道树宜选用阔叶乔木，从长江向南，逐渐增加常绿阔叶树的比重；长江以北，以落叶阔叶树为主。针叶树对烟尘污染抵抗力弱，不耐修剪，分枝低妨碍交通，一般不宜作行道树。除行道树外，其他针叶、阔叶乔木和灌木等，都要选择一些适应性强、观赏价值和经济价值较高并适合推广的树种，作为骨干树种。

6. 树种的比例

制定树种比例要根据各种绿地的需要，主要制定以下几个比例：

（1）乔木与灌木的比例。以乔木为主，因为乔木是行道树和庭阴树的主要树种，一般应占 70% 以上。

（2）落叶树与常绿树的比例。落叶树一般生长较快，每年更换新叶，对有毒气体、尘埃的抵抗力较强。常绿树又分阔叶常绿树和针叶常绿树，前者分布在南方，而北方只有针叶常绿树。常绿树冬夏常青，使城市的一年四季都有良好的绿化效果和防护作用。但常绿树种一般生长较慢，栽植时需带土球，栽大树需用机械施工，比落叶树多费工十几倍，所以一般城市落叶树比重较大。当前各地都有逐步提高常绿树比重的趋向，可根据各地的自然条件和施工力量来确定比例。

二、城市草坪

草坪俗称草皮，又称草地或草毡，是一种经过人工栽培的或自然生长的地被植物。

由于历史及习惯的原因，我国城市过去的草坪很少。在国外，一些发达的城市，除了道路、广场和水面之外，全是草坪覆盖，不露土地。

铺设草坪是绿化城市、保护和改善城市环境、城市建设现代化、城市园林化必不可少的内容。草坪对城市有许多好处：

（1）可以防止风沙污染，有草的地方，大量的草根和地面土壤牢固地结合在一起，可有效地保持水土。

（2）可以调节城市的气候。夏天烈日照射下，草坪的温度比铺装地坪和土地面上升缓慢，冬天，草坪的温度又高于铺装地坪和土地面，还能增加空气的湿度。

（3）草坪可以吸附空气中的粉尘。因为草的叶面粗糙不平，有许多绒毛，能滞留和吸附空气中的粉尘，比裸露的地面吸尘能力大 70 倍。

（4）草坪可吸收二氧化碳，制造氧气。生长良好的草坪，在光合作用中，每平方米面积上，一小时可吸收二氧化碳 1.5g，每人每小时呼出二氧化碳 38g，所以白天要 25m²，加上晚间共有 50m² 的草坪，就可吸收一人呼出的二氧化碳，以维持平衡。

（5）城市大力发展草坪，可以有效地美化城市

适于种植草坪的场所分布很广泛，如公共绿地及风景区中，在丛林的空隙地区，可铺设大面积草坪（上海西邻公园有草坪达 15 万 m² 以上）。在建筑物周围花坛、道路边、空地上可铺设观赏性草坪，美化效果极好。在居住区中，除种植乔灌木外，也可种植草坪，提高绿化覆盖率，美化生活环境。

但草坪耗水量大，维持管理费用较高，缺水城市应慎重考虑。

第十三章 城 市 景 观

第一节 景 观 概 述

一、景观的概念

景观一词，按中文的字面解释，"景"是自然环境和人工环境在客观世界所表现的一种形象信息，"观"是这种形象信息通过人们的感官（视觉、听觉、嗅觉、味觉等）传导到大脑皮层，产生一种实在的感受，或者产生某种联想与情感。所以景观应包括客观形象信息与主观感受两个方面。

在生态学中，景观是具有结构和功能的整体性的生态学单位，由相互作用的拼块或生态系统组成，显然这种景观的概念具有一定的尺度和空间性。

中文景观一词，总的来说，有三种理解。第一种是美学上的意义，作为视觉美学上的概念，与"风景"同义。景观作为审美对象，是风景诗、风景画、风景园林学科的审视对象。第二种是地理学上的理解，将景观作为地球表面气候、土壤、地貌、生物各种成分的综合体，对景观的理解就很接近于生态系统或生物地理群落的概念。第三种是景观生态学对景观的理解。在这里景观是空间上不同生态系统的聚合，一个景观包括空间上彼此相邻、功能上互相联系、发生上有一定特点的若干个生态系统的聚合。

二、城市景观的概念

城市景观指城市布局的空间结构和外观形态，包括城市区域内各种组成要素的结构组成及外观形态。在城市景观中，人与环境的相互作用关系是核心，所以，城市景观由若干个以人与环境相互作用关系为核心的生态系统组成。城市景观作为城市环境生态学的内容，从景观的角度对城市这一人类活动的中心进行研究探讨，为我们认识和解决当代城市问题，开辟了新的思路。目前，城市所面临的许多问题，诸如交通、住房、土地、环境污染等一系列问题，在很大程度上是由于不合理的景观布局，造成城市内部要素之间不能相互协调，从而削弱了城市生态系统的功能。

三、景观要素

景观是一个由不同生态系统组成的镶嵌体，而其组成单元（各生态系统或亚系统）则称之为景观要素。

景观和景观要素或景观单元的关系是相对的。我们把包括村庄、农田、牧场、森林、道路和城市的异质性地域称之为景观，而将它们的每一类称之为景观要素。但是我们也可以称整片森林为景观，而将每一种森林类型视为景观要素。例如，作为大兴安岭森林的景观要素有兴安落叶松林、樟子松林、山杨林、白桦林等，作为海南五指山原始森林的景观要素有热带低地雨林、热带山地雨林和山地矮林等。同样，可以把城市视为景观，各个功能区则为景观要素。

景观与景观要素的区别和联系，还表现在，景观强调的是异质镶嵌体，而景观要素强调的是均质同一的单元。景观和景观要素在上述地位上的转换，反映了景观问题与时间、空间尺度密切相关。环境变动、干扰事件以及生态过程，都是发生在一定的时间尺度和空间尺度上才是可分辨的，也就是说，景观现象具有时间和空间的尺度效应。

第二节 景观要素的基本类型

景观要素是景观的基本单元，按照各种景观要素在景观中的地位和形状，我们将景观要素分为 3 种类型：①斑块（嵌块体）：在外貌上与周围地区（本底）有所不同的一块非线形地表区域；②走廊（廊道）：与本底有所不同的一条带状土地；③本底（基质）：范围广，连接度最高并且在景观功能上起着优势作用的景观要素类型。可见，斑块与走廊在形状和功能上有所区别，但也有一致的地方，可以说走廊即是带状的斑块，斑块和走廊是与本底相对应的。也可以说，斑块和走廊都是在本底的包围之中。

一、斑块

按照起源，斑块可分为 4 类：干扰斑块、残余斑块、环境资源斑块和引入斑块。

1. 干扰斑块

在一个本底内发生局部干扰，就可能形成一个干扰斑块。例如一片森林里发生了火灾，形成一个或多个火烧遗迹，这种火烧遗迹就是干扰斑块。森林景观受干扰发生后，干扰斑块的生物种群会发生很大变化，有的种消失了，有的种引入了，有的种个体数量发生了很大变化，这一切取决于各个种对干扰的抵抗能力以及干扰后的恢复能力。

干扰斑块和本底是动态关系。干扰斑块是消失最快的斑块类型。也就是说，它们的斑块周转率最高，平均停留时间最短。当然，这还要看是单一干扰还是慢性干扰（或称重复性干扰），如大气污染就属于慢性干扰，慢性干扰形成的斑块存留时间较长。

2. 残余斑块

残余斑块是由于它周围的土地受到干扰而形成的。它和干扰斑块的成因相似，但结果有所不同。例如，在森林中发生火灾，当火势较小时，出现一片火烧遗迹，周围未烧的森林称为本底，火烧遗迹称为干扰斑块；如果火灾蔓延很广，火烧遗迹面积很大，但火烧遗迹地中间有少数块状林地未烧到，则把火烧遗迹地称为本底，而将这些残余的林地称为残余斑块。长期干扰或人类强烈的干扰也会形成残余斑块，例如被农田或被城市所包围的小片林地就属于这种斑块。

3. 环境资源斑块

以上两种斑块都起源于干扰，而环境资源斑块则不同，它起源于环境的异质性。例如在很多林区，森林是本底，在本底的背景下，有不少沼泽地分布于其中，这些沼泽多分布于低地，那里水分过多，不适合于森林生长。这样，沼泽就是相对森林本底的环境资源斑块。

斑块与本底之间都存在着生态交错区。在干扰斑块和残余斑块与本底之间，生态交错区一般比较窄，即它们的过渡是比较突然的。而环境资源斑块与本底之间，生态交错区较宽，即两个群落的过渡比较缓慢。环境资源斑块与本底之间受环境资源所制约，所以边界比较固定，周转率极低。

4. 引入斑块

当人们向一块土地引入有机体，就会造成引入斑块。引入的物种可以是植物、动物或人。如果引入的是植物，如农田、树林、草地，称之为种植斑块。种植斑块的重要特点是其中的物种动态和斑块周转率均极大地决定于人的活动。如果停止这类活动，则有的物种要由本底向种植斑块迁入，种植种要被天然种替代，最后的结果将是种植斑块的消失。种植斑块的长期保存需要人力长期维持，这要付出很大的代价。

引入斑块的另一类型是聚居地。聚居地是由于人为干扰造成的，先是部分或全部清除天然植被，然后建造许多建筑和道路。聚居地作为一个斑块，可以存在几十年、几百年甚至几千年。人类的聚居地在地球上几乎无处不在，大到千万人口的大城市，小到几户人家的小村庄。

二、走廊

走廊也称为廊道。景观中的走廊是与两边本底有显著区别的狭带状土地，既可能是一条孤立的带，也可能是某种类型斑块的连接带。例如成带状的植物丛形成的绿篱、防护林带等，既可以是天然的，也可以是人为营造的。

1. 走廊的功能

走廊的功能有着双重性，一方面它可以将景观的不同部分分隔开来，另一方面它又将景观某些不同的部分连接起来。例如，一条铁路或公路可以将相距很远的甲、乙两地连接起来，但当要垂直穿越它时，它却成为障碍物。这两方面的功能是矛盾的，却集于一体，区别在于作用的对象不同。

走廊有着运输、保护资源和观赏的功能。

运输功能是显而易见的，铁路、公路和运河是人与货物在景观中移动的通路，人在野外踏出来的小路、野生动物的兽道，以及人工建造的各种管线都具有运输功能。

走廊对于被它隔开的景观要素又是一个障碍，从而可以起某种保护作用。世界闻名的万里长城就是为抵御外敌入侵而修建的。人工走廊的修建与社会、文化有着密切的关系，在国内，各单位一般都要修建一道围墙，以使本单位与周围地区隔离开来，从而保障本身的安全。带状的防护林可保护农田免受风沙侵害，河岸的植物可以保护河岸。

走廊本身也是一种资源。有些走廊地带，野生动物特别丰富，树篱可以提供很多产品，如燃料、用材、饲料、果品等。

走廊在景观美学中也起着重要的作用。我国传统园林讲究曲径通幽，注重园林中观赏路径的设计，曲折弯曲的路径使一些景点藏在幽静之处，从而使人感到有出乎预料的效果。公园中也常有人工走廊的建筑，如颐和园昆明湖东侧的长廊就是非常成功的有很高艺术价值的经典之作。一方面，它把颐和园北部和南部连接起来，另一方面，在这个走廊中漫步时，既可以俯视昆明湖宽广的湖面，又可以仰视万寿山的起伏山峦和佛香阁等金碧辉煌的建筑，可以说是一步一景。杭州西湖的苏堤也是著名的走廊式风景点。

2. 走廊的起源

和斑块一样，走廊按起源也可以分为干扰走廊、残余走廊、环境资源走廊和种植走廊等。干扰走廊是由于带状干扰造成的，如在森林中伐开一条路，即为干扰走廊。如将一片森林基本伐光，只剩下一条带状树木，即是残余走廊。环境资源走廊是由于异质性的环境资源在空间的线状分布而产生的，如河流两岸的植被带，多由喜水的杨柳组成，明显与周围高地的植被不同，而河流本身就是一种环境资源走廊。种植走廊更加普遍，如行道树、农田防护林等。各种走廊的持久性与其成因有密切的关系。环境资源走廊一般具有相对的稳定性和持久性。干扰走廊和残余走廊变化较快，要受干扰所发生的植被常规变化过程所控制。种植走廊的持久性完全决定于人类的经营管理活动，一旦这种活动停止，种植走廊不可能继续存在。

3. 走廊的结构

（1）走廊的弯曲度。走廊的重要特征之一是弯曲度或通直度。可以用走廊中两点间的实际距离与它们之间的直线距离之比来表示弯曲度。走廊越通直，景观中两点间的实际距离越短，物体在走廊中的移动速度越快。但作为景观要素，走廊并不是越直越好。我国传统园林往往是利用走廊的弯曲来达到其景观效果。

（2）走廊的连通性。走廊的另一个重要特征是连通性，以走廊单位长度中裂口的多少来表示。无论是从走廊的管道功能，还是障碍功能，其连接度都是很重要的性能。对有些走廊来说，是不允许出现裂口的，否则就完不成管道作用或障碍作用。例如一条河流要是开了口子，其原有功能就会丧失，而且可能造成灾害。对有的走廊，如农田防护林带，为汽车、拖拉机所开的裂口是必需的，但是过多或设计失当也会妨碍走廊的整体功能。

（3）走廊的宽度。走廊的宽度对功能有直接影响，如会影响到物种的移动。其宽度也不是固定的，是可变化的，走廊的狭窄处称为狭点。

（4）走廊的连接。两个走廊的连接处或一个走廊与一个斑块相连处，称为结点。结点在走廊中也有特殊的生物学意义，往往成为不同群落的过渡带。

（5）走廊的横断面结构。走廊的横断面可以分为一个中央区和两个边缘区。中央区反映走廊的主体功能，两个边缘区可能很相似，也可能有某种差别，决定于走廊的宽度以及周围的性质。按照走廊的宽度以及边缘区和中心区的情况，可将走廊分为线状走廊和带状走廊。线状走廊较狭窄，物种以边缘种占优势。带状走廊较宽，其内部种占一定比例。

（6）走廊的相对高度。从走廊与周围景观要素的垂直高度来看，可分为低位走廊和高位走廊。走廊植被低于周围植被者称为低位走廊，如林间小路、峡谷等。走廊植被高于周围植被者称为高位走廊，如农田防护林。

三、本底

1. 本底的概念

一个景观可能是由几种类型的景观要素构成的，其中，本底是面积最大，连接度最强，对景观的功能所起作用也最大的那种景观要素。

2. 本底的标准

尽管本底和斑块及走廊在概念上有很大的区别，但在实际上若没有量化的标准，分辨有一定的困难。为此，应提出区分本底和其他景观要素的标准。

（1）相对面积。

当一种景观要素类型在一个景观中所占面积最大时，即可认为它是该景观的本底。一般来说，本底面积应超过所有其他景观要素类型的总和，也就是说，应占总面积的50％以上，如果面积在50％以下，就应考虑其他标准。

（2）连通性。

连通性在这里指的是，如果一个空间不被两端与该空间的周界相接的边界分开，则认为该空间是连通的。如一座房子，里面虽然分了几间房间，相互也有隔墙，但是各个房间之间有过道相通，这时还认为它是相通的。

一个连通性高的景观类型有以下几方面的作用：

1）这个景观类型可以作为一个障碍物，将其他要素分隔开。例如一个林带可将两边的农田隔离开，在林中设防火林带可将两边森林隔开。这种障碍物可起物理、化学和生物的障碍作用，如妨碍昆虫和种子的流动。

2）当这种连通性是以相互交叉带状的形式实现时，就可以形成网状走廊，既便于物种的迁移，也便于种内不同个体或种群间的基因交换。

3）这种网状走廊对于被包围的其他要素来说，则使它们成为被包围的生境岛。当一个景观中发生这种隔离时，有些动物的种群会产生遗传分化。

由于以上这些效果，当一个景观要素完全连通并将其他要素包围时，则可以将它视为本底。当然，本底不是必须要完全连通，它也可以分成若干块。

（3）动态控制作用。

在景观的动态变化趋势中起控制作用的景观要素类型，可认为它是该景观的本底。以树篱和农田为例，树篱中的乔木树种的果实、种子可被风或动物等媒介传到农田中去，从而当农田在失去人的管理后会逐渐变成森林群落，这就说明了树篱对景观动态变化的控制作用。再如在森林地区，和原始森林相比，采伐迹地和火烧迹地是不稳定的，它们内部乔木的更新和恢复，会受到周围森林种源和其他方面的有利影响。所以，原始森林应为本底，而采伐迹地和火烧迹地应视为斑块。不过，当采伐迹地和火烧迹地面积很大，而存量森林面积很小，呈孤岛分布时，森林就起不到动态控制作用了。

在上述本底的判断标准中，相对面积最容易判断，而动态控制作用最难估计。所以，在实践中，首先应该对一个景观计算其相对面积和连通性水平，如果某一景观要素的面积远远超过任何其他要素，我们可以称它为本底。如果有几个景观类型所占面积相近，则可以将连通性最高的要素类型视为本底。如果根据上述两个标准还不能决定，则必须进行野外调查，如对森林景观要素来说，就要研究植物种类成分以及它们的生长特性，判断哪个要素对景观动态控制作用更大些。

3．景观本底的孔性

（1）孔性。

斑块在本底中即是所谓孔性，所以斑块密度和孔性有密切联系。不过，计算孔性时只计算有闭合边界的，没有闭合边界的斑块则不算。孔性和连通性二者都是描述本底特征的重要指标。

（2）孔性的生态意义。

1）它在一定程度上表明本底中不同斑块的隔离程度，而隔离程度会影响到动植物的基因交换，并进一步影响到它们的遗传分化。

2）各景观要素的边缘部分对动植物的分布和生存有很大的影响，孔性的高低可以说明边缘部分的多少，进而表明本底中环境受斑块影响的大小。

人对森林的采伐在原始森林中制造了不少的孔。其采伐活动的方式，如伐区的大小和伐区配置对森林采伐的成本、工艺设计以及森林更新和森林稳定性等均有重要的影响。为了尽可能地减少对森林的干扰，维持生物多样性，应尽量降低本底的孔性，减少边缘；应保留大块的原始林作为保护区，以维持内部种的生存和森林的美学价值；处于残存片林之间的连接走廊，对于景观保护极为重要，尤应予保护。

4．网络

走廊若相互相交连通，则成为网络。网络是本底的一种特殊形式。许多景观要素，如道路、沟渠、防护林带、树篱等均可形成网络。网络在结构上有交点和网格大小等。

（1）交点。走廊之间的连接处即为交点。一个网络中不同走廊之间的交点可能是各种各样的，可分为十字形、T形、L形等。

交点处及附近的环境条件与网络上的其他部位有所不同。以树篱为例，围绕交点附近的小片地区风速较低，日光较少，土壤和空气湿度较大，土壤有机质含量较高，温度变化较小。这些环境条件的特殊性，导致在天然树篱的交点处，草本植物种的多样性，常比网络中其他部位要明显增高。城市的道路交点处也往往比较繁华。

（2）网格大小。网格大小可以用网线间的平均距离或网格内的平均面积来表示。网格内景观要素的大小、形状、环境条件以及人类活动等特征对网格本身有重要影响，相反的，网格又影响着被包围的景观要素。在这相互作用中，网格的大小起着重要作用。

网格的大小有重要的生态意义和经济意义。例如，林区建设需要修路，没有路就不可能进行林区的开发和经营，但是修路又是经济问题。所以，合理的道路密度就成为重要问题。所谓道路密度，指的是单位土地面积上道路的总长度。它也可以作为衡量网格大小的一个间接指标。

第三节　城市景观的特性

一、景观的特征

1. 异质性

从结构上，景观是异质单元所构成的镶嵌体。所谓异质性，就是景观要素的空间分布的不均匀性。异质性是景观的根本属性，任何景观都是异质的。

2. 可感性

景观是客观存在的实体，一种形象信息，可以通过人类的感官传到大脑皮层，给人以美的感受和联想。

3. 时空性

景观是在特定的时间、空间场合客观存在的实体，一般来说是不可位移的。但是，景观可以随时间的推移和人们观赏的空间改变，产生季相变化与步移景迁的景观。

4. 社会性

自然界的山川、日月、生物，人工的建筑、街道、广场是景观构成的要素，形成空间美、时间美、自然美、形态美、色彩美等多方面的客观存在。这些客观存在为人类亲身经历和感受提供了理想的环境，满足了人类行为与心理的需求，因此可以说景观具有广泛的社会性。

二、城市的静态景观与动态景观

景物的形象信息反映到人的头脑中来，如果人在一定的距离、一定的方向、一定的角度来观赏景物，接受景物形象传来的信息，这种景观称为静态景观。

当人们在运动中，走动或乘交通工具边运动边观赏景物，观景的距离、方向、角度随运动的变化而变化，因而得到景物形象的信息也是变化的，这是一种随空间变化的动态序列景观。动态景观会因乘坐不同的交通工具产生不同的景观效果。例如同一处城市景观，如果乘飞机、火车、汽车或者步行，会得到不同的观赏效果。

景观也随时间的变化而变化。同一树丛，会有四季不同的季相变化，春天开花，夏季浓荫，秋季结果，冬季落叶。这种景观也是一种动态景观，是随时间变化而变化的。一栋建筑物长期受风吹雨淋日晒，外表面会有不同变化，就是在一天之中，建筑的阴影也有不同的变化。

三、景观的欣赏效果

景观由"景"和"观"也即由客体景物和主体观赏者两部分组成，因此景观的欣赏效果涉及到人与景的关系。

1. 景观的欣赏效果与人的观赏角度有关

人双眼视野的最佳水平视域为 60°夹角，垂直方向的最佳视野夹角也是 60°，即视线标准线向上 20°，向下 40°为最佳视野。要看得远，需要站得高，诗云：欲穷千里目，更上一层楼。人对景物的观赏有仰视、平视、俯视之分。仰视有高大雄伟之感，平视有亲切和谐之感，俯视则有一览无余、一览众山小之感。

2. 景观的欣赏效果与人的视距有关

根据透视原理，近大远小。人离景物近则看得细，远则看得粗，更远只能看到轮廓。观赏者所处的位置称视点，离景物的水平距离称视距。

有关专家建议，设置纪念碑或雕像，视点与景物高度的夹角为 18°、27°及 45°时，水平视距正好分别是景物高度的 3 倍、2 倍、1 倍。水平视距为景物高度的 3 倍远处时，能较好地观赏景物整体，视觉空间舒展；在景物高度 2 倍远处时，可获得紧凑的景观效果，为好的观景点；当在景物高度 1 倍远处时，正好可以看到景物的全高（图 13-1）。上述视距严格计算还应考虑到观赏者从地平到眼的高度。

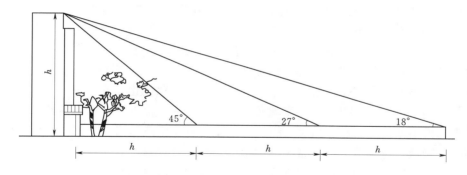

图 13-1　视距与景物高度的关系

3. 景观的欣赏效果与人的心理状况有关

景观欣赏与人的主观感觉有关。虽然景物是客观存在的物象，对每个人都是一样的，但观赏者心性不同，修养素质不同，其感受也会迥然不同。同一景观对不同的人，甚至同一个人在不同时间都会产生不同的景观欣赏效果。

4. 景观欣赏与文化有关

景物一旦和历史文化相联系便倍加增辉。一些自然景观，经历史上文人墨客赋诗作画，立碑题名，便会增添许多文化内涵，"文因景成，景借文传"，使得原为纯自然的景观变为人文景观。北京景山公园内一棵歪脖老槐树，因明崇祯皇帝自缢而使其身价百倍。

5. 景观与意境

意境是人们大脑接受现实景观的信息，通过回忆与联想而产生的言外之意，景外之境。景观是物质的，是第一性的，意境是精神的，第二性的，是触景生情的意念之境。"有水必有源，有声必有鸟，有香必有花，有亭必有路，有舍必有居"。人们可以通过因果关系联想、相似联想、接近联想产生意境。不仅在文学艺术、绘画艺术中，在园林艺术中也经常使用这种寓情于景的创作手法。

四、城市景观要素特征

城市生态系统是特殊的人工生态系统，是城市居民与周围环境相互作用的网络结构。城市生态系统占有一定的环境空间，有其特有的自然生态要素，包括生物和非生物要素，还有人类的社会和经济要素。这些要素形成了一个内在的结构复杂、联系紧密的整体。它的各要素在空间上构成特定的分布组合形式，这就是城市的景观生态模式。

在大区域环境尺度上，城市生态系统只是作为干扰斑块来研究。但是城市及郊区的面积也很大，所以城市本身也可以作为一个景观单元，其内部不同规模、性质的组成部分，构成了这一景观的结构要素——斑块、走廊和本底。

1. 城市景观的生态特征

（1）人工化。由于人类活动的强烈干扰和影响，城市中的自然环境和条件，如水文、气象、地质、地貌和动植物等，都发生了很大变化。城市生态系统是人工化的生态系统，城市内部及城市与外部系统之间的物质、能量、信息的交换，主要靠人类活动来协调、维持和完成。

（2）地方特色。各个城市的地理位置、地质地貌、气象、经济发展、人文背景不同，所以各城市景观都表现出浓厚的地方特色。不同地区的城市景观，在一定程度上反映了当地的社会经济发展状况和历史文化特点。特色产生于当地的自然环境条件、社会经济文化背景，可以说特色就是"绿色"。现在我国各城市的城市景观有逐渐趋同的发展趋势，地方特色在消退，这是一个不良的发展势头。失去特色就是失去"绿色"。

（3）不稳定性。城市的经济发展很快，政治、文化等因素的变动很大，和其他生态系统景观相比，城市景观变化极快，具有不稳定性。深圳就是一个明显的例子，在短短的30年里，它由一个很小的沿海城镇变为了一个具有相当规模的现代化开放城市。

城市景观的不稳定性在其边缘区表现尤为明显，在这一范围内，城市具有动态扩展的特征，使城市规模不断扩大，相邻城市可因此而连接为城市带或城市群。另外，城市生态系统对外的高度依赖性，也是造成城市景观不稳定的一个重要因素。

（4）破碎性。城市内四通八达的交通网，贯穿整个市区景观，将其切割成许多大小不等的引入斑块，这与大面积连续分布的自然景观、农田形成对比，表现出明显的破碎性。城市景观的破碎性，是与城市人口的生产、生活活动相适应的。这些大小不等的斑块以其不同的性质、功能有机地结合在一起，完成城市生态系统的各项功能。

2. 城市景观结构特点

街道和街区是城市景观的主要组成部分，共同构成了城市景观的本底。城市景观中的本底、斑块与走廊之间没有严格的界限，本底本身也是由不同大小的斑块和廊道组成的。

（1）斑块。城市景观中的斑块，主要指各呈岛状镶嵌分布的不同功能分区。典型的斑块如残存下来的森林植被、公园等，由于植被覆盖好，外貌、结构、功能明显区别于周围建筑物密集的其他区域。工厂、学校、机关单位、医院等，也可以视为不同规模的功能斑块体。

（2）廊道。城市廊道可以分为两大类：自然廊道和人工廊道。自然廊道有以交通为主的河流以及以环境效益为主的城市自然植被带等。人工廊道是以交通为目的的铁路、公路、街道等。城市内有些廊道往往具有特殊的功能，如商业街、步行街等。

（3）本底（基质）。城市景观中，占主体的组成部分是建筑群体，这是其区别于其他生态系统景观之处。人类为生产、生活、社会文化活动的需要，建造各种功能、性质和形状不同的建筑。这些建筑集中在城市有限的空间内，构成了城市的主体景观。廊道贯穿其间，既把它们分割开来，又把它们联系起来。廊道也主要是建筑组成的，城市景观的本底可以说是由街道和街区构成的。

五、城市景观异质性

1. 城市景观的异质性特点

城市景观是以人为干扰为主形成的景观，从空间格局上，城市是由异质单元所构成的镶嵌体。城市景观的异质性来源主要是人工产生的，如城市中的道路、街道、建筑物、广场、行道树等都是人工建的。另外也有自然原因形成的，如城市中的过境河流、残留下来的自然植被及国家森林公园等。这些景观要素以一定的组合方式相结合构成一个异质性的城市景观。城市景观的异质性有以下特点。

（1）二维平面的空间异质性。城市景观的异质性首先表现在二维平面的空间异质性。在城市景观中，公园、绿地、水面、建筑物、街道功能不同，性质各异。公园绿地中以人工栽培的观赏植物及人工挖掘的水面为主，它们是城市中的生产者，起着吸收二氧化碳、产生氧气、净化空气、美化环境的作用，是城市生态系统的"肺"。即使作为绿地的斑块，也会由于植物种类的不同，形成各具特色的绿地异质性。道路网络贯穿整个城市景观，正是街道及道路网络，增加了城市景观的破碎性和异质性。由水泥、柏油路面及建筑物屋面组成的界面完全不同于自然地表。同时，由于城市景观功能不同，可分为商业区、工业区、住宅区、文化区等。各功能区的性质不同，对城市景观的效应也不同。就城市景观某一要素而言，其内部也存在着异质性，如公园内有湖泊水面、树林草坪、房屋、活动场地等。

（2）垂直空间异质性。城市是一个高度人工化的景观，各种建筑物林立，使得城市景观粗糙度较大，在垂直方向上也表现出异质性。垂直空间异质性一方面表现在建筑物高度不同，在垂直方向上参差不齐，另一方面表现在空气的构成上，由于城市大气污染，使得城市大气结构在垂直方向上表现出异质性。

垂直空间异质性还会导致水平空间的异质性，如高楼的南北两侧由于接受太阳辐射的多少不同，因而空气温湿度有所差异，最后导致同种植物的出叶、开花时间出现差异。

（3）时空耦合异质性。上述由于垂直空间异质性导致水平空间的异质性，因而导致时间的异质性，就属于一种时空耦合异质性。一般而言，异质性是指景观要素的空间分布的不均匀性，而通常把时间异质性用动态变化来表述，异质性的表现形式为空间格局。

当然，城市景观的异质性主要表现在二维平面的异质性。

2. 城市景观异质性的测度

据异质性的概念，可知所谓异质的景观最少要由两类不同类型的景观要素构成。景观要素类型越多，其异质性越大。另外，景观要素的分布情况亦影响异质性的大小。由此可引申出两点：不同景观要素类型的斑块数量越多，异质性越大；不同类型的斑块分布越均匀，异质性越大。用景观要素的多样性和均匀性就可以测度异质性。

六、廊道效应

景观中的廊道指两边均与基质有显著区别的狭带状土地。在城市景观中，可分为自然廊道和人为营造的廊道，亦可分为产生经济效益的廊道和产生环境生态效益的廊道等。如前所述，廊道有双重的性质：一方面它将景观的不同部分分隔开来；另一方面它又将景观不同部分连接起来。这两方面的性质是矛盾的，却集中于一体，区别点在于作用对象和产生的效益不同。廊道在城市景观中，是不可缺少和忽视的景观要素类型。

有的廊道主要起运输等经济效应，有的廊道起着保护环境效应。对城市廊道效应的研究是一个重要的课题。例如，公共汽车从城市中心向城市郊区的行驶过程中，载客量逐渐减少，公共汽车效益亦逐渐衰减。一般来说，在城市景观中，廊道效益由中心向外逐步衰减，遵循距离衰减率，因而可以用指数衰减函数表示：

$$V = f(D) = \begin{cases} 0 & D < 0 \\ e^{-KD} & D \geqslant 0 \end{cases} \tag{13-1}$$

式中　V——经济效益；

　　　D——距离；

　　　K——系数。

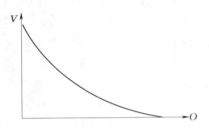

图 13-2　城市廊道距离衰减函数
曲线（引自宗跃光）

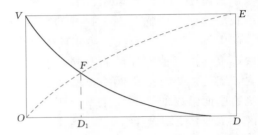

图 13-3　人工和自然廊道两种效益
曲线（引自宗跃光）

不同廊道的效益不同，效益衰减率亦不一样。其函数图形如图 13-2 所示。

在和谐的城市景观结构中，应该既有发达的产生经济效益的人工廊道，又要保留合理的产生环境效益的自然廊道，或者说在人工廊道建设中，不仅要考虑廊道的经济效益，也要重视廊道的环境效益，应寻找廊道的最佳效益点。假定城市人工廊道产生的经济效应为 V，自然廊道产生的环境效应为 E，两种廊道效应曲线的交点 F，即为最佳效益点。在 F 点经济和环境产生的综合效益最大，因此 D_1 就是两种廊道效应最佳分界点（图 13-3）。

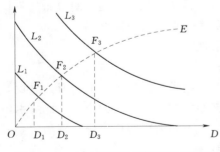

图 13-4　人工廊道效益提高后的最佳
效益点位移（引自宗跃光）

在城市发展建设中，存在着人工廊道不断加强与扩展的过程，如道路加长加宽、等级提高、多种道路的优化组合，使得人工廊道经济效益提高。图 13-4 表示城市某一方向人工廊道不断强化。假设在这一变化过程中形成 L_1、L_2、L_3 三条等效曲线，与自然效益曲线分别相交于 F_1、F_2、F_3 点，因而相对应地使最佳效益点发生位移，在城市景观中表现为建成区由 D_1 扩展到 D_3。

如果在提高廊道的经济效益的同时，不注意提高廊道的环境效益和社会效益，就会严重破坏城市环境生态平衡，可能会加速市中心的衰亡，使城市进一步向外蔓延，造成土地资源的极大浪费和其他环境问题。

第四节 城市自然景观

城市自然景观是城市发展和居民赖以生存的重要资源综合体，只有充分地提高自然景观的环境效益，才能使城市在有限的空间内得以进一步发展。

从景观的角度看，城市的地质地貌、气候、自然植被应属于城市自然景观。城市园林绿地则是人工与自然耦合的城市景观，除人文古迹、园林建筑外，也是人类师法自然的产物，因此城市园林绿地也可认为属于城市自然景观。除了一般的地质地貌、自然植被景观外，在城市自然景观中，还有一些具有很高美学价值和观赏价值，比较典型的自然景观，它们是城市宝贵的景观资源。

一、山石景观

山石景观大体上可分为高山景观、低山丘陵景观、岩溶景观和峡谷景观。我国城市多在东经100°以东的平原丘陵地区，沿海、沿江、沿铁路线，因此城市及郊区的山石景观多是低山小丘陵，少数城市有岩溶景观。

城市或城市郊区有一些低山，如果植被丰富，峰峦起伏，或地势奇异，气势雄伟，则是城市不可多得的自然景观资源。另外我国不少城市的附近有低山风景资源，也可纳入城市景观的体系，只要有便利的交通，就可成为城市居民节假日娱乐的场所。如北京的香山、万寿山，九江的庐山，武汉的龟山和蛇山，广州的越秀山等。

我国是喀斯特地貌分布最广泛的国家之一。碳酸盐类岩石在漫长的地质岁月里演变成石林、溶洞、钟乳石等不可多得的风景资源，形成了某些城市所特有的自然景观，如桂林的七星岩、芦笛岩、观音岩，肇庆的七星岩、凌霄岩，贵阳的地下公园等，已经成为全国闻名的风景旅游胜地。

二、水文景观

以某种水体为主景的景观称水文景观，如江河、湖泊、沼泽、泉水、源潭、瀑布、池塘等。城市水系统除了水运交通、提供工业与民用淡水资源、灌溉农田、发展水产事业等功能外，还具有开展水上运动、水上游乐、水景观赏、调节城市气温等功能。

水体是我国园林景观主要的要素之一。我国古典园林专著《园冶》主张"约十亩之基，须开池者三"，即水面占30%。许多古典园林以曲折的自然水池为中心，形成园中的主景。现代园林利用地形改造，挖湖堆山，或利用天然湖泊造景更为普遍，如杭州西湖、武汉东湖、昆明滇池、天津水上公园、广州流花湖公园等都是以水取胜，以水造景。

我国泉水资源十分丰富，青藏高原为全国之冠，有630处，云南省有480处，广东省有230处，台湾省有百余处。我国一些城市及其郊区也有温泉分布，是城市的风景旅游资源，如西安华清池温泉、济南趵突泉、昆明的安宁温泉等。

三、城市公园

城市园林绿地是城市自然景观的重要组成部分。根据城市规划的土地平衡以及我国管理体制，城市园林绿地可分为：公共绿地、园林生产及卫生防护绿地、风景旅游绿地、专用绿地、街道绿地等。其中公共绿地一般也指城市公园，包括综合性公园、动物园、植物园，以及沿江、沿湖、沿城墙的小游园和街心花园等。

1. 城市公园的特性与功能

（1）城市公园的本质特性。过去的皇家园林和私家园林都是为帝王、贵族豪门所私有，而现在的城市公园是现代社会的产物，是人人都可以进入的公共园林，公园的本质特性是"公"。

（2）生态效应。城市公园出现在建筑密集的市区，改善着城市环境，让人们在市区可以看到绿色大自然的本色景观，呼吸新鲜空气。在公园中绿色植物应是主体，而绝不是建筑，更不是水泥铺地。公园在城市中尤其是在大城市中的生态效应是十分明显和重要的。

（3）文化娱乐。在这点上，现代城市公园和传统园林本质上是一样的。传统园林是纯文化娱乐、休息消遣的地方，与商业效益不搭界，现代城市公园的宗旨仍没有变。目前，世界绝大多数国家公园也都是不售门票的。

2. 城市公园的选址

（1）尽量利用城市的自然地形、河湖水系，例如滨河公园、山地公园。

（2）在古树名木或植被丰富、已具有茂密树林的地段建立公园。

（3）在历史古迹遗址地点上建公园。遗址地区不宜建工厂或居民区，建公园可以充分利用土地，又可以保护历史古迹，一举两得。

（4）不宜用作城市建设工程用地的地段，例如某些地层断裂带、河滩沙质地等，用作公园绿化用地则比较适宜。

（5）城市公园布局平衡的需要。在考虑上述各因素的同时，应注意公园在城市总体范围的分布均衡。

3. 目前我国城市公园建设的误区

（1）亭台楼阁化。这是对我国古典园林形式的曲解和滥用。文化写意园林是私人财产，由个人享用。它是住宅大院的一部分，建筑形式是居住场所的组成部分，所以有深深的院墙、曲折的长廊，建筑密度很大，是封闭式的。而城市公园则不同，它是公共的，开放的，担负着调节城市生态环境的功能。所以城市公园应该有大面积的草坪、水面、树林。人们去公园想要看到的是大自然的景色，而不是建筑。况且当拥挤的人群进入私人式庭院中时，诗情画意又何在？

（2）商业街区化。为了商业利益，在公园内大搞商业建筑，公园向游人展示的不是大自然的绿色景观，而是商业街。

（3）游乐场化。许多城市公园中小火车、飞轮转盘、过山车等设施大有泛滥之势，其实公园和游乐场完全是两回事。游乐场不是公园，不具备改变城市生态环境绿地的功能，不能把游乐场在城市总体规划时涂成绿色块。我国近年出现的许多民俗文化村、世界之窗等，不能列入城市园林绿地范围。

城市公园里一定要有绿树环抱的安静休息场地，这种场地的美学层次要高得多。让居民在城市中看到绿色，在喧闹中寻得宁静，才是公园最本质的价值所在。

第五节 城市人工景观

自然景观被人类开发利用，不可避免地要被改造。人类为了满足生存与发展的需要，还建造了许多人造地物实体。这种部分或整体被改造的自然景观与人造地物实体的空间组合，可以统称为人工景观。城市的人工环境起源于自然环境，是将自然环境加工改造而成的，因此城市的原有的自然地形地貌往往是城市景观的基调。城市中的人工环境，最主要的仍是建筑物、构筑物与市政工程，成为城市景观的主调。人类是城市的主体，客观景观由人类主观来感知和欣赏。同时人类也是城市景观的一个组成部分,人群在街上行走,人们的衣着、仪表与行为都是城市景观的配调。

一、城市景观的演变

城市人工景观是自然景观被改造的结果,但是,在很多情况下,自然景观与人工景观的界限是难以确定的。按自然景观的被改造程度可以把景观划分为以下几种类型。

1. 轻微改变的景观

对自然景观的改造很少,支配其要素的规律很少受到人类破坏,自然景观还保存着自动调节的能力。例如保存下来的自然森林植被以及城市中较大的湖泊。

2. 较小改变的景观

人类活动已经影响到一个或几个景观组成要素,但是自然要素之间的基本联系未被破坏,仍然保留着一定的自然调节能力,景观的变化通常是可逆的。例如城市大气、被污染的过境河流、城市公园中的土壤等。

3. 强烈改变的景观

人类活动强烈影响景观的多个组成要素,使其结构与功能发生了本质的变化,整体的自然调节功能受到很大的破坏。被破坏的功能的恢复,只有借助于社会资本的投入,即通过消耗大量能量和物质的生物工程或其他工程技术来实现,而且被恢复的功能也不可能完全恢复到原来的初始状态。人类聚集的城市化地区或工业区,自然景观几乎完全被改变。

二、城市化与景观的演变

城市化是城市人口增长和分布、土地利用方式、工业化过程以及水平和趋势的综合表征。城市自然景观的演变和变异大都是城市化过程的产物。

城市的城市化过程和景观的演变通常被划分为表 13-1 所示的三个阶段。集中式城市化引起的景观生态问题主要有:低劣的住房、土地对人口及产业的负载量过大、大气污染严重。发展到郊区化阶段的城市,则是由原有的城市中心和新城市化的郊区形成一个大城市圈,由此产生一系列过密的景观生态问题,如高层建筑之间失去日照,城市中心居住环境恶化,汽车流通量大大增加,大气污染与城市噪声危害加剧等。逆城市化阶段,城市中心人口开始减少,失去了过去的繁荣而变成所谓透明地带(空腔地区)和灰色地带(灰色地区),城市景观的空间格局已由过密转向到过疏,导致住房质量下降,公共设施破旧,因此城市的重新开发建设成为了城市政策研究的重要课题。

工业化国家大城市目前多数处于第二发展阶段,有的城市则处于从第二阶段走向第三阶段的状态。

表 13-1　　　　　　　　　　　　　城市化阶段与景观的演变

城市化阶段	类型	人口变化			景观生态问题
		中心城市	郊　区	城市圈	
Ⅰ 集中式城市化	A	+	-	+	城市中心空间过密,土地负载量过大,住房低劣,大气污染严重
	B	+ +	+	+ +	
Ⅱ 郊区化	C	+	+ +	+ +	空间过密过挤、高层建筑之间的日照变弱,大气污染、噪声危害加重
	D	-	+	+	
Ⅲ 逆城市化	E		+		城市中心人口、土地的负载量减小,环境质量继续下降
	F	- -	-	- -	

注　+人口增加;+ +人口大幅度增加;-人口减少;- -人口大幅度减少。

三、城市街景

1. 街景的特点与功能

街道在景观中亦称廊道，是一个城市的走廊和橱窗，是城市中的线形景观。城市街道景观具有以下特点与功能。

（1）街道的主要职能是交通运输，是城市生态系统能流、物流、信息流、人口流、金融流的必经之路，街道通畅才能保证城市功能的完善与通畅。

（2）街道是城市的脉络。风景旅游点、商业区、行政中心、车站码头、居民区等都要靠街道来联系。街道直接起人流导向作用，是捷径还是绕道，是疏导还是阻碍，主要靠城市街道起作用。

（3）城市的社区、街坊小区都靠街道来分隔划分和彼此联系，有利于城市社区的管理。

（4）在城市中，城市街道是线形污染源。汽车排放的尾气、噪声、尘埃、垃圾等污染物沿街道分布和扩散，其分布和扩散的状况，除决定于污染源的特性外，还与街道的长度、宽度、方向与污染物的扩散特性有密切的关系。

（5）城市街道对城市局地气候也有影响。街道的走向、宽度、封闭度对城市风的走向和风速有很大影响。合理的街道规划与设计，对空气的流通、城市余热的消散、污染物的稀释扩散以及城市噪声污染的治理，都有一定的作用。

2. 街景的构成

（1）街景的韵律。街道景观是凝固的音乐。不同地形环境规划布置不同类型的建筑，由于各种建筑的功能不同，其平面组合、立面形式、层高、色彩、线条、背景都不相同，配合不同的雕塑、喷水池、绿地、灯柱，以及广告、招牌和霓虹灯，使一条街的建筑群体如同音乐的乐章，具有节奏感和韵律感。

（2）街道的宽高比。从城市美学出发，应注意城市街道宽度 D 与街道两侧建筑物高度 H 之比。在欧洲传统城市设计中，很注意这一比例。当 $D/H=1$ 时，高度与垂度之间存在着一种匀称之感；当 $D/H<1$ 时，随着比值的减小而产生狭窄和接近之感。文艺复兴时期，达·芬奇认为宽度与高度相等，即 $D/H \approx 1$ 为理想。现代城市街道的规划设计，主要从功能方面考虑，往往忽视美学要求。现在从日照与采光角度规定建筑间距，实际上还是考虑了 D/H 的数值，应该不仅考虑日照与采光的要求，也应兼顾城市的美学要求。

四、城市广场

广场是城市景观的重要组成部分，是城市廊道间的结合点，也是城市居民社会活动的中心，具有供城市居民集会、交通集散、游览休息、商业集市等多种功能。

广场四周往往有一些重要的、可反映城市面貌的建筑与设施，很多大型广场周围的建筑成为一个城市的标志建筑。中心广场常常是一个城市甚至是一个国家的心脏与象征，如天安门广场、莫斯科红场等。纪念性广场反映了一个城市或一个民族的文化、历史与信仰。交通集散广场每天有大量的人流、能流、物流、信息流通过与集散，是城市多种功能的集结点。

广场是城市生态系统中人流、能流、物流、信息流在流通环节中的一个停顿和间隔，使其再集中、再分配与再传递，相当于信息控制中的一个分检器，将人流、物流、能流与信息流重新组合后再分向四方，是城市生态系统功能得以通畅与完善的重要环节。

城市广场作为城市景观的一个组成部分，除了功能的要求之外，还有其艺术要求。如集会广场要求广场的形式和周围的建筑及绿化布局有主轴线，以达到宏伟壮观的景观效果。纪念性广场要组织最佳的视距、视角与视线，以达到瞻仰、纪念的效果。交通集散广场则要与市内外交通要道有便利的联系，在保证通畅的前提下，注意广场形式的美观，突出周围建筑物的立面效果。

第六节 城市景观规划

城市是以聚集的人类为主体的景观生态单元，高度人工化是城市景观区别于自然景观的最突出的特征。人类强烈地影响着城市景观，在很大程度上反映了当地的历史、文化与社会经济发展状况，城市景观也因此具有自然生态与人文内涵双重性。自然景观是城市景观的基础，人文内涵则是城市景观的灵魂。

要维持城市的健康发展，就要保证城市景观生态平衡和环境生态平衡，各种生态流应该运行畅通，城市系统运转高效。应该正确处理人类与自然、人类与其他生物以及居民生活需求与资源的关系。城市景观规划应使城市景观符合环境生态学的规律，应既充满自然性，又富有人文内涵。合理的城市景观规划是建设生态城市的前提。

一、城市景观规划的基本原则

近年来，建筑界强调协调城市中人、建筑与环境的关系，更强调人的主体地位与主导作用。在城市景观规划中主张遵循以下基本原则。

1. 以人为主的基本原则

城市景观规划设计的最终目的是应用社会、经济、文化艺术、科技、政治等综合手段，来满足人们在城市环境中的生存与发展。城市的主体是人，服务对象是人，因而城市的景观规划设计必须满足人类生存、享乐与发展的要求。例如设计应符合人体尺寸比例，各类景观都要满足人类生理与心理的需求，应体现对人的关怀，根据婴幼儿、青少年、成年人、老年人、残疾人的活动行为特点和心理活动特点，创造出满足各自需要的空间，如运动场地、宽阔的草地和老年人俱乐部等。时代在发展进步，人们的生活方式与行为方式也会随之变化，因此城市景观规划设计也应适应这种变化的需求。

在城市中人是不可忽视的主体，各种景物形象要通过人的感官反映到大脑，才能形成城市景观。没有人的城市景观是不存在的。

2. 师法自然的原则

如何协调人与自然环境的关系是当前人类面临的重大课题，在这方面，我国的传统文化更接近于生态规律。和西方建筑追求人工美、几何美，主张个体张扬不同，我国传统建筑主张与自然和谐，以达到天人合一的境界，更符合现代城市景观规划的原则。

地形地貌、河流湖泊、原始植被等要素是城市主要的景观资源，是城市景观的基础。但是，现代城市的发展，大量的人工景观替代了自然景观，使得城市环境已经远离了大自然。长期生活在繁华大城市的居民已经厌恶了这种拥挤、嘈杂、繁忙的环境，追求和向往大自然。因此在城市景观设计中，应尽可能地师法自然，将大自然引入现代城市，这是城市景观规划设计的原则和任务。在钢筋混凝土建筑林立的都市中，积极合理地引入自然景观要素，不仅对实现城市生态平衡、维持城市的持续发展具有重要意义，同时以自然的柔美特征"软化"城市的硬件空间，为城市景观注入了生气和活力。如今园林城市已经成为城市景观规划和建设的主导思想。在园林规划设计中，应尽可能多留一些开阔的空间与绿地，利用与改造地形增加山林、水系、野趣的景观。过多的人工建筑和修饰、过细的人工雕琢是城市园林景观设计的大忌。

3. 保持地方特色的原则

地方特色和乡土气息是城市景观的灵魂。地方特色是当地人文环境和自然环境长期作用演化的结果，没有地方特色的城市景观是苍白的、没有生气的。一个成功的城市景观规划设计应使人们能从景观上分辨出不同城市来，千城一面是城市景观规划设计的失败。不仅从建筑特色上，还可从不同城市特殊的地形地貌、植被上体现地方特色和乡土气息。尊重自然，保持和加强城市的自然景观特征，使人工景观与自然景观和谐共处，有助于城市特色的保持和创造。近年来，我国许多城市都定了市树、市花，这也是体现地方特色的一个努力。例如椰子树使人们想到了海南风韵，而白桦林自然让人们联想到了北国风光。

4. 继往开来的原则

许多情况下，城市景观建设是在原有基础上所进行的更新改造，即所谓旧城改造，今天的建设成为了连接过去与未来的桥梁。对于具有历史价值、纪念价值和艺术价值的景物，要有意识地挖掘、利用和维护保存，以使历史所营造的城市空间及城市景观得以连贯，简而言之为：延续历史、开创未来。同时应用现代科学技术，在城市景观的多个要素方面，创造出具有地方特色与时代特色的城市空间环境，以满足时代发展的需要。那些为赶潮流、而一味模仿的规划设计，一般不结合当地的具体情况，还往往表现为急于割断传统。它们常常集尽豪华与富贵于一身，像一个镶满金牙的暴发户，应有尽有，就是没有文化和灵魂。

5. 协调统一的原则

城市的健康与美要体现在整体的和谐与统一之中。豪华漂亮建筑的集合不一定能组成一座健康与美的城市，而普通的建筑群却可能形成一座景观优美的城市，意大利中世纪城市即是最好的例证。因此，一个城市只有达到各景观要素间的协调一致，具有特色，又富有变化，才能体现出整体的健康与美。

二、城市景观规划的内容

城市景观规划设计是以城市中的自然要素与人工要素的协调配合，以满足人们的生存与活动要求，创造具有地方特色与时代特色的空间环境为目的的工作过程。其工作领域覆盖从宏观城市整体环境规划到微观细部的环境设计的全过程，一般分为城市总体景观、城市区域景观和城市局部景观三个层次。城市景观规划设计是对城市空间视觉环境的保护、控制与创造，与城市规划等有着密切的关系，互相渗透、互为补充。

如果说，城市规划是对城市土地的平面使用计划，城市景观规划就是土地的立体使用计划。城市景观规划就土地立体使用，对各城市景观要素按上述原则，进行科学合理的规划设计。其内容是在上述三个层次的基础上，在不同的景观区里进行城市本底、斑块和廊道的规划设计。城市的道路网络是典型的廊道类型，具有明显的人工特性，亦是城市景观规划的重要环节，而城市植被是城市景观中的斑块（镶嵌体）类型，是相对自然的组分。规划好城市的道路网络与城市植被系统的景观，同时注意城市景观的人文内涵，就能使一个畅通的、健康的和现代园林城市的人文景观得到充分的体现。

1. 城市道路网络系统景观规划

道路网络系统的规划是城市景观规划的重要组成部分。其主要规划思想是：在区域范围内应减少过境公路对城市区的干扰，在城市区范围内应寻求最合理的道路配置。从生态效益、社会效益和经济效益三方面统一协调考虑，合理规划设计道路的形态结构。

（1）道路的形态结构和总体格局规划。在城市道路网络系统景观规划中，道路的宽度、平竖曲线度、纵坡、道路交叉点、道路连通性和道路密度等反映道路的形态结构和总体格局。道路形态结构的确定应综合考虑道路的功能、地形地势、经济条件和生态特征等多方面因素。在达到整体运输目标的要求下，应寻求最优的道路配置，降低道路密度。对道路的形态结构和总体格局的规划设计，既要保证城市中能流、物流、人流、信息流的畅通，又要最大限度地降低对自然环境的破坏。

（2）完善道路网络的生态功能。应加强道路绿化体系建设，行道树和防护林的景观规划建设是减少道路对城市环境和生态平衡不利影响的有效途径。道路绿化带是城市景观中重要的绿色走廊，对改善城市生态功能十分有益。道路与道路绿化应视为不可分割的统一整体，是道路网络系统规划中永远适用和应该遵循的原则。

2. 城市植被系统景观规划

一个生态稳定的城市植被景观，其结构和功能要高度统一和谐，不仅外形符合美学规律，内部和整体结构更应符合环境生态学原理。要从空间异质性程度、生境连通程度、人为活动强度、物种多样性等多方面综合考虑。在合理的规划设计指导下进行建设的同时，还应为生物的生存与发展提供必要的生境条件。

在城市植被景观的规划建设中，保证相当规模的绿色空间和植被覆盖是建造好城市植被景观的关键。在城市规划建设中，一定要珍惜原有的自然绿色，对一些具有特色意义的自然和文化景观要尽可能保留。同时针对不同功能区和实际情况尽可能利用空地重新建造人工植被系统。

城市植被景观应反映地方特色、城市特色的景观作用。因此，在城市绿色景观规划建设时，要把建造自身特色放在重要地位。城市特色是评价城市规划和建设最基本的准绳之一。特色是城市自然、社会、经济、文化和居民素质的综合反映。城市景观规划应以当地的自然生态条件、地理位置特点为基础，融合传统文化、民俗风情和现代生活需求，反映城市的发展和居民的艺术品位，给绿色景观赋予人文内涵，这样的城市绿色景观才具有灵魂、生气和活力。

3. 城市景观的人文内涵

城市景观不仅是城市内部和外部形态的有形表现，还包含了更深层次的文化内涵，是物质与精神的结合。

城市的发展是一种渐进的、演变的过程。城市是人类文化的结晶，城市的历史和文化孕育了城市的风貌和特色。城市的文化特色是城市发展、积累、积淀和更新的表现。人们的社会价值观在不断地发生变化，由于城市的更新和发展，那些陈旧而又无价值的东西将不断被抛弃和淘汰，而城市中一些有深厚人文内涵的物质和精神文化则被保留下来，如古建筑、古迹和有使用价值的建筑。这些建筑和遗迹就成为城市发展的历史见证和人类活动的印证，其中一些建筑成了城市的永恒标志，如希腊的雅典卫城、北京的故宫、法国的巴黎圣母院、意大利的圣·彼得大教堂等。同时从城市的主体脉络中也同样可以寻找到城市人文景观与城市文化发展的轨迹。例如，法国巴黎沿着塞纳河这条城市轴线，卢浮宫、万神庙、德方斯一直到新城，一组建筑群不断展示开来，各个时期、不同时代的建筑风格沿着网状的干道向城市四周摊开。这种城市的文化特色，成为城市景观规划的重要内容。如今这种文化积淀已成为人类文化的共同遗产。

然而在我国城市开发建设的实践中，过去的城市景观规划思想往往追求高度密集的高层建筑和四通八达的道路网，使之成为城市景观的典型模式。多数城市景观大同小异，没有思想、没有中心，缺少自然美感和人文内涵，没有文化特色。正如前英国皇家建筑师学会会长帕金森（Parkinson）所说："全世界有一个很大的危害，我们的城镇正在趋向同一模式，这是很遗憾的，因为我们生活中的许多情趣来自多样性和地方特色。"所以，城市景观规划应融入文化特色和人文内涵，通过城市景观反映一定地区、一定时期下的城市特色，及居民的经济、精神、伦理、美学等各种价值观，表达居民对环境的认知、感知和信念等文化内涵，城市也因此有了灵魂。

城市景观文化规划是一个新兴领域，对其包含的范围、内容、方法和途径都有待深入的研究和实践。努力挖掘当地文化的精华，继承文化遗产，寻求城市文化的延续和发展，寻求景观的地方特色，营造浓郁的乡土气息提高公众艺术水准，是当今世界前沿的城市景观规划思想，也是城市景观规划的发展趋势。

第七节　历史遗产与其景观规划

1972年联合国教科文组织制定了《文化遗产和自然遗产保护的国际公约》，其前言指出，在生活环境急剧变化的社会中，能保持与自然和祖辈遗留下来的历史遗迹密切接触，才是人类生活的合适环境。对这种环境的保护，是人类均衡发展不可缺少的因素。因此，在各个地方的社区中，要充分发挥文化和自然遗产的作用。

历史遗产在景观中的体现就是遗址。

一、遗址的概念

遗址是过去岁月各种活动保留至今而又不可移动的痕迹。广义的遗址是大自然和人类活动一切不可移动的遗存。

遗址分为人文历史遗址和自然历史遗址。我们所要研究的是具有典型历史时代特征而又对人类有价值的遗址。

二、遗址的特征和意义

1. 宝贵的文化资源

考古学家、人类学家、地理学家、生物学家依靠这些人类和大自然运动留下的遗址，推断出史前人类活动和古环境的变迁。他们把我们对往昔的追溯想象推至几万年、几十万年以至几百万年前，使我们看到了一个又一个消逝的年代。遗址的价值在于它所承载的信息和文化内涵。

回顾历史，深入了解古代环境、生活、经济演变过程，是为了掌握人类的物质文化发展规律，最终求得人类社会健康的发展。从根本上来说，遗址是人类创造未来的宝贵的文化资源。

2. 民族、国家历史文化的象征

文物遗址是一个民族、国家历史过程的见证，维系着世代人们的情感。一个可使人们回忆历史的景观，让世世代代的人们形象地了解祖辈生活的成就，从而也就联系着祖先、现代人和未来人的情感。国家、民族的凝聚力是一代又一代人所继承的历史文化，而文化遗址是历史文化形态的"实物"。

3. 深层次的美学价值

遗址之美是耐人寻味的，正如戏剧中震撼人心的悲剧美，遗址是表现人类历史的景观悲剧。陈旧、剥落，甚至倒塌只剩废墟的宫殿、庙宇，具有憾人心灵的魅力，以低回的旋律沉思历史，令人流连忘返。在艺术的眼光中，它们有比新建筑更具有耐人寻味的深层次的美，这些残存之景会引起人们无限的激情和感慨。

4．不可再生性

千百年前的遗址在漫长岁月里经过无数侵扰而保存至今是极为难得的，越是久远的遗址越显珍贵。时光不可倒流，毁灭的历史遗址，将永远消失，不可再生。

我国的历史文物、文化遗址遭受了太多的劫难，现在存留下来的文物和遗址，我们应倍加珍惜才是，不能再以建设的名义而加以破坏。

三、人文历史遗址

1．名人活动遗址

帝王陵墓、名人故居都属于名人活动遗址。从景观上讲大多数都很普通，但联系到主人的活动痕迹，同样使人触景生情。

2．重大历史事件残迹遗址

对历史进程起着加速、延缓甚至扭转作用的事件，可称为重大历史事件。一些古战场如赤壁、虎门销烟地、北京圆明园遗址等都是这类遗址。圆明园不能简单定位为一座普通的皇家园林，它应该作为对帝国主义侵略中国的见证，定位为"圆明园遗址"是恰当的，按原样恢复实不可取。

3．文物遗物地

长城、金字塔等都是精心建造的遗物，一般都得到了较好的保护。但人们往往忽略了这些遗物的历史空间环境。如我们许多历史文化遗址的空间，现在都栽种着方形、圆形、整形图案的绿篱，配有水泥花坛和喷水池，采用的是西方园林造景手法，显得不伦不类。我国历史遗址应有恰当的历史空间环境，选择乡土树种，采用自然式绿化布局最为恰当。

四、自然历史遗址

大自然所跨越的时光更为悠远，它的演变过程没有文学记载，大自然运动的遗址是唯一可使人类研究其历史的物证。

1．文明的摇篮

大自然哺育了人类，也孕育了人类的文明，不仅有科学价值，还有巨大深远的美学艺术价值。黄河、恒河、尼罗河、幼发拉底河和底格里斯河是举世公认的人类文明摇篮。在这些河流两岸产生了各自独立的文化体系，应保护这些河流，让它们永远奔腾不息。

2．地球造山运动遗址

火山、断层、冰川是地球造山运动留下的典型的自然遗址。我国四川九寨沟色彩变幻的湖泊就是第四纪冰川运动创蚀山谷、冰碛物阻塞流水而形成的堰塞湖，湖水映着四周的雪山和原始森林，静寂又神秘。

在这里，自然景象虽不是远古的环境，但眼前的一切却是自然演变的结果，仍是十分珍贵的。自然遗址景观规划目标就是保护其原始性。

3．地面生物演变遗址

生命躯体在死亡之后很快就会腐烂分解，只有极个别的会在特殊环境里成为化石。这些史前化石是人类研究生命起源演化的珍贵材料。

北京周口店猿人遗址在 1986 年被列为世界文化遗产。我国湖北小河自然保护区的水杉、浙江天目山里的银杏、美国加利福尼亚州塞廓亚国家天然公园的红杉树，都是第四纪冰川运动后遗留下来的世界珍贵树木，被称为"活化石"，是古代地理环境变迁的见证。

五、遗址地规划原则

国际的《威尼斯宪章》、国内的《中华人民共和国文物保护法》《风景名胜区规划管理条例》是遗址地规划基本准则。

1. 保护

遗址的价值在于其历史真迹，它直接使人追溯想象过去发生的事情，因此规划的核心是保护历史原本的一切。自然遗址、人文历史残迹遗址都属于绝对保护之列，一旦失去将再也无法挽回。

保护是指现有状况一切不再改变，包括破旧、倒塌的东西不予修复。20世纪70年代初成立的世界文化遗产公约组织，对世界文化遗产单位选择原则，关键一条是其"历史本性"。法国巴黎某一著名的教堂在19世纪末维修时，弥补了建筑立面上全部损缺，结果世界文化遗产公约组织拒绝了该教堂列入世界文化遗产的申请。我国多处文化遗产的申请遭拒绝都是类似的原因。

2. 修复

修复是指建成历史上最好状态，这主要是对古建筑而言。一般不提倡修复，但当古建筑的初始形式有特殊的历史意义，而缺失部分在总体上只占很小分量时，允许修复缺损。修复要有考古的精确性，对原状要有权威的证据。修复部分应可以识别，以保持文物建筑的历史可读性，不使文物建筑的历史失真。

3. 重建

重建是指在严重损坏的废墟上重新按原样建造文物建筑。重建更不应提倡，它很容易造成文化史的错误认识，甚至虚伪和欺骗。

由于火灾、地震、战争等因素造成的珍贵文物建筑毁灭，如果当地人普遍感情需要寻回那些曾是文明象征之物，可以进行重建，但必须有严格的根据和证明，绝不可臆测。重建的东西不再含有任何历史痕迹和信息，已不具备历史真实性。

我国有辽阔的地域，有6000年的灿烂文明，雄奇瑰丽的名山大川和悠久的历史古迹，为海内外人士所瞩目神往，但这些文化和自然遗产的保护工作却做得使人遗憾。我们对待历史文物遗址首先要充分认识其历史文化价值，明确遗址地域景观规划的指导思想。经历了战争，经历了各种自然灾害，经历了"文化大革命"，我国仍然保留下了一些真正的历史古迹，但数量非常有限。这些历史古迹面临着犯罪分子恶意破坏和以不正确保护而引起的善意破坏，所谓建设性破坏是目前面临的最大威胁。

附录　中国的世界遗产

截至2013年6月，我国已有45处遗产列入《世界文化遗产名录》、《世界自然遗产名录》、《世界自然与文化遗产名录》和《世界遗产名录》，详见表1。

表1 　　　　　　　　　　中国的世界遗产

遗产名称	批准时间 （年-月）	遗产种类
长城	1987－12	文化遗产
明清皇宫（北京故宫、沈阳故宫）	1987－12	文化遗产
陕西秦始皇陵及兵马俑	1987－12	文化遗产

续表

遗 产 名 称	批准时间 （年-月）	遗产种类
甘肃敦煌莫高窟	1987 – 12	文化遗产
北京周口店北京猿人遗址	1987 – 12	文化遗产
山东泰山	1987 – 12	文化与自然双重遗产
安徽黄山	1990 – 12	文化与自然双重遗产
湖南武陵源风景名胜区	1992 – 12	自然遗产
四川九寨沟风景名胜区	1992 – 12	自然遗产
四川黄龙风景名胜区	1992 – 12	自然遗产
西藏布达拉宫	1994 – 12	文化遗产
河北承德避暑山庄及周围寺庙	1994 – 12	文化遗产
山东曲阜的孔庙、孔府及孔林	1994 – 12	文化遗产
湖北武当山古建筑群	1994 – 12	文化遗产
江西庐山风景名胜区	1996 – 12	文化景观
四川峨眉山-乐山大佛	1996 – 12	文化与自然双重遗产
云南丽江古城	1997 – 12	文化遗产
山西平遥古城	1997 – 12	文化遗产
江苏苏州古典园林	1997 – 12	文化遗产
北京颐和园	1998 – 11	文化遗产
北京天坛	1998 – 11	文化遗产
重庆大足石刻	1999 – 12	文化遗产
福建武夷山	1999 – 12	文化与自然双重遗产
四川青城山-都江堰	2000 – 11	文化遗产
河南洛阳龙门石窟	2000 – 11	文化遗产
明清皇家陵寝：明显陵（湖北钟祥市）、清东陵（河北遵化市）、清西陵（河北易县）、盛京三陵	2000 – 11	文化遗产
皖南古村落	2000 – 11	文化遗产
山西大同云冈石窟	2001 – 12	文化遗产
云南三江并流	2003 – 07	自然遗产
高句丽王城、王陵及贵族墓葬	2004 – 07	文化遗产
澳门历史城区	2005 – 07	文化遗产
四川大熊猫栖息地	2006 – 07	自然遗产
安阳殷墟	2006 – 07	文化遗产
中国南方喀斯特	2007 – 06	自然遗产
开平碉楼与村落	2007 – 06	文化遗产
福建土楼	2008 – 07	文化遗产
江西三清山风景名胜区	2008 – 07	自然遗产
山西五台山	2009 – 06	文化遗产
登封"天地之中"历史建筑群	2010 – 07	文化遗产
中国丹霞	2010 – 08	自然遗产
"杭州西湖文化景观"	2011 – 06	文化遗产
元上都	2012 – 06	文化遗产
中国澄江化石地	2012 – 07	自然遗产
红河哈尼梯田文化景观	2013 – 06	文化遗产
新疆天山	2013 – 06	自然遗产

第十四章　城市环境质量评价

第一节　环境质量评价概述

环境质量是环境科学的一项基础研究课题。20 世纪 70 年代以来世界各国都开始注意环境质量评价的研究工作。

人们之所以要对环境质量进行评价，是由人类的社会实践需求决定的。人类必须努力认识自己与环境质量之间的关系。如果人类想继续存在，就应当在充分认识自己的行为将会对环境产生什么样的后果之后再开始行动。

一、城市环境质量评价的意义与作用

城市环境质量评价是认识和研究城市生态系统的一个重要课题。环境质量是环境系统客观存在的一种本质属性，并能用定性和定量的方法描述环境系统所处的状态。所谓环境质量评价，是评价环境质量的价值，是对环境质量与人类社会生存发展的需要满足程度进行评定。环境质量评价的对象是环境质量对人类生存发展需要之间的关系，也可以说环境质量评价所探讨的是环境质量的社会意义，从社会经济角度来看，是为了以尽可能小的代价获取尽可能好的社会经济环境，取得最大的经济效益、社会效益和环境生态效益。

城市环境质量评价是客观环境质量的反映，可以用资源质量、生物质量、人群健康、人类生活等尺度来度量。有了大量的调查分析资料和监测数据，在同一基础上，就可以把质和量的概念结合起来，以环境质量综合指数的无量纲数，作为评价城市环境质量的工具，这样可以使我们对城市地区有一个数量和质量上的比较，使地区与地区、城市与城市之间的环境质量比较有一个客观评价标准。

二、城市环境质量评价的目的

城市环境质量评价的主要目的有以下几点。

（1）评价城市环境质量状况及其演变趋势。

（2）提出符合当地实际的环境保护技术政策。

（3）提出改善城市环境质量的全面规划、合理布局的城市环境总体规划设想。

（4）提出控制城市环境污染的技术方案和技术措施。

（5）提出地区性的污染排放标准、环境标准和环境法规。

（6）提出当地环境医学重点研究的方向，推动环境医学上的微观研究。

城市环境质量评价的根本目的是保护人体健康，为控制和改善环境质量提供科学依据。

三、城市环境质量评价的类型

城市环境质量评价可分为回顾评价、现状评价与预断评价 3 种类型。

1. 环境质量回顾评价

环境质量回顾评价是指对区域过去一定历史时期的环境质量，根据历史资料进行回顾性的评价。通过回顾性评价可以揭示出区域环境污染的发展变化过程。进行这种评价需要历史

资料的积累，一般多在科学监测工作基础比较好的大中城市进行。

回顾评价时一方面要收集过去积累的环境资料，同时进行环境模拟，或采集样品分析，推断出过去的环境情况。它包括对污染浓度变化规律、污染成因、污染影响环境的程度评估和对环境治理效果的评估等。例如可通过对污染物在树木年轮中含量的分析来推知该地区污染物浓度的变化状况。回顾评价还可以作为事后评价，对环境质量预测的结果进行检验。

2. 环境质量现状评价

环境质量现状评价是我国各地普遍开展的评价形式，依据一定的标准和方法，着眼当前的环境质量变化进行评价。它一般是根据近三五年的环境监测资料进行，可以阐明环境污染的现状，为进行综合防治提供科学依据。环境现状评价包括下面几个内容。

（1）环境污染评价。环境污染评价要进行污染源调查，了解进入环境的污染物种类和数量及其在环境中的迁移、扩散和变化，研究各种污染物在时空上的变化规律，建立数学模式，说明人类活动所排放的污染物对生态系统、人类健康已经造成或即将造成的危害。

（2）自然环境评价。自然环境评价指为维护生态平衡，合理利用和开发自然资源而进行的区域范围的自然环境质量评价。

（3）美学评价。美学评价指评价当前环境的美学价值。

3. 环境质量预断评价

环境质量预断评价又称环境影响评价，是指对区域的开发活动给环境质量带来的影响进行预测和评估。环境保护法规定在新的大中型厂矿企业、机场、港口、铁路及高速公路等建设以前，必须进行环境影响评价，写出环境影响评价报告书。

按照环境质量评价的要素，预断评价可以分为单个环境要素的质量评价和整体环境质量的综合评价，有时还可以区分出部分环境要素的联合评价。单个环境要素的质量评价包括大气、地表水、地下水的评价；联合评价包括土壤及农作物的联合评价，地表水、地下水、土壤及农作物的联合评价等；整体环境的环境质量评价是指对全环境各种要素的综合评价。

四、城市环境质量评价的内容

1. 城市自然环境和社会环境背景调查分析

自然环境背景的调查内容包括城市地区的地质构造、岩性及产状、水文地质、工程地质条件、环境水文地质条件、地貌形态、水文、气象、土壤、植被、珍稀动植物物种等。

社会环境背景的调查内容包括城市地区的土地利用、产业结构、工业布局、主要厂矿企事业单位和居民点的分布、人口密度及其空间分布、国民经济总产值及在行业、部门间的分配、市政及公共福利设施、环境功能区的划分、各功能区的位置、近期和远期的环境目标等。

2. 城市污染物及污染源的调查与评价

城市环境污染及污染源的评价，是为了对种类繁多、性质各异的环境污染物及污染源进行全面客观而科学的评价，在评价中必须建立一个标准化的评价计算方法，即建立一个可比的同一尺度基础，使其具有可比性。

在普查污染物的基础上，进一步确定城市的主要污染要素和污染物，因为城市污染特征是由主要污染物所决定的。任何一种污染物都可以作为环境因子，污染物质越多，越能全面反映环境要素的综合质量。但选用太多，会增加监测工作量。因此常选择该地区大气或水体中有代表性的污染物作为参数。首先选择最常见且常规监测所包括的污染物项目作为依据。

由于污染物对城市人体健康带来的潜在危害是由污染物排放量和毒性共同决定的，因

此，可建立一个系数来表达各种污染物对环境的潜在的危害能力，即

$$F_i = \frac{m_i}{d_i} \qquad\qquad (14-1)$$

式中　　F_i——污染物排毒系数；

　　　　m_i——污染物的排放量；

　　　　d_i——能导致一个人出现毒作用反应的污染物的最小摄入量，由毒理学实验所得出的
　　　　　毒作用阈剂量值计算求得。

废水中污染物 d_i 值计算：

$$d_i = 污染物毒作用阈剂量(mg/kg) \times 成年人平均体重(55kg) \qquad (14-2)$$

废气中污染物 d_i 值计算：

$$d_i = 污染物毒作用阈剂量(mg/m^3) \times 人体每日呼吸空气量(10m^3) \qquad (14-3)$$

F_i 值的意义是表示当污染物充分、长期作用于人体时能够引起出现毒作用反应的人数。F_i 值完全是一个反映污染物排放水平的系数，它不反映任何外界环境的影响，因此可以作为污染源评价的一个客观指标。

人体健康和生态状况，是进行城市环境质量评价的基本出发点。即环境中一切单因子和复合因子的好坏，都应以对人体健康和生态影响为标准，各种不同性质的污染物，各种不同量纲的因素，通过这种标准化计算，统一在同一的量纲上，相互之间就具有了可比性，使环境中各种不同量纲的因素，最后在统一的量纲上进行对比和进一步运算。F_i 就是环境质量评价中一个无量纲数据值。

在得知一个城市中各种污染物排放总量之后，可以计算其各自的 F_i 值，F_i 值越大，污染物对环境污染的潜在危害能力就越大，根据 F_i 值大小，即可以从中选定主要污染物。

一个工厂对环境的潜在危害能力，可用该工厂排放的各种污染物 F_i 值之和 $\sum F_i$ 表示，比较各工厂的 $\sum F_i$ 值，即可判断主要污染源。

包含许多污染源的城市排毒系数，是各工厂和单位的 $\sum F_i$ 值之和，因此不同地区和不同城市之间也可以进行比较。

3. 环境质量监测与评价

合理正确的环境监测工作，能够较真实全面地反映环境质量的客观情况，使评价所描述的环境质量较为细致和真实。

城市污染监测有以下几项原则。

(1) 根据环境污染监测的不同目的，选择环境污染监测方案。

(2) 环境污染监测网的布置，力求以最少的布点控制最大的面积。根据自然环境条件、污染源的特征及其周围的社会环境条件，布置监测网点，力争合理正确。网点密度必须因地制宜，以达到满足评价的目的为原则。

(3) 环境污染监测项目，力求选择较少的项目，而尽可能真实地反映评价地区的主要污染状况。选择的监测项目必须具有代表性，对于排放量大、毒性强的污染物，必须列入监测项目，以便较客观地反映评价地区的环境质量状况。

(4) 监测必须用科学方法采集样品，使采集的样品具有真实性。根据污染物在各环境要素中的特点，决定采样方法和采样频率。样品的保存以及处理方法都应该十分可靠。

4. 环境污染生态效应的调查或监测评价

环境污染生态效应指环境污染对植被、农作物、动物和人群健康的影响。可以通过社会

调查、现场踏勘或实地采样化验等方法查清环境污染的生态效应，最终为划分各要素和全环境的环境质量等级提供依据。

调查了解或监测评价的内容包括植被和农作物的一般伤害症状、长势、产量、体内污染物质的含量等；对于动物、人群，则主要了解多发病、常见病、流行病、特异病症、生育状况、畸形、怪胎、体内敏感器官或组织中污染物质的含量等。儿童对环境污染较为敏感，故儿童的生长发育和健康指标也常作为生态效应调查的内容。

5. 环境质量研究

主要研究城市环境质量的时空变化和影响因素及污染物在城市环境各要素中的迁移转化规律和分配，建立相应的数学模式。研究环境对污染物的自净能力，确定环境容量。为制定污染物的排放标准和环境质量标准提供依据。

6. 污染原因及危害分析

污染危害主要指环境污染对生态环境的破坏，对人群健康的影响，及由此造成的经济损失。

从城市规划布局、土地利用、人口数量、资源消耗、产业结构、工业选型、生产工艺与设备等宏观决策方面来寻找污染的原因，以便为彻底根治污染提供决策依据。

7. 综合防治对策研究

开展针对城市环境质量问题进行综合防治对策的研究。综合防治对策包括以下内容：从环境区划和规划入手，调整城市的产业结构、工业布局和功能区划分，制定市政建设计划，确定环境投资比例和重点治理项目；从环境管理入手，制定有关环境保护的法令、法规，按城市功能区划分环境容量，确定各项污染物的环境质量标准和污染物排放标准，以及控制排放、监督排放的各项具体管理办法；从环境工程入手，制定城市重点污染源的治理计划和各污染源的治理方案、经费概算和效益分析。最后，根据提出的综合防治对策进行城市环境质量预测。

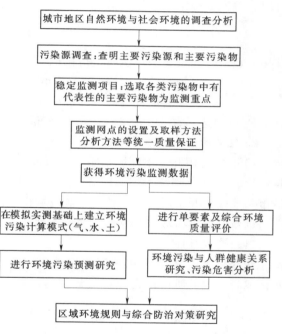

图14-1 城市环境质量评价工作程序框图

五、城市环境质量评价程序

城市环境质量评价的工作程序框图见图14-1。

第二节 城市环境质量评价的方法

城市环境质量评价是一项大的系统工程。搞好城市环境质量评价的关键是要搞好评价总体方案的设计。总体方案设计要考虑到城市的性质、结构、规模、历史、特点、主要环境问题以及现有资料条件、已有的工作基础、协作力量等，在此基础上确定评价的目的、目标、标准、范围和要求。

城市环境质量评价的具体技术工作，基本上采用环境质量评价的一般工作方法，包括污染源的调查与评价，各环境要素的现场踏勘、布点、采样、室内分析化验、数据处理等。首先进行单要素的环境质量评价和污染等级划分，然后再进行综合，得到城市全环境的综合质量评价和污染等级划分，并编制城市环境质量图。

一、定性的综合分析与评价方法

定性的评价方法有感官（觉）法、经验法、外推法、演绎法等。在城市环境质量综合评价中，它们常用于城市环境问题的分析、污染源的调查分析、社会经济因素对环境影响的分析、城市环境质量下降的原因分析以及综合防治的对策分析等。这种定性的综合评价方法是环境质量研究中最基本的评价方法。

二、定量的综合评价方法

1. 单一污染物环境质量指数

单一污染物存在于环境中时，对环境质量的危害取决于其浓度和毒性。采用此法进行计算时，首先要确定单一污染指数 P_i。

$$P_i = \frac{C_i}{S_i} \qquad (14-4)$$

式中　P_i——污染物的环境质量指数；

C_i——污染物的实测浓度，mg/m^3；

S_i——污染物的环境质量标准浓度，mg/m^3。

P_i 值表达了 i 污染物单一存在的情况下的环境质量下降水平。

2. 定量的总环境质量指数

1969 年美国开始用环境总质量指数来概括各环境要素的质量，进行了全国自然资源质量评价。1974 年加拿大用总环境质量指数评价了全国环境综合质量。这些年来，我国一些城市和地区也开始用质量指数的方法对城市、河流、海域等进行环境质量的综合评价。

定量的污染指数综合评价方法有下列几种。

（1）均权叠加法。

在获得 P_i 值后，可以按下式将单一污染指数相加，以求得某种环境要素，例如大气、水体或者土壤的质量指数 Q_i，其计算通式为：

$$Q_i = \sum_{i=1}^{k} P_i \qquad (14-5)$$

$$P_i = \frac{C_i}{S_i}(i = 1,2,3,\cdots,k)$$

式中　Q_i——综合质量指数；

P_i——各环境要素的质量指数（分指数）；

C_i——污染物的实测浓度，mg/m^3；

S_i——污染物的环境质量标准浓度，mg/m^3。

均权叠加法的基本根据是：在获得低一级的指数 P_i 时，是按污染物的环境质量标准 S_i 作为评价标准进行了污染程度的数值换算，表明已经考虑了不同污染物对人体和环境的污染程度的差异，其实质已作了简单的权重考虑，所以采取直接叠加的办法已达到了综合的目的。

若为粗略了解城市环境质量总状况的评价，可考虑选用这种综合评价方法。但它存在两个问题：一是有局限性，即评价标准非严格按评价目的选择，同一评价目的选用了两种或多种标准系列，即使同类系列的评价标准，其标准制定的依据也可能不同；二是均权叠加是将不同污染物和不同的环境要素给予同等对待，并未将危害大、影响严重的污染物或环境要素突出，忽视了极大值对环境质量变化的重要影响，这就产生了加权和处理极大值的问题。

　　（2）加权求和法。

　　在综合评价中，不同的污染物和环境要素对人体、生物和环境的影响程度或强度一般是不同的，另外还有地区差异和城市的特殊情况。例如，从环境污染角度来看，空气污染和水体污染都是城市的主要污染问题。但是，就城市居民来说，一般不饮用被污染的河水，而饮用自来水，只要保护好自来水不受污染，环境水体的污染对人的危害就会减小。而对每个人都要呼吸的空气来说，避免被污染的空气危害却是非常困难的。对此，评价指数系统中应该引入权值，加权求和法的环境污染指数的计算通式为

$$Q_i = \sum_{i=1}^{k} W_i P_i, \ \text{且} \sum_{i=1}^{k} W_i = 1 \qquad (14-6)$$

式中　Q_i——综合环境质量指数；

　　　　P_i——各环境要素的质量指数（分指数），求法同上；

　　　　W_i——i 环境要素（或污染因子）的权值。

　　目前，确定权值有下列几种方法：

　　1）根据居民来信统计与主观判断确定权值。在选定了评价因子后，可根据居民的各种反映进行统计分析，并结合当地环境污染特点提出相对加权值。例如，根据居民来信和综合分析，各污染要素的权值分别为：空气 60％、噪声 20％、地面水 10％、地下水 10％。

　　2）根据生产需要或用途定权值。如一条河流，根据饮用水、生活用水、工业用水和渔业用水等用量比例定权值。

　　3）根据环境可容纳量定权值。环境对某种污染物可容纳的程度即污染物开始引起环境恶化的极限，即

$$V_i = \frac{S_i - B_i}{B_i} \qquad (14-7)$$

式中　S_i——评价标准；

　　　　B_i——基准值（本底值）；

　　　　V_i——可容纳量的倒数。

　　由于可容纳量与权值呈反相关，所以权值 W_i 可以用下式表示：

$$W_i = \frac{V_i}{\sum V_i} \qquad (14-8)$$

　　4）也有用因子分析法或模糊数学法求权值。国外还有采用专家打分法求权值的例子。

　　综合评价指数系统引入权系数，从理论上说是无可非议的，问题在确定权值时，应尽量避免人为因素，不恰当权值的引入反而会歪曲环境质量真相。因此，在评价时，最好在选择参数、确定评价标准上下工夫。在未找到科学合理的权值时，宁可采用均权叠加法。

　　（3）兼顾极值的综合指数法。

　　该综合污染指数法既考虑了各环境要素或污染因子的平均污染状况，又兼顾了污染最重的环境要素或污染因子对环境质量的影响。其计算式如下：

$$l = \sqrt{\frac{(\max P_i)^2 + \overline{P_i^2}}{2}} \qquad\qquad (14-9)$$

式中　l——综合污染指数；

$\max P_i$——各环境要素或污染因子中的最大分指数；

$\overline{P_i}$——各环境要素或污染因子的平均分指数。

总的来说，综合评价指数，只是大体上定量地综合表达区域环境质量。随着我们对环境认识的加深，以及监测手段和评价标准的不断完善，环境质量综合评价指数包括的内容和计算公式也将日渐丰富和深入，更加科学合理。

三、环境质量分级

为了把定量的评价结构转变为定性的结论，也就是赋予环境质量指数以污染程度的相对概念，必须进行环境质量分级。目前一般的做法是按照综合指数大小划分环境质量级别，也有按照系统聚类分析法划分的。

1. 有关环境污染方面的环境质量分级

由于各城市自然环境、社会环境及污染情况有很大不同，加之综合指数的计算方法不同，所以环境质量的分级标准会有不同。举例如下：

（1）污染物标准指数（PSI），为美国环境质量委员会和环境保护局 1976 年公布的分级标准（表 14-1）。据表中已知各污染物的实际浓度后，可用内插法计算出分指数，然后计算出标准指数 PSI，最后根据分级标准加以分级。

表 14-1　　污染物标准指数（PSI）与各污染物浓度的关系及大气质量分级

污染物标准指数 PSI	大气污染浓度水平	污染物浓度（$\mu g/m^3$）						大气质量分级	对健康的一般影响	要求采取的措施
		颗粒物（24h）	二氧化硫（24h）	一氧化碳（8h）	臭氧（1h）	二氧化氮（1h）	二氧化硫×颗粒[①]			
500	显著危害水平	10000	2620	57.5	1200	3750	490000	危险	病人和老年人提前死亡，健康人出现不良症状，影响正常活动	全体人群应停留在室内，关闭门窗。所有人均应尽量减少体力消耗
400	紧急水平	875	2100	46.0	1000	3000	393000		健康人除出现明显症状和降低运动耐受力外，提前出现某些疾病	老年人和病人应停留在室内避免体力消耗，一般人群应避免户外活动
300	警报水平	625	1600	34.0	800	2260	261000	很不健康	心脏病和肺病患者症状显著加剧，运动耐受力降低，健康人群中普遍出现刺激症状	老年人和心脏病、肺病患者应停留在室内并减少体力活动
200	警戒水平	375	800	17.0	400	1130	65000	不健康	易感人群症状有轻度加剧，健康人群出现刺激症状	心脏病和呼吸系统疾病患者应减少体力消耗和户外活动

污染物标准指数 PSI	大气污染浓度水平	污染物浓度（μg/m³）						大气质量分级	对健康的一般影响	要求采取的措施
		颗粒物（24h）	二氧化硫（24h）	一氧化碳（8h）	臭氧（1h）	二氧化氮（1h）	二氧化硫×颗粒①			
100	大气质量标准	260	365	10.0	160			中等		
50	大气质量标准50%	75②	80②	5.0	80			良好		
0		0	0	0	0					

注　表中空白处为污染物浓度低于警戒水平，不报告此分指数。

①　SO₂与颗粒物质的综合指标，24h 平均的 SO₂ μg/m³ 值乘以 24h 平均颗粒物质 μg/m³ 值。

②　一级标准年平均水平。

（2）我国城市大气质量指数。自 1998 年 6 月我国在 46 个重点城市进行大气质量周报（或日报），统一使用空气污染指数（API），简介见表 14 - 2。

表 14 - 2　　　　　城市大气质量指数（API）污染指数分级浓度限值　　　　　单位：mg/m³

污染指数 API ＼ 污染物	TSP（悬浮微粒总量）	二氧化硫	氮氧化物
500	1.000	2.620	0.940
400	0.875	2.100	0.750
300	0.625	1.600	0.565
200	0.500	0.250	0.150
100	0.300	0.150	0.100
50	0.120	0.050	0.050

注　当浓度低于此水平时，不计算该项污染物的分指数。

（3）大气污染生物学评价。植物长期生活在大气环境中，其生理功能与形态特征常常受大气污染作用而发生改变。大气中某些污染物会被植物叶片吸收，并在叶片中积累。这些变化可在一定程度上指示大气污染状况。正是由于植物长期生活在一个固定的地方，所以它指示的大气污染状况具有很强的代表性。但大气污染引起的植物伤害症状往往缺乏唯一性，除了需要基本理论知识还需要经验。但由于生物学评价的样品采集和分析都比较简单，故受到了各地的广泛重视。

（4）水环境质量现状评价。水质评价是一种非常复杂的综合性工作，影响水质污染的物质很多，而且这些物质的浓度和影响都不相同。某一水域的水质污染状况应从 3 个方面来评定：①污染强度，即水中污染物的浓度和它们的影响效应；②污染范围，即在水域中各种污染强度所影响的范围；③污染历时，即在水域中各种污染强度所持续的时间。因此，对某一水域的水质进行全面评价，应包括这三个方面的内容才比较完善。然而，目前水环境质量评价的一些评价方法很难做到这一点，许多评价方法只能在水体污染程度方面做一定程度的反映，实际上这是很不完全的水环境质量现状评价。

一般常用的是水污染指数法，它的主要特点是用各种污染物质的相对污染值进行数学上的归纳和统计，从而得出一个较为简单的数值来，用它代表水体的污染程度，也可以用它作为水体污染的分类和分级依据。

2. 其他环境质量评价

城市是一个自然—社会—经济综合体，是一个复杂的人工生态系统，所以居民在城市环境中，不仅面临环境污染方面的问题，还要考虑其他方面的因素，如城市自然环境因素，包括城市气象因素、城市灾害、城市绿色空间等。

例如，在气象因素中，大陆度与人类生活的舒适情况有关。在海洋性气候下，气温的年温差与日温差都较小，年降水分配比较均匀，所以气候宜人；大陆性气候正相反。而年温差的大小是区别二者的主要标志。从大陆性气候到海洋性气候变化的程度可用大陆度来表示，其计算公式如下：

$$大陆度 = 气温年温差(℃)/\sin\varphi \tag{14-10}$$

式中 φ——当地地理纬度。

一般以大陆度超过 50 定为大陆性气候。

四、环境质量评价图

环境质量指数的综合评价运算，是在整个城市或地段面积上进行的，为方便计算和表达，以及城市总体规划和详细规划的需要，充分反映环境污染的空间特性，将城市或地段，划分为许多等面积的小格（如 250m×250m，500m×500m）。根据数学上有限单元的概念，当这些微分面积足够小时，可以认为其内部状况是均一的。以此概念为基础，城市内任何方位上的环境质量指数就可以进行叠加计算。

这种由环境质量指数所表达的环境质量评价图一般包括以下几项。

（1）单一污染物的环境质量评价图（如二氧化硫、一氧化碳等）。

（2）单一介质的环境质量评价图（如水、大气、噪声、土壤等）。

（3）全环境的环境质量评价图。

（4）为特定目的进行的环境质量评价图（如风景旅游质量评价等）。

这种城市环境质量评价图可以直观地反映出环境污染的空间变化特征，包括各区和地段环境质量差异及环境质量在空间上的过渡、转化，与规划设计密切配合，便于记录和对比同一地区环境质量随时间的变化，为进一步采用电子计算机进行环境规划、城市规划、环境质量监控等提供一种显示方式。

第三节 环境影响评价

环境影响评价是环境质量评价的一个重要组成部分。为在环境保护工作中贯彻预防为主的方针，摆脱环境保护工作的被动状态，进行环境影响评价具有十分重要的意义。

环境质量是一个不断变化的客观存在，单知道环境的现状不够，还应该预测未来趋势。这就要求在开发或兴建工程之前，事先对该工程将会对环境带来什么影响等问题，进行充分的调查研究，科学预测估计，并制定妥善的预防公害和预防环境破坏的对策。在人们的行动（开发和建设）没有改变环境之前，就要预测它的影响，进而考虑到防止它对城市环境的反作用。概括讲，环境影响评价，就是根据地区的特点和自然环境现状，预测它将产生的变化，再把预测的结果进行评价。

一、环境影响评价的类型

环境影响评价因评价对象及侧重点不同，可分为几种类型。通常按开发活动可以分为单个建设项目的环境影响评价、区域开发项目的环境影响评价和发展战略的环境影响评价。

1. 单个建设项目的环境影响评价

建设项目的种类繁多，包括钢铁、化工、煤炭、电力、矿山、油田、航空、公路、铁路等。不同建设项目的性质不同，其环境影响也不一样。

2. 区域开发项目的环境影响评价

区域开发项目，包括新经济开发区、高新技术开发区、旅游开发区及老工业开发区等。区域开发项目的环境影响评价的重点是论证区域内未来建设项目的布局、结构及时序，建立合理的产业结构及污染控制基础设施，以协调开发活动与保护区域环境的关系。

3. 战略环境影响评价

战略环境影响评价是指对发展战略进行环境影响评价，发展战略是对未来发展目标的预期与谋划。该类评价侧重于比较不同发展战略间的环境后果，以选择环境影响小的，并具有显著社会经济效益的发展战略作为区域备选发展战略。

二、环境影响评价的程序

不同国家由于经济发展水平不一，文化及人们的环境意识不同，因而环境影响评价的工作程序略有不同，但基本步骤如下（图14-2）：

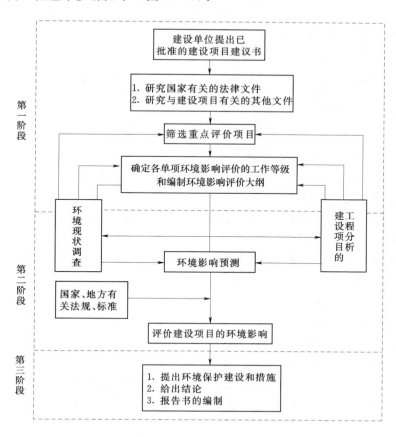

图 14-2　环境影响评价工作程序图

（1）确定所需要的参数及评价的深度。根据对工程的分析及环境质量标准确定所需要的参数及评价的深度。

（2）对基本情况的收集，包括实地考察。通过对工艺过程分析，了解各种污染物的排放源、排放强度；了解废物的治理回收、利用措施；了解原材料的贮运情况；调查运输工具、设备及运输物资的特性，以及其他各种情况的收集和考察。

（3）分析工程项目对环境影响的定量或定性。通过资料分析出工程项目对环境影响的定量或定性，如农田的损失、居民的搬迁、景观的变化、施工时期的噪声及土地侵蚀等影响。对建设工程可能发生的环境影响进行识别，列出环境影响识别表，逐项分析各种工程活动对各种环境要素诸如大气环境、水环境、土壤环境及生物的影响，选择重点，深入进行评价。

（4）环境影响预测。根据以上资料及分析结果，进行环境影响预测，包括大气环境影响预测、水环境影响预测、土壤环境影响预测等。

（5）应用评价结果以确定工程建设项目如何进行修正，以最大限度减少不利的环境影响。我国根据国内的实际情况和工作实践，总结出环境影响评价的工作程序，如图14-2所示。可见，环境影响评价工作大体分为三个阶段。第一阶段为准备阶段，主要工作为研究有关文件，进行初步的工程分析和环境现状调查，筛选重点评价项目，确定各单项环境影响评价的工作等级，编制评价大纲。第二阶段为正式工作阶段，其主要工作为进一步做工程分析和环境现状调查，并进行环境影响预测和评价环境影响。第三阶段为报告书编制阶段，其主要工作为汇总并分析第二阶段工作所得的各种资料、数据，得出结论，完成环境影响报告书的编制。

三、环境影响评价的内容

环境影响评价工作最终以报告书的形式反映出来，国家对报告书的内容有详细的规定。根据国家《环境影响评价技术导则》的规定，环境影响评价报告书内容如下。

（1）总则。

（2）建设项目影响。

（3）工程分析。

（4）建设项目周围地区的环境现状。

（5）环境影响预测。

（6）评价建设项目的环境影响。

（7）环境保护措施的评述及技术经济论证，提出各项措施的投资估算。

（8）环境影响经济损益分析。

（9）环境监测制度及环境管理、环境规划的建议。

（10）环境影响评价结论。

四、环境影响评价方法

1. 定性分析法

环境问题十分复杂，因此在环境影响评价工作中，常常会对于所研究的某些环境要素或过程，或者由于对其发展变化规模不甚了解，无法导出表示这些规律的定量关系式；或者由于基础工作差，或工作时间过于紧迫，无法获得足够数量的资料和数据，因而也无法对所研究的要素或过程建立定量的关系式。显然，在这些情况下都只能用定性分析的方法。

2. 数学模型法

数学模型方法在环境影响评价工作中得到了越来越广泛的应用。把环境要素或过程的规律，用不同的数学形式表示出来，就得到了反映这些规律的数学模型。由数学模型就可得到所研究的要素和过程中各有关因素之间的定量关系。若包括了时间因素，则反映了环境要素与过程的动态规律。那么这种数学模型就可用于定量的环境预测。显然，数学模型方法只能用于那些规律研究比较深入，有可能建立各影响因素之间定量关系的要素和过程，如：

（1）河流污染数学模式。

污染物进入河流后，若不发生化学或生物学变化，它的浓度变化遵循无限稀释作用规律，表达式为

$$C_i = C_0 e^{-KD} \tag{14-11}$$

式中　C_i——i 点时的浓度；

C_0——原始浓度；

D——水流距离；

K——稀释系数（自净系数）。

若有其他的物理、化学、生物作用在河流中均匀发生，则上式形式不变，自净的综合作用可以集中反映在 K 值中。

（2）土壤污染数学模式。

污染物在土壤中呈现动态积累过程。一方面，污染物随灌溉水、大气降尘等不断进入土壤；另一方面，土壤中的淋洗、分解、吸附、化合、生物吸收等作用又不断使污染物得以净化。若认为这两种作用都是均匀进行的，则在某一时刻土壤中污染物的累积量可表达为：

$$W_i = B_i + \frac{Q_i}{M} K_i \frac{1 - K_i^n}{K_i} \tag{14-12}$$

式中　W_i——i 污染物在土壤中累积含量，$\mathrm{mg/kg}$；

B_i——土壤本底值，$\mathrm{mg/kg}$；

Q_i——进入土壤的污染物总量，$\mathrm{mg/a \cdot 亩}$；

M——耕作层土壤重量，$\mathrm{kg/亩}$；

n——污灌年限，年；

K_i——i 污染物在土壤中的残留率，$\%$。

（3）大气污染数学模式。

在风向、风速均匀不变的情况下，由一个连续点源所排出的污染物，若不发生大气化学反应，则可用统计学的中心极限定理，模拟污染质点分布，即：

$$P_i(x, y) = \frac{Q_i}{\pi \sigma_y \sigma_z \bar{u}} \exp\left[-\left(\frac{y^2}{2\sigma_y^2} - \frac{h_i^2}{2\sigma_z^2}\right)\right] \tag{14-13}$$

式中　Q_i——i 污染排放强度；

σ_y，σ_z——横向和垂直方向大气扩散系数；

$\bar{u}$——平均风速；

y——距污染源水平距离；

h_i——i 污染源排放有效高度；

$P_i(x, y)$——空间某点（x，y，$z=0$）浓度。

3. 综合评价法

环境影响评价工作中往往需要对开发活动的各要素和过程造成的影响进行总的估计和比较，即进行综合评价。综合评价方法有矩阵法、地图覆盖法、灵敏度分析法等，其中应用最广泛的综合评价方法是所谓的矩阵法。

五、环境影响报告书

国家有关部门规定的大中型基本建设项目环境影响报告书的内容如下。

（1）建设项目的一般情况。

1）建设项目名称、建设性质。

2）建设项目地点。

3）建设规模（扩建项目应说明原有规模）。

4）产品方案和主要工艺流程。

5）主要原料、燃料、水的用量和来源。

6）废水、废气、废渣、粉尘、放射性废物等的种别、排放量和排放方式。

7）废弃物回收利用、综合利用和污染物处理方案、设施和主要工艺原则。

8）职工人数，生活区布局。

9）占地面积和土地利用情况。

10）发展规划。

（2）建设项目周围地区的环境状况。

1）建设项目的地理位置（附位置平面图）。

2）周围地区地形地貌和地质情况、江河湖海和水文情况、气象情况。

3）周围地区矿藏、森林、草原、水产和野生动物、野生植物等自然资源情况。

4）周围地区自然保护区、风景游览区、名胜古迹、温泉疗养区以及重要政治文化设施情况。

5）周围地区现有工矿企业分布情况。

6）周围地区生活居住区分布情况和人口密度、地方病等情况。

7）周围地区大气、水的环境质量状况。

（3）建设项目对周围地区的环境影响。

1）对周围地区地质、水文、气象可能产生的影响，包括防范和减少这种影响的措施及最终不可避免的影响。

2）对周围地区自然资源可能产生的影响，包括防范和减少这种影响的措施及最终不可避免的影响。

3）对周围地区自然保护区域可能产生的影响，包括防范和减少这种影响的措施及最终不可避免的影响。

4）最终排放量对周围大气、水、土壤和环境质量的影响范围和程度。

5）噪声、振动等对周围生活居住区的影响范围和程度。

（4）建设项目对周围地区的环境影响评价。

1）将建设项目对周围地区的环境影响和该地区的环境保护目标或环境标准进行比较，说明影响是否可以接受。

2）对各种影响的性质加以说明，以筛选出长期的、直接的、不可逆的影响，为决策提供依据。

（5）建设项目的环境保护措施。

1）绿化措施，包括防护区的防护林和建设区域的绿化。

2）专项环境保护措施及其投资估算。

（6）建设项目环境保护可行性的论证意见。

第四节 城市环境美学质量评价

环境美学是研究人类生存环境的美学法则，研究环境美感对人们的生理和心理的作用，进而探讨这种作用对于人体健康、工作效率以及对社会和经济的影响。

环境美是人类的一种需求。对于环境美的描述，一般习惯用定性方法来表达，而城市环境美学质量评价则是采用定量和半定量方法来表达。

一、环境美学质量评价的主要内容

环境作为一种物质存在，它有美的特性。外界环境通过人的视觉、听觉、嗅觉、感觉等在人的头脑中形成美与丑的判断和反映。这种判断和反映与许多社会因子有关，也常因个人的精神、健康、情绪而异，所以环境美学质量评价是一项内容丰富而复杂的工作。一般来说，对于健全正常的人，判定环境美感的标准是基本相同的。为了简化和便于定量分析，可将环境美学质量分解为六个组成要素（表14-3）。

表14-3　　　　　　　　　　　各个环境美学质量要素的主要因子

环境美学质量要素	环境美学因子
自然景观美	山景、奇峰异洞、水景（江、河、湖、海、溪、流）、海滩浴场、瀑布、森林、草原、古树名木、花卉、云雾、四季景致、村落田野、自然保护区、原始景观、野生动物群落等
建筑艺术美	建筑总平面布局（包括竖向布局）、建筑群体构景、主体建筑造型与立面效果、建筑内外空间构图、建筑色彩、建筑细部装修、古建筑保护、意境与效果等
人文景观美	碑石、壁画、塑像、古墓、古战场、古城遗址、考古发掘、故居、革命文物、文稿手迹、书画题记、古物珍宝、神话传说等
园林艺术美	园林布局、园林建筑、假山怪石、园林水景、花墙洞口、小桥、林木花草、绿化种植技巧、盆景艺术、园林历史、绿化色泽和声影等
环境气氛美	大气质量（降尘量、飘尘、能见度、氧气含量、有害有毒成分）、水体质量（清澈透明度、能否允许人体接触）、温湿度、环境安宁（无噪声干扰）、大自然声影效果等
社会服务质量	交通道路旅游服务（宿、食、导游）、景区容纳最佳人数、商业服务、文化艺术服务、安全、文明、礼貌等

组成环境美学质量要素的因子繁多而复杂，在进行评价时，则要从中选取主要相关的因子作为各个要素的评价参数，数量不宜过多，以能反映美学质量要素的本质和变化为宜。

通过对美学参数的半定量和定量分析，拟定相应的数学模式，评价各环境美学质量要素的等级。最后综合各要素的美学质量（即等级），确定评价对象的美学等级，绘制环境美学质量评价图，一方面参与全环境质量评价，一方面做出改善环境美学质量的规划方案，这就是环境美学质量评价的主要内容。

二、环境美学质量评价的程序和方法

1. 环境美学质量评价程序

环境美学质量评价程序框图见图14-3。

2. 步骤与方法

（1）确定评价对象及分区界限。

掌握自然环境概况，收集有关监测数据，以那些和自然景观形成、发展密切相关的因素

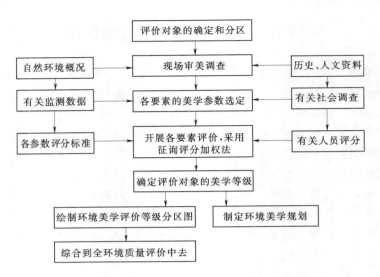

图 14-3 环境美学质量评价程序框图

为主要方面，如地质地理条件、水文水质状况、大气质量、气候、植被组成和覆盖率、噪声强度和分布规律等，同时要熟悉和了解有关人文景观的历史成因、史迹、当地地方志、历史人物、风土人情及有关的传说，全面地综合考虑上述各种情况，合理确定评价对象及其分区界限的划分。

（2）各环境美学质量要素的参数（美学因子）选择。

广泛开展社会学调查，选取合理的、有代表性的美学参数。参数应富有美学魅力，它们的变化对环境美感的影响最重要且最强烈。例如，通过现场审美和社会学调查，确定庐山自然景观美的主要参数为瀑布与泉水景观、云雾、四季景致和森林与古树名木四个美学因子。

（3）确定美学参数的评分标准和数据整理。

美学参数的评分标准的确定有两种情况，一种是有监测数据为依据和可进行数学统计的因子，需转换成无量纲的计算分值，评分采用 0～100 分。100 分表示美学质量最好，0 分则代表最差，下面以表 14-4 举例说明。

表 14-4　　　　　　　　　　　美学参数评分标准举例一

安静状况（dB）	评分标准（分）	景区容纳最佳人数比①（%）	评分标准（分）
35 以下	100	80～96	100
35～45	90 以上	96～102	90 以上
45～50	90～75	102～110	90～80
50～55	75～60	110～125	80～60
55～70	60～30	125～150	60～40
70 以上	30～0	150 以上	40～0

① 景区容纳最佳人数比 = 高峰游览人数/允许容纳游人数。

第二种情况是很难进行定量统计的美学参数，需要将定性分析转换成计算分值，同样采用 0～100 分制，见表 14-5。

表 14 - 5　　　　　　　　　　　美学参数评分标准举例二

意 境 与 效 果	评分标准（分）	建 筑 色 彩	评分标准（分）
有特色、引人入胜、流连忘返	100～90	明快、协调、富有艺术性	100～90
较有特色、观瞻丰富、艺术感强	90～80	二强一弱（上述三项）	90～80
有点特色、观赏好	80～70	二强一差	80～70
可供观察、一般化	70～50	一强二差	70～50
单调、无感染力	50～20	三差	50～0
无欣赏价值	20～0		

在确定了所有参数的评分标准之后，向有关美学家、诗人、画家、建筑师、地理学家和风景区管理人员征询评分。征询范围可以广泛一些，在最后整理时，有时可采用随机抽样方法，计算平均分值，采用最大值与平均值的算术方根。如庐山自然景观中美学参数"瀑布"，通过征询 60 人次，最高分值为 96，平均分值为 88，得瀑布的分值为：

$$C_{瀑} = \sqrt{\frac{96^2 + 88^2}{2}} = 92$$

（4）环境美学质量要素的评价模式。

各参数的计算分值求出以后，就要确定各参数的权重，也就是各参数在美学质量要素中的重要性。通过统计，求出调查对象提出的初步权重的算术平均值，权重的重要程度定为 0～10，最重要参数的权系数为 10，重要性最差的权系数为 1。同时，由参与美学评价的专业人员经过讨论也提出各参数的权重值，取二者的平均值，整理成最后的权系数 q_i（0～1），并使 $\sum q_i = 1$。表 14 - 6 中列出了修复后的庐山东林寺建筑艺术美学参数的权重值。

表 14 - 6　　　　　　　　　　　庐山东林寺各美学参数权重值

美学质量参数	调查对象提出的权重平均值	美学评价人员意见	二项平均值	最后权系数 q_i	评分值 C_i
建筑总平面布局	7	6	6.5	0.18	78
主体建筑造型与立面	8	8	8	0.22	83
建筑色彩	6	5	5.5	0.15	66
古建筑保护	6	8	7	0.20	58
意境与效果	8.5	9.5	9	0.25	86

最后权系数 q_i 的计算式如下：

$$q_i = \frac{二项平均值}{二项平均值的总和} \qquad (14 - 14)$$

环境美学质量要素的评价模式计算：

$$M_y = \sum_{i=1}^{n} C_i q_i \qquad (14 - 15)$$

式中　C_i——各美学参数的计算分值；

　　　q_i——各美学参数的权系数；

　　　M_y——环境美学质量要素的评分计算值。

下面以庐山东林寺"建筑艺术美"的 M_y 的计算为例，其参数评分值 C_i 列于表 14 - 6 中。

根据表 14-6 的 C_i 和 q_i 值综合计算得：

$$M_y = 78 \times 0.18 + 83 \times 0.22 + 66 \times 0.15 + 58 \times 0.20 + 86 \times 0.25 = 75.3$$

为了明确划分美学等级，将计算得到的环境美学质量要素的评分值，按表 14-7 查出所属等级。如东林寺"建筑艺术美"按表 14-7 查出为 II 级，美术效果为"美"。

表 14-7 　　　　　　　　　　　　　　环 境 美 学 等 级 划 分

级别	美学效果	M_y 值（分）	级别	美学效果	M_y 值（分）
I	很美	100～90	IV	差	60～40
II	美	90～75	V	很差	40 以下
III	一般	75～60			

（5）环境美学等级。

为了使评价对象最后评定的美学等级具有统一性、可比性，我们拟将评价对象分成三类：①自然风光；②城市风光；③较独立的人文景区（如某庙宇、陵墓等）。然后给出每一类别中各美学要素所占的权重 q_{yi}（二次加权），再加权计算求出评价对象的美学评价总分 M。三种类别的美学要素权重值初步建议见表 14-8。最后，按 M_y 值查出评价对象的环境美学等级。

表 14-8 　　　　　　　　　环境美学评价对象三种类别各要素权重值 q_{yi}

美 学 要 素	自然风光（I）	城市风光（II）	较独立人文景区（III）
自然景观	0.45	0.15	0.25
建筑艺术	0.17	0.33	0.20
人文景观	0.15	0.12	0.28
园林艺术	0.08	0.18	0.12
环境气氛	0.05	0.10	0.08
社会服务质量	0.1	0.12	0.07

注　1. 某些自然风光没有园林艺术项目的将该项权重值加入自然景观一项中。

　　2. 大自然保护区美学评价不在这三类中。

　　3. 在实际运用中，权系数固定值可在 0.05 的幅度中弹性变动。

（6）绘制环境美学质量评价图。

小型评价对象一般不进行分区评价，没有必要绘制评价图。对于区域、流域以及规模较大的评价对象，如一个城市、一个风景区，在评价开始时就需要做好分区工作，分别进行评价，绘制评价图，并用不同色块或数字标明不同的美学评定等级，使之一目了然。

根据环境美学质量评价结果，可以提出改进环境美学质量的意见、方案和近远期规划。环境质量美学评价可以单独作为一个评价结果，也可以综合到全环境质量评价中去。

第十五章 建 筑 环 境

建筑是城市生态系统人工环境中的最主要的组成部分。良好的建筑环境，不仅使建筑具有各种使用功能，而且使人们在使用过程中感到舒适，这是对建筑环境的基本要求。利用适宜的手段和方法，来创造良好的建筑环境，不仅关系到人的舒适性要求，还直接影响建筑的能源、资源的消耗，进而影响建筑与环境的关系，影响城市的可持续发展。建筑环境的研究应包括室内外的温度、湿度、气流、空气品质、采光与照明性能、噪声和室内音质等内容，以及这些因素间的相互作用，并对此进行科学的评价。

第一节 建 筑 内 环 境

如果以建筑围护结构为界，建筑环境可以分为建筑内环境和建筑外环境。建筑内环境是人们接触最密切的环境，人们 80% 以上的时间是在室内度过的。建筑内环境要素有建筑热湿环境、建筑光环境、建筑声环境和建筑内空气环境等。

一、人体热舒适

1. 人体热平衡

人体通过吃进的食物和吸入的氧气，在体内进行产热的生物化学反应，也就是新陈代谢过程，为人体提供各种器官在功能上所需要的能量。欲保持人体热平衡，体内的产热量应与向环境的散热量相均衡。人体的得热和失热过程可表示为：

$$\Delta q = q_m - q_e \pm q_r \pm q_c \qquad (15-1)$$

式中　q_m——人体产热量，W；

　　　q_e——人体蒸发散热量，W；

　　　q_r——人体辐射换热量，W；

　　　q_c——人体对流换热量，W；

　　　Δq——人体得失的热量，W。

人体产热量 q_m 主要取决于机体活动的剧烈程度。在常温下，处于安静状态的成年人，产热量约为 95~115W，当他从事重体力劳动时，产热量可达 580~700W。

在人体尚未出汗时，蒸发散热量 q_e 是通过呼吸和无感觉的皮肤蒸发进行的。当劳动强度变大或环境较热时，人体大量出汗，q_e 随汗液的蒸发而显著增加。

辐射换热量 q_r 主要是在人体表面与周围墙壁、顶棚、地面之间进行的，包括室内散热器、火墙、壁炉、辐射采暖板之类的采暖装置等。当人体表面温度高于周围表面温度时，辐射换热的结果为人体失热，q_r 为负值；反之，则人体得热，q_r 为正值。

对流换热量 q_c 是当人体表面与周围空气之间存在温度差时的热交换值。当体表温度高于气温时，对流换热的结果为人体散热，q_c 为负值；反之，则人体得热，q_c 为正值。

人们会遇到各种不同的热平衡，然而只有那种能使人体按正常比例散热的热平衡，才是舒适的。所谓按正常比例散热，指的是呼吸和无感觉蒸发散热约占 25%~30%，对流换热约占总散热量的 25％～30％，辐射散热约为 45％～50％。

2. 热舒适的影响因素

影响人体热舒适的因素有：室内空气温度、湿度、气流速度和环境辐射温度以及人体产热量及衣着情况。这些因素在不同状况下的组合影响着人体热舒适，不是室内空气温度一项独立决定的。尤其人体产热量及衣着情况属于个人的性质，比较容易控制，当室内空气温度偏离时，人们可以通过衣服的加减很轻易地达到热舒适。

室内热环境大致可以分为舒适的、可以忍受的和不能忍受的三种情况。对于绝大多数建筑来说，按舒适要求来规定室内热环境标准是不恰当的。因为在所有房间中都采用完善的空调设备，在经济上是不现实的，况且人的体质、习惯都有很大差异，不能用同一标准规范之。而且从心理方面讲，人们长期处于几乎是稳定的室内热环境中，也会降低人体对环境变化的适应能力，不利于健康。人是一个生命体，长时间处于恒温环境，并不感到舒适。

二、建筑热湿环境

建筑热湿环境是建筑内环境中重要的内容，主要反映在空气环境的热湿特性中。

1. 室内空气温度

室内空气温度是表征室内热环境的主要参数。室内温度对人体热平衡起着重要的作用，对人体的健康和舒适影响很大。当室内温度大于 30℃，相对湿度大于 80％时，环境温度高于体表温度，此时人体的体温调节系统处于高负荷状态，人体通过出汗、蒸发散热来调节体温。大量出汗导致体内水分、盐分流失，进而由于代谢失调，会诱发中暑，也使心脑血管疾病、糖尿病的发病率和死亡率上升，人的工作效率明显下降。在 35℃时体力劳动者劳动效率下降 70％，脑力劳动者的反应速度、运算能力、敏感度等下降 30％。对一般民用建筑，按房间的使用要求提出室内计算温度，而室内实际温度则由房间内得热和失热等因素构成的热平衡所决定，设计者的任务就在于使实际温度达到室内计算温度，而使用者应该可以对房间的实际温度进行调节。

2. 室内空气湿度

湿度对热平衡和温度、热感有重要作用。相对湿度大于 80％为高气湿；相对湿度小于 30％为低气湿；舒适气湿为 40％～70％。高温高气湿时，影响人体因高温而散发热量，妨碍汗液蒸发而使脉搏加快，心脏、血液系统受影响，引发中暑。低温低气湿时可加速机体散热，人感到寒冷，血管收缩，人体代谢降低。当气湿小于 10％～15％时，皮肤黏膜干燥，易患皮肤病，鼻易出血。当低温高气湿时，一部分水蒸气形成细雾，与污染物易结合在一起，使室内空气质量下降。高气湿时，细菌、霉菌易于滋生。

3. 气流速度

室内气流状态影响人体的对流换热和蒸发换热，也影响室内空气的更新。在一般情况下，人体舒适的气流速度应小于 0.3m/s；但在夏季利用自然通风的房间，由于室温较高，舒适的气流速度也应较大。室内风速在 0.3～1m/s 之间，多数人感到愉快；当室内风速大于 1.5m/s 时，多数人感到不舒适。

4. 环境辐射温度

室内热辐射主要指房间内各表面对人体的热辐射作用（对工业建筑和有辐射采暖设备的房间还应计入设备的热辐射）。热辐射强弱通常用平均辐射温度代表。平均辐射温度即室内对人体辐射热交换有影响的各表面温度的平均值。在炎热地区，夏季室内过热的原因除了夏季气温高外，主要是外围护结构的内表面的热辐射和通过窗口进入的太阳辐射所造成的。在寒冷地区，如外围护结构内表面的温度过低，将对人产生冷辐射，也严重影响室内热环境。

5. 建筑热湿环境的影响因素

建筑热湿环境的形成主要是各种外扰和内扰的影响造成的。外扰主要包括室外气候因素，如室外空气温湿度、太阳辐射、风速、风向变化，以及邻室的空气温湿度，均可以通过围护结构的传热、传湿、空气渗透使热量和湿量进出室内，对室内热环境产生影响。内扰主要包括室内各种设备、照明、人员等热湿源。

传热的基本形式是对流换热、导热和辐射三种。传湿的基本形式是对流交换和水蒸气渗透两种。某时刻在内外干扰作用下进入房间的总热量称为该时刻的得热量，包括显热和潜热两部分。如果得热量为负则意味着房间失去显热或潜热量。

三、建筑光环境

建筑光环境是保证人类日常活动得以正常进行的基本条件，依靠自然光或灯光将室内的景象映现在人的眼中。光环境的优劣也是评价室内环境质量的重要指标。适宜的室内光环境，使人感到舒适，可以减少人的视觉疲劳，提高劳动生产率和学习效率，还对人的视力健康和心理有直接的影响。光线不足，会增加眼睛的疲劳感，损害人的视力。光线太强，不仅浪费能源而且会使人眼受刺激而增加疲劳感。过强光线的刺激还可能使人发生短暂的失明现象。长时间在不适当的光环境下工作和学习，会使人的视力逐渐减退、近视或其他眼疾增加，工作效率降低，并容易导致生产事故的发生。合理舒适的建筑室内光环境需要多方面因素综合作用才能实现，了解和掌握建筑光环境的基本知识，具备一定的创造和控制光环境的能力是建筑环境领域的专业人员所必需的。

四、建筑声环境

建筑声环境是指建筑内外噪声和振动问题与室内音质问题。室内音质设计和噪声控制的基本目的都是为了创造一个良好的室内外声学环境。如何在室内创造一个高度保真的声学环境，如何消除或减少室内外噪声而创造一个安静、舒适的声学环境，是建筑声学需要解决的问题。研究室内音质问题的建筑声学是现代声学发展最早的一个分支。而研究噪声干扰和噪声控制则是在 20 世纪 60 年代以后，由于环境问题的出现，尤其是在工业和交通的迅速发展后而建立起来的最新分支。随着城市化进程的加快，城市噪声已成为严重的环境问题。

环境噪声与其他有害物质引起的公害不同，它属于感觉公害。首先，它没有污染物；其次，噪声对环境的影响不积累、不持久，传播的距离也有限；另外噪声声源分散，而且一旦声源停止发声，噪声也就消失。因此，噪声不能像其他污染物那样集中处理，需要以特殊的方法进行控制。

室内噪声有两个来源，一是从室外传入的噪声，室外噪声大致可以分为工厂噪声、交通噪声、建筑施工噪声和社会噪声。另一个来源是产生于建筑内，空调机组、换热站、水泵房的设备噪声成为建筑内主要噪声源。另外家用电器如电视机、洗衣机、收音机、电风扇，以及门窗的撞击声、卫生间的上下水声等都是室内噪声源。

五、建筑内空气环境

空气环境是重要的建筑内环境要素之一。室内空气环境主要由热环境、湿环境和空气质量等部分构成。良好的室内空气环境不仅有为室内多数成员所认可的舒适的热湿环境，同时也必须能够为室内人员提供新鲜宜人、激发活力并且对健康无负面影响的高品质空气，以满足人体舒适和健康的需要。室内空气质量的优劣直接关系到每个人的健康，对在室内人员的工作效率也有重要的影响。室内空气质量的研究已成为建筑环境科学领域内一个新的重要组成部分。

第二节　建　筑　外　环　境

虽然人的大部分时间是在室内度过的，但室内环境不可能孤立存在。人们越来越意识到建筑外环境对建筑内环境的影响，尤其是城市地区，建筑外环境形成了一个非常特殊的、有强烈人工化的生态系统，这就是城市生态系统。当然建筑内环境也会对建筑外环境造成影响，如大量的人为热产生于室内，生活垃圾和生活污水就产生于建筑内。实际上建筑内外环境是不可分割的。建筑外生态环境要素大致可以分为地理环境要素和气候环境要素。地理环境要素主要有空间、地形地势、植被、水环境要素等。

一、建筑外自然环境

1. 建筑外空间与地形地势

建筑外必须有足够的空间，才能保证建筑有合理的日照、采光、通风和热环境。在实际规划设计中，往往是通过建筑密度、日照间距、防火间距来加以控制的。

地形地势往往以间接形式来影响建筑外环境，如会间接影响到建筑外环境的温度、湿度、风向风速等。

2. 植被

建筑外的植被是建筑外环境的重要组成部分，这些建筑环境周围的植被作为植物的生产者的作用是非常次要的，而美化和净化环境的作用则是主要功能。从某种意义上讲，建筑外的植物更加珍贵，作用更加重要。绿色空间的大小及其生态效能都是建筑外环境质量的重要参数。建筑外环境植被可以分为自然植被、半自然植被和人工植被三大类型。绿地尤其是大片绿地对改善建筑外热环境作用很明显。表 15 - 1 是北京地区的测试结果。

大片绿地和水面对改善城市气温有明显作用，如杭州西湖、南京玄武湖、武汉东湖等，其夏季气温比市区要低 2～4℃。因此，在城市地区及其周围大面积绿化，对于改善城市的气温是有积极作用的。应提高绿化覆盖率，尽量将全部裸土用绿色植物覆盖起来，还应尽可能考虑建筑的屋顶绿化和墙面垂直绿化。

表 15 - 1　　　不同类型绿地降温作用比较

绿地类型	面积 (hm²)	平均气温（℃）（8 月 1 日）
大型公园	32.4	25.6
中型公园	19.5	25.9
小型公园	4.9	26.2
城市空旷地	—	27.2

3. 水环境

水是一切生命的基础，所以水自然是建筑环境中必不可少的循环物质。水对建筑的作用和影响主要表现在两个方面：一方面水作为重要的资源，是建筑中物质循环的一部分，也是能量的载体；另一方面水参与建筑的热湿变化过程。

水是影响室内湿热变化过程的重要因素，是自然界热容量最大的物质。除了水的巨大热容和水蒸气的温室效应以外，水在发生相变时，还具有巨大的潜热值。潜热交换主要包括两个物理过程：一是水的蒸发与凝结；二是冰面的升华与凝华。

因为水有这样特殊的性质，水的温度变化和相变都会伴随着巨大的能量转移，会对周围的热湿环境产生很大影响。

二、建筑外环境的气象要素

建筑外环境的气象要素会通过围护结构直接影响室内环境。一个地区的气候是在许多气象因素综合作用下形成的，主要的气象因素有：太阳辐射、气温、湿度、风、降水等。

1. 太阳辐射。

（1）太阳辐射热。

太阳辐射热是地表大气热过程的主要能源，也是室外热环境中对建筑物影响最大的因素。日照和遮阳是建筑设计的重要内容，这都是针对太阳辐射热的。建筑外围护的结构设计，必须仔细考虑可作为能源使用的太阳辐射热。能源危机迫使人们设计和建造被动式太阳能建筑，这就对围护结构的设计提出了更高的要求。

太阳辐射中约有 46% 是波长为 380～780nm 的可见光，其次是波长为 780～3000nm 的近红外线。当太阳辐射透过大气层时，由于大气对不同波长射线的反射和吸收作用有所不同，因此，在不同的太阳高度角下，光谱的成分也不相同，各种辐射能量占太阳辐射总能量的百分比随高度角的变化见表 15-2。可以看出，太阳高度角越高，紫外线及可见光成分越多，红外线则越少。

表 15-2 太阳辐射与太阳高度角的关系 ％

太阳高度角	紫外线	可见光	红外线
90°	4	46	50
30°	3	44	53
0.5°	0	28	72

达到地球表面的太阳辐射由两部分组成：一部分是太阳直接照射到地球表面的部分，称为直接辐射；另一部分是经过大气散射作用后而达到地面的，称为散射辐射。直接辐射与散射辐射之和就是达到地面的太阳辐射总和，称为总辐射。

大气对太阳辐射的削弱程度取决于射线在大气中射程的长短及大气质量。水平面上太阳直接辐射强度与太阳高度角、大气透明度成正比。在低纬度地区，太阳高度角高，阳光透过的大气层厚度较薄，因而太阳直接辐射强度较大；在高纬度地区，太阳高度角低，阳光透过大气层的厚度较厚，因此太阳直接辐射强度较小。在一天中，中午时太阳高度角大，太阳射线穿过大气层的射程短，直接辐射强度就大；早晨和傍晚时的太阳高度角小，太阳射线穿过大气层的射程长，直接辐射强度就小。

（2）日照的作用与效果。

日照是指物体表面被太阳光直接照射的现象。由于阳光照射，引起动植物的各种光生物学反应，因而促进生物机体的新陈代谢。波长在 200～400nm 的紫外线能帮助人体合成维生素 D。紫外线具有强大的杀菌作用，尤其是波长在 250～295nm 范围内杀菌作用更为明显。紫外线能预防和治疗一些疾病，如感冒、支气管炎、扁桃腺炎和佝偻病等。日照强度大小和时间长短还会对人类的行为产生影响。研究表明，在纬度较高的地区，日照时间少的冬季，有些人会变得非常胆小，疲劳而又抑郁。随着春夏的来临，日照时间变长，这些症状会逐渐消失，人又恢复正常。人在无光照的黑暗环境中，机体内会分泌一种褪黑色素，由于冬季日照短，褪黑色素分泌增多，使得一些人的精神受到压抑。但是过度的紫外线照射会危及人类的身体健康。

日照对于建筑是十分重要的，建筑争取适宜的日照，具有重大的卫生意义。阳光中含有大量红外线，冬季照射入室所产生的辐射热，能提高室内温度，有良好的取暖和干燥作用。可见光的波长大约在 380～780nm 的范围内，是我们眼睛所能感知的光线，在照明学上具有重要的意义。

但是，过量日照，特别是在我国南方炎热地区的夏季，容易造成室内过热。阳光直射工作面上会产生眩光，损害视力。因此，如何利用日照的有利一面，控制与防止日照不利的影响，是建筑日照设计时应当考虑的问题。

住宅室内的日照标准一般是由日照时间和日照质量来衡量的。北半球的太阳高度角全年中的最小值是冬至日，因此以冬至日底层住宅得到的日照时间作为最低的日照标准。在我国一般民用住宅中，日照应满足《城市居住区规划设计规范》GB 50181 的标准。住宅中的日照质量是日照时间的积累和每小时的日照面积两方面组成的。只有日照时间和日照面积都得到保证，才能充分发挥阳光的作用。同一纬度的最大可照时数是相同的，但因各地云量及其遮挡太阳时间的不同，实际的日照时数就有差异。建筑日照设计的主要目的是根据建筑的不同使用要求，采取措施使房间内部获得适当的而防止过量的太阳直射光。正确地选择房屋朝向、间距、布局形式、建筑体型、窗口位置、遮阳处理等。

2. 风

风是指由于大气压差所引起的大气水平方向的运动。地表温度不同是引起大气压力差的主要原因，也是风的主要成因。风可以分为大气环流与地方风两大类。由于照射在地球上的太阳辐射不均，造成赤道和两极间的温差，由此引发的大气在赤道和两极之间运动，叫做大气环流，控制大气环流的主要因素是地球表面状况和地球的自转与公转。地方风是由于地表水陆分布、地势起伏、地表覆盖等地方条件不同引起的，如海陆风、季风、山风、靠岩风、地洞风等。地方风除季风外，都是由于局部地方昼夜受热不均而引起的，所以都是以一昼夜为周期风向产生日夜交替的变化。季风是因为海陆间季节温差引起的，冬季的大陆温降剧烈，气压增大，季风从大陆吹向海洋；夏季大陆强烈增温，气压降低，季风由海洋吹向大陆。因此，季风的变化是以年为周期的。

风向和风速是描述风特性的两个因素。风向通常用 16 个方位来表示。风速则为单位时间风所行进的距离，以 m/s 表示。气象台一般以所测距地面 10m 高处的风向和风速作为当地的测试数据。利用当地的风向频率图（又称风玫瑰图）可以直观地反映出一个地方的风向和风速。风向频率图是按照逐时所实测的各个方向所出现的次数，分别计算出各个方向风出现的次数占总次数的百分数，并按一定比例在各方位线上标出，最后连接各点而成。风向频率图可按年或按月统计，分为年风向频率图或月风向频率图。在城市工业区布局及建筑物个体设计中，都要考虑风向频率的影响。图 15-1（a）表示了某地全年（实线部分）及 7 月份（虚线部分）的风向频率，其中，除圆心以外每个圆环间隔代表频率为 5%。除风向频率图以外，有时气象部门还要绘出风速频率图，图 15-1（b）即表示了某地各方位的风速。

建筑物周围的环境对其附近的风向和风速也有很大的影响。局部的主导风可能偏离地区

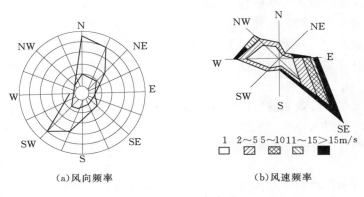

(a)风向频率　　　　　　　　　　(b)风速频率

图 15-1　风玫瑰图

的主导风，风速也会变化。这可能是由于风在遇到障碍物而绕行时所产生方向和速度的变化，如街巷风和高楼风。通过建筑设计的手法，可在建筑物中自己产生风，例如庭院风、巷道风、井厅风等。

3. 降水

从海洋和大地蒸发出来的水进入大气层，经过凝结又降回地面的液态或固态水分称为降水。雨、雪、冰雹等都属于降水。降水特性包括降水量、降水时间和降水强度。降水量是指降落到地面的雨、雪、冰雹等融化后，未经蒸发或渗透流失而积累在水平面上的水层厚度，以毫米为单位。降水时间是指一次降水过程从开始到结束的持续时间，用小时或分钟来表示。降水强度是指单位时间内的降水量。降水强度的等级以 24h 的总量（mm）来划分：小于 10mm 的为小雨；中雨为 10～25mm；大雨为 25～50mm；暴雨为 50～100mm。

影响降水分布的因素很复杂，首先是气温。在寒冷的地区，水的蒸发量不大，而且由于冷空气的水蒸气分压力较低，因此寒冷地区不可能有大量的降水。在炎热地区，由于蒸发强烈，而且水蒸气分压力也较高，所以水汽凝结时会产生较大的降水。此外，大气环流、地形、海陆分布的性质及洋流都会影响降水性质。我国的降水量大体是由东南向西北递减。

三、建筑外热湿环境

1. 室外温度

我们所称的室外气温一般是指气象气温，指距地面 1.5m 高，处于背阴处的空气温度。而室外综合温度是将室外气温和太阳辐射对围护结构的热作用所产生的当量温度综合成的一个室外气象参数，以 t_{sa} 表示，其计算式为：

$$t_{sa} = t_e + \frac{\rho_s I}{\alpha_e} - t_{lr} \qquad (15-2)$$

式中　t_{sa}——室外综合温度，℃；

　　　t_e——室外空气温度，℃；

　　　ρ_s——围护结构外表面对太阳辐射的吸收系数；

　　　I——太阳辐射照度，W/m^2；

　　　α_e——外表面传热系数，$W/（m^2 \cdot K）$；

　　　t_{lr}——外表面有效长波辐射温度，℃。

大气中的气体分子在吸收和反射辐射时具有选择性。对于太阳辐射这样的短波辐射，大气几乎是透明体，所以大气直接受太阳辐射而产生的增温是非常微弱的，然而大气却可以吸收地面的长波辐射（波长在 $3～120\mu m$ 范围）而升温，因此地面与空气的热量交换是气温升降的主要原因。

影响地面附近气温的因素有：第一，入射到地面上的太阳辐射热量，它起到决定性作用；第二，地面的覆盖面，例如森林、草原、沙漠、湖泊及地形等因素对气温的影响，不同的地表覆盖面对太阳辐射的反射和吸收不同，所以地表增温也不同；第三，大气以对流的方式影响气温，包括空气的垂直运动和水平运动。

气温有年变化和日变化，在晴朗的天气下，气温一昼夜的变化是有规律的，最高值一般出现在下午 2 时左右，而不是正午太阳高度角最大的时刻。最低气温一般出现在日出前后，而不是在午夜，是换热过程造成了时间的滞后。一日内气温的最高值和最低值之差称为气温的日较差，通常用来表示气温的日变化。一年中各月平均气温也有最高值和最低值。我国大部分地区年最高气温出现在 7 月（大陆地区）或 8 月（沿海和岛屿），而年最低气温出现在

1 月或 2 月。一年内最热月与最冷月的平均气温差叫气温的年较差。我国各地气温的年较差自南到北、自沿海到内陆逐渐增大。华南和云贵高原约为 10～20℃，长江流域为 20～30℃，华北和东北南部约 30～40℃，东北北部与西北地区则超过 40℃。

在进行建筑热工设计和计算时，室外空气温度是一个重要的指标，室外空气温度常常是评价不同地区气候冷暖的根据。研究建筑外围护结构的保温、隔热，也要根据室外空气温度的变化规律，采取能利用自然气候特点的、适用的、经济有效的措施。

2．空气湿度

空气湿度是指空气中水蒸气的含量。这些水蒸气来源于江河湖海的水面、植物及其他水

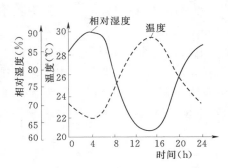

图 15－2　室外相对湿度的日变化

体的水面蒸发，一般以绝对湿度和相对湿度来表示。相对湿度的日变化受地面性质、水陆分布、季节寒暑、天气阴晴等的影响，一般是大陆低于海面，夏季低于冬季，晴天低于阴天。相对湿度日变化趋势与气温日变化趋势相反（图 15－2）。

在一年中，最热月的绝对湿度最大，最冷月的绝对湿度最小，这是因为蒸发量随温度的升高而增加。较大的相对湿度日变化主要发生在日较差较大的大陆地区，午后气温达到最高值时，相对湿度也最低，一到夜间，气温降低，相对湿度会升高。受海洋气候的影响，我国南方大部分地区的相对湿度在一年中以夏季为最高，秋季最小。华南地区和东南沿海一带，因春季海洋气团侵入，而此时当地的气温还不高，所以会形成较高的相对湿度，大约在三、四、五月为最大。

室外热环境是指作用在建筑外围护结构上的一切热物理量的总称。建筑外围护结构的功能之一在于抵抗或利用室外湿热作用，使室内产生易于控制的舒适热环境。

第三节　建 筑 的 生 态 环 境

建筑是生态系统的组成部分，应该遵守生态环境的基本规律。从环境生态学的观点看，建筑是一个系统，系统内外存在着能量、物质、信息的流动。能量的平衡、高效的物质循环、畅通的信息传递是生态平衡的主要标志。

一、建筑的基本功能

1．传统意义上的功能

传统意义上的功能即一般意义上建筑的功能，如遮风避雨、安全庇护等。

2．建筑内外的能量流动

在建筑内外传递的能量流动可以分自然力推动的能量流动和人工引导的能量流动。

（1）自然力推动的能量流动。在建筑内外由自然力推动的能量流动，包括通过围护结构导热而进出的热能、通过窗进出的辐射热能（如太阳辐射和室外地面及建筑物等的辐射热）、通过空气流动而进出的对流换热和水的流动而进出的水的显热和潜热能。

（2）人工引导的能量流动。在建筑中由人工引导的能量流动有电能、燃料（天然气、液化气、蜂窝煤等）、热水（包括供暖用热水和热水供应）等。建筑能耗是巨大的，大约占全部社会能耗的 40％以上，对能源的消耗和对环境的影响都是不可忽视的。

3．建筑内外的物质流

（1）自然力推动的物质流。由自然力推动的物质流动有空气和水，具有数量大、状态不稳定、对建筑环境质量影响大的特征。空气和水尤其对室内的湿热环境影响很大。

（2）人工推动的物质流。一般所讲物质流在建筑中循环的过程，实际上主要就是人工推动的物质流。引入室内的主要有建材、装饰材料、家具、食品、生活资料和其他用品，引出室外的物质主要是生活垃圾和生活污水。显然它在物质流中是最为复杂的，不是简单地输入和输出，还要经过生产（有形态和功能的改变）、使用、积累以及排放废弃物等环节和过程。

（3）建筑内外物质流动的特点。

1）物质流动的数量大。包括自然力推动的物质流和人工推动的物质流。

2）物质流动缺乏生态循环。建筑是高度人工化的系统，系统内的分解者数量很少，作用微乎其微，再加上物质循环中产生的废物数量很大，故建筑中废物难以分解、还原。物质被反复利用、周而复始循环的比例是相当小的。

3）物质流受到强烈人为因素的影响。建筑的高度人工化，决定了物质流动的全过程都受到人为因素的影响，甚至自然力推动的物质流也受到人工的影响。

4）物质循环过程中产生大量废物，成为生活垃圾和生活污水。

4．信息的传递

信息是客观世界带有某种特性的讯号。信息在人类社会经济发展进程中起着前所未有、越来越重要的作用。建筑内外的信息传递包括自然信息和人工信息。自然信息主要是自然界的声、光、热等信息，而人工信息则主要是通过书籍、报刊杂志、电话、电视、互联网等形式传递。建筑的信息传递可用两个指标来表示，一是信息装备，二是信息流通量。智能建筑是信息传递更为畅通更为完善的建筑。

二、建筑生态位

1．建筑生态位的概念

生态位是生态学的概念，同样也用于城市生态环境。城市生态位反映一个城市的现状对于人类各种经济活动和生活活动的适宜程度。反映一个城市的性质、功能、地位、作用及其人口、资源、环境的优劣势。可以说城市生态位是城市满足人类生存发展所提供的各种条件的完备程度。建筑生态位是建筑满足人的工作与生活所提供的各种条件的完备程度。不断寻找良好的生态位是人们生理和心理的本能。

2．适宜的建筑生态位

适宜的建筑生态位主要是以人为本和可持续发展为基本出发点，以人的健康舒适和生态建筑为基本要求。适宜的建筑生态位应具有以下条件。

（1）物理因素。

1）建筑物应有合理的朝向、体形，在符合日照间距规定的情况下，提高容积率。

2）室内应有舒适又利于健康的湿热环境，全年大部分时间室内温度保持在 $16\sim28℃$ 之间，湿度保持在 $40\%\sim70\%$ 之间，围护结构的保温性能应达到建筑节能标准的要求。

3）室内应有良好的通风，保持较好的室内空气质量，各类污染物的浓度很低，均低于相关各类标准的要求。通风窗应具备热交换、隔绝噪声、防尘效果优越等功能。

4）声、热、光、水等都有系列量化指标，具有宜人的建筑环境质量。

5）住宅应装修到位，做到实用简约。避免二次装修所造成的污染。

6）建筑物周围应有一个安静的环境，室内噪声级要小于 50dB（A）。

（2）与环境友好和亲切。

1）室内应有充足的日照时间，有良好的采光，并设有节能的照明设备。

2）建筑环境应有洁净的空气和水源。使人们呼吸清新的空气，饮用卫生达标的水。

3）建筑物周围应保持和开辟绿地，种植树木和草坪，以改善景观和保持生态平衡。

（3）体现可持续发展。

1）建筑物能够有效地使用水、能源、材料和其他资源。社会的发展只能是越来越科学和理性地对待资源的消耗和利用，节俭是永恒的美德，为了经济的目的而盲目地促进消费，是一种不可持续的发展，在经济上也是短视行为，是消费文化低下的表现。

2）尽量回收和重复利用资源。建筑中排放的废弃物、垃圾应实行分类收集，以便回收和重复利用，应设立中水系统。

3）建筑设计应坚持可持续发展的主旋律，节能、节地、节约资源。

（4）以人为本的原则。

1）居住区开发应体现以人为本的原则，以人的健康为宗旨，设立医疗保健机构、老幼皆宜的运动场所和设施。应有利于人的身心健康和社会文明程度的提高。

2）住宅应有足够的人均建筑面积，并确保私密性。

3）住宅要便于护理老龄者和残疾人。

4）建筑是文化的载体，建筑的外观设计应有文化内涵，要有灵魂。

第四节　室内空气质量与控制

随着生态环境意识的增强，人们迫切希望拥有安全、舒适、健康的生活空间，但许多新的生活用品的使用，尤其是不科学的装修将大量的污染物引入室内，加之房间的封闭性越来越强，使得室内空气质量下降。许多人认为环境污染主要发生在室外，为了保护室内不受污染，所以尽量关闭门窗，这显然是一个认识误区。

一、室内空气污染特征与演变

1. 室内空气污染的特征

室内空气污染与大气污染相比，有以下特征：

（1）累积性。室内环境是相对封闭的空间，其污染形成的特征之一就是累积性。室内的许多物品，包括建筑装饰材料、家具、家用电器等都可以释放出一定的化学物质。如不采取有效措施，它们将在室内逐渐积累，导致污染物浓度增大，构成对人体的危害。

（2）长期性。由于人们长时间处于室内环境中，即使浓度很低的污染物，由于长期在人体内积累，也会影响人体健康。

（3）多样性。室内空气污染的多样性既包括污染物种类的多样性，也包括室内污染物来源的多样性。室内空气中污染物有生物性污染物如细菌，化学性污染物如甲醛、苯、甲苯、CO、SO_2，还有放射性污染物如氡气等。

2. 室内空气污染的演变

发达国家大规模出现装修热是在 20 世纪 60 年代。80 年代，美国有关研究机构测定了650 个家庭中 11～19 种挥发性有机物（VOC）的室内外空气、个体接触量、呼出气体浓度，研究表明，室内 VOC 浓度高于室外。能源危机使人们为了节能而进一步提高了建筑物的密闭性和绝热性，使得室内空气中的有害气体、微生物和可吸入颗粒物大大超过标准值。大城市中心的商业区中的大型商场、写字楼建筑普遍采用封闭的集中空调系统，在封闭环境中，污染物很难扩散，极易发生建筑物综合症。

我国比较严重的室内空气污染出现在 20 世纪 80 年代以后。各地大规模建造单元式居民楼，空调逐渐普及，加之在装修过程中使用了含有大量有害物质的装饰材料，在居住条件大幅度改善的同时，室内空气品质却不断恶化。

二、室内污染的来源

1. 室内污染源分类

（1）按污染来源的性质分。

1）化学性污染源。①挥发性有机物：醛、苯类。室内已检测出数百种挥发性有机物（VOC）；②无机化合物：氨、一氧化碳、二氧化碳、臭氧、氮氧化物等来源于燃烧产物及化学品。

2）物理性污染源。地基、井水、建材、砖、混凝土等散发的放射性氡（Rn）及其子体；噪声与振动、家用电器、照明设备引起的电磁污染。

3）生物性污染源。包括垃圾、因湿发霉的墙体、家具产生的细菌、真菌类孢子花粉、人的代谢产物等。

（2）按性状分。

1）悬浮固体污染物：灰尘、微生物细胞（细菌、霉菌等）、植物花粉、烟雾等。

2）气体污染物：二氧化硫、氮氧化物、臭氧、氨、甲醛、苯系物、氡气、γ 射线等。

（3）根据污染物的形成原因和进入室内的渠道分。

1）来源于室内的污染物。

2）来源于室外的污染物（表 15-3）。

表 15-3　　　　　　　　　　　　　室内空气污染来源表

污染源		产生的污染物
室内	建筑材料、板材、石材、保温材料、涂料、胶粘剂	氨、甲醛、氡、放射性核素、石棉纤维、有机物
	清洁剂、除臭剂、杀虫剂、化妆品	苯及同系物、醇、氯仿、脂肪烃类、多种挥发性有机物
	燃料燃烧	二氧化碳、二氧化氮、二氧化硫
	吸烟	一氧化碳、二氧化碳、氮氧化物、烷、烯烃、尼古丁、焦油、芳香烃等
	呼吸、皮肤、汗腺代谢活动	二氧化碳、氨气、一氧化碳、甲醇、乙醇、醚
	室内微生物（来源于人体病源微生物及宠物）	结核杆菌、白喉、霉菌、螨虫、溶血性链球菌、金黄色葡萄球菌
	复印机、空调、家电	臭氧、有机物
室外	工业污染物	二氧化硫、氮氧化物、总悬浮颗粒物、氟化氢
	交通污染物	一氧化碳、碳氢化合物
	光化学反应	臭氧
	植物	花粉、孢子、萜类化合物
	环境中微生物、真菌、酵母菌	
	建筑地基	氡

2. 室内建筑材料、装修材料产生的污染

建筑材料是建筑工程中所使用的各种材料及其制品的总称。建筑材料的种类繁多，有金属材料、非金属材料、植物材料、合成高分子材料，另外还有许多复合材料。

装饰材料是指用于建筑物表面起装饰效果的材料，也称饰面材料。一般是在建筑主体工程（结构工程和管线安装等）完成后，在最后进行装饰阶段所使用的材料。人们的居住环境是由建筑材料和装饰材料所围成的与外环境隔开的小环境，这些材料中的某些成分对室内环境质量有很大影响。这些物质的浓度有时虽不是很高，但在它们的长期综合作用下，可使居住在被这些挥发性有机物污染的室内的人群出现不良建筑物综合症等疾病。尤其在装空调系统的建筑物内，由于室内污染物得不到及时清除，就更容易出现这些不良反应及疾病。

另外，有大量日用化学品进入室内，方便了生活，却带来了室内污染。许多家用化学品能释放出各种有机化合物，或者本身含有有毒物质（如铅、汞、砷等）。家用化学品主要有：洗涤用品、清洁用品、化妆品、皮毛制品保护剂、家用气溶胶，以及除臭剂、消毒剂等。

3. 厨房污染

人们在供暖和烹饪中使用煤、天然气、液化石油气、煤气等为燃料，在燃料燃烧和炒菜产生的油烟中，含有一氧化碳、二氧化碳、氮氧化物、二氧化硫等气体及未完全氧化的烃类。厨房是居住建筑内污染最严重的地方。

4. 家用电器污染

自 20 世纪 70 年代末以来，家电开始进入家庭。电视、电话、空调、热水器、电冰箱、洗衣机、微波炉、计算机、收录机等已成为每个家庭不可缺少的物品，家电在给家庭带来方便、快捷和乐趣的同时，也产生了对室内环境的不良影响。

5. 室内人群产生的污染

（1）人体代谢。

人体的气味是在人体新陈代谢过程中所产生的。人体会产生大量代谢废弃物排出体外。

（2）人体呼吸作用。

人体的呼吸，会增加室内温湿度，促使细菌、病毒等微生物大量繁殖。人体在新陈代谢过程中，会产生大量的化学物质从呼吸道排出。

（3）吸烟。

吸烟是室内污染物的重要来源之一，吸烟烟雾中成分复杂，有上千种的化合物以气态、气溶胶状态存在，其中很多是致癌、致畸、致突变的物质。表 15-4 为香烟散发的气体污染物种类及发生量。

表 15-4　　　　　香烟散发的气体污染物种类及发生量　　　　　单位：$\mu g/$支

污染物	发生量	污染物	发生量	污染物	发生量
二氧化碳	10～60	丙烷	0.05～0.3	氨	0.01～0.15
一氧化碳	1.8～17	甲苯	0.02～0.20	焦油	0.5～35
氮氧化物	0.01～0.6	苯	0.015～0.1	尼古丁	0.05～2.5
甲烷	0.2～1	甲醛	0.015～0.05	乙醛	0.01～0.05
乙烷	0.2～0.6	丙烯醛	0.02～0.15		

三、评价标准

（1）现行国家标准《民用建筑工程室内环境污染控制规范》（GB 50325—2010）规定民用建筑工程验收时，必须进行室内环境污染物监测。结果应符合表15-5的规定。

表15-5　　　　　　　　　　**民用建筑工程室内环境污染物浓度限量**

污　染　物	Ⅰ类民用建筑建筑工程	Ⅱ类民用建筑建筑工程
氡（Bq/m^3）	≤200	≤400
游离甲醛（mg/m^3）	≤0.08	≤0.10
苯（mg/m^3）	≤0.09	≤0.09
氨（mg/m^3）	≤0.2	≤0.2
总挥发性有机化合物（mg/m^3）	≤0.5	≤0.6

注　1. 表中污染物浓度限量，除氡外均应以同步测量的室外上风向空气测量值（本底值）后的测量值。

　　2. 表中污染物测量值的极限值判定，采用全数比较法。

（2）根据卫生部颁布的《室内空气质量卫生规范》，室内空气中污染物浓度限值见表15-6、表15-7。

表15-6　　　　　　　　　　**室内空气中污染物浓度限值**

污染物名称	化学分子式	单　　位	浓　　度	备　　注
二氧化硫	SO_2	mg/m^3	0.15	
二氧化氮	NO_2	mg/m^3	0.10	
一氧化碳	CO	mg/m^3	5.0	
二氧化碳	CO_2	%	0.10	
氨	NH_3	mg/m^3	0.2	
臭氧	O_3	mg/m^3	0.1	小时平均
甲醛	$HCHO$	mg/m^3	0.12	小时平均
苯	C_6H_6	mg/m^3	90	小时平均
苯并［a］芘	$B(a)P$	mg/m^3	0.1	
可吸入颗粒	PM_{10}	mg/m^3	0.15	
总挥发性有机物	$TVOC$	mg/m^3	0.60	
细菌总数		cfu/m^3	2500	

注　1. 除特殊说明外，均为日平均浓度。

　　2. 居室内甲醛的浓度限值为0.08mg/m^3。

　　3. 小时平均浓度指任何一小时的平均浓度，每小时至少有45min以上的测量数。

表15-7　　　　　　　**室内空气氡及其子体浓度参考值平衡当量浓度（年平均）**

建筑物类型	住房	地下建筑
浓度（Bq/m^3）	200	400

（3）国家环保局颁布的《室内环境质量评价标准》见表15-8。

本标准分三级：一级指舒适、良好的室内环境；二级指能保护大众（包括老人和儿童）健康的室内环境；三级指能保护员工健康、基本能居住或办公的室内环境。

表 15-8　　　　　　　　　　　　　　　　　　室内环境质量评价标准

污 染 物			级　别			备注
类别	项目	单位	一级	二级	三级	
物理性指标	可吸入颗粒	$\mu m/m^3$	50	150	250	日平均
	温度	℃	23～26	23～26		夏季
			21～23	21～23		冬季
	湿度	%	50～60	55～65		夏季
			40～50	>40		冬季
	空气流速	m/s	<0.2	<0.25	<0.2	夏季
			<0.15	<0.2	<0.3	冬季
	噪声	dB	≤45	≤55	≤65	白天
			≤30	≤45	≤60	夜间
	新风量	$m^3/（h·人）$	60	30	15	
化学性指标	甲醛	mg/m^3	0.04	0.08	0.12	8h平均
	苯	$\mu g/m^3$	10	20	30	8h平均
	二甲苯	mg/m^3	0.30	0.6	0.9	8h平均
	TVOC	$\mu g/m^3$	200	300	600	8h平均
	苯并［a］芘	mg/m^3	不得检出	1	2	日平均
	氨	mg/m^3	0.1	0.2	0.5	
	CO_2	ppm	600	1000	1500	
	CO	mg/m^3	3	5	10	8h平均
	O_3	mg/m^3	0.10	0.12	0.16	8h平均
	SO_2	mg/m^3	0.15	0.15	0.25	日平均
	NO_2	mg/m^3	0.10	0.10	0.15	日平均
生物性指标	细菌总数	cfu/m^3	1000	2000	4000	
放射性指标	氡及其子体	Bq/m^3	100	100	200	

四、室内污染控制

室内空气污染的控制，首先要尽量减少污染物的进入和排出。而改善和提高室内空气质量将从室内污染源控制、使用绿色建材、通风、合理使用空调等治理技术及室内绿化和优化设计等方面着手。

1. 污染源的控制

（1）减少污染源进入室内。

消除或减少室内污染源是改善室内空气品质、提高舒适性的最经济最有效的途径。在室内减少吸烟和室内的燃具燃烧过程并进行燃具改造，减少气雾剂、化妆品的使用，更重要的是控制能够给环境带来污染的材料、家具进入室内。

（2）绿色建材。

绿色材料指在原料采取、产品制造、使用或者再循环以及废料处理等环节中对地球负荷最小和利于人类健康的材料。绿色建材不是单独的建材品种，而是对建材"健康、环保、安全"属性的评价，包括对生产原料、生产过程、施工过程、使用过程和废弃物处置五大环节的分项评价和综合评价。绿色建材采用清洁生产技术，少用天然资源和能源，大量使用工业或城市固态废弃物，生产无毒害、无污染、无放射性的有利于环境保护和人体健康的建筑材料。产品可循环或回收再利用无污染环境的废弃物。绿色建材满足可持续发展的要求。

　　2. 通风换气

　　（1）开窗和关窗。

　　许多人误认为室外空气污染大，室内空气比较洁净，所以尽量关窗，以免污染物进入。可是实际测定，一般总是室内污染物浓度比室外高，有时还会高几十倍。室内空气比室外空气质量差的原因如下：

　　1）室内空气来源于本地室外空气，是在室外空气的基础上进一步污染的。

　　2）虽然室内室外都有污染源，但室内空气量有限，而室外空气量是巨大的，并有很好的流动性，所以室外空气中的污染物的浓度要小于室内。

　　3）空气的自然净化机制在室外。被污染的空气在自然界中有一个自我净化的机制，这种净化机制存在于大自然，在室外，而室内空气难以进行自我净化，所以关窗阻止室内空气和大自然空气的交流，是造成室内空气污染的根本原因。

　　（2）通风换气的作用与形式。

　　通风就是室内外空气互换。互换速率越高，降低室内产生的污染物的效果往往越好。加强通风换气，用室外新鲜空气来稀释空气污染物，使浓度降低，改善室内空气质量，是最方便快捷的方法。可依据污染物发生源的大小、污染物种类及其量多少，决定采用全面通风还是局部通风，以及通风量大小。在一般家庭居室内，每人每小时需要新风量约为 $30m^3$。

　　1）开窗、通风换气的作用。开窗通风可以始终保持室内具有良好的空气品质，是改善住宅室内空气品质的关键。即使在较寒冷的冬季，也最好能开一些窗户，使室外的新鲜空气能进入室内。

　　2）通风形式。一般旧式建筑物透气性较好，新式建筑大大提高了密封性。建筑内外的换气，受建筑物围护结构的密封度、风速和内外温差等因素的影响。通常在寒冷和刮风天换气程度最大。在无风、温和天气，温差较小时，不管围护结构密封度如何，换气程度都将大大降低。室内外温差产生的空气压差在建筑物底部吸入空气而使空气在上部压出，这就是烟囱效应。自然通风与门窗的开闭程度有关，取决于开闭幅度、频率和持续时间及风速和室内外温差。

　　3. 植物净化

　　在室内种植绿色植物是净化室内空气的一种有效途径。室内绿化就是将植物以盆栽的形式布置在室内，比如盆栽、盆景、插花等，作为室内的陈设艺术。也可以将植物、山、水等自然景观引入室内，既可美化室内环境，又可观赏在其中，给人们美的感受。

　　4. 绿色装修

　　所谓绿色装修，是以自然、安全、美观、便捷、舒适和低耗为目标，进行有利健康、有利环境、有利生态的装修。它包括科学设计、环保建材、规范施工等内容。

　　建筑装修一体化，即商品房应包括对空间 6 个面的装修，包括厨具、家具、卫生洁具和空调安装，这种一步到位的装修，可看出建筑与室内装饰施工程序的连续性，从而形成建筑装饰的完美性，大大减少了房屋建成后住户各自装修所投入的人力、物力和财力，以及重复施工带来的各种浪费和后遗症。

第五节　建　筑　环　境　控　制

一、建筑环境控制方法的选择

1. 建筑环境控制方法

（1）被动式的方法。被动式方法就是利用规划和建筑设计的手段，来创造良好的建筑环境。

（2）主动式方法。主动式方法则是利用各种设备，使建筑满足人的舒适性环境要求。

2. 两种方法的关系和选择

对于建筑环境控制的被动式和主动式方法，二者应该是相辅相成的。由于各种因素的影响，建筑环境的状况往往达不到人们的舒适要求，于是人们开始对建筑环境用人工的主动式方法进行干预和改造，以创造一个满足舒适要求的人工环境。随着科学技术的发展，这些都是可以实现的，但大量的建筑能耗造成了生态环境的污染和破坏，而且，舒适的并不一定是健康的。

城市环境和建筑环境的恶化使人们认识到，对建筑环境质量的控制单靠技术手段是行不通的，必须和符合生态规律的方法相结合，充分利用被动式方法，通过城市规划建筑设计的方法，通过生态城市规划和绿色建筑设计，才能实现可持续发展，才能得到舒适和健康。当人类越来越多地依赖各类设备以创造所谓舒适的建筑环境时，强调被动式的环境控制方法更具现实意义。

二、建筑保温

1. 建筑热工分区

我国国土面积大，地形复杂，气候多样，不可能采用统一的建筑热工设计标准。建筑热工分区把我国分为严寒地区、寒冷地区、夏热冬冷地区、夏热冬暖地区和温和地区，分别执行不同的建筑热工设计标准。

2. 建筑节能设计

（1）体型系数。

同样体积的建筑物，在其各面外围护结构的传热情况均相同时，外围护结构面积越大，则建筑物的传热耗热量越大。从热环境角度来讲，建筑物的体型可用体型系数来表示。体型系数是指一幢建筑物的外表面积 F_0 与其所包围的体积 V_0 之比。

（2）建筑朝向。

对多数采暖地区建筑来说，太阳辐射是冬季主要辅助热源，而建筑的朝向不同，获得的太阳辐射量也不同。在北半球，冬季南向窗口获得的辐射热远大于其他朝向。正南向建筑其长宽比越大，辐射得热越多。各种体型建筑获取太阳辐射的多少是和其朝向密切相关的。同时，建筑布局时应使建筑立面避开冬季主导风向。

（3）窗墙面积比限制。

窗墙面积比是指窗户洞口面积与房间立面单元面积（即房间层高与开间定位线围成的面积）的比值。为了充分利用太阳辐射热，改善热环境，节约采暖能耗，南向窗墙比应大一些，而北向窗墙比最小，东、西向窗墙比介于两者之间。热工规范规定了不同朝向窗墙比的具体限值。如果窗墙面积比需要适当增大时，就应该相应地增大围护结构的传热阻。

（4）防止冷风渗透。

冷风渗透主要是指空气通过围护结构的缝隙，如门窗缝等处的无组织渗透。就建筑节能而言，房屋的密闭性越好，则热损失越少。但从卫生要求来看，房间必须有一定的换气量。适量的渗透可使室内通风换气，是排除空气污染的一种方式。

（5）门窗保温。

建筑中玻璃窗的热阻远远小于其他外围护结构的热阻，一般居住建筑通过窗的散热量约占总散热量的 1/3，冬季又可以透过窗得到太阳热辐射。在设法提高窗热阻的同时需兼顾室内采光和辐射得热。在夏季，窗子又需隔绝强烈的日辐射，避免室内过热。这样相互矛盾的多种要求，给改善窗的设计增加了困难，目前主要措施有：采用中空玻璃，在不影响采光和获得太阳热辐射的基础上增加玻璃的传热阻；通过断桥等方式改善窗框的保温性能；利用选择性透过的镀膜来解决采光和长波热辐射矛盾的问题，例如 Low - E 镀膜。

（6）在建筑中太阳能的利用。

1）被动式太阳能采暖。利用建筑构件通过自然方式收集和传送日辐射热量，通常称为被动式太阳能采暖，包括集热、蓄热、保温三个方面。按照房间得热方式的不同，常用的被动式太阳能采暖系统分为直接受益式、集热蓄热墙式、附加阳光间式。

2）建筑一体化的太阳能光热和光伏。利用建筑屋面和南向墙，在建筑设计时将太阳能光热或光伏与建筑设计一体化的建筑近来发展较快。

三、建筑防热

南方炎热气候区居住着我国半数以上的人口。在这些地区，大量的自然通风房屋和越来越多的空调房屋都必须进行建筑防热或节能设计。建筑防热就是设法减弱室外热环境的不利影响，并使室内热量和水蒸气能尽快散发出去，提高室内的热舒适程度，避免室内过热。

1. 减弱室外热作用

首先是正确地选择建筑物的朝向和布局，力求避免主要的使用空间受到过多热辐射，同时要绿化周围环境，以降低环境热辐射和气温。

2. 窗口遮阳

遮阳的作用在于遮挡太阳直接辐射从窗口透入，减少对人体与室内的热辐射。东西向窗户是遮阳设计的重点。在建筑设计中，宜结合外廊、阳台、挑檐等处理方法达到遮阳的目的。利用绿化、设置活动的或固定的遮阳设施也可实现有效的遮阳。

3. 围护结构的隔热与散热

对屋顶和外墙特别是西墙，必须进行隔热处理，以降低内表面温度及减少传入室内的热量，如使用高效隔热材料、采用带有封闭空气间层的围护结构和种植屋面等。

4. 合理地组织自然通风

自然通风是保持室内空气清新、改善人体热舒适感的重要途径。居住区的总体布局、单体建筑设计方案和门窗的设置等，都应有利于自然通风。

5. 尽量减少室内余热

在满足需要的情况下，尽量选择发热量小的灯具和设备，并尽可能布置在通风良好的位置。家用电器大型化是不理性的选择。

四、绿色照明

1. 采用高效率光源

在建筑内不使用白炽灯，采用节能型荧光灯和新型高效率的半导体光源。

2. 采用高效率灯具

在满足眩光限制要求下，应选择直接型灯具，室内灯具效率不宜低于75％，室外灯具的效率不宜低于55％。

3. 照明控制节能

（1）合理选择照明控制方式，根据天然光照度变化控制照明。

（2）采取分区控制，适当增加照明灯的开关点。

（3）采用各种类型的节电开关和管理措施，如定时开关、调光开关、光电自动控制器、节电控制器以及照明智能控制管理系统等。

（4）公共场所、室外照明可采用集中控制的遥控管理方式或采用自动控光装置等。

4. 照明设计节能

（1）根据房间的功能要求和视觉特性，选取合理的照度值和照明功率密度标准值。

（2）选用合理的照明方式。

（3）采用合理的或智能的照明控制系统。

5. 充分利用天然光

在任何情况下都应该首先考虑利用天然光，只有在天然光不足时才考虑用人工照明。随着技术的发展，在建筑中对天然光的利用正从建筑物的被动采光向积极利用天然光方向发展。

五、建筑绿化

建筑物绿化是指在建筑物的外立面、屋面和建筑内部种植植物，营造绿化环境，改善生态环境，提高美观度，节约能耗。建筑绿化作为城市绿化的重要组成部分，已成为城市绿化建设发展的新趋势。建筑物立体绿化能快速增加绿化面积，直接改善城市整体环境质量，其与传统平面绿化的有机结合对减小城市环境压力、改善建筑环境有很大作用。

建筑绿化的隔热节能作用十分显著。建筑隔热实质上是把投射到建筑物表面的太阳辐射热转移或消耗，以减少建筑围护结构得热。一般的隔热措施往往以提高物体外表面温度作为代价，能量将传递到外部环境中去，影响和提高了室外环境温度，强化了城市热岛效应。而利用树木和攀援类植物遮阳、隔热，可以借助于植物自身的光合作用，蒸腾、蒸散作用和光调节作用，将太阳辐射转化为新的能量形式而消耗掉。而且植物在蒸腾、蒸散过程中，还要吸收周围环境中的能量，在夏季可降低建筑环境温度。

第十六章　绿色建筑与评价体系

第一节　绿色建筑内涵与发展

绿色建筑理论，就是以自然生态原则为依据，探索人、建筑、自然三者之间的关系，为人类塑造一个最为舒适、合理且可持续发展的建筑环境的理论。绿色建筑是 21 世纪建筑设计发展的方向。

一、绿色建筑的定义

绿色建筑也称为生态建筑，是可持续建筑，是一种在设计、修建、装修或在生态和资源方面有回收利用价值的建筑形式。绿色建筑要达到一定的目标，比如高效地利用能源、水以及其他资源来保障人体健康，提高生产力，减少建筑对环境的影响。

我国《绿色建筑评价标准》对绿色建筑的定义是：在建筑的全寿命周期内，最大限度地节约资源（节能、节地、节水、节材），保护环境和减少污染，为人们提供健康、适用和高效的使用空间，与自然和谐共生的建筑。

二、绿色建筑的理念与内涵

1. 绿色建筑的理念

学者对绿色建筑的看法，归纳起来可以分为两类。

（1）强调目标。将绿色建筑看作是一个完美的理想目标，是我们努力的方向。其基本原则是：保护建筑物的环境，建筑物能够有效地使用水、能源、材料和其他资源，重视室内空气质量，尊重地方文化传统。

（2）注重过程。以一种发展的眼光动态地定义绿色建筑。认为绿色建筑是一个伴随在建筑全生命周期每个阶段的持续概念，对于特定区域的绿色建筑而言，在不同的历史发展阶段，受到经济发展水平、文化传统、自然资源等条件的约束，而呈现出不同的要求。

目标说是从一个静态的视角为我们描绘了绿色建筑的不同方面，过程说则从动态的方面为我们指出了绿色建筑实现的途径和方法。

2. 绿色建筑的内涵

绿色建筑概念具有丰富的内涵，今天的绿色建筑已经成为了一个综合了自然、文化与经济等多层面问题的复合概念。绿色建筑是可持续发展的具体表现形式。可持续是绿色建筑要实现的目标，是绿色建筑的本质所在。

绿色建筑的基本内涵可归纳为：

（1）全寿命周期的概念。建筑的全寿命周期包括原材料开采、运输与加工、建造、使用、维修、改造和拆除及建筑垃圾的自然降解或资源的回收再利用等各个环节。

（2）最大限度地节约资源，保护环境和减少污染。在我国总结为"四节一环保"，强调节能、节地、节水、节材和保护环境，这是对绿色建筑的基本要求、基本评价标准。

（3）提供健康、适用和高效的使用空间。这是绿色建筑最根本的功能需求。健康的需求是最基本的，节约不能以牺牲人的健康为代价。强调适用和适度消费的概念，决不能提倡奢侈与浪费。高效使用资源是在节约资源和保护环境的前提下实现绿色建筑基本功能的根本途径和原则。

（4）与自然和谐共生是绿色建筑的价值理想。发展绿色建筑的最终目的是要实现人、建筑与自然的协调统一。

三、认识的误区

（1）认为绿色建筑就是节能建筑和建筑绿化。建筑节能只是绿色建筑内容的一部分。而所谓绿色建筑的"绿色"只是一种形象的概念或象征，而非建筑绿化。

（2）认为绿色建筑必然是高档建筑、豪华建筑。绿色建筑并不意味着高价和高成本。也不是豪华建筑。相反，绿色建筑倡导的是返璞归真，会明显降低运行成本，是一种节约型建筑。

（3）认为绿色建筑必须是现代化的、高科技的。采用和本地地理环境、气候条件相适应，消耗资源最少，对自然环境影响最小的设计和适用技术，绿色建筑才能健康发展。

（4）认为绿色建筑主要限于新建筑。对于新建建筑正在通过一系列立项、审查、验收等管理手段推进绿色建筑，几年来取得了一些进展，同时不能忘记对我国 400 亿 m² 既有建筑的改造，让既有建筑成为绿色建筑才是真正的普及。

（5）认为绿色建筑离自己很远。许多人认为绿色建筑是不可知的将来的事，或者认为是专家、设计师的事，离自己的生活很远。实际上广大居民都应该是绿色建筑的最终实践者和受益者。当今生态环境已遭到严重破坏，人类的生存和发展与全球的环境问题愈演愈烈，在严峻的现实面前，人们应该重新审视现时的城市发展观和价值观。

四、绿色建筑的发展

绿色建筑的概念是逐步形成和完善的，这个过程经历了以下几个阶段。

1. 绿色建筑的起点

巢穴被人类建筑起源于大自然。在原始社会，人类对建筑的要求只是避风雨。原始人只能使用极为简单的工具，这样的工具可以砍伐直径不大（据研究为直径 10cm 以下）的树木，树木成了人类建筑的首选材料。建筑的发展和其他事物的发展一样，越向上溯源，其一致性越强，差异越小。在这一时期，建筑对自然资源的消耗主要是森林。当人类砍伐树木的速度小于等于自然更新速度时，人类建筑就未对自然环境造成破坏。这一时期的建筑应视为绿色建筑，当然，这只能是一种低水平的绿色建筑。

2. 初期阶段

20 世纪 60 年代，美籍意大利建筑师保罗·索勒瑞（Paola Soleri）把生态学和建筑学结合起来，首次提出了生态建筑的概念。1969 年，美国建筑师伊安·麦克哈格著《设计结合自然》一书，批判了以人为中心的思想，提出了"适应"自然的原则，标志着生态建筑学的正式诞生。70 年代，石油危机使得太阳能、地热、风能等各种建筑节能技术应运而生，节能建筑成为建筑发展的先导。伴随着健康住宅概念的提出，发达国家又把视野扩展到建筑全过程的资源节约、改善室内空气质量、提高居住舒适性和安全性等更广的领域。生态建筑体系日趋完善，并在发达国家得到广泛应用。在这期间，澳大利亚建筑师西德尼·巴格斯（S. Baggs）等提出的生土建筑（Land Cover Building），即利用覆土来改善建筑的热工性能和生态特性；戴维·皮尔森（D. Pearson）基于从整体的角度看待人与建筑的关系而形成了生物建筑（Biologic Building）；而布兰达·威尔等人创立了自维持建筑（Autonomous

Building）的概念，充分利用太阳、风和雨水维护自身运作，处置建筑内部产生的各种废弃物。V. 奥戈亚（V. Olgyay）在其所著的《设计结合气候：建筑地方主义的生物气候研究》一书中提出了环境气候学建筑（Environment/Bioclimatic Building）的设计理念。与此同时，日本建筑师黑川纪章等人也创建了新陈代谢建筑和共生建筑的设计思路。德国建筑师托马斯·赫尔佐格（T. Herzog）、鲍罗·索勒里（P. Soleri）和生态学家约翰·托德（J. Todd）等自 20 世纪 60—70 年代初分别提出了生态建筑（Ecological Building）的设计理念。生态建筑强调尽可能结合环境特色，利用优越的自然条件，如地势、气候、阳光、空气、水流等，建造适合人类居住的建筑，规避各种不利因素。这个时期的绿色建筑以生态学和节能为主导。

3. 发展阶段

1987 年，联合国环境署发表《我们共同的未来》报告，确立了可持续发展的思想。1992 年在巴西里约热内卢召开的联合国环境与发展大会上，可持续发展的思想成为世界各国的共识。将可持续发展的理念应用于建筑领域，便产生了可持续的建筑。可持续建筑是指以可持续发展观规划、建造的建筑，追求降低环境负荷，与环境相融合，有利于居住者健康的建筑。可持续建筑的概念最早于 1994 年提出，其核心理念是指在有效利用资源和遵守生态原则的基础上，循环利用能源和自然资源，通过优良的选址、设计、施工、操作、维护等措施，最大限度地发挥建筑物的功用，尽量减少并最终消除建筑物对人类健康和环境的消极影响。这个时期的绿色建筑增加了可持续发展的概念。

4. 完善阶段

20 世纪 90 年代，英国、美国、加拿大等国相继展开大规模的住宅区改造工程并建立了各自的绿色建筑评估体系。1990 年世界首个绿色建筑标准——英国建筑研究组织环境评价法（BREEAM）发布，1993 年，英国绿色建筑师协会成立，建立了世界上第一个绿色建筑评估体系——LEEDTM 体系，1995 年美国绿色建筑委员会提出能源及环境设计先导计划（LEED），1996 年、1999 年香港和台湾地区也相继推出自己的标准，2000 年加拿大推出绿色建筑挑战 2000 标准（GBC2000），2003 年日本建立了建筑物综合环境效率评价体系（CASBEE），2006 年中国推出《绿色建筑评价标准》。绿色建筑设计、施工、管理、评价等逐渐完善，并被越来越多的人所接受。

绿色建筑的发展处在这样的历史背景中，其发展正受到越来越多人的关注，虽然绿色建筑的发展还尚待继续壮大和完善，但其必将成为未来建筑的发展方向，是 21 世纪建筑设计的必然趋势，成为世界的潮流。绿色建筑实际上是建筑学领域的一次持久的革命和新的启蒙运动，其意义远远超过能源的节约。随着追求健康的生活方式和保护生态环境的理念在全球范围的兴起，绿色建筑的理念及其实践活动被逐渐推广到了世界各国。

第二节 绿色建筑设计理念

绿色建筑的出现和发展绝不是偶然的，绿色建筑设计有着深厚的理论和思想基础。

一、绿色建筑设计的理论思想基础

1. 绿色建筑设计遵循环境生态学规律

建筑是城市生态系统或农村生态系统的一部分，要与自然环境相和谐就必须遵循环境生态学规律。绿色建筑也被称作生态建筑、可持续建筑。生态规律主要是研究人和自然环境之间的关系，是将人类社会与自然界之间的平衡互动作为发展的基点，那么生态建筑就应该处理好人、建筑和自然三者之间的关系，它既要为人创造一个舒适的小环境，同时又要保护好周围的大环境——自然环境。建筑师必须起到统领作用，以生态的观念、整合的观念，从整体上进行构思。

建筑师在进行设计时必须要在关注人类社会自身发展的同时，关注并尊重自然规律，绝不能以牺牲地区环境品质和未来发展所需的生态资源为代价，用向后代借资源的方式求取局部的利益和发展。绿色建筑设计应注重把握和运用以往建筑设计所忽略的自然生态的特点和规律，贯彻整体优先的准则，塑造出人工环境与自然环境和谐共存的可持续发展的建筑环境。

2. 绿色建筑设计的道德基础

20世纪50年代以来，建筑设计逐渐忽略了与自然生态条件相协调的形式。例如，不顾生物气候特征，把一切建筑物降温或采暖的任务交给了大量耗费能量和技术资源的全面空气调节来解决。建筑师把责任推给机械工程师的同时，其设计已不再受到自然要素的制约，而是依赖技术和高能量的输入。其结果是破坏了许多城市历史上极富特色的景观，造成千城一面。但在一些发达国家意识到这一问题时，这种非持续性的建筑形式却被许多发展中国家奉为现代化和时代进步的象征。

人类必须在发展中学会克制自己的欲望，否则将有可能遭到自然的无情报复。因此，我们应当将这一代的即时利益与整个人类的长远利益结合起来，公正合理地与他人分享地球上有限的资源；应当最大限度地杜绝资源浪费和环境污染，这样才有可能使人类长久地生存下去。很显然，这一思想不仅基于人们对环境及生态问题的深刻认识，也与人类意识深处的道德观念密切相关。绿色建筑设计是第一次真正将社会经济的现实作为建筑发展的基本条件加以研究，将社会进步与人类平等作为建筑设计的最高目标加以追求的。一个从来都不注重生态和环境问题的建筑师是不能够做出绿色建筑设计的。

3. 绿色建筑的价值观

在纯市场和商业的价值观的影响下，人们在衡量一种新思想或技术时往往重视其短期效益，如果其短期效益不明显或不被看好，纵使它有更好的长期效益、社会效益及生态效益，也很难为人们所接受，这可能是目前推广绿色建筑的一道较难逾越的障碍。在经济方面，绿色建筑很可能需要一定的增量成本，而利益目标遥远，利益回收速度较为缓慢。更主要的是，由于产权的转移，用于生态设施方面投资所带来的回报最终并不一定能够装进开发商的口袋，更多则为使用者和社会所分享，并且若干年后，才能体现出节约能源的价值大于生态建设投资的价值，社会效益和生态效益远远大于经济效益。而这一切与开发商的直接利益关系较小，难以激发决策者与开发商的积极性。要彻底解决这一问题，就应当在可持续发展原则基础上建立一套新的价值观和行为规范，同时应有相应的社会舆论和政策导向。

二、绿色建筑与一般建筑的区别

一般建筑与绿色建筑的区别，可以从以下几个方面进行分析。

（1）一般建筑在结构上趋向于封闭，在设计上力求与自然环境完全隔离，室内环境往往是不利于健康的。绿色建筑的内部与外部采取有效连通的方式，会对气候变化进行自适应调节，同时也使室内环境品质（包括空气质量、热湿环境、光环境、声环境等）大大提高。

（2）一般建筑随着建筑设计、生产和用材的标准化和大批量化，使得大江南北建筑形式一律化、单调化，造成了千城一面的局面。绿色建筑推行本地材料，尊重地方历史文化传统，使得建筑随着气候、资源和地区文化的差异而重新呈现不同的风貌，符合生态学地域特色和多样性的原则。

（3）一般建筑常常只被看作是一种商品，建筑的形式往往不顾环境资源的限制，片面追求或盲目迎合市场。绿色建筑则被视为一种全面资源节约型的建筑，最大限度地减少了不可再生的能源、土地和材料的消耗，尽量减少环境负荷。建筑及其城市发展都将以最小的生态资源为代价，在广泛的领域获得最大利益。

（4）一般建筑追求新、奇、特，而绿色建筑的建筑形式是从与大自然和谐相处中获得灵感。随着绿色建筑的发展，人类对建筑美的感知将建立在生态影响的基础上，而不是建立在精美的艺术细节、夸张的形式主义上。

（5）一般建筑尽管采取节能设计，但综合能耗仍很高。绿色建筑可以突破旧的体制，例如室内设计温度不一定采用舒适温度，采用健康温度则可以大大降低室内外温差，以大幅度降低能耗。另外绿色建筑因广泛利用可再生能源而大大减少了对传统能源的消耗，甚至有可能达到所谓"零能耗"（广泛利用太阳能、风能、地热能、沼气等可再生能源）和"零排放"。

（6）一般建筑仅在建造过程或者是使用过程中对环境负责。绿色建筑是在建筑的全寿命周期内，为人类提供健康、适用和高效的使用空间，最终实现与自然共生。绿色建筑不仅讲究建材的绿色环保和本地化，以减少长途运输所引起的能耗和污染，而且还在建筑整个生命周期包括建材生产到建筑物的设计、施工、使用、管理及拆除回用等全过程使用最少的能源和资源，以循环经济的思路，实现从被动减少对自然的干扰转移到主动创造环境丰富性，减少对资源需求上来，从只顾自身利益转移到兼顾全人类的生存环境，从只顾眼前利益转移到兼顾子孙后代的生存环境上来。

三、绿色建筑设计原则

1. 建筑节能

现代建筑是一种过分依赖能源的建筑。据统计，全球能量的50%直接或间接消耗于建筑的建造和使用过程，在环境总体污染中与建筑业有关的环境污染占34%。为了减少对不可再生资源的消耗，绿色建筑主张调整或改变现行的设计观念和方式，使建筑由高能耗方式向低能耗方向转化，依靠节能技术，提高能源使用效率以及开发新能源，使建筑逐步摆脱对传统能源的过分依赖。绿色建筑设计必须深入到整个建筑生命周期中，考察、评估建筑能耗状况及其对环境的影响，建立全面能源观。

绿色建筑的节能可以通过两个途径：

（1）减少建筑能耗。建筑节能也有两个路径：一是体制内节能，即按目前热舒适理论确定的冬季夏季室内热环境计算温度的基础上，通过围护结构保温和隔热设计等，减少能量消耗；二是不采用舒适温度而采用健康温度或因人而异设置温度，减少室内外温差，从而减少能量消耗。

（2）用可再生能源替代传统能源。其实我们经常讲的节能并不是能量消耗的减少，而是用一种能源代替另一种能源。只要是用其他可再生能源代替石油、煤炭等传统能源，都认为是节能的，例如太阳能、风能、地热能的利用。太阳能是一种最丰富、便捷、无污染的绿色能源。太阳能在建筑中的利用，除了太阳能光热和光伏外，还可以把建筑物本身作为太阳能收集器，从而达到建筑内取暖制冷的目的，如近年来发展起来的被动式太阳能恒温式住宅。

2. 建筑设计结合气候

用采暖、空调技术和设备改变建筑内热环境是技术上的发展，但若完全依赖设备则会使之成为高能耗建筑，加重了生态环境的污染。为了克服现行建筑模式对人的负面影响，绿色建筑注重地区气候与建筑的关系，并将考虑地方气候特点的设计作为绿色建筑的一项基本方法，这是一种按人体的健康要求和气候条件来进行建筑设计的系统方法，即根据当地气候特征，运用建筑物理的原理，合理组织优化各种建筑因素。大部分的照明可以由太阳光提供，浅层地下的恒温环境可以作为建筑的热源和冷源，太阳热辐射是建筑可靠的热源，热还可以从人体以及办公设备中获得。制冷可以由水的蒸发产生，室内余热由自然流动的空气排出。考虑地方气候特点的设计是一种可以在任何技术层次上使用的方法，如果将其原理与未来智能技术、信息技术、控制技术以及其他节能技术结合在一起，就会构成丰富多彩的绿色建筑前景。

3. 绿色建筑的开放性

建筑环境之所以出现诸多问题和弊端，在很大程度上是由于建筑的封闭性。建筑的封闭性使得建筑内外如空气温度、湿度、空气质量保持一定的差异，为保持这种差异就必须付出代价，这就是资源、能源的消耗，环境的污染和人体健康的损害。也就是说，这些问题实质是由于能流、物流、信息流流动受阻造成的。

在室内外的物质循环流动中，空气流动是最重要的循环流动。自然通风是不依靠传统空调设备系统而完全靠空气的自然流动来维持适宜的室内热湿环境和空气环境的方式。要充分利用自然通风必须考虑建筑朝向、间距和布局。自然通风不消耗能源，是以风压和热压产生自然空气的流动。而热压的产生来自于异质性，环境绿化不仅提供了产生林源风的条件，树阴下的地面还是宝贵的自然通风冷源，形成了天然的空调器。

4. 绿色建材

建材和装修材料是建筑内外物质循环的重要组成部分。绿色建材首先要求是高效、使用性能良好的材料，使用无毒、无副作用有利于健康的材料和产品，研发更多可再生、可循环使用的建筑材料，并尽快扩大这种材料的使用范围。注重工程建设中的能源节约。尽量使用能节能降耗的节能材料和产品，尽量利用天然材料。要研究建材材料从生产、使用到回收全生命周期对环境的影响，这也是划定绿色建材的重要标准。

5. 绿色建筑的技术观

绿色技术的进步是绿色建筑发展的保证，否则绿色建筑只能停留在低水平甚至原始状态。例如，绿色建筑是一个能积极地与环境相互作用的、智能的、可调节系统。因此，它要求建筑外层的材料和结构，一方面作为能源转换的界面，需要收集、转换自然能源，并且防止能量的流失。另一方面，外层必须具备适应气候的能力，以消除、减缓、甚至改变气候的波动，使室内气候趋于稳定。环保节能型材料是绿色建筑所必需的，必须对现有建材和技术进行环保、节能评估，提出技术改良、更新措施，使之符合环保、节能的要求。随着信息技术、自动化技术、新能源技术、新材料技术日益成熟，其在绿色建筑中将得到广泛的运用。建筑物表面材料，通过多功能的组织进行呼吸，可净化建筑物内部的空气。形状记忆合金材料可用于百叶窗的调整或空调系统风口的开闭，自动调节太阳光亮，建筑物表面的太阳能电池，可提供采暖和照明所需要的能源。绿色建筑的形式必须利于能源的收集，建筑的外层将不再是建筑内外的分界线，而将逐步成为一种具有多种功能的界面。绿色建筑的材料和形式将是多样的，尤其是外层材料将是高度综合、高效多功能的。

无论使用何种技术，绿色建筑总是立足于对资源的节约、再利用、循环生产等几个方面。随着高新技术的发展，建筑行业将最大限度地吸收各种先进技术，创造一种能更加适合人类生活的、与大自然高度和谐的高科技建筑环境。

6. 绿色建筑的地域主义

绿色建筑肯定是地方的，不可能有一种绿色建筑形式是适应于全世界的。要考虑如何与所在地的气候特征、经济条件、文化传统观念互相配合，从而成为周围社区不可分离的一部分。绿色建筑作为一个次级系统依存于一定的地域范围内的自然环境，不能脱离生物环境的地域性而独立存在。绿色建筑的实现与每一个地域独特的气候条件、自然资源、现存人类建筑、社会水平及文化环境有关。

传统建筑一般都是绿色建筑，是长时间和当地的自然环境、气候条件、人文环境磨合的结果。世界各地的传统建筑都具有明显的地域特色，这特色就是绿色。

第三节　绿色建筑评价体系

20 世纪 90 年代开始，随着绿色建筑的发展，对其进行评价、评估的要求越来越迫切，但绿色建筑体系是个复杂系统，很难用一个简单的标准评价。1990 年世界首个绿色建筑评价标准——英国建筑研究组织环境评价法（BREEAM）发布，建立了世界上第一个绿色建筑评估体系，其后一些发达国家相继建立了各自的绿色建筑评估体系。

一、英国绿色建筑评估体系 BREEAM

BREEAM（Building Research Establishment Environmental Assessment Method）体系由英国建筑研究所于 1990 年制定。体系的目的是为绿色建筑实践提供权威性的指导以期减少建筑对全球和地区环境的负面影响，体系涵盖了包括从建筑主体能源到场地生态价值的范围，关注环境的可持续发展，包括了社会、经济可持续发展的多个方面。因为该评估体系采取因地制宜、平衡效益的核心理念，也使其成为了全球唯一兼具国际化和本地化特色的绿色建筑评估体系。它既是一套绿色建筑的评估标准，也为绿色建筑的设计设立了最佳实践方法，因此成为了描述建筑环境性能最权威的国际标准。

BREEAM 是为建筑所有者、设计者和使用者设计的评价体系，根据建筑物本身的特点确定相应的绿色评价指标。评判建筑在其整个寿命周期中，包含从建筑设计开始阶段的选址、设计、施工、使用直至最终报废拆除，所有阶段的环境性能通过一系列的环境问题，主要包括四个方面：全球问题、地区问题、室内问题和管理问题。BREEAM 的最新版本包括：2004 年版的 BREEAM 办公建筑评估体系、工业建筑评估体系、住宅评估体系及 2003 年版的 BREEAM 商业建筑评估体系。BREEAM 建筑环境评估体系每年要进行一次修订，增加一些新内容，并摒弃某些过时的条款。

BREEAM 体系已成为公认的最成功的评价体系。在英国及全世界范围内，BREEAM 体系已经得到了各界的认同和支持，全世界有超过 11 万幢建筑完成了 BREEAM 认证，另有超过 50 万幢建筑已申请了认证。

英国 BREEAM 的优点：最显著优势是考察建筑全生命周期；条款式的评估体系，操作比较简单且易于理解和接受；评估框架开放、透明，可根据实际情况增加评估条款。

二、美国绿色建筑评估体系 LEED

LEED 由美国绿色建筑委员会（USGBC）于 1994 年开始制定，1999 年正式公布第一版本并接受评估申请。LEEDTM 自建立以来，根据建筑的发展和绿色概念的更新、国际上环保和人文的发展，经历了多次的修订和补充。最新版的绿色建筑评估标准 LEED V3 系列从 2009 年 4 月 27 日开始使用，共有 9 类不同的认证，分别针对：新建筑物 LEED - NC、已建成的建筑物 LEED - EB、商业大楼的室内设计 LEED - CI、大楼框架和大楼设施 LEED - CS、学校 LEED - S、医疗、住宅和社区发展等。其目前在世界各国的各类建筑环保评估、绿色建筑评估以及建筑可持续性评估标准中，被认为是最完善、最有影响力的评估标准。

LEED 是自愿采用的评估体系标准，是性能性标准，主要强调建筑在整体、综合性能方面达到"绿色"要求。该标准很少设置硬性指标，各指标间可通过相关调整形成相互补充，以方便使用者根据本地区的技术经济条件建造绿色建筑。LEED 评估体系通过 6 方面对建筑项目进行绿色评估。

（1）可持续的场所：满足了规模、位置，以及对周边建筑物的其他影响。

（2）水资源利用：对节约室内用水和室外用水，以及雨水收集和中水利用的嘉奖。

（3）能源和空气：最为详细的部分，包括了供暖系统和制冷系统、照明系统和其他设备的安装、检验和监控以及可再生能源的使用。

（4）资源与材料：描绘了环境友好的策略，包括使用本土的、可再生的以及可循环使用的材料，减轻用量，以及鼓励循环使用。

（5）室内空气质量：专注于减少室内的空气污染，保证新鲜的空气以利于身体健康。

（6）创新和设计过程：针对以上各项，鼓励技术创新和有效的技术示范和设计。

从以上几个方面对建筑进行综合考察，评判其对环境的影响，并根据各方面指标综合打分，通过评估的建筑，按分数高低分为白金、金、银、铜 4 个认证级别，以反映建筑的绿色水平。

LEED 的优点在于：采用第三方认证机制，增加了该体系的信誉度和权威性；评定标准专业化且评定范围已扩展形成完善的链条；体系设计简洁，便于理解、把握和实施评估；已成为世界各国建立绿色建筑及可持续性评估标准及评价体系的范本。局限性有：未对建筑全生命周期的环境影响全面考察；评定对环境性能打分不设定负值，被评估者可能基于成本或者达到要求的难易程度，确定选择设计策略。近年来，LEED 发展极其迅速，突出的实践性特征和较高的市场接受度，使其成为了目前国际上最具影响的绿色建筑评估体系之一。

三、加拿大 GBTool

绿色建筑挑战（Green Building Challenge，GBC）是从 1996 年起由加拿大自然资源部（Natural Resources Canada）发起并有 14 个国家参加的一项国际合作行动。GBC 的目的是发展一套统一的性能参数指标，建立全球化的绿色建筑性能评价标准和认证系统，使有用的建筑性能信息可以在国家之间交换，最终使不同地区和国家之间的绿色建筑实例具有可比性。其核心内容是通过绿色建筑评价工具（Green Building Tool，GBTool）的开发和应用研究，为各国各地区绿色生态建筑的评价提供一个较为统一的国际化平台，从资源效率、环境负荷、室内环境质量、服务质量、经济性、使用前管理和社区交通 7 个方面对绿色建筑进行评价。

GBTool 根据国际绿色生态建筑发展的总体目标，提出了基本评价内容和统一的评价框架。具体评价项目、评价基准和权重系数是由各个国家的专家小组根据国家或地区的实际情况来确定的，因此各个国家都可以通过改变而拥有自己国家或地区版的 GBTool。这些不同版本的 GBTool 具有地区适应性和国际可比性。

GBTool 的优点有：由于多国参与，相对于英美的体系，使得该评价体系设计得更为开放，该评估体系充分尊重地方特色，评价基准灵活且适应性强，各国和各地区可以根据当地实际情况增减评估体系的某些条款，并设置评价性能标准和权重系数，充分反映了用户对不同区域、不同技术、不同建筑体系甚至不同文化的价值取向。局限性有：该评估体系较强的适应性，使得其评估结果的可比性大大削弱。

四、澳大利亚 NABERS

澳大利亚对绿色建筑已制定出了 3 种比较完善的评估体系。第一种是澳大利亚建筑温室效益评估（Australian Building Greenhouse Rating Scheme，ABGR）；第二种是国家建筑环境评估（National Australian Built Environment Rating Scheme，NABERS）；第三种是绿色星级认证（Green Star Certification，GSC）。ABGR 评估是澳大利亚第一个对商业性建筑温室气体排放和能源消耗水平的评价体系，它通过对建筑自身能源消耗的控制来缓解温室气体排放量。澳大利亚于 1999 年研究开发了这样一个评估体系。NABERS 研究始于 2001 年，正式实施于 2003 年，是一个真正意义上以建筑实际运转情况为基础的评估体系，它并不对一个未建成的建筑进行预测和估计性的评价，而是对其运转过程中有关可持续发展各因素进行评估。NABERS 评估体系由两部分组成：一部分是办公建筑，是对既有商用办公建筑进行等级评定；另一部分是住宅建筑，是对住宅进行的特定地区住宅平均水平的比较。评估的建筑星级等级越高，实际环境性能越好。GSC 是由澳大利亚绿色建筑委员会开发并实施的绿色建筑等级评估体系，该评估体系对建筑项目的现场选址、设计、施工建造和维护及对环境造成的影响后果进行评估。NABERS 评估主要是通过对既有建筑在过去 12 个月中运行数据来评估其对环境的实际影响，而 GSC 主要是对新建建筑的设计特征进行评估，挖掘潜能，以减少对环境的影响。从 2008 年起，ABGR 评估与 NABERS（国家建筑环境评估）评估体系结合，更名为 NABERS Energy。NABERS 不像其他一些评估体系着重于对建筑设计阶段的调节，它更强调于建筑的实际使用效果，因为，设计阶段的某些理想值和实际使用值常常有一定差距。NABERS 的评价指标有 14 个：能源/全球温室效应；制冷导致的全球气温升高；交通；水的使用；雨水管理；污水管理；雨水的污染；自然资源多样性；有毒物质；制冷引起的臭氧层破坏；垃圾释放总量；垃圾掩埋处理；室内空气质量；使用者的满意程度。NABERS 采用星级评价方式。评价结构由项目嵌套一系列子项目构成，每个子项目可以评为 0～5 星级，项目的星级由子星级平均后获得。

澳大利亚 NABERS 的优点有：操作简单，不需要培训和配备专门的评价人员，并第一次将用户的反馈作为评估的重要指标；采用了开放的系统，在不影响基本框架结构的情况下，允许在项目中增加和调整子项目。局限性有：针对运行过程中的可持续发展问题进行评估，强调建筑的实际使用效果，不能对建筑进行预测和估计性评价；由于澳大利亚是一个非常干旱的国家，评价指标更突出到水指标的地位；主要评价建筑能耗及温室气体排放。

五、国内绿色建筑评价体系现状

原建设部于 2006 年 3 月 16 日公布了《绿色建筑评价标准》，并于 2006 年 6 月 1 日起开始实施。该标准的编制原则为：借鉴国际先进经验，结合我国国情；重点突出"四节"与环保要求；体现过程控制；定量和定性相结合；系统性与灵活性相结合。这是我国第一部从住宅和公共建筑全寿命周期出发，多目标、多层次地对绿色建筑进行综合性评价的推荐性国家标准。2007 年 8 月 21 日，原建设部出台了《绿色建筑评价技术细则（试行）》和《绿色建筑评价标识管理办法》，开始建立适合我国国情的绿色建筑评价体系。2008 年 6 月 24 日，住房和城乡建设部发布了《绿色建筑评价技术细则补充说明（规划设计部分）》。2009年9月24日，住房和城乡建设部发布了《绿色建筑评价技术细则补充说明（运行使用部分）》。这些技术文件把绿色建筑理念与工程实践结合起来，优化了绿色建筑评价技术体系。2009年11月，我国正式启动国家标准《绿色工业建筑评价标准》编制工作，2010年3月31日启动了国家标准《绿色办公建筑评价标准》编制工作。至此，我国绿色建筑评价体系框架基本确立。

目前我国的绿色建筑评价研究还处于初始阶段，现有的评价体系很大程度上参考了美国的LEED，评估重点在于环境影响。而在评价标准的整体性、层次性、经济可行性、定量分析所占比重以及相关制度的建立方面，我国绿色建筑评价体系还有待完善。应加强绿色建筑评价的基础理论研究。绿色建筑评价体系要由标准走向细化，由定性走向定量，由阶段评价走向全生命周期评价。应加快实行绿色建筑第三方认证制度的进程。

第四节　我国的绿色建筑评价标准

一、总则

1. 范围与原则

（1）用于评价住宅建筑和公共建筑中的办公建筑、商场建筑和旅馆建筑。

（2）评价绿色建筑，应统筹考虑建筑全寿命周期内，节能、节地、节水、节材、保护环境、满足建筑功能之间的辩证关系。

（3）评价绿色建筑时，应依据因地制宜的原则，结合建筑所在地域的气候、资源、自然环境、经济、文化等特点进行评价。

（4）体现经济效益、社会效益和环境效益的统一。

2. 基本要求

（1）绿色建筑的评价以建筑群或建筑单体为对象。评价单栋建筑时，凡涉及室外环境的指标，以该栋建筑所处环境的评价结果为准。

（2）对新建、扩建与改建的住宅建筑或公共建筑的评价，应在其投入使用一年后进行。

（3）申请评价方应进行建筑全寿命周期技术和经济分析，合理确定建筑规模，选用适当的建筑技术、设备和材料，并提交相应分析报告。

（4）申请评价方应按标准的有关要求，对规划、设计与施工阶段进行过程控制，并提交相关文档。

3. 评价与等级划分

（1）绿色建筑评价指标体系由节地与室外环境、节能与能源利用、节水与水资源利用、节材与材料资源利用、室内环境质量和运营管理六类指标组成。

（2）每类指标包括控制项、一般项与优选项。控制项为绿色建筑的必备条件；一般项和优选项为划分绿色建筑等级的可选条件，其中优选项是难度大、综合性强、绿色度较高的可选项。

（3）绿色建筑应满足标准中住宅建筑或公共建筑所有控制项的要求，并按满足一般项数和优选项数的程度，划分为三个等级，等级划分按表16-1、表16-2确定。

表 16 - 1　　　　　　划分绿色建筑（住宅建筑）等级的项数要求

等级	一般项数（共 40 项）						优选项数（共 9 项）
	节地与室外环境（共 8 项）	节能与能源利用（共 6 项）	节水与水资源利用（共 6 项）	节材与材料资源利用（共 7 项）	室内环境质量（共 6 项）	运营管理（共 7 项）	
★	4	2	3	3	2	4	—
★★	5	3	4	4	3	5	3
★★★	6	4	5	5	4	6	5

表 16 - 2　　　　　　划分绿色建筑（公共建筑）等级的项数要求

等级	一般项数（共 43 项）						优选项数（共 14 项）
	节地与室外环境（共 6 项）	节能与能源利用（共 10 项）	节水与水资源利用（共 6 项）	节材与材料资源利用（共 8 项）	室内环境质量（共 6 项）	运营管理（共 7 项）	
★	3	4	3	5	3	4	—
★★	4	6	4	6	4	5	6
★★★	5	8	5	7	5	6	10

（4）当标准中某条文不适应建筑所在地区、气候与建筑类型等条件时，该条文可不参与评价，参评的总项数相应减少，等级划分时对项数的要求可按原比例调整确定。

（5）标准中定性条款的评价结论为通过或不通过；对有多项要求的条款，各项要求均满足时方能评为通过。

二、住宅建筑

1. 节地与室外环境

（1）控制项。场地建设不破坏当地文物、自然水系、湿地、基本农田、森林和其他保护区；建筑场地选址无洪涝灾害、泥石流及含氡土壤的威胁。建筑场地安全范围内无电磁辐射危害和火、爆、有毒物质等危险源；人均居住用地指标：低层不高于 43m²、多层不高于 28m²、中高层不高于 24m²、高层不高于 15m²；住区建筑布局保证室内外的日照环境、采光和通风的要求，满足现行国家标准《城市居住区规划设计规范》（GB 50180—2002）中有关住宅建筑日照标准的要求；种植适应当地气候和土壤条件的乡土植物，选用少维护、耐候性强、病虫害少、对人体无害的植物；住区的绿地率不低于 30％，人均公共绿地面积不低于 1m²；住区内部无排放超标的污染源；施工过程中制定并实施保护环境的具体措施，控制由于施工引起的大气污染、土壤污染、噪声影响、水污染、光污染以及对场地周边区域的影响。

（2）一般项。住区公共服务设施按规划配建，合理采用综合建筑并与周边地区共享；充分利用尚可使用的旧建筑；住区环境噪声符合现行国家标准的规定；住区室外日平均热岛强度不高于 1.5℃；住区风环境有利于冬季室外行走舒适及过渡季、夏季的自然通风；根据当地的气候条件和植物自然分布特点，栽植多种类型植物，乔、灌、草结合构成多层次的植物群落，每 100m² 绿地上不少于 3 株乔木；选址和住区出入口的设置方便居民充分利用公共交通网络。住区出入口到达公共交通站点的步行距离不超过 500m；住区非机动车道路、地面停车场和其他硬质铺地采用透水地面，并利用园林绿化提供遮阳。室外透水地面面积比不小于优选项；合理开发利用地下空间；合理选用废弃场地进行建设。对已被污染的废弃地，进行处理并达到有关标准。

2. 节能与能源利用

（1）控制项。住宅建筑热工设计和暖通空调设计符合国家批准或备案的居住建筑节能标准的规定；当采用集中空调系统时，所选用的冷水机组或单元式空调机组的性能系数、能效比符合现行国家标准中的有关规定值；采用集中采暖或集中空调系统的住宅，设置室温调节和热量计量设施。

（2）一般项。利用场地自然条件，合理设计建筑体形、朝向、楼距和窗墙面积比，使住宅获得良好的日照、通风和采光，并根据需要设遮阳设施；选用效率高的用能设备和系统。集中采暖系统热水循环水泵的耗电输热比，集中空调系统风机单位风量耗功率和冷热水输送能效比符合现行国家标准的规定；当采用集中空调系统时，所选用的冷水机组或单元式空调机组的性能系数、能效比比现行国家标准的有关规定值高一个等级；公共场所的照明采用高效光源、高效灯具和低损耗镇流器等附件，并采取其他节能控制措施，在有自然采光的区域设定时或光电控制；采用集中采暖或集中空调系统的住宅，设置能量回收系统（装置）；根据当地气候和自然资源条件，充分利用太阳能、地热能等可再生能源。可再生能源的使用量占建筑总能耗的比例大于 5%。

（3）优选项。采暖或空调能耗不高于国家批准或备案的建筑节能标准规定值的 80%；可再生能源的使用量占建筑总能耗的比例大于 10%。

3. 节水与水资源利用

（1）控制项。在方案、规划阶段制定水系统规划方案，统筹、综合利用各种水资源；采取有效措施避免管网漏损；采用节水设备，节水率不低于 8%；景观用水不采用市政供水和自备地下水井供水；使用非传统水源时，采取用水安全保障措施，且不对人体健康与周围环境产生不良影响。非传统水源指不同于传统地表水供水和地下水供水的水源，包括再生水、雨水、海水等。

（2）一般项。合理规划地表与屋面雨水径流途径，降低地表径流，采用多种渗透措施增加雨水渗透量；绿化用水、洗车用水等非饮用水采用再生水、雨水等非传统水源；绿化灌溉采用喷灌、微灌等高效节水灌溉方式；非饮用水采用再生水时，优先利用附近集中再生水厂的再生水；附近没有集中再生水厂时，通过技术经济比较，合理选择其他再生水水源和处理技术；降雨量大的缺水地区，通过技术经济比较，合理确定雨水集蓄及利用方案；非传统水源利用率不低于 10%。

（3）优选项。非传统水源利用率不低于 30%。

4. 节材与材料资源利用

（1）控制项。建筑材料中有害物质含量符合现行国家标准的要求；建筑造型要素简约，无大量装饰性构件。

（2）一般项。施工现场 500km 以内生产的建筑材料重量占建筑材料总重量的 70% 以上；现浇混凝土采用预拌混凝土；建筑结构材料合理采用高性能混凝土、高强度钢；将建筑施工、旧建筑拆除和场地清理时产生的固体废弃物分类处理，并将其中可再利用材料、可再循环材料回收和再利用；在建筑设计选材时考虑使用材料的可再循环使用性能。在保证安全和不污染环境的情况下，可再循环材料使用重量占所用建筑材料总重量的 10% 以上；土建与装修工程一体化设计施工，不破坏和拆除已有的建筑构件及设施；在保证性能的前提下，使用以废弃物为原料生产的建筑材料，其用量占同类建筑材料的比例不低于30%。

可再利用材料指在不改变所回收物质形态的前提下进行材料的直接再利用，或经过再组合、再修复后再利用的材料。可再循环材料指对无法进行再利用的材料通过改变物质形态，生成另一种材料，实现多次循环利用的材料。

（3）优选项。采用资源消耗和环境影响小的建筑结构体系；可再利用建筑材料的使用率大于5%。

5. 室内环境质量

（1）控制项。每套住宅至少有1个居住空间满足日照标准的要求。当有4个及4个以上居住空间时，至少有2个居住空间满足日照标准的要求；卧室、起居室（厅）、书房、厨房设置外窗，房间的采光系数不低于现行国家标准的规定；对建筑围护结构采取有效的隔声、减噪措施。卧室、起居室的允许噪声级在关窗状态下白天不大于45 dB（A），夜间不大于35 dB（A）。楼板和分户墙的空气声计权隔声量不小于45dB，楼板的计权标准化撞击声声压级不大于70dB。户门的空气声计权隔声量不小于30dB；外窗的空气声计权隔声量不小于25dB，沿街时不小于30dB；居住空间能自然通风，通风开口面积在夏热冬暖和夏热冬冷地区不小于该房间地板面积的8%，在其他地区不小于5%；室内游离甲醛、苯、氨、氡和TVOC等空气污染物浓度符合现行国家标准的规定。

（2）一般项。居住空间开窗具有良好的视野，且避免户间居住空间的视线干扰。当1套住宅设有2个及2个以上卫生间时，至少有1个卫生间设有外窗；屋面、地面、外墙和外窗的内表面在室内温、湿度设计条件下无结露现象；在自然通风条件下，房间的屋顶和东、西外墙内表面的最高温度满足现行国家标准的要求；设采暖或空调系统（设备）的住宅，运行时用户可根据需要对室温进行调控；采用可调节外遮阳装置，防止夏季太阳辐射透过窗户玻璃直接进入室内；设置通风换气装置或室内空气质量监测装置。

（3）优选项。卧室、起居室（厅）使用蓄能、调湿或改善室内空气质量的功能材料。

6. 运营管理

（1）控制项。制定并实施节能、节水、节材与绿化管理制度；住宅水、电、燃气分户、分类计量与收费；制定垃圾管理制度，对垃圾物流进行有效控制，对废品进行分类收集，防止垃圾无序倾倒和二次污染；设置密闭的垃圾容器，并有严格的保洁清洗措施，生活垃圾袋装化存放。

（2）一般项。垃圾站（间）设冲洗和排水设施。存放垃圾及时清运，不污染环境，不散发臭味；智能化系统定位正确，采用的技术先进、实用、可靠，达到安全防范子系统、管理与设备监控子系统与信息网络子系统的基本配置要求；采用无公害、病虫害防治技术，规范杀虫剂、除草剂、化肥、农药等化学药品的使用，有效避免对土壤和地下水环境的损害；栽种和移植的树木成活率大于90%，植物生长状态良好；物业管理部门通过ISO 14001环境管理体系认证；垃圾分类收集率（实行垃圾分类收集的住户占总住户数的比例）达90%以上；设备、管道的设置便于维修、改造和更换。

（3）优选项。对可生物降解垃圾进行单独收集或设置可生物降解垃圾处理房。垃圾收集或垃圾处理房设有风道或排风、冲洗和排水设施，处理过程无二次污染。

三、公共建筑

1. 节地与室外环境

（1）控制项。场地建设不破坏当地文物、自然水系、湿地、基本农田、森林和其他保护区；建筑场地选址无洪灾、泥石流及含氡土壤的威胁，建筑场地安全范围内无电磁辐射危害和火、爆、有毒物质等危险源；不对周边建筑物带来光污染，不影响周围居住建筑的日照要求；场地内无排放超标的污染源；施工过程中制定并实施保护环境的具体措施，控制由于施工引起的各种污染以及对场地周边区域的影响。

（2）一般项。场地环境噪声符合现行国家标准的规定；建筑物周围人行区风速低于 5 m/s，不影响室外活动的舒适性和建筑通风；合理采用屋顶绿化、垂直绿化等方式；绿化物种选择适宜当地气候和土壤条件的乡土植物，且采用包含乔、灌木的复层绿化；场地交通组织合理，到达公共交通站点的步行距离不超过 500m；合理开发利用地下空间。

（3）优选项。合理选用废弃场地进行建设。对已被污染的废弃地，进行处理并达到有关标准；充分利用尚可使用的旧建筑，并纳入规划项目；室外透水地面面积比大于等于 40%。

2. 节能与能源利用

（1）控制项。围护结构热工性能指标符合国家批准或备案的公共建筑节能标准的规定；空调采暖系统的冷热源机组能效比符合现行国家标准规定；不采用电热锅炉、电热水器作为直接采暖和空气调节系统的热源；各房间或场所的照明功率密度值不高于现行国家标准规定的现行值；对新建的公共建筑，冷热源、输配系统和照明等各部分能耗进行独立分项计量。

（2）一般项。建筑总平面设计有利于冬季日照并避开冬季主导风向，夏季利于自然通风；建筑外窗可开启面积不小于外窗总面积的 30%，建筑幕墙具有可开启部分或设有通风换气装置；建筑外窗的气密性不低于现行国家标准规定的要求；合理采用蓄冷蓄热技术；利用排风对新风进行预热或预冷处理，降低新风负荷；全空气调节系统采取实现全新风运行或可调新风比的措施；建筑物处于部分冷热负荷时和仅部分空间使用时，采取有效措施节约通风空调系统能耗；采用节能设备与系统。通风空调系统风机的单位风量耗功率和冷热水系统的输送能效比符合现行国家标准的规定；选用余热或废热利用等方式提供建筑所需蒸汽或生活热水；改建和扩建的公共建筑，冷热源、输配系统和照明等各部分能耗进行独立分项计量。

（3）优选项。建筑设计总能耗低于国家批准或备案的节能标准规定值的 80%；采用分布式热电冷联供技术，提高能源的综合利用率；根据当地气候和自然资源条件，充分利用太阳能、地热能等可再生能源，可再生能源产生的热水量不低于建筑生活热水消耗量的 10%，或可再生能源发电量不低于建筑用电量的 2%；各房间或场所的照明功率密度值不高于现行国家标准规定的目标值。

3. 节水与水资源利用

（1）控制项。在方案、规划阶段制定水系统规划方案，统筹、综合利用各种水资源；设置合理、完善的供水、排水系统；采取有效措施避免管网漏损；建筑内卫生器具合理选用节水器具；使用非传统水源时，采取用水安全保障措施，且不对人体健康与周围环境产生不良影响。

（2）一般项。通过技术经济比较，合理确定雨水积蓄、处理及利用方案；绿化、景观、洗车等用水采用非传统水源；绿化灌溉采用喷灌、微灌等高效节水灌溉方式；非饮用水采用再生水时，利用附近集中再生水厂的再生水，或通过技术经济比较，合理选择其他再生水水源和处理技术；按用途设置用水计量水表；办公楼、商场类建筑非传统水源利用率不低于 20%，旅馆类建筑不低于 15%。

（3）优选项。办公楼、商场类建筑非传统水源利用率不低于 40%，旅馆类建筑不低于 25%。

4. 节材与材料资源利用

（1）控制项。建筑材料中有害物质含量符合现行国家标准的要求；建筑造型要素简约，无大量装饰性构件。

（2）一般项。施工现场 500km 以内生产的建筑材料重量占建筑材料总重量的 60% 以上；现浇混凝土采用预拌混凝土；建筑结构材料合理采用高性能混凝土、高强度钢；将建筑施工、旧建筑拆除和场地清理时产生的固体废弃物分类处理并将其中可再利用材料、可再循环材料回收和再利用；在建筑设计选材时考虑材料的可循环使用性能。在保证安全和不污染环境的情况下，可再循环材料使用重量占所用建筑材料总重量的 10% 以上；土建与装修工程一体化设计施工，不破坏和拆除已有的建筑构件及设施，避免重复装修；办公、商场类建筑室内采用灵活隔断，减少重新装修时的材料浪费和垃圾产生；在保证性能的前提下，使用以废弃物为原料生产的建筑材料，其用量占同类建筑材料的比例不低于 30%。

（3）优选项。采用资源消耗和环境影响小的建筑结构体系；可再利用建筑材料的使用率大于 5%。

5. 室内环境质量

（1）控制项。采用集中空调的建筑，房间内的温度、湿度、风速等参数符合现行国家标准中的设计计算要求；建筑围护结构内部和表面无结露、发霉现象；采用集中空调的建筑，新风量符合现行国家标准的设计要求；室内游离甲醛、苯、氨、氡和 TVOC 等空气污染物浓度符合现行国家标准中的有关规定；宾馆和办公建筑室内背景噪声符合现行国家标准中室内允许噪声标准中的二级要求；商场类建筑室内背景噪声水平满足现行国家标准的相关要求；建筑室内照度、统一眩光值、一般显色指数等指标满足现行国家标准中的有关要求。

（2）一般项。建筑设计和构造设计有促进自然通风的措施；室内采用调节方便、可提高人员舒适性的空调末端；宾馆类建筑围护结构构件隔声性能满足现行国家标准的一级要求；建筑平面布局和空间功能安排合理，减少相邻空间的噪声干扰以及外界噪声对室内的影响；办公、宾馆类建筑 75% 以上的主要功能空间室内采光系数满足现行国家标准的要求；建筑入口和主要活动空间设有无障碍设施。

（3）优选项。采用可调节外遮阳，改善室内热环境；设置室内空气质量监控系统，保证健康舒适的室内环境；采用合理措施改善室内或地下空间的自然采光效果。

6. 运营管理

（1）控制项。制定并实施节能、节水等资源节约与绿化管理制度；建筑运行过程中无不达标废气、废水排放；分类收集和处理废弃物，且收集和处理过程中无二次污染。

（2）一般项。建筑施工兼顾土方平衡和施工道路等设施在运营过程中的使用；物业管理部门通过 ISO 14001 环境管理体系认证；设备、管道的设置便于维修、改造和更换；对空调通风系统按照国家标准规定进行定期检查和清洗；建筑智能化系统定位合理，信息网络系统功能完善；建筑通风、空调、照明等设备自动监控系统技术合理，系统高效运营；办公、商场类建筑耗电、冷热量等实行计量收费。

（3）优选项。具有并实施资源管理激励机制，管理业绩与节约资源、提高经济效益挂钩。

第十七章　城市生态环境可持续发展

面对愈演愈烈的环境问题，人们忧虑，甚至恐慌，但更多的人开始思考。《寂静的春天》、《只有一个地球》、《增长的极限》、《我们共同的未来》等，都是人类反思的里程碑。人类开始对未来的发展道路达成一种共识，这就是可持续发展。

第一节　可持续发展的提出与定义

一、可持续发展的提出

自工业革命以来，人类发展的列车一直高歌猛进，但是，到了 20 世纪中期，一只无形的手拉动了人类列车的制动闸，发展受到制约和挫折，这只手就是生态环境。

1. 第一声警号

在所有可持续发展大事记中，一位美国女海洋生物学家总被提起，她就是莱切尔·卡逊（Rachel Carson）。20 世纪 60 年代，她推出了一本论述杀虫剂，特别是滴滴涕对鸟类和生态环境毁灭性危害的著作——《寂静的春天》，吹响环境问题的第一声警号。环境问题从此由一个边缘问题逐渐走向全球政治、经济议程的中心。

2. 我们只有一个地球

社会以及人的能力的迅速发展，确实使人类在控制自然方面取得了辉煌的成就：在宏观领域，人类制造的宇宙探测器已经飞出了太阳系；在微观领域，人类已经深入到原子核内部的研究。人们坚信只要坚持这样发展下去，生活就会越来越美好，前途就会越来越光明。但环境问题的出现，使这一信心发生了动摇，人们在经济增长、城市化、人口、资源等所造成的环境压力下，对"增长＝发展"的模式产生了怀疑。有人提出：地球环境的"承载能力"是否有界限？有人思考：人类社会的发展应如何规划，才能实现人类与自然的和谐，既保护人类，也维护地球的健康？1972 年，一个民间学术团体——罗马俱乐部，发表了题为《增长的极限》的报告，根据数学模型预言：在未来一个世纪中，人口和经济需求的增长将导致地球资源耗竭、生态破坏和环境污染。除非人类自觉限制人口增长和工业发展，否则这一悲剧将无法避免。

在这样的形势下，联合国于 1972 年 6 月 5 日在斯德哥尔摩召开了"人类环境会议"，会议通过了《人类环境宣言》。与此同时，学者巴巴拉·沃德（Barbara Ward）和雷内·杜博斯（Rene Dubos）发表了著名的《只有一个地球》的研究报告。世界各国开始认真讨论发展与环境问题，但此时还没有找到解决问题的途径。

3. 我们共同的未来

1982 年，联合国在内罗毕再次召开环境会议，会议回顾了 10 多年来全球环境状况，认为局部有所改善、整体仍在恶化、前途堪忧。会议宣言指出："这主要是由于对环境保护的长远利益缺乏足够的预见和理解，在方法和努力方面没有进行充分的协调，人类一些无控制的或无计划的活动使环境日趋恶化。森林的砍伐、土壤与水质的恶化和沙漠化已达到惊人的程度，并严重地危及世界大片土地的生活条件。有害的环境状况引起的疾病继续造成人类的痛苦。大气的变化、海洋和内陆水域的污染，滥用和随便处置有害物质，以及动植物物种的灭绝，进一步威胁人类的环境。"

从斯德哥尔摩会议（1972）到内罗毕（1982）会议的 10 年间，发达国家的环境污染情况有了改善，但全球整体情况仍在继续恶化。世界上开始出现一种非常悲观的看法，认为只有放弃发展，重返田园才是唯一出路。全球展开了一场关于"停止增长还是继续发展"的争论。

1983 年，受联合国第 38 届大会委托，挪威首相布伦特兰夫人领导组成了世界环境与发展委员会（WCED）。该委员会于 1987 年向联合国大会提交了《我们共同的未来》这一研究报告。报告第一次正式提出了"可持续发展"的概念和模式，提出了可持续发展的基本纲领，指出："要解决人类面临的各种危机，只有改变传统的发展方式，实施可持续发展战略，才是积极的出路。"

4. 世界各国的共识

1992 年 6 月，"地球首脑会议"——联合国环境与发展大会（UNCED）在巴西里约热内卢召开，183 个国家和 70 多个国际组织的代表出席了大会，其中有 102 位国家元首或政府首脑。这次大会把可持续发展战略列为全球发展战略，会议通过了贯穿着可持续发展思想的 3 个文件，即《里约热内卢宣言》、《21 世纪议程》、《森林问题原则声明》；2 个国际公约，即《气候变化框架公约》、《生物多样性公约》。这是可持续发展理论走向实践的一个转折点。各国政府达成共识：经济发展必须与环境保护相协调，必须加强国际合作，全面实施全球的可持续发展战略。1993 年，中国政府为落实联合国大会决议，制定了《中国 21 世纪议程》承诺走可持续发展之路，是中国发展的自身需要和必然选择。

5. 过去 100 年人类最深刻的一次警醒

由传统的发展转变为可持续发展战略是人类经过认真反思后所作出的选择，是人类所能作出的唯一正确选择，是历史发展的必然趋势。可持续发展的思想是人类社会发展的产物。它体现着对人类自身进步与自然环境关系的反思。这种反思反映了人类对自身以前走过的发展道路的怀疑和抛弃，也反映了人类对今后选择的发展道路和发展目标的憧憬和向往。人们逐步认识到过去的发展道路是不可持续的，因而是不可取的。唯一可供选择的道路是走可持续发展之路。人类的这一次反思是深刻的，反思所得的结论具有划时代的意义。这正是可持续发展的思想在全世界不同经济水平和不同文化背景的国家能够得到共识和普遍认同的根本原因。可持续发展是发展中国家和发达国家都可以争取实现的目标，尽管各国侧重点有所不同，但都不约而同地强调要在经济和社会发展的同时注重保护自然环境。正如有学者指出，可持续发展思想的形成是人类在上个世纪中，对自身前途、未来命运最深刻的一次警醒。

二、可持续发展的定义

人们从不同的研究角度对可持续发展进行定义。

1. 综合性定义

1987 年由世界环境及发展委员会所发表的《我们共同的未来》中提出的定义是："可持续发展是既满足当代人的需求，又不对后代人满足其需求的能力构成危害的发展。"

这个定义所内含的可持续发展的基本点是：

（1）人类应坚持以与自然相和谐的方式追求健康而富有生产成果的生活，这是人类的基本权利，但是不应以耗竭资源、污染环境、破坏生态的方式求得发展。

（2）当代人在创造和追求今世的发展与消费时，应同时承认和努力做到使自己的机会和后代人的机会相平等。绝不能剥夺或破坏后代人合理享有同等发展与消费的权利。

这一定义得到了人们的广泛接受和认可，并在 1992 年联合国环境与发展大会上达成了共识。

2. 科学性定义

可持续发展涉及到自然、环境、社会、经济、科技、政治等诸多方面，由于研究的角度不同，对可持续发展所作的定义也就不同。比较有影响的有以下几类：

（1）侧重于自然属性的定义。较早的时候，持续性这一概念是由生态学家首先提出来的，即所谓生态持续性。旨在说明自然资源及其开发利用程度间的平衡。该流派强调了可持续发展概念的自然属性，将可持续发展定义为：保护和加强环境系统的生产和更新能力。从生物圈概念出发定义可持续发展，是从自然属性方面定义可持续发展的一种代表，即认为可持续发展是寻求一种最佳的生态系统以支持生态的完整性和人类愿望的实现，使人类的生存环境得以持续。

（2）侧重于社会属性的定义。1991 年，由世界自然保护同盟、联合国环境规划署和世界野生生物基金会共同发表《保护地球——可持续生存战略》提出的可持续发展定义为："在生存于不超出维持生态系统涵容能力的情况下，提高人类的生活质量。"并且提出九条基本原则，既强调了人类的生产方式与生活方式要与地球承载能力保持平衡，保护地球的生命力和生物多样性，同时又提出了人类可持续发展的价值观和行动方案，着重论述了可持续发展的最终落脚点是人类社会，即改善人类的生活质量，创造美好的生活环境。《保护地球——可持续生存战略》认为，各国可以根据自己的国情制定各不相同的发展目标。但是，只有在"发展"的内涵中包括有提高人类健康水平、改善人类生活质量和获得必须资源的途径，并创造一个保持人们平等、自由、人权的环境，"发展"只有使我们的生活在所有这些方面都得到改善，才是真正的"发展"。

（3）侧重于从经济属性的定义。这类定义认为可持续发展的核心是经济发展，把可持续发展定义为："在保持自然资源的质量和其所提供服务的前提下，使经济发展的净利益增加到最大限度。"还有的学者提出，可持续发展是"今天的资源使用不应减少未来的实际收入"；"当发展能够保持当代人的福利增加时，也不会使后代的福利减少"。当然，定义中的经济发展已不是传统的以牺牲资源和环境为代价的经济发展，而是"不降低环境质量和不破坏世界自然资源基础的经济发展"。

（4）侧重于科技属性的定义。有的学者从技术选择的角度扩展了可持续发展的定义，认为"可持续发展就是转向更清洁、更有效的技术，尽可能接近'零排放'或'密闭式'工艺方法，尽可能减少能源和其他自然资源的消耗"。还有的学者提出，"可持续发展就是建立极少产生废料和污染物的工艺或技术系统"。他们认为，污染并不是工业活动不可避免的结果，而是技术差、效益低的表现。

第二节　可持续发展的基本理论

一、可持续发展的基础理论

1. 可持续发展的生态学理论

自然生态系统本身具有可持续性，人类的经济社会发展要遵循生态学定律。

（1）和谐原理，即系统中各个组分之间相互联系、相互依存、和谐共生，协同进化。

（2）自我调节原理，即协同的演化着眼于其内部各组织的自我调节功能的完善和持续性，而非外部的控制或结构的单纯增长。

（3）高效原理，即能源的高效利用和废弃物的循环再生产。

2.可持续发展的经济学理论

（1）增长的极限理论。该理论的基本要点是：运用系统动力学的方法，将支配世界系统的物质关系、经济关系和社会关系进行综合，提出了人口不断增长、消费日益提高，而资源则不断减少、污染日益严重，制约了生产的增长；虽然科技不断进步能起到促进生产的作用，但这种作用是有一定限度的，因此生产的增长是有限的。

（2）知识经济理论。该理论认为经济发展的主要驱动力是知识和信息技术，知识经济将是未来人类的可持续发展的基础。

3.人口承载力理论

所谓人口承载力理论是指地球系统的资源与环境，由于自身自组织与自我恢复能力存在一个阈值，在特定技术水平和发展阶段下的对于人口的承载能力是有限的。人口数量以及特定数量人口的社会经济活动对于地球系统的影响必须控制在这个限度之内，否则，就会影响或危及人类的持续生存与发展。这一理论被喻为 20 世纪人类最重要的三大发现之一。

4.人地系统理论

所谓人地系统理论，是指人类社会是地球系统的一个组成部分，是生物圈的重要组成，是地球系统的主要子系统。它与地球系统的各个子系统之间存在相互联系、相互制约、相互影响的密切关系。人类社会的一切活动，都受到地球系统的气候、水文与海洋、土地与矿产资源及生物资源的影响，而人类的活动，又直接或间接影响了生物圈的状态。人地系统理论是地球系统科学理论的核心，是可持续发展的理论基础。

二、可持续发展的核心理论

可持续发展的核心理论，尚处于形成和发展之中。目前主要有以下几种。

1.资源永续利用理论

资源永续利用理论基础在于：认为人类社会能否可持续发展决定于人类社会赖以生存发展的自然资源是否可以被永远地使用下去。该理论流派致力于探讨使自然资源得到永续利用的理论和方法。

2.财富代际公平分配理论

财富代际公平分配理论基础在于：认为人类社会出现不可持续发展现象和趋势的根源是当代人过多地占有和使用了本应属于后代人的财富，特别是自然财富。该理论流派致力于探讨财富（包括自然财富）在代际之间能够得到公平分配的理论和方法。

3.三大生产理论

三大生产理论基础在于：人类社会可持续发展的物质基础在于人类社会和自然环境组成的世界系统中物质的流动是否通畅并构成良性循环。该理论把人与自然组成的世界系统的物质运动分为三大生产活动，即人的生产、物资生产和环境生产，致力于探讨三大生产活动之间和谐运行的理论与方法。

三、可持续发展理论对传统经济学的修正

1.对于 GDP 的修正

当以可持续发展的理论来审视传统的国内生产总值（GDP）时，人们已经认识到，GDP 作为宏观经济增长指标是不能保证环境状况的。在 GDP 的核算中，并未将由于经济增

长而带来的对环境资源的消耗和破坏造成的影响及其对生态功能、环境状况的损害考虑在内。环境影响通常没有相应的市场表现形式，但这并不意味它们没有经济价值。因此，实际上应该将所发生的任何环境损失都进行价值评估，并从 GDP 中扣除。经济学家已经提出在计算国内生产和收入时纳入自然资源和环境因素，即考虑环境因素后的净国内产值（EDP）。

2. 环境资源价值计算

环境日益恶化和人类社会出现不可持续发展现象和趋势的根源，是人类迄今为止一直把自然资源和自然环境视为可以免费享用的"公共物品"，不承认自然资源和自然环境具有经济学意义上的价值，把这部分自然的投入排除在经济核算体系之外。基于这一认识，应从经济学的角度探讨把自然资源纳入经济核算体系的理论与方法。可以将环境资源的全部经济价值划分为使用价值和非使用价值。使用价值包括直接使用价值和间接使用价值以及选择价值。其中，选择价值就是指当代人为了保证后代人对资源的使用而对资源所表示的支付意愿。非使用价值又称存在价值，是指人类的发展将有可能利用的那部分资源的价值，也包括那些能满足人类精神文化和道德需求的那部分环境资源的价值，如美丽的风景、濒危物种等。

3. 自然资源账户

可行方法是建立一套自然资源账户，这套资源账户采用非货币单位的形式，它只是表示：在一个特定的国家里，资源究竟发生了什么样的变化。更简单的方法是建立一系列的环境统计报表。这些账户应该显示出环境的变化是如何同经济变化联系起来的。这至少可以提示那种认为经济好像同环境没有什么关系的经济管理方式的错误。

4. 可持续收入

对一个国家或一个地区的可持续发展水平和可持续发展能力的衡量，还必须考虑到其全部资本存量的变化。可持续收入的概念是：只有当全部的资本存量随时间保持不变或增长时，这种发展途径才是可持续的。可持续收入定义为不会减少总资本水平所必须保证的收入水平。对可持续收入的衡量要求对环境资本所提供的各种服务进行价值评估。可持续收入数量上等于传统意义的 GDP 减去人造资本、自然资本、人力资本和社会资本等各种资本的折旧。衡量可持续收入意味着要调整国民经济核算体系。

5. 产品价格与投资评估

为了全面反映环境资源的价值，产品价格应当完整地反映三部分成本：一是资源开采或获取的成本；二是同资源开采、获取、使用有关的环境成本；三是由于当代人使用了这一部分资源而不可为后代人使用的损失，即用户成本。

四、可持续发展的伦理基础

1. 发展伦理学的概念

发展伦理学是针对当代人类社会发展中出现的新问题提出来的。这些新问题就是当代人类面对的各种困境和危机。发展伦理学力图为解决这些新问题提供价值论和伦理的原则和规范。发展伦理学的研究内容包括以下方面：

（1）对传统的发展模式和道路进行价值论的评价和反思，探索造成这些困境和危机的价值论上的根源。

（2）对可持续发展模式进行伦理规范。这些就是发展伦理学的研究对象。

2. 发展的终极目的（价值）

发展到底是为了什么？发展的终极目的是什么？这是发展伦理学的首要核心问题。近代工业文明的幸福观，把聚敛财富、挥霍财富看做幸福，把舒适的生活看做幸福。因此，近代工业文明形成的发展道路追求的无非是两个目的：一是摄取尽量多的物质财富，并拼命地把它消耗掉；二是在技术发展上，追求尽量用外部自然力代替人力，代替人的天然器官的活动（用汽车代替脚，用机器代替人手的劳动，用药物代替身体的抗病机能等）。

这种发展值得吗？这正是传统发展观和发展模式造成当代困境和危机的症结所在。聚敛和消费尽可能多的物质财富，其后果就是造成资源匮乏和环境污染。人们追求的是尽量用外部自然力代替人的天然器官的活动功能。其消费追求不是有利于人的健康生存，而是感官刺激，这种发展直接违背生命原理。人的生命器官的功能遵循着"用则进，不用则退"的原理。当人们过多用药物代替人的免疫机能时，人的免疫机能就会降低；当人们生活在采暖空调环境中时，人的体温自我调节能力就会降低；当人们以车代步时，人的奔跑机能、心脏和血液循环等器官的机能也会降低。这种片面追求用外部自然力代替人的器官的结果必然是生命质量的下降。我们必须反思：这种发展对人类的健康生存和可持续发展来说是值得的吗？

人类的健康生存和可持续发展，是发展伦理的终极尺度。以下 3 个命题是发展伦理学 3 个基本价值原则和伦理原则，它对发展中的全部伦理关系都起着决定作用。

（1）全人类利益高于一切。当代科学技术和市场经济的发展，缩小了人们之间的距离，地球就像一个村庄。现在，全人类都坐在一条船上在风浪中航行，发展伦理学要求个人利益、民族利益、国家利益这些局部利益要服从人类利益。应当以人类的生存利益为尺度，对自己的不正当的欲望进行节制。

（2）生存利益高于一切。自然生态系统是人类生命的支持系统，保持生态系统的稳定平衡，是我们人类一切行为的最高的、绝对限度。人类对自然界的改造活动，应当限制在能够保持生态环境的稳定平衡的限度以内。对可再生生物资源的开发，应当限制在生物资源的自我繁殖和生长的速率的限度以内；生产活动对环境的污染，也应保持在生态系统的自我修复能力的限度内。

（3）在满足当代人需要的同时，不能侵犯后代人的生存和发展权力。这是人类生存与发展的可持续性原则。我们的地球不仅是现代人的，而且是后代人的。我们不仅不应当侵犯其他人的权力，而且不应当侵犯后代人的权力。

3. 面对的几个问题

（1）公平与效率问题。公平与效率问题是当代社会发展面对的一个尖锐问题，也是一个发展伦理问题。首先，我们必须打破平均主义的分配原则，只有如此，才能提高生产效率。允许分配上存在差别，但是，这种差别不能无限扩大。差别保持在一定限度是公平的。但是，如果差别超过一定限度，使大部分人都不能从发展中获得好处，公平就转化为不公平。

（2）关于发展付出的代价问题。为了全局利益、全人类利益和后代人的利益，局部的、暂时的代价的付出，是符合可持续发展伦理原则的。为了局部的、眼前的利益而牺牲人类整体的生存利益、牺牲后代人的生存利益，则是违反伦理原则的。

（3）浪费不可再生的稀有资源是不道德的行为，不管这些资源属于谁所有。这应当成为发展伦理学的一个重要伦理原则。由于这些不可再生的稀有资源的合理使用直接关系到全人类的和我们后代的生存，因而我们必须超越传统的所有权观念，不能认为这些资源在我们国土上就可以随便挥霍，也不能认为这些财产归我所有，我就可以随便浪费。对于不可再生资源，我们使用得越多，身后生命的可得就越少。这样，道德上的最高要求便是尽量地减少资源消耗。

（4）对当代科学技术发展，也需要对其评价和规范。这也是发展伦理学的重要内容。当技术发展到能够毁灭地球从而能够毁灭人类自身时，我们就应当坚持这样一个伦理原则，即"我们能够做的，并不一定是应当做的"。对于我们人类的每一个科学发现及其在技术上的应用，都应当首先进行评价和规范，使其在不伤害人类生存和发展的条件下得到利用。技术伦理，也是发展伦理学的重要组成部分。

第三节　可持续发展的内涵和原则

一、可持续发展的内涵

1. 发展是可持续发展的前提

（1）发展才能持续。可持续发展的内涵是调控自然—社会—经济复合系统，使人类在不超越环境承载力的条件下发展经济，持续不是停滞，持续依赖发展，发展才能持续。只有经济发展了，才能采用先进的生产设备和工艺、降低能耗、降低成本、提高经济效益，才能提高科学技术水平，并为防治环境污染提供必要的资金和设备。

（2）共同发展。全人类共同努力是实现可持续发展的关键。地球是一个复杂的巨系统，每个国家或地区都是这个巨系统不可分割的子系统。系统的最根本特征是其整体性，每个子系统都和其他子系统相互联系并发生作用，只要一个系统发生问题，都会直接或间接影响到其他系统，甚至会诱发系统突变。但在经济上和资源上，没有哪个国家能完全脱离开世界市场，当今环境问题已经超越国界和地区界限，成为一个全球性问题。对于全球的公物，如大气、海洋和其他生态系统要在统一的目标下进行管理。可持续发展追求的是整体发展和协调发展，即共同发展。

（3）协调发展。协调发展包括经济、社会、环境三大系统的整体协调，也包括世界、国家和地区三个空间层面的协调，还包括一个国家或地区经济与人口、资源、环境、社会以及内部各个阶层的协调，持续发展源于协调发展。

（4）高效发展。公平和效率是可持续发展的两个轮子。可持续发展的效率不同于经济学的效率，可持续发展的效率既包括经济意义上的效率，也包含着自然资源和环境的损益的成分。因此，可持续发展思想的高效发展是指经济、社会、资源、环境、人口等协调下的高效率发展。

（5）多维发展。不同国家与地区的发展水平是不同的，而且不同国家与地区又有着异质性的文化、体制、地理环境、国际环境等发展背景。可持续发展本身包含了多样性、多模式的多维度选择的内涵。各国与各地区在实施可持续发展战略时，应该从国情或区情出发，走符合本国或本区实际的、多样性、多模式的可持续发展道路。

2. 公平性是可持续发展的尺度

可持续发展主张人与人、国家与国家之间的关系应该互相尊重、互相平等。你的发展不能以牺牲别人的利益为代价。可持续发展的公平性包含以下几点：

（1）当代人之间的公平。历史告诉我们：两极化的世界是不可能实现可持续发展的。无论是全世界还是一个国家过大的收入差别和地区差别，都会带来不稳定。应该有一个公平的分配制度和公平的发展机会。要把消除贫困作为可持续发展过程中特别优先考虑的问题。

（2）代际之间的公平。资源是有限的，要给后代人以公平利用自然资源的权利。当代人的发展，不能以耗竭资源的方式，不能以牺牲后代人公平发展的权利为代价。

（3）公平分配有限资源。各国拥有开发本国自然资源的主权，但同时负有不滥用资源和不因自身的活动而危害其他地区环境的义务。

3．"需要""限制"是可持续发展的关键

可持续发展包含"限制"，主要是指对未来环境需要的能力构成危害的限制，这种能力一旦被突破，必将危及支持地球生命的自然系统，如大气、水体、土壤和生物。要"限制"的是超过自然承载力的、不合理的"需要"。对于贫困人口的基本需要，不仅不能限制，还要加强。普遍提供可持续生存的基本条件，如卫生、教育、水和新鲜空气，保护和满足社会最脆弱人群的基本需要，为全体人民提供发展的平等机会和选择自由。

4．"自然有价值"是可持续发展重要的价值观

（1）自然资源应是有价值的。传统发展是建立在"自然无价值"这一观念基础上的。在商品的交换价值中，只包含劳动价值，而自然资源的价值却被排除在经济价值之外。这种观念源于"自然资源可无限供应"的信念。空气和水曾被经济学家当作免费商品，认为其数量非常丰富，对任何使用者或可能的使用者来说，其边际价值为零。传统发展观实际上是把自然界当作一个"取之不尽、用之不竭"的巨大的公用仓库。如果不改变传统发展模式的经济机制，我们就无法消除人们掠夺、挥霍自然资源的恶劣行为。

（2）自然环境是有价值的。传统的经济增长是以对环境的污染为前提的。在传统的发展观看来，环境不过是一个具有无限消化力的巨大的公共垃圾场，一个排放污水的巨大阴沟。一个清洁美丽的环境从来没有被承认具有宝贵的价值。同样，经济过程对环境的污染和破坏也从未被传统经济学作为"负价值"打入产品的价值计算之中。因此，没有一种经济机制能够限制污染和破坏环境的经济行为，也没有一种经济机制鼓励人们去开发那些对环境污染少的技术。在生产力不发达的历史时代，清洁美丽适合人类生存的环境的自然价值还未引起人们的关注。但是，在人口密集、生产力高度发展的今天，由于自然环境不断恶化，因而清洁美丽的环境对人类生存就显得越来越重要，环境具有的自然价值也就越来越高。这时，如果我们仍然把经济和环境二元化，把环境仅仅作为经济的外在因素不予考虑，那么，要从根本上解决环境问题是不可能的。

5．生态文明是可持续发展的精髓

如果说农业文明为人类生产了食物，满足了人们的生存需要，工业文明为人类创造了财富，满足了人们越来越高的物质需求，那么生态文明将使人类生活在安全、美好的环境中。生态文明主张人与自然和谐共生，而不是战胜自然。和谐是最高层次的文明。

6．可持续发展的实施以适宜的法律体系为条件

可持续发展的实施应有一系列与之相适应的政策和法律。应根据周密的社会、经济、环境、科学原则、全面的信息和综合的要求来制定政策和法律，并认真予以实施。可持续发展的原则要纳入经济发展、人口、环境、资源、社会保障等各项立法及重大决策之中。

二、可持续发展的基本原则

可持续发展是一种新的人类生存方式。这种生存方式不但要求体现在以资源利用和环境保护为主的环境生活领域，更要求体现到作为发展源头的经济生活和社会生活中去。贯彻可持续发展战略必须遵从一些基本原则。

1．公平性原则

公平性原则是指机会选择的平等性。贫富悬殊、两极分化的社会不可能实现可持续发展，要把消除贫困作为可持续发展进程的优先问题来考虑。要认识到人类赖以生存的自然资

源是有限的。本代人不能因为自己的发展与需求而损害人类世世代代满足需求的条件——自然资源与环境。要给子孙后代以公平利用自然资源的权利。任何一代都不能处于支配地位，即各代人都有同样选择的机会空间。这是与传统发展的根本区别之一。

2. 可持续性原则

可持续性原则是指生态系统受到某种干扰时能保持其生产率的能力。资源的持续利用和生态系统可持续性的保持是人类社会可持续发展的首要条件。可持续发展要求人们根据可持续性的条件调整自己的生活方式。在生态可能的范围内确定自己的消耗标准。可持续性原则的核心思想是指人类的经济建设和社会发展不能超越自然资源与生态环境的承载能力。这意味着，可持续发展不仅要求人与人之间的公平，还要顾及人与自然之间的公平。可持续发展主张建立在保护地球自然系统基础上的发展，因此发展必须有一定的限制因素。人类发展对自然资源的耗竭速率应充分顾及资源的临界性。也就是说，人类需要根据持续性原则调整自己的生活方式、确定自己的消耗标准，而不是过度生产和过度消费。

3. 共同性原则

可持续发展所体现的公平性原则和持续性原则，是应该共同遵从的。要实现可持续发展的总目标，就必须采取全球共同的联合行动，认识到我们的家园——地球的整体性和相互依赖性。从根本上说，贯彻可持续发展就是要促进人类之间及人类与自然之间的和谐。

第四节　可持续发展能力的建设

一、可持续发展综合国力

可持续发展综合国力是指一个国家在可持续发展理论下具有可持续性的综合国力。可持续发展综合国力是一个国家的经济能力、科技创新能力、社会发展能力、政府调控能力、生态系统服务能力等各方面的综合体现。

站在可持续发展的高度，用可持续发展的理论去衡量综合国力，就必须从观念、作用、评价标准等方面对综合国力进行全面的再认识。可持续发展综合国力的价值准则是国家在保持其生态系统可持续性的基础上，推动包括社会效益和生态效益在内的广义综合国力的不断提升，实现国家可持续发展的过程。显然，可持续发展综合国力的内涵决定了在提升可持续发展综合国力的过程中，科技创新是关键手段，生态系统的可持续性是基础，经济系统的健康发展是条件，社会系统的持续进步是保障。

二、可持续经济模式

要实现可持续发展，就必须改变传统的经济与环境二元化的经济模式，建立一种把二者内在统一起来的生态经济模式。

1. 生产过程的生态化

在生产过程中，建立一种无废料、少废料的封闭循环系统。传统的生产流程是"原料—产品—废料"模式，追求的只是产品，生产过程与产品无关的都作为废料排放到环境中。而生态模式的生产中，废料则成为另一生产过程的原料而得到循环利用。封闭循环技术系统既节约资源，又减少了污染。

2. 经济运行模式的生态化

应当运用经济的机制刺激和鼓励节约资源和环境保护，把节约资源和环境保护因素作为经济过程的一个内在因素包含在经济机制之中。

（1）应当重视社会能量转换的相对效率，并使它成为评价经济行为的重要指标之一。新经济学应当依据净能量消耗来测定生产过程的效率，把利润同能量消耗联系起来。

（2）应该把"自然价值"纳入经济价值之中，形成一种"经济—生态"价值的统一体。资源的天然价值应当打入产品的成本。资源价值应遵循"物以稀为贵"的原则。随着某些资源的减少，资源的天然价值就会越高，使用这些资源制造的产品的价格也就应当越高。这种经济机制能够抑制对有限资源的浪费。

（3）应当建立一种抑制污染环境的经济机制。清洁、美丽的适合人类生存的环境本身就具有一种环境价值。为此，应当把破坏环境的活动看成产生"负价值"的活动而予以经济上的惩罚。例如，汽车的成本中不仅应当包括资源的自然价值、原料的价值、劳动力价值，而且还应当将包括汽车生产过程中对环境破坏的"负价值"和汽车在消费中对环境污染及在消费中可能出现的交通事故造成的危害等负价值打入汽车的成本当中，由生产者和消费者共同承担。这样，就会对损害环境的经济行为形成一种抑制效应。

3．消费方式的生态化

传统的消费方式也是一种非生态的消费方式。传统经济模式中生产并不是为了满足人类健康生存的需要，而是为了获得更大的利润。因此，生产不断创造出新的消费品，通过广告宣传造成不断变化的消费时尚，诱使消费者接受。挥霍浪费型的生产造成了一种挥霍浪费型消费方式。这种消费方式所追求的不是朴素而是华美，不是实质而是形式，不是厚重而是轻薄，不是内在而是外表。这种消费方式具有明显的反生态性质：它追求一种所谓"用毕即弃"的消费方式。大量一次性用品的出现，不仅浪费了自然资源，而且污染了环境。许多消费品都是在还能够使用时就被抛弃，只是因为它已落后于消费时尚。

三、可持续发展三要素协调

可持续发展主要内容涉及可持续经济、可持续生态和可持续社会三方面及它们之间的协调统一。要求人类在发展中讲究经济效益、关注生态和谐和追求社会公平，最终达到全面发展，见图17-1。

（1）在经济可持续发展方面：可持续发展鼓励经济增长而不是以环境保护为名取消经济增长，因为经济发展是国家实力和社会财富的基础。但可持续发展不仅重视经济增长的数量，更追求经济发展的质量。可持续发展要求改变传统的以"高投入、高消耗、高污染"为特征的生产模式和消费模式，实施清洁生产和文明消费，以提高经济活动中的效益、节约资源和减少废物。

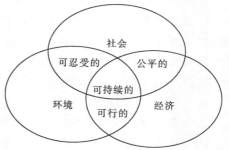

图17-1　可持续发展三要素

（2）在生态可持续发展方面：可持续发展要求经济建设和社会发展要与自然承载能力相协调。发展的同时必须保护和改善地球生态环境，保证以可持续的方式使用自然资源，使人类的发展控制在地球承载能力之内。因此，可持续发展强调了发展是有限制的，没有限制就没有发展的持续。可持续发展要求通过转变发展模式，从根本上解决环境问题。

（3）在社会可持续发展方面：可持续发展强调社会公平是环境保护得以实现的机制和目标。可持续发展指出世界各国的发展阶段可以不同，发展的具体目标也各不相同，但发展的本质应包括改善人类生活质量，提高人类健康水平，创造一个保障人们平等、自由、教育、人权和免受暴力的社会环境。这就是说，在人类可持续发展系统中，经济可持续是基础，生态可持续是条件，社会可持续才是目的。

四、可持续发展战略的支撑体系

如果说，经济、人口、资源、环境等内容的协调发展构成了可持续发展战略的目标体系，那么，管理、法制、科技、教育等方面的能力建设就构成了可持续发展战略的支撑体系。

1. 可持续发展的管理体系

实现可持续发展需要有一个非常有效的管理体系。实践证明，环境与发展不协调的许多问题是由于决策与管理的不当造成的。因此，提高决策与管理能力就成为可持续发展能力建设的重要内容。可持续发展管理体系要求培养高素质的决策与管理人员，综合运用规划、法制、行政、经济等手段，建立和完善可持续发展的组织结构，形成综合决策与协调管理的机制。

2. 可持续发展的法制体系

与可持续发展有关的立法是可持续发展战略具体化、法制化的途径，建立可持续发展的法制体系是可持续发展战略付诸实现的重要保障，是可持续发展能力建设的重要内容。可持续发展要求通过法制体系的建立与实施，实现自然资源的合理利用，使生态破坏与环境污染得到控制，保障经济、社会、生态的可持续发展。

3. 可持续发展的科技系统

科学技术是可持续发展的基础。没有较高水平的科学技术支持，可持续发展的目标就不能实现。科学技术对可持续发展的作用是多方面的。它可以有效地为可持续发展的决策提供依据与手段，促进可持续发展管理水平的提高，扩大自然资源的可供给范围，提高资源利用效率和经济效益，提供保护生态环境和控制环境污染的有效手段。

4. 可持续发展的教育系统

可持续发展要求人们有高度的知识水平，明白人类的活动对自然和社会的长远影响与后果，要求人们有高度的道德水平，认识自己对子孙后代的责任，自觉地为人类社会的长远利益而牺牲一些眼前利益和局部利益。这就需要在可持续发展的能力建设中大力发展符合可持续发展精神的教育事业。可持续发展的教育体系应该不仅使人们获得可持续发展的科学知识，也使人们具备可持续发展的道德水平。

5. 可持续发展的公众参与

公众参与是实现可持续发展的必要保证，因此也是可持续发展能力建设的主要方面。这是因为可持续发展的目标和行动，必须依靠社会公众和社会团体最大限度的认同、支持和参与。公众，团体和组织的参与方式和参与程度，将决定可持续发展目标实现的进程。

五、可持续城市

可持续城市和城市可持续性注重事物发展的条件和状态。而城市可持续发展强调事物的发展过程，生态城市则为城市可持续发展的环境生态学表述。对于城市的可持续发展理念和发展方向的演进，它们的内涵则完全一致。

1. 可持续城市的概念

可持续城市是指在生态学原理指导下，应用现代科学技术和经济法则，在总结、吸收城市发展成功经验的基础上，对城市建设和发展进行经营、改造和管理的城市。它由于采用最大限度地避免城市人类生产和生活活动负效应的生态设计与生态规划，因而能正确处理人口与资源、生产与生活、经济与环境之间的辩证关系，既能满足现代人的物质享受和其他各种需求，又不会损害子孙后代的利益。

2. 可持续城市的基本特征

（1）从生态哲学角度看，可持续城市实质是实现人—自然的和谐，这是可持续城市价值取向所在，只有人的社会关系和文化意识达到一定水平才能实现。

（2）从生态经济学角度看，可持续城市的经济增长方式是集约内涵式的，采用有利于保护自然价值，又有利于创造社会文化价值的生态技术，建立生态化产业体系，实现物质生产和社会生活的生态化，绿色能源将成为主要能源形式，智力将成为资源的开发方向，不可再生的自然资源将得到有效保护和循环利用。

（3）从生态社会学角度看，可持续城市的教育、科技、文化、道德、法律、制度等都将生态化。倡导生态价值观、生态伦理，人们有自觉的生态意识，建立有自觉保护环境、促进人类自身发展的机制，有公正、平等、安全、舒适的社会环境。

（4）从城市生态学角度看，可持续城市的社会—经济—自然复合生态系统结构合理、功能稳定，达到动态平衡状态。保证可持续城市的持续稳定。物质流、能量流、信息流高效利用，自然的演进过程也得到保护和发展。

（5）从城市规划学角度看，可持续城市空间结构布局合理，基础设施完善，生态建筑广泛应用，人工环境与自然环境融合，城市景观成为城市文化的空间构成与表现。可持续城市消除城市和乡村对立的二元经济模式。

六、城市可持续发展对策—循环经济

循环经济是"资源—产品—再生资源"闭路式的反馈流程经济模式，是在物质不断循环的基础上发展经济，在生产和生活过程中运用链的技术，建立起不同层次的循环链接，实现良性循环，达到经济、社会、环境相统一。对生产来说，要使资源得到充分利用，上游企业产生的废物，是下游企业的原料，以实现生产成本的最低，经济效益最好，生态环境效益最佳；对生活来说，建立循环利用圈，城市生活污水处理厂要实现中水回用，生活垃圾分类回收利用；农村大力发展种、养、牧生态农业，实施综合利用措施。城市和农村、生产和生活用链连接起来，这种运用生态学原理，把自然、经济、社会组成一个系统，使物质能量在整个社会经济活动中得到合理和持久的利用，最大限度地提高资源环境的利用率，形成一个大的闭合系统。

（1）推行清洁生产。使用清洁的能源和原料，采用先进的工艺技术与设备、综合利用等措施，提高资源利用效率，避免生产、服务和产品使用过程中污染物的产生和排放。

（2）倡导绿色消费。绿色消费是一种人与自然相互协调的消费观。

（3）发展绿色建筑。从可持续发展角度，发展绿色建筑必然是大势所趋。

（4）发展环保产业。环保产业是指那些在国民经济结构中以防治环境污染、改善生态环境、保护自然资源为目的所进行的经济技术活动。

第五节　中国传统建筑的可持续性分析

一、建筑的发端

建筑的发展和其他事物一样，越向上溯源，其一致性越强，差异越小。世界建筑林林总总、风格各异，但其发端都是起源于大自然，都是木构建筑，各建筑体系概莫能外。原始人使用极为简单的工具，树木成了建筑的首选材料。

人类开始穴居、半穴居或架木为巢，这和禽、兽的巢、穴并没有多大区别。随着人类智慧的发展，建造出比天然洞穴的温度、湿度、通风、光照等更为适宜的建筑，这便是居住建筑的萌芽，是人类建筑的起点。人们用支柱来支承荷载发展起了梁柱体系，认识到空间的分隔，有了墙体的发展，建筑平面由圆形逐渐改进为矩形。为了进出的方便、阳光的射入和排烟，人们在适当的位置开口，这便是门窗的雏形。从此人类居住建筑基本形式就奠定了。

在这一时期，建筑对自然资源的消耗，主要是森林。当人类砍伐树木的速度小于、等于自然更新速度时，人类建筑就未对自然环境造成破坏。这一时期的建筑应视为可持续建筑。当人类的人口逐渐增加，建筑用材大大增长，对树木的砍伐速度开始超过树木的生长速度，对其他自然资源的消耗也在增加。这样就会破坏已有的生态平衡，建筑便会渐渐失去绿色。

远在公元前许多世纪，世界各大文明发祥地的建筑先后由耗木为主的木构建筑逐渐转变为石构建筑。木材虽是可再生资源，但可使用量受限于树木的生长速度，另外木材作为有机物，属于高能的不稳定物质，它始终存在着转变为稳定的无机物的趋势，不管这种转变是快速的燃烧还是缓慢的腐朽。石构建筑比木构建筑更坚固、寿命长、木材用量少，减少了对环境的破坏。在古代世界各建筑体系由木构建筑向石构建筑的转变中，只有一个例外，那就是东方的中国各代建筑。

二、独树一帜的中国传统建筑

中国传统建筑以它那鲜明的特色独立于世界各建筑体系，它分布区域辽阔。其影响南至东南亚，东至日本。中国古代建筑的结构原则是梁柱式构架制，外部特征更为明显，迥异于他系建筑，形成自身的风格，尤其是翼展之屋顶为代表的外部轮廓，给人们深刻的印象。屋顶坡面、屋脊、檐边及转角的各种曲线，柔和壮丽，为中国建筑物之冠冕，被视为神秘风格之所在。

一般来说，一座建筑物因材料而产生其结构法，更因此结构而产生其形式上的特征。所以中国传统建筑在结构上的、形式上的特点都决定于用材。中国传统建筑以木材为主要构材，在世界他系建筑，多渐采用石料替代原始之木构后，中国始终保持木材为主要建筑材料，奠定了我国传统建筑体系的基本特征。

三、千古之谜

特点突出、独树一帜的中国传统建筑引起许多研究者的兴趣。为什么会出现这样许多奇异的特征？为什么中国传统建筑与欧洲等其他建筑体系在演变程序上有如此大的差异？更使人惊叹的是：这是一个十分稳定的建筑体系。为什么中国传统建筑能从原始木构建筑一脉相承，连续发展几千年而不衰？这些疑问找不到有说服力的答案，便成了千古之谜。

一般的解释认为中国黄河流域盛产木材，大量的森林可为大量耗用木材的中国古建筑提供物质基础。实际上，黄河流域并非十分适宜森林生长，而欧洲等其他发祥地的森林并不比黄河流域少。有人认为中国人不明石性，对石质力学缺乏了解，有人认为中国古代没有几何学，这些都是颠倒了因果关系。

人们还从政治、文化、艺术、气候、地震、结构等各方面进行了研究，试图解开这千古之谜，然而直至目前仍然莫衷一是。而当我们从可持续发展的角度，用绿色的生态的眼光对中国古建筑重新审视时，思路突然变得清晰起来了。

四、绿色的审视

1. 不同的自然观

文化人类学的研究表明，中西方的自然观有明显的不同，不同的自然观源于各自的文化起源。一般来说，西方文明主要源于原始狩猎，继而发展为畜牧，而中华文明则源于原始采集，继而发展为农耕。对于原始狩猎的种族来讲，他们对自然采取一种进取和战胜的姿态。西方的自然观是人作用于自然，他们强调逻辑和理性思维。

而以采集和农耕的种族则不同，他们与自然的关系密切而融洽，他们没有突然收获的喜悦，他们必须以平和的心境来等待植物漫长的生长周期。他们从对自然的依赖中产生了对自然规律的认识和联想，造成对自然的崇拜。中国古代哲学的核心是追求与自然的和谐。

表现在建筑上，西方建筑常常表现为外部空间中独立的实体，而中国建筑则常常表现为建筑与外部空间环境的互相包容。西方建筑群体空间的组织常常根据某一个固定的构图，追求这一构图完善的比例和尺度；而中国建筑群体空间的组织则常常是根据动态视点形成的一系列构图的组合和叠加。由于这种差异，我们看到西方建筑单体的宏伟壮观和它们比例完美的构图，中国建筑空间组合的收放相间，转承起接，地坪的错落升降以及中国园林的步移景异和曲折幽深。西方建筑向周围环境显示的是几何美，显示人的力量；中国建筑则追求与周围环境的融合，它不仅依山傍水，顺坡就势，还从外形上、大量的曲线应用以及色彩上寻求与自然的融合和追求天人合一。

当原始木构系统不能满足西方建筑几何构图要求时，他们便抛弃了木构建筑，采用几何性好的石质结构。而中国建筑保留了木结构，他们认为树木是人与自然之间的桥梁，木料更天然地显示大自然的柔美，于是从原始木构建筑直到现代，在木结构的范围内中国建筑一脉相承地发展了几千年。中国人对木材的认识和使用，可以说到了登峰造极的地步。

2. 安于自然循环之理

中国人长期使用木材，不可能不了解木材寿命短、不耐久这样的缺点。但他们仍然执著于木构建筑，除了前述原因外，还源于中国古人不着意于原物长存之观点。他们不像古埃及人那样追求永恒，刻意建造永久不灭之工程。西方从宗教上也一直存在追求永恒的需要。神为永恒，人为短暂，在神权至上的地方，建筑物就追求永恒长存。建立永远的建筑，木结构就难以胜任，石质结构便是首选了。而在中国历史上，从未发生过神权凌驾于一切之上的时代，建筑上就不刻意追求长存，木构建筑便能在这里存在和发展。

中国古人安于新陈代谢之理，以自然生灭为定律，视建筑犹如衣服和车马，到该更换时就更换，常换常新，不求原物之长存。

这种不求原物长存的观念更符合自然循环规律。中国人用木料建房，只不过是把树木在自然界循环的一个环节，拿进建筑里来进行，对环境并没有造成破坏（如果砍伐量没有对森林资源造成破坏的话）。

3. 设法延长木构寿命

对于木构建筑，木构架实际上是建筑的骨架和灵魂。中国古建筑有所谓墙倒架不倒之说，只要木构架系统还在，建筑就存在，所以木构架的寿命就决定了建筑的寿命。中国古代人对于建筑防火、延长建筑寿命采取了许多措施，几千年来积累了大量的防火技术与经验。

在防火措施中，一部分是技术措施。首先是把材料与空气隔绝以便阻燃，把人可以接触到的木料用黏土或砖包起来，这样既增加了阻热，又隔绝了空气。室外一般有防火水缸（实称太平缸）、防火水池等。

还有一些措施是心理方面的，或者说是一种防火警示。最典型的是屋顶的脊吻和建筑物内的藻井。脊吻本来是建筑结构的需要，后来人们作些艺术处理便成了建筑饰物。这些正脊上的动物虽有不同，但都是兴云作雨的海中神兽，人们期望借助它们的神力来避火。藻井一般用于殿堂明间顶部中央，绘龙纹、水纹或菱、藕等，也是借助水力来压水、克水。这些实际上起到建筑防火标识的作用，它反映出古人强烈的防火意识，反映古代以水克火的防火理论。在世界各国中，可能中国人的建筑防火意识最强。中国人的防火努力伴随着几千年漫长的木构建筑时代。

另外，人们在防止和延缓木料腐朽、虫蚀方面也做了努力，其中彩绘和油饰就是这方面的措施。防火和延长木料的寿命，进而延长建筑寿命，都是为了减少木材用量，使建筑得以持续。

4. 可持续的木材资源库

中国人口多、分布广，盖房数量大，加之房子寿命短、更新快，造成总的建筑量巨大。几千年来维持这样巨大的建筑量，如果靠森林资源的话，就是再大的森林也早被吞蚀光了。以木材为主要建材的中国建筑要得以维持和发展，首先要有一个可持续的、稳定的木材供应系统。前面讲述了木构建筑在中国存在的可能性，这里讲的是存在和维持的物质保证。悠悠数千年的中国木构建筑维持下来了，也就是说中国人成功地解决了这个问题，这可能就是所谓千古之谜的核心部分。

在中国一直存在着一个持续的、稳定的木材资源供应系统，即有一个永不枯竭的森林资源库。这个森林资源库在什么地方？在中国民间，中国建筑分布有多广，这个资源库就有多大。这个森林资源库是如何建立的？

在中华文化里涵盖着一个积淀深厚、源远流长的木文化，或称树文化。其源头可追溯到原始采集时期，后来树木始终和中国人的衣食住行紧密地联系在一起。在中国文字里，以木偏旁组成的字竟有 500 个左右。可见中国人对树木认识理解之精深。世界各国可能都进行植树，但植树对中国却非同一般。它会影响到人们的生存，影响到生活的各个层面，"十年树木，百年树人"、"栋梁之才"，把种树和教育，和人才联系在一起，可能只有中华文化里才会有。

这里所指的种树，不是官方的，而是民间；不是轰轰烈烈的，而是无声无息；不是有组织的，而是完全自律的；不是大规模的，而是分散零星的，但它汇集起来一定是世界植树量之最；不是间断的，而是连续的，甚至不受社会变故的影响，它实际在中国已连绵不断地进行了几千年。它无疑是人类历史上规模最大、持续时间最长的植树工程，直到今天，这在我国农村还在进行着。可以说，只要中国传统建筑存在一天，这种种树活动就会持续一天。让人感到不解的是，时至今日这跨越数千年的植树工程，并没有引起世人太多的注意。

走在中国的大地上，你要找一个村庄，你首先不要刻意去寻找建筑物。中国过去农村的房子都不太高大，没有教堂、塔楼那样的标志物。你应该先找树，哪儿有一片绿林，那绿树下就可能掩映着一个村庄。不管是丘陵地区还是在大平原，都是如此，大量的树便是村庄的标志物。在树林子里，道路两旁、空地上都种着树，尤其是农家小院，房前房后都种有树，此情景概莫能外。这些树就是我们所说的主要用于建筑的森林资源库。

在中国民间，要盖房子先种树，种什么树是根据将来的用途确定的，是立柱、是梁、是檩、是椽子都有计划，从此也就确立了相应的树的种类。在这里种树就是种房。

树木一旦成材，达到所要求的高度和树径，就会伐下，不会让它任意生长。伐掉大树后会立即种上小树，伐一种一，绝不会让地闲置。伐下的木料堆在一起，就是一个小木料场，一旦需要盖房，料就差不多了。料不齐可以到木料市场进行调剂。盖完新房，房前房后的空地上，小树就又栽起来了。这一切几乎是人的本能，也是一种民俗，引不起人们的注意。而就在这不经意中，中国人建立了永久繁茂不衰的世界上最大的人工林，在这不经意中，中国木构建筑延续了数千年。

5. 中国传统建筑不产生建筑垃圾

一个建筑体系的可持续性不仅表现在资源的可持续，还应表现和自然环境的和谐，历史上有些城市和文化由于和自然环境冲突，破坏了自然环境，最后消失在历史的长河里。但是中国传统建筑却是和自然和谐，不破坏自然环境。中国传统建筑另一神奇之处就是不产生建筑垃圾，几千年巨大的建设量消失得无影无踪，在中国的土地下，考古挖出的都是文物和宝贝，却没有留下破坏环境的建筑垃圾。

中国传统建筑在拆除的时候，屋顶上的瓦是要小心回收的，墙砖是要回收的，以备再用。所有的木料只要是没有腐朽的都要回收，再用时可以截短补齐，大料改小。门窗是要回收。这样拆下来，只剩下墙土和炕土，而这些都是很好的农家肥，送到农田去。余下的小木材可作为柴火。当这些都清理完后，地基也清理出来了。中国传统建筑不产生垃圾正是建筑可持续几千年的环境保证。

五、可持续建筑的经典

中国古建筑在建筑思想上追求天人合一，在建筑形式上追求人工和自然、建筑与环境的和谐统一，在建筑用材上，中国人恰当而有效地解决了木构建筑所需大量木材的问题，建立起无与伦比的森林资源库，从资源上保证了可持续供应。同时，由于它的存在，保护了天然森林资源。虽然中国几千年来的巨大建筑量耗用了大量的木材，但实际上，除了官方建筑耗用天然森林资源外，平民建筑并没有耗用。直到解放初期，我国东北、西南和各地山区的天然森林基本上保存完好，这才是巨大的环境效益和社会效益。

中国古建筑解决了木材使用和保护的各种技术问题，在解决建筑材料方面，在民间建立巨大的、持续、稳定的森林资源库；在保护环境和物质循环利用方面，不产生建筑垃圾，这是中国传统建筑的两个伟大的创举。它使得中国传统建筑的存在和发展不以破坏环境为代价，使得子孙后代有同样的发展权利，从这个意义上讲，中国传统建筑就是一种可持续发展的建筑体系，可以说是绿色建筑和可持续建筑的经典。

这个结论可以很容易地解开中国木构建筑延续数千年的千古之谜，另外一方面它也反证了一种建筑体系，一种发展要想延续下来，就应符合可持续发展原则，必须是绿色的，否则大自然是不会给你长期签证的。

参 考 文 献

［1］ 金岚，等．环境生态学［M］．北京：高等教育出版社，1992.

［2］ 中野尊田，等．城市生态学［M］．北京：科学出版社，1983.

［3］ 林肇信，刘天齐，刘逸农．环境保护概论［M］．北京：高等教育出版社，1999.

［4］ 何强，井文涌，王羽亭．环境学导论［M］．北京：清华大学出版社，2000.

［5］ 杨小波，吴庆书等．城市生态学［M］．北京：科学出版社，2000.

［6］ 沈清基．城市生态与城市环境［M］．上海：同济大学出版社，1998.

［7］ 曲格平．环境科学基础知识［M］．北京：中国环境科学出版社，1984.

［8］ 安德森．环境生态学［M］．沈阳：辽宁大学出版社，1987.

［9］ 迪维诺．生态学概论［M］．北京：科学出版社，1987.

［10］ 苏文才．环境质量学概论［M］．开封：河南大学出版社，1989.

［11］ 陈国新．环境科学基础［M］．上海：复旦大学出版社，1993.

［12］ 马德，等．植物对空气污染的反应［M］．北京：科学出版社，1984.

［13］ 刘加平．城市环境物理［M］．西安：西安交通大学出版社，1993.

［14］ 蔡晓明．生态系统生态学［M］．北京：科学出版社，2000.

［15］ 徐新华，吴忠标，陈红．环境保护与可持续发展［M］．北京：化学工业出版社，2000.

［16］ 于志熙．城市生态学［M］．北京：中国林业出版社，1992.

［17］ 曲格平．2000年中国的环境［M］．北京：经济日报出版社，1989.

［18］ 曲格平．环境科学词典［M］．上海：上海辞书出版社，1994.

［19］ 郦桂芬．环境质量评价［M］．北京：中国环境科学出版社，1989.

［20］ 萧笃宁．景观生态学理论、方法及其应用［M］．北京：中国林业出版社，1991.

［21］ 董雅文．城市景观生态［M］．北京：商务印书馆，1993.

［22］ 周淑贞．城市气候学［M］．北京：气象出版社，1994.

［23］ 潘纪一．人口生态学［M］．上海：复旦大学出版社，1988.

［24］ 周密，王华东，张义生．环境容量［M］．长春：东北师范大学出版社，1987.

［25］ 曹磊．全球十大环境问题［J］．环境科学，1996，第16卷．

［26］ 莱斯特·R.布郎．世界现状2000［M］．北京：科学技术文献出版社，2000.

［27］ 李汝．自然地理统计资料［M］．北京：商务印书馆，1984.

［28］ 西安建筑科技大学绿色建筑研究中心．绿色建筑［M］．北京：中国计划出版社，1999.

［29］ 马铁丁．环境心理学与心理环境学［M］．北京：国防工业出版社，1996.

［30］ 巴巴拉·沃德，雷内·杜博斯．只有一个地球［M］．北京：石油化学工业出版社，1976.

［31］ 福尔曼，等．景观生态学［M］．萧笃宁，等译．北京：科学出版社，1990.

［32］ 尚玉昌，蔡晓明．普通生态学［M］．北京：北京大学出版社，1992.

［33］ 祖元刚．能量生态学引论［M］．长春：吉林科学技术出版社，1990.

［34］ 祝廷成，钟章成，等．生态系统浅说［M］．北京：科学出版社，1990.

［35］ 岸根卓郎．环境论［M］．南京：南京大学出版社，1999.

［36］ 马克·德维利耶．水——迫在眉睫的生存危机［M］．上海：上海译文出版社，2001.

［37］ 杰克·格林兰．建筑科学基础［M］．夏云，等译．西安：陕西科学技术出版社，1996.

［38］ 张伟民，杨泰运，等．我国沙漠化灾害的发展及其危害［J］．自然灾害学报，1994，3（3）：23
－30.

［39］　钟义信．信息科学原理［M］．北京：北京邮电大学出版社，1996.

［40］　湛垦华，沈小峰．普里高津与耗散结构理论［M］．西安：陕西科学技术出版社，1982.

［41］　王新岭．生态・人口・环境［M］．北京：人民出版社，1990.

［42］　云南大学生物系．植物生态学［M］．北京：人民教育出版社，1983.

［43］　孔国辉，等．大气污染与植物［M］．北京：中国林业出版社，1985.

［44］　冷平生．城市植物生态学［M］．北京：中国建筑工业出版社，1995.

［45］　郑长聚，等．环境噪声控制工程［M］．北京：高等教育出版社，1999.

［46］　真锅恒博．住宅节能概论［M］．马俊，刘荣原，译．北京：中国建筑工业出版社，1987.

［47］　沼田真．城市生态学［M］．北京：科学出版社，1986.

［48］　金磊．城市灾害学原理［M］．北京：气象出版社，1997.

［49］　余正荣．生态智慧论［M］．北京：中国社会科学出版社，1996.

［50］　张坤民．可持续发展论［M］．北京：中国环境科学出版社，1997.

［51］　毛文永，文剑平．全球环境问题与对策［M］．北京：中国环境科学出版社，1989.

［52］　孔繁德，等．生态保护［M］．北京：中国环境科学出版社，1994.

［53］　历以宁，章铮．环境经济学［M］．北京：中国计划出版社，1995.

［54］　程正康．环境保护法概论［M］．北京：中国环境科学出版社，1993.

［55］　李国鼎，金子奇．固体废物处理与资源化［M］．北京：清华大学出版社，1990.

［56］　中国政府．中国 21 世纪议程［M］．北京：中国环境科学出版社，1994.

［57］　中国自然保护纲要编委会．中国自然保护纲要［M］．北京：中国环境科学出版社，1987.

［58］　郑光磊．论城市生态系统与城市规划．环境科学讨论会论文集（第一集）［C］．北京：中国环境科学出版社，1984.